U0318246

LONGTAN
NIANYA HUNNINGTU
ZHONGLIBA GUANJIAN JISHU

碾压混凝土重力坝关键技术

肖　峰　冯树荣　编著

中国水利水电出版社
www.waterpub.com.cn
·北京·

内 容 提 要

本书为中南勘测设计研究院组织编写的“龙滩水电站”系列著作之一，是对龙滩水电站碾压混凝土重力坝设计施工关键技术研究成果的总结。全书共7章，包括：绪论，碾压混凝土配合比和特性，碾压混凝土层面特性，枢纽布置和坝体断面，碾压混凝土渗流特性和坝体防渗结构，碾压混凝土坝温度裂缝防控技术，高温多雨环境条件下碾压混凝土坝施工技术。

本书可供从事碾压混凝土坝研究、设计和施工的相关技术人员借鉴，也可供高等院校水利、土木工程类相关专业师生参考。

图书在版编目（CIP）数据

龙滩碾压混凝土重力坝关键技术 / 肖峰，冯树荣编著. -- 北京 : 中国水利水电出版社，2016.8
ISBN 978-7-5170-4679-0

Ⅰ. ①龙… Ⅱ. ①肖… ②冯… Ⅲ. ①碾压土坝－混凝土坝－重力坝－水利工程－工程施工－天峨县 Ⅳ. ①TV642.2

中国版本图书馆CIP数据核字(2016)第211331号

书　　名	龙滩碾压混凝土重力坝关键技术 LONGTAN NIANYA HUNNINGTU ZHONGLIBA GUANJIAN JISHU
作　　者	肖峰　冯树荣　编著
出版发行	中国水利水电出版社 （北京市海淀区玉渊潭南路1号D座　100038） 网址：www.waterpub.com.cn E-mail：sales@waterpub.com.cn 电话：（010）68367658（营销中心）
经　　售	北京科水图书销售中心（零售） 电话：（010）88383994、63202643、68545874 全国各地新华书店和相关出版物销售网点
排　　版	中国水利水电出版社微机排版中心
印　　刷	北京嘉恒彩色印刷有限责任公司
规　　格	184mm×260mm　16开本　16.25印张　385千字
版　　次	2016年8月第1版　2016年8月第1次印刷
印　　数	0001—1500册
定　　价	**70.00**元

序

在布依族文化中，红水河是一条流淌着太阳“鲜血”的河流，珠江源石碑文上的《珠江源记》这样记载：“红水千嶂，夹岸崇深，飞泻黔浔，直下西江”，恢弘气势，可见一斑。红水河是珠江水系西江上游的一段干流，从上游南盘江的天生桥至下游黔江的大藤峡，全长1050km，年平均水量1300亿m^3，落差760m，水力资源十分丰富。广西境内红水河干流，可供开发的水力资源达1100万kW，被誉为广西能源资源的“富矿”。

龙滩水电站位于红水河上游，是红水河梯级开发的龙头和骨干工程，不仅本身装机容量大，而且水库调节性能好，发电、防洪、航运、水产养殖和水资源优化配置作用等综合利用效益显著。电站分两期开发，初期正常蓄水位375.00m时，安装7台机组，总装机容量490万kW，多年平均年发电量156.7亿kW·h；远景正常蓄水位400.00m时，再增加2台机组，总装机容量达到630万kW，多年平均年发电量187.1亿kW·h。龙滩水库连同天生桥水库可对全流域梯级进行补偿，使红水河干流及其下游水力资源得以充分利用。

龙滩水电站是一座特大型工程，建设条件复杂，技术难度极高，前期论证工作历时半个世纪。红水河规划始于20世纪50年代中期，自70年代末开始，中南勘测设计研究院（以下简称“中南院”）就全面主持龙滩水电站设计研究工作。经过长期艰苦的规划设计和广泛深入的研究论证，直到1992年才确定坝址、坝型和枢纽布置方案。龙滩碾压混凝土重力坝的规模和坝高超过20世纪末国际上已建或设计中的任何一座同类型大坝；全部9台机组地下厂房引水发电系统的规模和布置集中度也超过当时国际最高水平；左岸坝肩及进水口蠕变岩体边坡地质条件极其复杂、前所未见，治理难度大。中南院对此所进行的勘察试验、计算分析、设计研究工作量之浩瀚、成果之丰富也是世所罕见，可以与任何特大型工程媲美。不仅有国内许多一流机构、专家参与其中贡献才智，而且还有发达国家的咨询公司和著名专家学者提供咨询，龙滩水电站设计创新性地解决了一系列工程关键技术难题，并通过国家有关部门的严格审批和获得国内外专家的充分肯定。

进入21世纪，龙滩水电站工程即开始施工筹建和准备工作；2001年7月1日，主体工程开工；2003年11月6日，工程截流；2006年9月30日，下闸蓄水；2007年7月1日，第一台机组发电；2008年12月，一期工程7台机组全部投产。龙滩工程建设克服了高温多雨复杂环境条件，采用现代装备技术和建设管理模式，实现了均衡高强度连续快速施工，一期工程提前一年完工，工程质量优良。

目前远景400.00m方案已列入建设计划，正在开展前期论证工作。龙滩水电站400.00m方案，水库调节库容达205亿m^3，比375.00m方案增加调节库容93.8亿m^3，增加防洪库容20亿m^3。经龙滩水库调节，可使下游珠江三角洲地区的防洪标准达到100年一遇；思贤滘水文站最小旬平均流量从1220m^3/s增加到2420m^3/s，十分有利于红水河中下游和珠江三角洲地区的防洪、航运、供水和水环境等水资源的综合利用，更好地满足当前及未来经济发展的需求。

历时40余载，中南院三代工程技术人员坚持不懈、攻坚克难，终于战胜险山恶水，绘就宏伟规划，筑高坝大库，成就梯级开发。借助改革开放东风，中南院在引进先进技术，消化吸收再创新的基础上，进一步发展了碾压混凝土高坝快速筑坝技术、大型地下洞室群设计施工技术、复杂地质条件高边坡稳定治理技术、高参数大型发电机组集成设计及稳定运行控制技术，龙滩水电站关键技术研究和工程实践的一系列创新成果，为国内外大型水电工程建设树立了新的标杆，成为引领世界水电技术发展的典范。依托龙滩水电站工程建设所开展的“200m级高碾压混凝土重力坝关键技术”获国家科学技术进步二等奖，龙滩大坝工程被国际大坝委员会（ICOLD）评价为“碾压混凝土筑坝里程碑工程”，龙滩水电站工程获得国际咨询工程师联合会（FIDIC）“百年重大土木工程项目优秀奖”。龙滩水电站自首台机组发电至2016年6月，建筑物和机电设备运行情况良好，累计发电1100亿kW·h，水库发挥年调节性能，为下游梯级电站增加发电量200亿kW·h，为2008年年初抗冰救灾和珠江三角洲地区枯季调水补淡压咸发挥了重要作用，经济、社会和环境效益十分显著。

为总结龙滩水电站建设技术创新和相关研究成果，丰富水电工程建设知识宝库，中南院组织项目负责人、专业负责人及技术骨干近百人编写了龙滩水电站系列著作，分别为《龙滩碾压混凝土重力坝关键技术》《龙滩进水口高边坡治理关键技术》《龙滩地下洞室群设计施工关键技术》《龙滩机电及金属结构设计与研究》和《龙滩施工组织设计及其研究》5本。龙滩水电站系列著作既包含现代水电工程设计的基础理论和方案比较论证的内容，又具有科学发展历史条件下，工程设计应有的新思路、新方法和新技术。系列著作各册自成体系，结构合理，层次清晰，资料数据翔实，内容丰富，充分体现了龙滩工程建设中的重要研究成果和工程实践效果，具有重要的参考借鉴价值和珍贵的史料收藏价值。

龙滩工程的成功建设饱含着中南院三代龙滩建设者的聪明智慧和辛勤汗水，也凝聚了那些真诚提供帮助的国内外咨询机构和专家、学者的才智和心血。我深信，中南院龙滩建设者精心编纂出版龙滩水电站系列著作，既是对为龙滩工程设计建设默默奉献、尽心竭力的领导、专家和工程技术人员表达致敬，也是为进一步创新设计理念和方法、促进我国水电建设事业可持续发展的年轻一代工程师提供滋养，谨此奉献给他们。

是为序。

中国工程院院士：马洪琪

2016年6月22日

前　言

碾压混凝土（RCC）是用振动碾压实的干硬性混凝土，它可实现高强、快速、大仓面碾压施工，有利于提高施工效率、缩短工期、降低工程建设投资。碾压混凝土筑坝技术自20世纪70年代开始兴起，碾压混凝土重力坝由于结构布置和泄洪布置适宜碾压混凝土快速施工、对地质条件的适应性较好简单等优点，迅速成为最有竞争力的坝型之一。

我国自1986年引入碾压混凝土筑坝技术，率先建成了坝高为56.8m的福建坑口碾压混凝土重力坝。龙滩水电站自1990年确定采用混凝土重力坝坝型后，即开始研究碾压混凝土筑坝技术。在该项研究的初、中期，国际上采用RCC技术建成的碾压混凝土坝最大坝高仅约100m，对于龙滩水电站这样200m级特高重力坝，当时决策采用碾压混凝土筑坝在世界上尚属首次。

随着坝高的增高，大坝承受的水压力与坝高成几何级数增长，由于重力坝依靠自身重量维持稳定、抵挡水压力，碾压混凝土层面抗滑稳定问题和防渗问题越来越突出，因而对碾压混凝土层面物理力学性能的要求和层面扬压力控制的要求越来越高。如何确定高碾压混凝土重力坝断面和防渗结构型式，使大坝在设计使用期内安全可靠地发挥其功能成为必须解决的首要问题。高碾压混凝土重力坝体积大，其温控防裂问题突出。此外，高碾压混凝土坝往往伴随着巨大的混凝土工程量和大的装机容量，碾压混凝土的快速、连续施工技术也是直接与工程质量和工程效益相关的关键技术问题。

为解决200m级碾压混凝土重力坝建设中的关键技术问题，中南勘测设计研究院连续承担“八五”“九五”国家重点科技攻关和原国家电力公司科技攻关，以及2001年龙滩水电站工程开工后的设计特殊专题研究课题，前后经历了近20年的研究工作。通过20多个单位相关科技人员联合攻关，解决了该坝建造的关键技术问题，提出了综合技术解决方案和具体技术措施，为200m级碾压混凝土重力坝的建设提供了坚实的技术支撑。

龙滩水电站大坝全断面、全高度采用碾压混凝土，利用碾压混凝土自身防渗，实行全年连续施工等碾压混凝土重力坝设计和施工技术，这些技术均代表了目前碾压混凝土筑坝技术的国际领先水平。龙滩水电站大坝被国际大坝委员会评为“碾压混凝土筑坝里程碑工程”，龙滩水电站工程获“FIDIC百年优秀工程奖”。

为总结龙滩水电站碾压混凝土重力坝建设的经验，推广应用该工程在碾压混凝土重力坝设计施工研究方面取得的研究成果，特将主要研究成果、建设经验编成本书，希望能为丰富水利水电工程建设知识宝库、促进高碾压混凝土重力坝筑坝技术发展有所贡献。

在本书正式出版之际，要感谢中南勘测设计研究院王三一、梁文浩、涂传林、周建平、孙恭尧、孙君森、狄原涪、欧红光、王红斌、石青春、林鸿镁等为龙滩水电站碾压混凝土重力坝建设关键技术研究作出的贡献；还要感谢河海大学、武汉大学、清华大学、中国水利水电科学研究院、大连理工大学等相关合作单位的贡献，他们的部分研究成果也为本书的面世提供了帮助。

由于研究和应用周期长、资料庞杂，以及作者水平所限，本书从组稿至今，经历了3个年头，并几易其稿。尽管如此，书中难免有不妥之处，敬请同行专家和读者批评指正。

编　者

2016年6月

目　　录

序
前言
第1章　绪论 …… 1
1.1　龙滩碾压混凝土坝结构简介 …… 1
1.2　碾压混凝土重力坝建设与研究现状 …… 9
1.3　研究内容与成果 …… 13
第2章　碾压混凝土配合比和特性 …… 15
2.1　碾压混凝土原材料和配合比研究 …… 15
2.2　碾压混凝土层面垫层材料研究 …… 35
2.3　变态混凝土配合比与特性研究 …… 38
2.4　龙滩水电站大坝碾压混凝土施工配合比 …… 52
2.5　研究小结 …… 55
第3章　碾压混凝土层面特性 …… 58
3.1　现场试验简介 …… 58
3.2　抗剪断试验资料统计成果分析 …… 59
3.3　层面胶结和破坏机理及胶结强度研究 …… 67
3.4　层面胶结强度的尺寸效应研究 …… 71
3.5　不同因素对碾压混凝土层面结合强度影响程度分析 …… 74
3.6　龙滩水电站碾压混凝土施工期原位抗剪断试验验证 …… 83
3.7　研究小结 …… 91
第4章　枢纽布置和坝体断面 …… 93
4.1　枢纽布置方案研究 …… 93
4.2　坝体断面优化 …… 101
4.3　碾压混凝土坝坝高研究 …… 103
4.4　稳定应力和承载能力研究 …… 109
4.5　坝体构造研究 …… 128
4.6　研究小结 …… 131

第 5 章　碾压混凝土渗流特性和坝体防渗结构 …… 133
5.1　混凝土渗流特性研究 …… 133
5.2　碾压混凝土的渗流试验和渗流分析配套技术研究 …… 151
5.3　200m 级碾压混凝土坝防渗结构方案设计研究 …… 174
5.4　龙滩水电站大坝混凝土渗透特性分析 …… 192
5.5　研究小结 …… 194
第 6 章　碾压混凝土坝温度裂缝防控技术 …… 197
6.1　温度控制影响因素及温控措施效果研究 …… 197
6.2　分缝研究 …… 203
6.3　劈头裂缝研究 …… 210
6.4　温控标准研究 …… 214
6.5　龙滩典型坝段温度场及应力场仿真分析 …… 215
6.6　混凝土水泥水化热特性及其对温度应力的影响研究 …… 217
6.7　龙滩碾压混凝土坝的温控标准和温控措施 …… 222
6.8　大坝混凝土施工过程中温度控制实施效果 …… 226
6.9　研究小结 …… 230
第 7 章　高温多雨环境条件下碾压混凝土坝施工技术 …… 231
7.1　大坝混凝土浇筑运输方案研究 …… 231
7.2　大坝混凝土骨料加工及混凝土生产系统研究 …… 232
7.3　高气温及多雨环境条件下碾压混凝土连续施工措施研究 …… 233
7.4　高温及多雨季节碾压混凝土施工进度分析与论证 …… 240
7.5　大坝施工实践 …… 243
7.6　研究小结 …… 244
参考文献 …… 246

◎第 1 章

绪　　论

龙滩水电站位于红水河上游，下距广西天峨县城约 15km。坝址以上流域面积为 98500km^2，占红水河流域面积的 71%。工程以发电为主，兼有防洪和航运效益。电站分两期开发，即正常蓄水位远景按 400.00m 设计，前期按 375.00m 建设。前期正常蓄水位 375.00m 时，总库容 162.1 亿 m^3，有效库容 111.5 亿 m^3，水库具有年调节性能，装机容量 4900MW，多年平均年发电量 156.7 亿 kW·h，电站保证出力 1234MW。后期正常蓄水位 400.00m 时，总库容 272.7 亿 m^3，有效库容 205.3 亿 m^3，为多年调节水库，装机容量 6300MW，多年平均年发电量 187.1 亿 kW·h，电站保证出力 1680MW。

1.1　龙滩碾压混凝土坝结构简介

1.1.1　大坝设计标准

龙滩水电站属Ⅰ等工程，工程规模为大（1）型，大坝按 1 级建筑物设计。大坝及泄水建筑物防洪标准按洪水重现期 500 年一遇设计，并适当提高校核洪水标准为 10000 年一遇洪水，下游消能防冲按 100 年一遇洪水设计。设计洪水洪峰流量（$P=0.2\%$）为 27600m^3/s，校核洪水洪峰流量（$P=0.01\%$）为 35500m^3/s。

根据国家地震局批准的地震危害性分析评价结论，龙滩水电站坝址地震基本烈度和水库可能诱发地震影响烈度均为 7 度。根据《水工建筑物抗震设计规范》（DL 5073—2000）规定，龙滩水电站大坝抗震设防类别属“甲”类，抗震设防烈度在基本烈度基础上提高 1 度，按 8 度设防。

地震危险性分析结果表明，龙滩水电站坝址 100 年超越概率 2%的基岩水平峰值加速度为 0.163g，100 年超越概率 1%的基岩水平峰值加速度不超过 0.2g，最大可信地震水平峰值加速度 0.22g。大坝设计地震加速度取为 0.2g。

1.1.2　坝体布置

1.1.2.1　坝段、表孔、底孔及各电站进水口

（1）坝段。龙滩水电站大坝共分为 35 个坝段，其中右岸 1～4 号和 6～11 号坝段为挡水坝段，5 号坝段为通航坝段，河床 12 号和 19 号坝段为底孔坝段，13～18 号坝段为溢流坝段，左岸 20 号、21 号、31～35 号坝段为挡水坝段，22～30 号坝段为发电进水口坝段，其中 20 号坝段布置有电梯井和电缆井；4 号和 21 号坝段为三角转折坝段。一期建设只包括 2～32 号坝段，其余坝段在二期加高时修建。

（2）泄洪表孔。大坝泄洪全部由 7 个孔口宽 15.00m 的表孔溢洪道承担，将溢流坝段

布置在主河槽的中央，一期溢流堰堰顶高程355.00m（二期380.00m），采用高低坎相间布置的大差动式挑流消能，1号、3号、5号、7号孔为低坎；2号、4号、6号孔为高坎。溢流堰上游面铅直，悬出坝轴线8.00m，闸墩悬出坝轴线14.00m，中墩厚度5.00m，边墩厚度4.00m，孔口中心线处分缝。堰面采用WES型曲线与后期下游坝坡平顺连接，下游采用挑流形式，为使挑流冲坑分散，采用高低挑坎大差动式挑流消能，高坎鼻坎高程277.00m，挑角13°，低坎鼻坎高程259.00m，挑角25°，挑流鼻坎处前缘宽134.12m，基本上占满了主河槽宽度，泄洪时水流归槽较平顺。

(3) 放空底孔。底孔的设置主要是为水库放空使用，并可用于下闸蓄水时向下游供水和后期施工导流。根据水库放空需要、后期施工导流要求以及坝体开孔的布置条件，底孔设2孔，对称布置于表孔溢洪道的两侧。底孔为水平穿过坝体的有压孔，进口底槛高程290.00m，进口为喇叭口形，孔身为5.00m×10.00m（宽×高）的矩形断面，出口段顶板为1：4.925的压坡将出口断面压缩至5.00m×8.00m（宽×高）。下游明渠采用转向挑坎体型，转弯半径92.5m（明渠中心线半径），转向挑坎起始桩号0+095.00，明渠宽5.00m，内墙圆心角11.223°，外墙圆心角22.445°；消能型式为挑流消能，采用0°挑角斜向挑坎。底孔上游进口段设有平面检修闸门和事故闸门，下游出口处设有弧形工作闸门，底孔不运行时由事故闸门挡水，事故闸门与工作闸门间的孔身段采用钢板衬砌。

(4) 电站进水口。电站进水口为坝式进水口，1～7号机进水口坝段进口底槛高程305.00m，8号、9号机进水口根据其地形地质条件，并按后期运行要求确定进口底槛高程为315.00m。进水口孔身水平穿过坝体后与引水隧洞相接，隧洞内径10.00m。1号、2号机进水口下部的坝体混凝土采用碾压混凝土。为减少工程量，3～9号机进水口坝段采用了类似于岸塔式进水口的结构形式，坝段与下游开挖边坡连为整体，坝段的稳定需要依靠下游边坡的支撑。

1.1.2.2 坝顶、坝体廊道

1. 坝顶

(1) 坝顶长度与宽度。一期坝顶总长度（沿坝轴线）761.26m，坝顶布置有坝顶配电房与闸门控制室、电梯机房、油泵房、油管沟、滑线沟及电缆沟等。右岸挡水坝段（2～4号、6～11号）坝顶宽度18.00m；底孔及溢流坝段（12～19号）坝顶宽度为36.00m；电梯井坝段（20号）坝顶宽度35.50m；21号坝段为拐弯坝段，连接电梯井坝段与进水口坝段，为保持坝顶美观和交通平顺，坝顶宽度由35.50m渐变为36.00m；进水口坝段坝顶宽度为28.50m；31号坝段坝顶总宽度30.00m；32号坝段为岸坡连接坝段，坝段宽度由28.50m渐变为18.00m。

(2) 坝顶交通。挡水坝段（2～4号、6～11号）上下游边各设2.00m宽的人行道，高出382.00m坝顶高程0.20m，中间行车道宽度为14.00m，2号坝段连通右岸上坝公路，挡水坝段坝顶公路向上游找坡，上游人行道边布置排水沟，排水沟内每隔10～15m设置排水管，将排水沟内的水排入上游水库；两个底孔坝段下游分别设一楼梯，作为从坝顶下到表孔闸墩365.30m平台的通道；电梯井坝段和拐弯坝段顺公路桥与进水口坝段顺势连通，作为行车道，人行道在坝段下游侧与人行桥连通；岸坡连接坝段（31号、32号）坝顶沿进水口行车道延伸并随坝轴线向下游方向转折36°，与左岸上坝公路连通。

底孔坝段和溢流坝段工作闸门上游侧依次布置工作桥、门机梁和公路桥，宽度分别为2.00m、2.00m、7.00m，工作桥可兼作人行桥使用，工作闸门下游侧依次布置油管沟、门机梁、滑线沟、电缆沟及人行桥，人行桥宽度2.50m。

2. 坝内廊道及交通

根据灌浆、排水、监测、电缆布置、运行维护、通风和交通等要求，坝内设有基础灌浆廊道、锚索张拉廊道、排水廊道、观测廊道、交通廊道等多类型专用或共用廊道。按部位可分为基础廊道和坝体廊道两类。

(1) 基础廊道，包括上、下游帷幕灌浆廊道、坝基主排水廊道和辅助排水廊道。

1) 上、下游帷幕灌浆廊道的布置按帷幕设计要求，布置在坝踵和坝趾部位，控制廊道外边墙距坝面不小于$0.07H$（H为廊道底板到后期设计水位的水头）或0.1倍坝底宽，且最小不小于3.00m，并尽可能使廊道纵轴线平顺，纵向坡度不超过45°。廊道断面为城门洞型，上游帷幕灌浆廊道宽4.00m、高4.00m；下游帷幕灌浆廊道宽3.00m、高4.00m。两岸横向灌浆廊道跨坝段横缝布置，宽3.00m、高4.00m，断面为尖顶形。

2) 坝基排水廊道，按照坝基采用抽排措施的要求布置，在河床坝段范围布置3～4排辅助排水廊道，坝基面在下游最高水位以下的坝段布置1～2排辅助排水廊道；坝基面高于下游最高水位的坝段原则上不设辅助排水。排水廊道尽可能与灌浆廊道共用，但上游帷幕灌浆廊道在布有3排灌浆孔的廊道内不再设排水孔，在其下游侧另设主排水廊道。坝基抽排范围内排水廊道由纵向和横向网格状廊道组成，纵横向间距均约40.00m，纵向廊道断面为城门洞型，横向廊道跨坝段横缝布置，采用尖顶形断面，廊道宽2.00m、高3.00m。

(2) 坝体廊道。坝体排水廊道布置于大坝上、下游面附近，距坝面的距离控制与基础廊道布置要求相同，廊道间高差按40.00m左右控制，水平布置。上游排水廊道共布置4层，高程分别为230.00m、270.00m、310.00m和342.00m。在溢流坝段下游侧高程230.00m布置了一层排水廊道，在4号表孔挑流鼻坎下面布置抽排水泵房，布置高程为263.00m。坝体排水廊道断面为城门洞型，廊道宽2.00m、高3.00m。

(3) 坝内交通。坝内竖向交通主要由电梯井内电梯及楼梯、两岸坝段帷幕灌浆廊道，以及布置在通航坝段和31号坝段内的3道竖井连接形成。在高程270.00m、310.00m、342.00m各层廊道还布置了2～4道横向交通廊道，与坝后高程270.00m、310.00m、342.00m交通道相连接，以满足下游坝面的巡视、检修的交通要求以及廊道通风和紧急情况时人员安全撤离的要求。交通廊道不跨缝断面为城门洞型，跨缝断面采用尖顶形，廊道宽2.0m、高3.0m。

1.1.2.3 坝段分缝

龙滩水电站碾压混凝土坝最大坝底宽168.58m，不设纵缝通仓浇筑。但在施工期为便于基础混凝土分块施工，在0+73.000基础纵向排水廊道底部设置临时纵缝，施工后期通过灌浆连成整体。

溢流坝段横缝间距为20.00m，孔口跨横缝布置；进水口坝段横缝间距25.00m；底孔坝段宽度为30.00m；右岸3号、4号坝段及河床挡水坝段、电梯井坝段横缝间距为22.00m；河床拐弯坝段（21号坝段）连接电梯井坝段与22号进水口坝段，其横缝间距由这两个坝段的布置要求确定，在坝轴线处为12.485m；两岸接头和坝轴线转折处横缝按布置要求及坝基开挖型式确定，右岸2号坝段横缝间距9.50m，左岸31号、32号坝段横缝间距分别为20.00m、28.273m。

在变态混凝土和常态混凝土内横缝，跳仓浇筑时由模板成缝，同仓浇筑时先架立隔缝板后同时浇筑两侧混凝土；在碾压混凝土内用切缝机切缝。

1.1.3　坝体混凝土分区

坝体混凝土分为常态混凝土、碾压混凝土和变态混凝土3种。除基础垫层、坝顶、溢流坝段过流面、闸墩、导墙等有特殊要求的部位采用常态混凝土，以及坝上游、下游面，孔口周边和其他不便碾压施工部位采用变态混凝土之外，坝体内凡具备碾压条件的部位均采用碾压混凝土。材料分区尽量简化以充分发挥碾压混凝土大仓面连续快速施工的优势。

坝体常态混凝土和碾压混凝土分区、各分区混凝土的性能要求及应用的部位见表1.1和表1.2。

表1.1　常态混凝土分区及主要性能指标

混凝土分区	坝基础：C_{I}	坝顶：C_{II}	堰顶、底孔门槽等：C_{III}	溢流面及导墙、底孔周边：C_{IV}	闸墩、航运坝段：C_{V}	溢流面及导墙表面等过流面：C_{VI}
级配	四	三	三	三	三	二
设计强度等级（28d，95%保证率）	C20	C15	C20	C25	C30	C50
设计抗压强度/MPa（90d龄期，80%保证率）	18.5	14.3	18.5	22.4	26.2	42.1
抗渗等级（90d）	W10	W8	W8	W8	W8	W8
抗冻等级（90d）	F100	F50	F100	F100	F100	F150
极限拉伸值（28d）	0.85×10^{-4}	0.80×10^{-4}	0.85×10^{-4}	0.90×10^{-4}	0.95×10^{-4}	1.0×10^{-4}

表1.2　碾压混凝土分区及主要性能指标

混凝土分区	碾压混凝土				变态混凝土	
	下部：R_{I}	中部：R_{II}	上部：R_{III}	上游面：R_{IV}	上游面：C_{bI}	其他：C_{bII}
级配	三	三	三	二	二	—
设计强度等级（28d，95%保证率）	C18	C15	C10	C18	C18	—
设计抗压强度/MPa（90d龄期，80%保证率）	18.5	14.3	9.8	18.5	18.5	—
抗渗等级（90d）	W6	W6	W4	W12	W12	—
抗冻等级（90d）	F100	F100	F50	F150	F150	—
极限拉伸值	0.80×10^{-4}（90d）	0.75×10^{-4}（90d）	0.70×10^{-4}（90d）	0.80×10^{-4}（90d）	0.80×10^{-4}（28d）	—

1.1.4 坝体和坝基防渗

1.1.4.1 防渗控制标准

(1) 坝体碾压混凝土抗渗性能控制标准。综合分析国内近年来碾压混凝土现场压水试验和芯样渗流试验成果以及龙滩现场碾压试验块上进行的现场压水试验和芯样渗流试验成果，龙滩水电站大坝设计要求控制二级配碾压混凝土透水率 $q \leqslant 0.5$Lu、三级配碾压混凝土透水率 $q \leqslant 1.0$Lu；二级配碾压混凝土和上游面变态混凝土抗渗等级不小于 W12、坝体高程 342.00m 以下三级配碾压混凝土抗渗等级不小于 W6、坝体高程 342.00m 以上三级配碾压混凝土抗渗等级不小于 W4。

(2) 坝体常态混凝土抗渗性能控制标准。坝基面垫层常态混凝土及上游面常态混凝土抗渗等级不小于 W10、坝体其他部位常态混凝土抗渗等级不小于 W8。

(3) 帷幕防渗性能控制标准。封闭式帷幕下伏相对不透水层透水率以 1.0Lu 为标准，悬挂式帷幕深度不小于 0.3～0.7 倍水头，两岸帷幕延伸至正常蓄水位与地下水位相交处，帷幕最小深度不小于 15.0m。

(4) 坝体和坝基扬压力控制标准。河床坝段坝基面扬压力和岸坡坝段坝基面以及碾压混凝土层面扬压力控制图形见图 1.1，采用的扬压力图形有关参数见表 1.3。

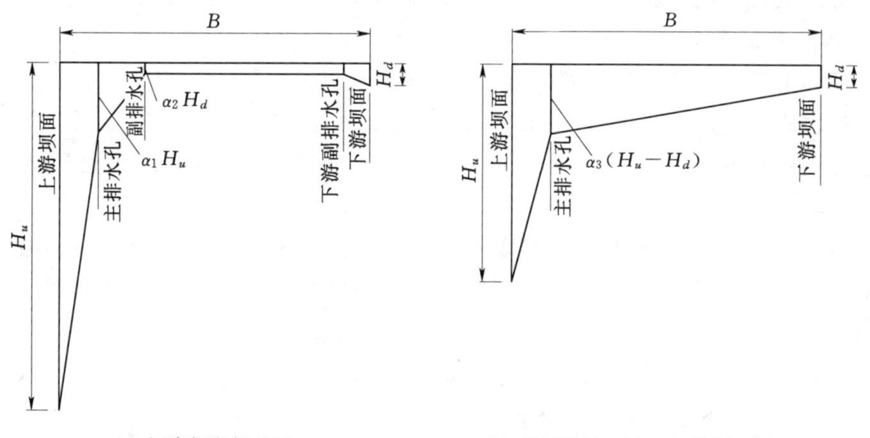

图 1.1 扬压力控制标准图形

注：H_u、H_d 分别为截面上、下游水头，B 为截面底宽。

表 1.3 扬压力控制指标表

截面位置	排水孔	扬压力系数
河床坝段坝基面	主排水孔	$\alpha_1=0.2$
	副排水孔	$\alpha_2=0.5$
	下游副排水孔	$\alpha_2=0.5$
岸坡坝段坝基面（8～21 号坝段）	主排水孔	$\alpha_3=0.35$
碾压混凝土层面	主排水孔	$\alpha_3=0.3$

1.1.4.2　坝体防渗排水结构设计

1. 坝体防渗排水结构型式

我国近年来工程实践中大量的试验成果表明，二级配碾压混凝土的整体的综合渗透性能可达到透水率小于1Lu（90%保证率）甚至更小的水平，变态混凝土芯样渗透系数可达到或接近1～10cm/s的水平，经过多方案的比较分析，龙滩水电站坝体渗控结构采用碾压混凝土自身防渗，即采用富胶凝材料二级配碾压混凝土作为龙滩大坝防渗结构的主体，为克服二级配碾压混凝土抗渗性能离散性较大以及个别试件初渗压力较低的缺点，防止部分碾压混凝土强渗透层面直接与水库连通，在坝上游、下游迎水面设置一定厚度的变态混凝土以封闭碾压混凝土层面，从而构成自上游到下游渗透性逐步增大，结合坝体排水系统，形成“前堵后排”的渗控体系。

坝基防渗采用帷幕灌浆，为形成完整的坝基抽排区域，上游、下游均设置帷幕，并在上游、下游帷幕之间设置连接帷幕。

在上述防渗结构的基础上，通过坝体和坝基排水系统的设置达到控制坝体和坝基扬压力的目的。坝体排水系统除设置上游主排水孔幕和下游主排水孔幕外，还在碾压混凝土下部层面间设置辅助排水系统。坝基排水系统除设置上游主排水孔幕和下游主排水孔幕外，在河床抽排区域设置网格状基础廊道并在廊道内设置坝基辅助排水系统和集水井。

2. 坝体防渗排水布置

（1）坝体上游面防渗结构布置。除1号、2号机进水口坝段高程303.00m以上、3～9号机进水口坝段、左岸接头坝段、通航坝段以及底孔坝段高程275.00m以上等上游表面为常态混凝土的部位外，大坝其他上游面均采用变态混凝土与二级配碾压混凝土组合防渗。

高程342.00m以上变态混凝土厚度为0.50m，高程342.00m以下变态混凝土的水平宽度为1.00m；变态混凝土的分缝与坝体结构分缝布置相同，为限制上游变态混凝土开裂后裂缝的发展，在高程340.00m以下变态混凝土内设置一层水平和竖直方向间距均为200mm，直径为25mm的钢筋网。上游二级配碾压混凝土水平宽度根据作用水头不同采用3～15m不等，其下游边界与坝体排水孔幕的距离不小于1m，为提高二级配碾压混凝土层面的结合效果和抗渗性，在连续上升的二级配碾压混凝土层面范围内逐层铺洒水泥粉煤灰浆。

上游高程342.00m以下设置一道水泥基渗透结晶材料坝面涂层作为辅助防渗措施。

（2）坝体下游面防渗结构布置。根据下游最高水位和9台机满发的下游水位，坝体下游面的防渗以高程233.00m为界分成两部分，下游面高程233.00m以下采用变态混凝土与二级配碾压混凝土组合防渗，变态混凝土厚度为0.50m，二级配碾压混凝土厚度为3.50m，二级配碾压混凝土层面范围内逐层铺洒水泥粉煤灰浆；高程233.00m以上采用坝体三级配碾压混凝土自身防渗，其表面0.30～0.50m范围内根据坝体外观要求采用变态混凝土，但该部分变态混凝土不再按照防渗要求的变态混凝土进行设计。

（3）坝体横缝止水结构布置。坝体上游高程342.00m以下横缝内布置3道铜片止水片和1个直径300mm的横缝排水管，坝体上游高程342.00m以上横缝内布置2道铜片止水片和1个直径300mm的横缝排水管。河床挡水坝段、溢流坝段和进水口坝段高程

310.00m以下的横缝内铜片止水厚度为1.8mm，高程310.00m以上的横缝内铜片止水厚度为1.6mm。

坝体下游高程265.00m以下的横缝内布置2道厚度1.2mm的铜片止水和一个直径300mm的横缝排水管。溢流面面层混凝土内布置2道厚度1.2mm的铜片止水，其上游、下游两端分别与上游横缝止水和下游横缝止水焊接。挡水坝段和进水口坝段上游面铜片止水通到坝顶与上游防浪墙止水连接。

上游第一道止水距上游面1000mm，铜片止水间间距为900mm，高程342.00m以下横缝排水管中心距上游坝面的距离为3.80m，高程342.00m以上横缝排水管中心距上游坝面的距离为2.40m。下游第一道止水距下游面500mm，铜片止水间间距为500mm，横缝排水管中心距下游坝面的距离为2.00m。布置在碾压混凝土内的止水周边采用变态混凝土工艺进行施工，上游、下游表面与横缝排水管之间的坝体横缝内填充10mm沥青松木板。

上游、下游横缝止水均埋设在坝踵和坝趾的止水基座内，止水基座深度500mm，宽度根据埋设的止水数量确定，止水基座采用微膨胀混凝土回填。

对坐落在两岸陡坡上的2～5号坝段、8～9号坝段、22～25号坝段、30～32号坝段，在上游坝踵部位沿坝轴线方向布置1道基础止水，一侧埋设在基础止水基座内，另一侧埋设在坝体混凝土内，横缝处与第一道横缝止水焊接。

坝体廊道穿越横缝处的廊道周边和跨横缝布置的廊道顶部均布置1道橡胶止水。

（4）坝体排水系统布置。根据渗流控制要求，坝体上游面各廊道之间设置坝体排水孔幕，排水孔与上、下层廊道连接，直径为150mm，上游高程270.00m以上排水孔间距为3.00m，高程270.00m以下排水孔间距为2.00m。挡水坝段上游排水孔向上伸到坝顶，顶部用盖板封闭，溢流坝段上游排水孔顶部高程351.00m，进水口坝段的进水口高程以上和底孔坝段的底孔对应部位以上坝体不设排水孔。碾压混凝土内的坝体排水孔均布置在二级配碾压混凝土下游约1m处的三级配碾压混凝土，采用钻孔成孔。

按超过下游最高尾水位不小于5.00m控制，挡水坝段下游排水孔顶部高程265.00m，溢流坝段下游排水孔顶部高程246.00m。下游排水孔直径为150mm，间距为2.00m。下游排水孔的渗水通过基础廊道进入坝基集水井，然后通过抽排系统排出坝体。

由于龙滩碾压混凝土重力坝下部层面承受的水头大，扬压力控制和层面力学指标要求高，下部层面是坝体沿层面抗滑稳定的控制性部位，为进一步提高下部层面抗滑稳定安全储备，在上述坝体排水孔常规布置的基础上，在溢流坝段高程230.00m（底孔坝段及河床挡水坝段在高程230.00～250.00m）以下沿基础纵向排水廊道朝上设置坝内层面排水孔，以形成坝内抽排，更好地降低层面扬压力，排水孔直径为150mm，间距按4.00m布置。

高程270.00m以上的渗水通过高程270.00m廊道自流排出坝体，高程270.00m以下的渗水通过基础廊道进入坝基集水井，通过抽排系统排出坝体。

1.1.4.3 坝基防渗帷幕设计

1. 帷幕布置

防渗帷幕按正常蓄水位400.00m要求设计，在前期建设时高程382.00m以下帷幕一次性完成。

防渗帷幕由上游、下游防渗帷幕及河床坝段两侧的横向帷幕组成，在河床坝段形成封闭抽排区，以满足河床坝段抽排设计扬压力控制要求。

帷幕体在坝段断面坝基面上的位置符合表1.4要求。

表1.4　　坝基帷幕和排水孔控制位置表

<table>
<tr><th colspan="2">部　位</th><th>项　目</th><th>控制值</th><th>备　注</th></tr>
<tr><td colspan="2" rowspan="2">坝基帷幕</td><td>上游帷幕廊道距上游面距离 b_1</td><td>$0.07H_u$</td><td rowspan="2">H_u 为上游水头
H_d 为下游水头</td></tr>
<tr><td>下游帷幕廊道距下游面距离 b_6</td><td>$0.07H_d$</td></tr>
<tr><td rowspan="5">坝基排水</td><td rowspan="4">河床坝段</td><td>上游主排水孔距离 b_2</td><td>帷幕廊道下游15.0m处主排水廊道内</td><td rowspan="4">考虑抽排</td></tr>
<tr><td>主、副排水孔距离 b_3</td><td>30.0m</td></tr>
<tr><td>副排水孔之间的距离 b_4</td><td>30.0m</td></tr>
<tr><td>下游主排水孔距下游面的距离 b_5</td><td>下游帷幕廊道内上游侧</td></tr>
<tr><td>岸坡坝段</td><td>主排水孔距上游面距离 b_1</td><td>上游帷幕廊道内下游侧</td><td>不考虑抽排</td></tr>
</table>

2. *上游帷幕*

上游防渗帷幕线布置于坝基上游纵向灌浆廊道内上游侧，上游灌浆廊道距上游坝面距离不小于0.07H（H为正常蓄水位400.00m时坝基面上的水深），且不小于3.00m；两岸坝肩山体内的绕坝防渗帷幕布置在灌浆平洞内的上游侧，两岸帷幕伸入山体至水库最高正常蓄水位与相对不透水层底板线的交点处，两者构成一道连续的防渗幕。综合考虑钻孔深度、坝基开挖形状和分期建设的特点，左岸在高程308.00m、382.00m、406.50m布置了3层灌浆平洞，右岸在高程318.00m、406.50m布置了2层灌浆平洞。

上游帷幕按封闭式帷幕设计，帷幕体底部深入相对不透水层（透水率 $q<1.0$Lu）3.00～5.00m，在帷幕体与规模较大的断层破碎带如 F_{60}、F_1、F_{63}、F_{69} 等交汇处局部加大了灌浆深度。另外在两岸导流洞封堵段周围封闭帷幕处进行了衔接加深处理。帷幕最大入岩孔深为98.00m，最小深度不小于15.00m。

对于两岸陡坡基础坝段出于方便施工考虑，帷幕体分层设计，上下层之间设2排发散状封闭连接帷幕。

上游帷幕按坝基面上作用水头大小并结合地质条件设计帷幕体厚度或灌浆排数，按灌浆排数大致分为3个区，水头低于70.00m范围为Ⅰ区，水头在70.00～150.00m之间为Ⅱ区，水头大于150.00m范围为Ⅲ区。帷幕灌浆孔的布置：Ⅰ区为1排孔，孔距1.50m；Ⅱ区为2排孔，孔距2.00m，排距1.50m，后排深入相对不透水层，前排孔深约为0.7倍后排孔；Ⅲ区为3排孔，孔距2.00m，排距1.50m，中排孔深入相对不透水层，前排孔深约为0.7倍中排孔，后排孔深约为0.5倍中排孔。

3. *下游及横向帷幕*

下游帷幕布置于坝内下游灌浆廊道，距下游坝面距离不小于0.07倍下游最大水深，且不小于3.00m。帷幕线向两岸延伸的范围按坝基设置抽排的范围确定，两岸延伸至坝基面高程约270m处。

下游帷幕按悬挂式帷幕设计，深度约为下游最大水头的0.6倍，最大入岩深度为43.00m，最小深度不小于15.00m。帷幕灌浆孔设1排孔，孔距1.50m。

在下游帷幕线两端在高程约270.00m的坝基横向廊道内设横向防渗帷幕与上游帷幕连接，横向帷幕深度根据其两侧扬压力差异采用上游端深、下游端浅逐渐变化的布置，最小深度不小于15.00m。横向帷幕灌浆孔设1排孔，孔距1.50m。

1.2　碾压混凝土重力坝建设与研究现状

1.2.1　建设现状

碾压混凝土筑坝的方式，目前主要有两种类型：一是欧美各国和我国根据各自经验提出的碾压混凝土（roller compacted concrete，RCC）筑坝方法，其特点是全断面采用碾压混凝土的结构型式，采用薄层摊铺、连续升程层间不处理、短间歇、全断面薄层碾压快速施工的施工方式。二是日本在碾压混凝土坝的断面设计、混凝土材料的配比、坝体施工工艺以及温度控制等方面总结出一套方法，称为RCD（roller compacted dam-concrete），其特点是采用常态混凝土包裹碾压混凝土（“金包银”）的结构型式，采用薄层摊铺、厚层碾压，每个碾压层均间歇、处理的施工方式。

1980年，第一座碾压混凝土坝也是第一座RCD坝——日本岛地川（Shimajigawa）重力坝建成。该坝坝高89m，上下游面用3.0m厚的常态混凝土作为防渗或保护面层，坝体混凝土总量31.7万m^3，其中碾压混凝土占坝体混凝土总方量的52%。1982年，第一座全碾压混凝土坝——美国柳溪（Willow Creek）重力坝建成。该坝坝高52.0m，不设纵横缝，采用30cm厚的薄层连续铺筑上升方法，在17周内完成33.1万m^3碾压混凝土的铺筑，比常态混凝土重力坝缩短工期1～1.5年，造价仅相当于常规混凝土重力坝的40%、堆石坝的60%左右。柳溪坝的建设，充分显示了碾压混凝土坝所具有的施工快速和经济的巨大优势，极大地推动了碾压混凝土坝在世界各国的迅速发展。我国碾压混凝土筑坝技术研究始于1978年，经过研究、试验和局部工程应用，于1986年建成坑口碾压混凝土重力坝（坝高56.8m）。此后，我国碾压混凝土建坝数量和建坝技术方面都有长足发展，经过不断积累经验和探索研究，高碾压混凝土坝设计与施工技术也不断得到提高。

碾压混凝土重力坝由于兼具碾压混凝土可用粉煤灰大量替代水泥、施工方法简单、施工速度快和重力坝对地质条件的适应性好、泄洪布置和结构布置简单等优点，自碾压混凝土技术开始用于筑坝以来，迅速发展成为最有竞争力的坝型之一。

日本采用RCD技术建设了多座混凝土重力坝，最大坝高156.0m。国外采用RCC技术建设的最高重力坝为1997年开工；2002年建成的哥伦比亚Miel Ⅰ大坝，最大坝高188.0m，采用PVC薄膜和变态混凝土（GE-RCC）组合防渗。我国20世纪90年代末开工建设的大朝山（坝高111.0m）、棉花滩（坝高113.0m）等100m级RCC重力坝成功建设，特别是坝高131.0m的江垭RCC重力坝建成，标志着100m级碾压混凝土坝建设已取得较为成熟的经验。龙滩水电站工程主体工程开工前，已建、在建的坝高100.0m及以上的碾压混凝土重力坝见表1.5。

表 1.5 已建坝高 100m 及以上的碾压混凝土重力坝

序号	坝名	国家	坝高/m	坝长/m	防渗型式	混凝土量/万 m^3	碾压混凝土量/万 m^3	建成年份
1	Tamagawa	日本	100.0	441.0	CC	115.0	77.2	1986
2	Sakaigawa	日本	115.0	298.0	CC	71.8	37.3	1991
3	Sabigawa (lower dam)	日本	104.0	273.0	CC	59.0	40.0	1991
4	Capanda	安哥拉	110.0	1203.0	PVC+CC	115.4	75.7	1992
5	Ryumon	日本	100.0	378.0	CC	83.6	52.1	1992
6	Trigomil	墨西哥	100.0	250.0	CC	68.1	36.2	1992
7	Kodama	日本	102.0	280.0	CC	55.4	35.8	1993
8	Miyagase	日本	155.0	400.0	CC	200.1	153.7	1995
9	Satsunaigawa	日本	114.0	300.0	CC	76.0	53.6	1995
10	Urayama	日本	156.0	372.0	CC	186.0	129.4	1995
11	Pangue	智利	113.0	410.0	CC	74.0	67.0	1996
12	Tomisato	日本	111.0	250.0	CC	48.0	40.9	1997
13	Kazunogawa	日本	105.0	264.0	CC	62.2	42.8	1997
14	Gassan	日本	123.0	393.0	CC	116.0	73.1	1998
15	Beni Haroun	阿尔及利亚	118.0	714.0	CC	190.0	169.0	2000
16	Origawa	日本	114.0	328.0	CC	69.5	40.6	2000
17	Porce Ⅱ	哥伦比亚	123.0	425.0	RCC	144.5	130.5	2000
18	Ueno	日本	120.0	350.0	CC	72.0	26.9	2000
19	Miel Ⅰ	哥伦比亚	188.0	345.0	PVC+GE-RCC	173.0	166.9	2002
20	岩滩	中国	110.0	525.0	CC	199.0	37.6	1992
21	水口	中国	101.0	783.0	CC	100.0	79.0	1993
22	江垭	中国	131.0	367.0	RCC	136	114	2000
23	棉花滩	中国	113.0	308.5	RCC	61.0	50.0	2001
24	大朝山	中国	115.0	480.0	RCC	193.0	90.0	2002

注 1. CC：常态混凝土；RCC：碾压混凝土。
2. 建成年份指碾压混凝土部分完成的时间。

重力坝依靠坝体断面维持稳定、抵挡水压力。200m 级的碾压混凝土坝随着重力坝高度的增加，大坝承受的水压力与坝高成几何级数增长，坝体体积和混凝土方量也随之增大。碾压混凝土层间结合和坝体防渗问题、温控防裂问题突显，合理、经济地确定坝体断面是关系高碾压混凝土重力坝安全性和经济性的关键问题，研究实现快速、连续施工的施工技术，缩短建设工期的效益也非常显著。本书依托的龙滩工程为巨型水电工程，碾压混凝土重力坝最大坝高 216.5m，碾压混凝土方量 457 万 m^3，电站装机容量 6300MW，水库库容 273 亿 m^3。对于这样的特高重力坝，当时决策采用碾压混凝土筑坝在世界上尚属首次，在这样重要的巨型水电工程采用全断面的碾压混凝土筑坝也无先例。

1.2.2 研究现状

1.2.2.1 碾压混凝土材料和配合比

世界已建和在建碾压混凝土坝碾压混凝土的水泥用量为0～184kg/m³，平均水泥用量约81.50kg/m³，胶凝材料用量为60～320kg/m³，平均用量约139.42kg/m³，掺合材料的平均掺量约为41.54%。早期的碾压混凝土坝多采用低胶凝材料用量的贫浆碾压混凝土，当今的碾压混凝土重力坝多采用中等胶凝材料用量的碾压混凝土。在中国、日本、美国和西班牙这4个碾压混凝土坝最多的国家，碾压混凝土平均的水泥用量大致相当，基本上在75～85kg/m³的范围内。胶凝材料用量的差异，主要是活性掺合料（如粉煤灰）用量的不同，日本碾压混凝土胶凝材料用量较低，活性掺合料的掺量也最低，而西班牙胶凝材料用量最高，活性掺合料的掺量也最高。这4个国家中，日本、中国和西班牙已经根据本国的实际情况形成了自己的风格，在日本全部为其特有的RCD坝。

我国碾压混凝土坝从一开始就采用了高掺粉煤灰、少用水泥以减少温度控制难度的路线，碾压混凝土配合比设计一直按照高掺、中等胶凝材料用量的方向发展。在使用粉煤灰条件有困难的地区，磷矿渣和凝灰岩磨细作为掺合料也已成功采用。对岩粉在碾压混凝土中的作用的认识也逐步深入，碾压混凝土用砂中岩粉含量已允许高达22%，此外，复合外加剂被普遍证实可以提高碾压混凝土的性能和耐久性。我国目前已建成的坝高100m左右的碾压混凝土重力坝配合比中胶凝材料的用量在147（棉花滩）～164kg/m³（大朝山）之间，而200m级碾压混凝土重力坝对材料层面强度和防渗的要求将较100m高坝成倍增加，材料及配合比问题成为200m级碾压混凝土重力坝的关键技术问题。

变态混凝土是具有中国特点的创新工艺，1990年先后在荣地和普定碾压混凝土坝上游面或止水片附近得到应用，后来也成功地在江垭等多个碾压混凝土坝中应用于下游面、两岸坝肩、电梯井、通气孔、廊道周边等以前采用常态混凝土的部位。采用变态混凝土的主要目的是形成平整的外部表面和良好的内部结合面，有效地避免在紧靠上、下游坝面模板附近及靠近两岸坝肩地段出现碾压混凝土不容易被压实的现象。由于变态混凝土通过加浆振捣形成，可截断碾压混凝土层面与上游库水潜在联系通道，从而可作为防渗结构起作用，因此有必要对变态混凝土的材料、性能和施工工艺进行系统研究，发挥变态混凝土在高碾压混凝土重力坝防渗结构体系中的功能性作用。

1.2.2.2 高碾压混凝土重力坝的断面

碾压混凝土重力坝的稳定不但受坝基面控制，而且受碾压混凝土层面控制，国内外的工程实践在保障坝高100m级大坝沿层面的抗滑稳定方面已有成熟经验，但是否可以获得满足200m级高碾压混凝土重力坝坝体要求的抗剪断强度以实现全高度全断面采用碾压混凝土修筑200m级重力坝、是否存在对大坝体型进一步优化的余地以及碾压混凝土大坝体型优化的方法等，均是200m级高碾压混凝土重力坝建设必须解决的问题。

1.2.2.3 高碾压混凝土坝的防渗结构

国内外在碾压混凝土大坝中应用的防渗结构型式总体可分为碾压混凝土自身防渗和附加防渗结构两类，部分工程分缝或细部处置不当导致初期漏水比较严重。我国早期碾压混凝土大坝多采用厚常态混凝土防渗，先后还有沥青混凝土防渗、钢筋混凝土面板防渗、混凝土预制板防渗等多种型式，直到普定碾压混凝土拱坝成功采用二级配碾压混凝土防渗后，我国碾压混凝土大坝防渗结构才开始广泛采用二级配碾压混凝土防渗的实践。根据我国碾压混凝土筑坝的特点，碾压混凝土自身防渗应是防渗结构发展的基本趋势，对于200m级碾压混凝土重力坝采用何种防渗结构型式、在高水头作用下是否需要采取附加防渗措施、碾压混凝土防渗结构如何适应快速施工的要求也是200m级碾压混凝土重力坝防渗结构设计的关键技术问题。

1.2.2.4　高碾压混凝土坝的承载能力

常态混凝土重力坝的断面设计及承载能力已有较成熟的经验，其稳定应力分析和承载能力研究多采用传统计算分析方法；在传统的计算方法中，坝体应力计算采用材料力学法，抗滑稳定计算采用刚体极限平衡法；对于高水头混凝土重力坝的设计，采用传统计算方法和有限元法并用，有限元法用于分析坝体与坝基应力状态，考虑坝基变形对于坝体应力的影响，确定大坝可能滑动面和最危险的部位以及材料抗力的最有效部位，并作为工程设计的依据之一；采用非线性有限元法与刚体极限平衡法相配合，研究坝体的承载能力、综合评价大坝的稳定性。由于碾压混凝土材料和性能有别于常态混凝土的特性，因此，应根据碾压混凝土的特性，结合现代混凝土和岩石弹塑性力学、非线性断裂力学和结构动力学的最新进展，发展并综合应用多种数值分析方法和物理模型试验方法，研究高碾压混凝土重力坝的应力状态和承载能力，分析、确定高碾压混凝土坝的稳定应力状态和安全储备，为高碾压混凝土坝设计提供依据。

1.2.2.5　高碾压混凝土重力坝温控防裂技术

碾压混凝土坝的温控问题，长期以来存在较大认识差别，各工程分缝和温控标准也各具特色。已建的中低碾压混凝土坝多依靠低温季节多浇混凝土（特别是基础约束部位），次高温季节浇筑上部混凝土，高温季节停浇。次高温季节浇筑混凝土时，辅助以仓面喷雾、保湿、成品料堆防晒等常规措施解决，一般没有进行混凝土预冷或水管冷却。一些百米级的碾压混凝土坝（如江垭、大朝山、棉花滩）虽有一定温控指标要求，实际施工中也是采取上述同样措施，夏季一般不施工，或仅浇筑上部混凝土等方式实施坝体温控。早期的碾压混凝土重力坝有的既不设纵缝也不设横缝，设横缝时间距也达60m以上，上述大坝大部分产生了劈头裂缝，目前碾压混凝土重力坝一般均按20～40m间距设置横缝。碾压混凝土虽水泥用量少，大量使用掺合料，但由于混凝土发热较慢，且通仓薄层连续施工，难以通过浇筑层面散发热量，对于200m级的碾压混凝土高坝，要在高温多雨环境条件下全年施工，温控问题、层面结合质量问题等显得尤为突出。因此，应根据碾压混凝土本身特点，综合应用仿真技术分析坝体实际温度应力状态，研究确定分缝设计以及不同的施工条件、气候、环境温度下的合适的温控手段，防止或减少温度裂缝的发生。

1.2.2.6　高碾压混凝土坝施工技术

碾压混凝土具有连续快速、大仓面的施工特点，在碾压混凝土发展初期，混凝土入仓一般采用自卸汽车为主的运输方式，但多用于坝高在60.0m以下（或坝体下部的碾压混凝土）、河谷较宽阔、便于施工道路布置的工程或部位。

日本的境川、玉川、真川等工程采用斜坡道运送混凝土，解决混凝土垂直运输问题，其供料线的水平运输，多为自卸汽车，仓面也采用汽车布料，一条斜坡道相当于1台自卸汽车的运输强度，施工强度相对较低。

为解决因大高差运送混凝土产生骨料分离的问题，我国设计、制造了负压溜槽，并得到较好的应用，负压溜槽主要解决因道路布置困难、不便于采用自卸汽车运输的难题，适合于坝肩较陡，即坡度在45°左右V形河谷的工程应用，其供料线的水平运输，多为皮带机和自卸汽车，仓面采用汽车布料。施工设备生产率比斜坡道高（如普定、江垭、大朝山、棉花滩等工程），一般实际生产率平均达150m³/h。

皮带运输机是一种连续的运输机械，生产效率高，对碾压混凝土快速入仓要求适应性较强。以美国ROTEC高速皮带机为代表，带宽650～900mm、带速3.5～4m/s，最大角度达25°。皮带机可在立柱上爬升，适合于坝高、工程量大的工程应用，曾在上静水、柳溪、Miel Ⅰ等碾压混凝土坝工程应用；我国三峡工程三期碾压混凝土围堰，也采用高速皮带机配塔式布料机的入仓方式。塔式布料机平均生产率约为200m³/h。

目前在高碾压混凝土坝入仓方式采用自卸汽车、负压溜槽、斜坡道、高速皮带机、缆机、门（塔）机等多种方式的组合。如我国三峡工程三期碾压混凝土围堰采用2台塔带机配高速皮带运输机、自卸汽车等联合供料，在4个月内将110万m³碾压混凝土施工完成，高峰月强度45万m³。龙滩水电站碾压混凝土不仅坝高、工程量巨大，而且施工强度高，连续、高效、快速的入仓手段是确保大坝全年高强度施工的关键。

1.3 研究内容与成果

1.3.1 主要研究内容

为解决200m级碾压混凝土重力坝建设中的关键技术问题，龙滩水电站项目连续经过“八五”“九五”国家重点科技攻关计划和原国家电力公司科技攻关计划中立项研究，并在2001年龙滩水电站工程开工后，继续开展研究，研究工作前后持续了近20年。主要围绕以下几方面：

（1）碾压混凝土坝材料和配合比优化。

（2）碾压混凝土层面特性研究。

（3）适应碾压混凝土坝布置和施工的枢纽布置方案优化。

（4）坝体断面。

（5）碾压混凝土渗流特性和坝体防渗结构。

（6）碾压混凝土重力坝的稳定应力分析和承载能力。

（7）碾压混凝土坝温控防裂技术。

（8）碾压混凝土坝高强度、快速、连续施工配套技术。

通过20多个单位数百名科技人员联合攻关，解决了筑坝关键技术问题，提出了综合技术解决方案和具体技术措施，为200m级碾压混凝土重力坝的建设提供了坚实的技术支撑。

1.3.2 主要研究成果

项目研究成果在碾压混凝土坝体断面、防渗结构、温控防裂和质量控制等方面有实质性创新，形成了设计和施工的成套技术。

（1）选定了碾压混凝土重力坝、左岸全地下厂房的枢纽布置方案，简化了坝体结构、扩大了碾压混凝土的应用范围，奠定了大坝大规模采用碾压混凝土、充分发挥碾压混凝土快速连续施工的优势，缩短工程建设工期的技术基础，成为高山峡谷区碾压混凝土重力坝枢纽的经典布置。

（2）揭示了富胶碾压混凝土层面力学特性，系统论证了用全断面全高度碾压混凝土建设200m级重力坝的技术可行性，提出了200m级高重力坝全高度采用碾压混凝土的技术路线，形成了高碾压混凝土重力坝结构体型优化设计技术。与同高常态混凝土重力坝最优体型相比，减少水泥用量约30%，节能环保。

（3）揭示了变态混凝土和二级配碾压混凝土的渗流特性，提出了精细模拟碾压混凝土层面渗流特性和排水孔功能的渗流分析方法，首次采用碾压混凝土自防渗技术，解决了200m级碾压混凝土重力坝防渗问题。防渗结构简单，实施效果好。

（4）揭示了高温和降雨对碾压混凝土层面质量影响及高碾压混凝土重力坝温度应力规律，提出了全年连续施工的质量控制标准和温控防裂措施，系统建立了高温多雨环境全年连续施工技术。突破了碾压混凝土坝夏季施工瓶颈、缩短了建设工期。

（5）提出了以带式输送为主体的大坝混凝土施工综合配套方案，形成了碾压混凝土快速施工技术。

◎第 2 章

碾压混凝土配合比和特性

2.1 碾压混凝土原材料和配合比研究

2.1.1 原材料选择

龙滩水电站碾压混凝土大坝在保持原常态混凝土重力坝设计断面基本不变的情况下，采用全高度、全断面碾压混凝土，大仓面、全年（包括夏季高温季节）连续施工技术，要求碾压混凝土具有较高的拉、压强度及层面抗剪强度和抗渗性能，为满足碾压混凝土坝对材料性能的要求，配合比设计时必须合理选择水泥、粉煤灰、粗细骨料、外加剂和水等各种原材料。

2.1.1.1 水泥

在碾压混凝土中宜使用水化热较低、活性较高的水泥，其主要技术指标除应符合国家标准外，还需根据结构物的强度和性能以及所处部位的运行条件，按照因地制宜的原则选择水泥。经过一定范围内的材料调查、取样和试验，所调查范围内可选择的水泥的化学、物理性能相差不大，故首选在广西范围内、距工程较近的柳州水泥厂生产的 52.5R 普通硅酸盐水泥进行配合比试验。该品牌水泥化学成分及矿物组成见表 2.1，物理性能见表 2.2。

表 2.1　水泥的化学成分及矿物组成表

项目	化学成分/%						矿物组成/%			
	SiO_2	Al_2O_3	Fe_2O_3	CaO	MgO	SO_3	C_3S	C_2S	C_3A	C_4AF
熟料 1	20.45	6.37	5.32	65.55	1.00	0.29	60.13	13.35	7.86	16.1
熟料 2	20.57	6.26	5.12	65.25	1.20	0.30	58.99	14.56	8.20	15.56

表 2.2　水泥的物理性能表

水泥品种		柳硅 52.5R	柳普 52.5R	(GB 200—1989) 52.5R①
标准稠度/%		24.3	26.0	
细度 (0.08mm)/%		7.0	7.2	<12
凝结时间/min	初凝	144	175	>45
	终凝	265	308	<720
抗折强度/MPa	3d	5.79	5.74	4.1
	7d	7.86	7.38	5.3
	28d	8.89	8.63	7.1

续表

水 泥 品 种		柳硅 52.5R	柳普 52.5R	(GB 200—1989) 52.5R①
抗压强度/MPa	3d	27.83	25.93	20.6
	7d	46.45	43.85	31.4
	28d	61.40	55.73	52.5

① 指《中热硅酸盐水泥、低热矿渣硅酸盐水泥》(GB 200—1989) 规定 52.5R 的要求。

2.1.1.2 掺合料(粉煤灰)

龙滩水电站工程开工前，选用广西田东电厂粉煤灰作为掺合料，其化学成分和物理性能见表 2.3，属于Ⅱ级粉煤灰，从水化热随龄期发展关系(表 2.4)，可以看出掺用粉煤灰对降低水化热具有重要作用。

表 2.3　　粉煤灰化学成份及物理性能表

项 目	烧失量 /%	化学成分/%					矿物组成		
		SO_3	Fe_2O_3	AL_2O_3	MgO	CaO	密度 /(t/m^3)	细度/% (0.045mm)	需水比 /%
田东 TA 灰	2.68	1.15	5.57	29.08	1.49	5.86	2.28	18	94.5
田东 TB 灰	1.81	1.31	5.57	26.78	1.48	7.23	2.17	33	102.0
田东粉煤灰	1.19	0.90	5.61	26.98	5.81	7.38	2.00	15	102.3

表 2.4　　掺粉煤灰后的水泥水化热表

粉煤灰品种及掺量	水化热 Q/(J/g)		
	1d	3d	7d
柳州普通 52.5R 水泥	199.1	266.1	307.4
掺 30%田东 TB 粉煤灰	185.8	233.1	266.4
掺 60%田东 TB 粉煤灰	87.6	132.6	162.6
掺 30%田东 TA 粉煤灰	170.7	225.6	260.4

2.1.1.3 外加剂

龙滩水电站地处我国南方高气温地区，在夏季施工中采用缓凝减水剂是加快大坝施工进度的重要措施之一。外加剂的掺入效果随工程所采用原材料的不同而异，尤以外加剂与所采用水泥的相容性最为重要，针对龙滩工程采用的柳州 52.5R 普通硅酸盐水泥和田东粉煤灰，经多方比较确定先采用现有市售 FDN - M500R 等外加剂供混凝土配合比设计使用。

2.1.1.4 砂石骨料

龙滩水电站采用坝址下游约 5km 处大法坪料厂的二叠纪厚层灰岩经破碎加工后用为混凝土的粗、细骨料，大法坪料场石灰岩碱活性检验和研究表明：化学成分中镁的含量微小，基本上没有白云石，矿物成分为单一的方解石，不具备活性碳酸盐的特征。岩石、圆柱体试验结果表明，石灰岩 84d 的膨胀率只有 0.008%，远低于 0.1%的危害性标准；砂浆长度试验表明，即使在水泥含碱量达到1.2%时（柳州水泥实际含碱量为0.59%），半年膨胀率也仅为0.014%，同样远低于0.1%的危害性标准，龙滩大法坪料场灰岩没有碱活性反应。

2.1.2 碾压混凝土配合比设计及其优化

2.1.2.1 配合比设计特点及设计原则

1. 配合比设计基本特点

（1）碾压混凝土配合比设计参数、确定参数的方法和原则与常态混凝土存在差异，对应于某一压实功能存在最优用浆量，使碾压混凝土最为密实。龙滩碾压混凝土由于性能的高要求以及高气温、大仓面施工特点，对其配合比设计提出了更高的要求。

（2）由于连续施工，坝体一般不设冷却水管，施工顶面散热极其有限，预冷处理收效有限等原因，配合比设计中必须考虑既满足各项性能要求又要减少混凝土绝热温升，从而要求采用较低的水泥用量和较大比例的掺合料，因此，龙滩水电站碾压混凝土必须采用富胶凝材料大粉煤灰掺量的配合比。

（3）应控制粗骨料最大粒径和级配，采用较大的砂率和含粉量，避免施工过程中出现粗骨料分离，这对于层面抗剪、抗渗要求高的龙滩碾压混凝土更具重要意义。

（4）对于要求在高气温条件下施工的碾压混凝土应掺用高温缓凝减水剂，以保证碾压混凝土连续施工和提高层面结合能力。

（5）最终配合比需经过现场碾压试验确定，对于200m级高坝，满足层面抗剪断和抗渗要求是配合比设计的首要目标，而强度指标一般可以自动满足。

2. 碾压混凝土配合比设计原则

由于碾压混凝土属于干硬性混凝土，它在成型条件、配合比的组分比例、高掺量混合材料的应用以及凝聚结构等方面，都与常态混凝土有明显差别，碾压混凝土的物理力学性能并不完全符合常态混凝土的水灰比定则，在很大程度上取决于振动压实的密实度，因此，碾压混凝土配合比设计应遵循以下主要原则：

（1）水灰比（水胶比）定则。碾压混凝土硬化以后的强度基本符合“水灰比”定则，随着水胶比的增大，碾压混凝土的强度有规律地降低，层面抗剪断和抗渗特性也具有这样的规律性。

（2）最优单位用浆量原则。当碾压功能一定时，最优单位用浆量可使碾压混凝土容重最大。

（3）需水量定则。碾压混凝土拌和物的*VC*值（碾压混凝土拌和物在规定振动频率及振幅、规定表面压强下，振至表面泛浆所需的时间，s）主要取决于单位体积混凝土的用水量，可以通过增减用水量来调整*VC*值。

（4）配合比参数确定原则：在满足各项性能、耐久性和施工要求*VC*值的条件下，应掺用较大比例的掺合料和选用较小的水胶比；在满足施工性能的条件下，应选用较小的浆砂比和胶凝材料用量最小的砂率。

2.1.2.2 坝体碾压混凝土分区和设计要求

龙滩水电站坝体碾压混凝土强度等级分成$R_{Ⅰ}$、$R_{Ⅱ}$、$R_{Ⅲ}$和$R_{Ⅳ}$共4个区，见图2.1，各分区混凝土有关参数和主要性能要求见表2.5。

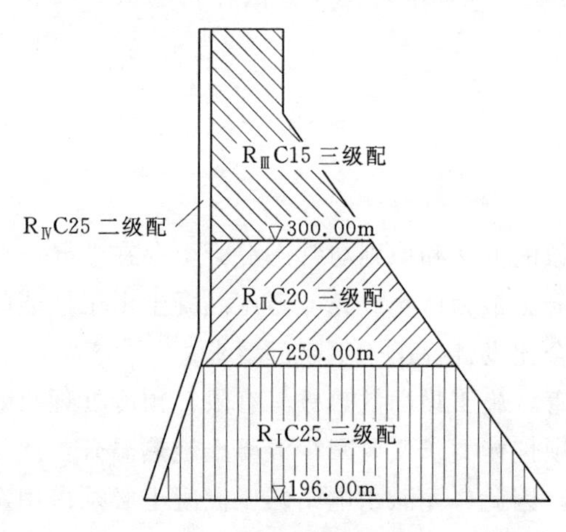

图2.1　龙滩水电站坝体碾压混凝土强度等级分区图

2.1.2.3　碾压混凝土配合比研究方法和参数确定

1. 研究方法

碾压混凝土配合比设计方法采用填充包裹理论：砂和空隙恰被水泥浆所填裹形成砂浆，粗骨料和空隙恰被水泥砂浆所填裹形成混凝土，以α、β两个指标作为配合比选择的主要依据。α为灰浆体积与砂空隙之比；β为砂浆体积与粗骨料空隙之比。考虑到水泥浆与砂浆须握裹粗细骨料，灰浆量与砂浆量均须留有一定余度，因此，α、β值均应大于1；如考虑施工碾压混凝土的层面结合和运输、摊铺过程中的抗分离能力，余度须留得多一些，一般碾压混凝土的α值为1.1～1.3，β值为1.2～1.5；如考虑碾压混凝土层面结合与防渗要求，α值须适当增大。

表2.5　**龙滩水电站坝体碾压混凝土主要性能要求表**

分区编号		$R_{Ⅰ}$		$R_{Ⅱ}$		$R_{Ⅲ}$		$R_{Ⅳ}$	
使用部位（高程）		250.00m以下坝体		250.00～300.00m坝体		300.00m以上坝体		坝体上游防渗层	
主要控制因素		层面结合、抗剪断强度、低热		层面结合、抗剪断强度、低热		层面结合、抗剪断强度、低热		层面结合、抗剪断强度、抗渗、抗冻	
*VC*值/s		5～7		5～7		5～7		5～7	
骨料级配		三		三		三		二	
密实度		≥98%		≥98%		≥98%		≥98%	
容重/(kg/m^3)		>2400		>2400		>2400		>2400	
抗渗等级/渗透系数/(cm/s)		W4/1.0×10^{-8}		W4/1.0×10^{-8}		W4/1.0×10^{-8}		W10/1.0×10^{-9}	
强度等级		C_{90}25		C_{90}20		C_{90}15		C_{90}25	
抗拉强度/MPa		2.0		1.8		1.4		2.0	
极限拉伸值		0.85×10^{-4}		0.80×10^{-4}		0.75×10^{-4}		0.85×10^{-4}	
抗冻等级		F100		F100		F100		F150	
抗剪断强度	f'	本体 1.17	层面 1.05	本体 1.07	层面 0.93	本体 1.0	层面 0.90	本体 1.17	层面 1.05
	C'/MPa	2.16	1.70	2.10	1.50	1.97	0.95	2.16	1.70

2. 参数研究

在采用上述填充包裹理论进行碾压混凝土配合比设计时需确定以下配合比参数。

(1) 确定$F/(C+F)$，灰胶比。根据国内外经验，碾压混凝土灰胶比取值一般在30%～60%之间，如水泥强度较高，粉煤灰品质优良，可增至65%～70%。

(2) 确定 $W/(C+F)$，水胶比。碾压混凝土水胶比直接影响混凝土施工性能和力学性能，在胶凝材料总量一定的情况下，水胶比增大则拌和物的 VC 值减小，强度和耐久性降低；若固定水泥用量不变，采用较大的灰胶比，使水胶比降低，则有利于混凝土中粉煤灰活性的发挥，混凝土强度和耐久性提高，一般水胶比取值在 0.5～0.8 之间。

(3) 确定 $(C+F+W)/S$，浆砂比。浆砂比的大小是影响碾压混凝土拌和物 VC 值的重要因素，确定浆砂比的原则是：VC 值既能保证碾压混凝土拌和物振碾密实，又能满足施工要求的条件下采取最小值。从浆体能充满砂子空隙，还能握裹砂子表面出发，水泥浆应为砂浆体积的 0.4 倍左右。

浆砂比是影响碾压混凝土的现场密度重要的因素之一，一般说来，富胶凝材料碾压混凝土密度为理论密度的 98%～99.5%之间。邓斯坦给出的图 2.2，表示 50 多个碾压混凝土实例的密度（以理论密实的密度百分率表示）和浆砂比之间的关系。由图 2.2 可以看出浆砂比低于 0.35 和 0.40 之间时，密度下降很快，密度的降低也将影响其他性能，特别是拉伸应变能力。其原因是典型的振实细骨料的空隙率是在 0.32 和 0.40 之间，如果没有足够的灰浆填充这些空隙，不论施加什么样的振实效应，也不能将夹杂的空气排除。

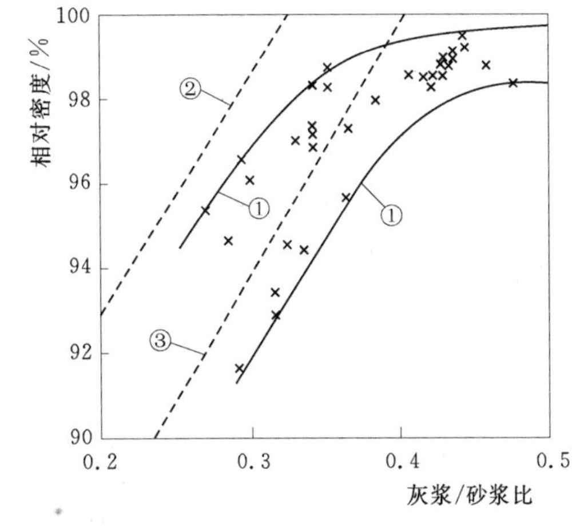

图 2.2 密度和浆砂比的关系

①—实测结果的界限；②—用空隙率为 0.32 细骨料最大理论密度；③—用空隙率为 0.40 细骨料最大理论密度

(4) 确定 $S/(S+G)$，砂率。砂率的大小直接影响碾压混凝土的施工性能、强度和耐久性，必须选定最优砂率，根据骨料最大粒径、砂子细度模数等综合考虑，当骨料最大粒径为 80mm 时，砂率大体为 30%左右。

3. *龙滩水电站碾压混凝土配合比*

依据配合比设计的填充包裹理论和国内外工程的配合比参数取值经验及龙滩 200m 级高坝特点，通过室内试验得出三级配碾压混凝土 VC 值为 5～7s 范围时，其单位用水量为 80～90kg/m^3，这一数据低于 90～110kg/m^3 的一般工程范围，其原因主要是粉煤灰中玻璃球形占比例大，水泥的标准稠度用水量低，导致混凝土达到一定的工作度所需的用水量降低。

根据碾压混凝土抗压强度与胶水比成线性变化关系的特点，选择一组四种不同的水胶比 0.45、0.50、0.55、0.60 进行强度试验，对每组实验采用固定的粉煤灰掺量（粉煤灰掺量分 60%、65%、70% 三种），根据 90d 的抗压强度初步选出 $C_{90}25$、$C_{90}20$、$C_{90}15$ 三种强度等级碾压混凝土的水胶比和粉煤灰掺量，并进行优化试验选定配合比。

上游二级配碾压混凝土采用与 R_{I} 区碾压混凝土相同的水胶比，加大胶凝材料用量、调整用水量和粉煤灰掺量以适应骨料级配的变化。

通过现场碾压试验验证的室内配合比研究结果表明：推荐的碾压混凝土配合比碾压效

果良好，密实度超过 2450kg/m³，抗压强度均超过设计强度等级，所推荐的各配合比参数优良。最终推荐的龙滩水电站碾压混凝土配合比见表 2.6。

表 2.6　　龙滩水电站碾压混凝土推荐配合比表

编　　号		$C_{90}25(R_Ⅰ)$	$C_{90}20(R_Ⅱ)$	$C_{90}15(R_Ⅲ)$	$C_{90}25(R_Ⅳ)$
水胶比		0.42	0.46	0.51	0.42
单位用水量/(kg/m³)		84	83	82	100
砂率/%		33	33	33	39
粉煤灰掺量/%		55	58	65	58
水泥/(kg/m³)		90	75	55	100
粉煤灰/(kg/m³)		110	105	105	140
砂子/(kg/m³)		738	738	745	843
大石/(kg/m³)		449	450	454	—
中石/(kg/m³)		599	600	605	791
小石/(kg/m³)		449	450	454	528
VC 值/s		5.9	5.5	5.0	7.2
容重/(kg/m³)		2518	2498	2507	2422
抗压强度/MPa	7d	13.9	13.2	8.4	14.0
	28d	26.3	22.3	18.7	26.2
	90d	34.1	28.5	23.2	32.6
劈拉强度/MPa	7d	1.12	1.22	0.69	1.16
	28d	3.0	2.84	1.93	2.85
	90d	—	3.18	—	2.66

2.1.3　碾压混凝土性能研究

2.1.3.1　密度

碾压混凝土的密度与所用骨料的密度关系很大，同时也与混凝土的振动碾压密实度有关，碾压混凝土的设计密度是高碾压混凝土重力坝设计的一个重要指标，它不仅是坝体应力和稳定分析中的一个重要参数，而且还能反映出碾压混凝土能够达到的物理力学性能，因此也是施工现场质量控制的重要标准。

碾压混凝土的密实程度，直接影响其物理力学性能，图 2.3 表示实际密度与充分密实的密度比值和实际混凝土抗压强度与密实混凝土强度比值之间的关系。从图 2.3 中可以看出，含 5% 空隙时，强度约降低 30%，即使空隙为 2%，强度也降低 10% 以上。

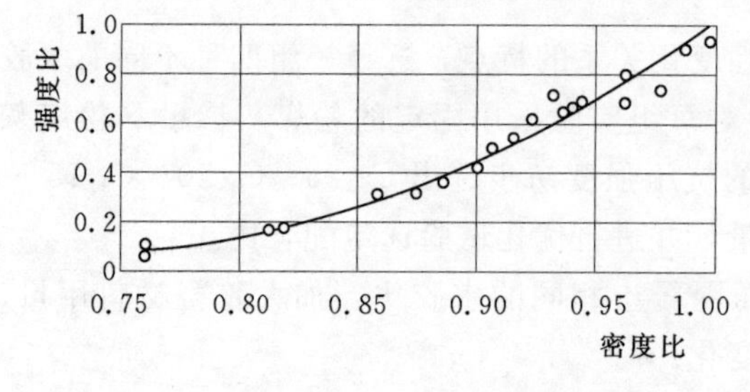

图 2.3　强度比与密度比关系

当原材料配合比不变时，碾压混凝土无空隙的理论密度为 ρ_T。通常配合比设计时均以空隙率最小为原则，则混凝土的配合比密度 ρ_M 略小于 ρ_T，但差值很小，一般在工程中取 ρ_T 近似等于 ρ_M 已足够精确。碾压混凝土的坝体实测密度 ρ_p，是在施工现场采用核子密度仪量测的密度值，在材料配合比不变时，它是随振动碾压条件变化而变化的数值。碾压混凝土压实后的坝体实测密度 ρ_p 与施工质量控制水平有关。碾压混凝土的相对密实度 D 用坝体实测密度 ρ_p 与理论密度 ρ_T 之比表示，即 $D=\rho_p/\rho_T\approx\rho_p/\rho_M$，孔隙率 $e=1-D$。

龙滩水电站现场碾压试验量测了碾压后混凝土的密度，实测的混凝土密度均值 $\bar{\rho}_p$ 见表 2.7，从而可以进一步分析现场实测密度均值 $\bar{\rho}_p$ 的相对密实度 D_M，为最终确定碾压混凝土的设计密度值提供依据。

表 2.7　碾压混凝土现场碾压试验实测混凝土密度值

试验工况	密度测点数	配合比密度 ρ_M/(kg/m³)	实测密度均值 $\bar{\rho}_p$/(kg/m³)	密度均值的相对密实度 D_M
C	6	2468	2427	0.983
D	6	2468	2442	0.989
E	6	2468	2450	0.992
F	6	2469	2453	0.993
G	19	2542	2448	0.963
H	10	2531	2480	0.980
I	7	2529	2456	0.971
J	8	2531	2458	0.971

2.1.3.2 碾压混凝土强度特性

表 2.8 给出了龙滩水电站碾压混凝土强度试验结果，从表中可以看出，抗压强度随水胶比的增大而降低，符合水胶比定则。对表中试验数据进行拟合，可知碾压混凝土强度随龄期的发展规律符合对数曲线，见图 2.4。

表 2.8　龙滩水电站碾压混凝土强度特性表

碾压混凝土配合比			抗压强度/MPa					抗拉强度/MPa				
级配	强度等级（胶凝材料）$(C+F)$/(kg/m³)	水胶比	7d	28d	90d	180d	360d	7d	28d	90d	180d	360d
二	$C_{90}25$ (110+140)	0.42	14.0 (0.53)	26.2 (1.00)	34.9 (1.287)	41.5 (1.523)	47.2 (1.648)	(0.083) 1.16 (0.41)	(0.109) 2.85 (1.00)	(0.093) 3.24 (1.14)	(0.087) 3.60 (1.26)	(0.087) 3.68 (1.29)
三	$C_{90}25$ (90+110)	0.42	13.9 (0.53)	26.3 (1.00)	34.1 (1.30)	40.1 (1.53)	42.8 (1.63)	(0.081) 1.12 (0.37)	(0.114) 3.00 (1.00)	(0.094) 3.21 (1.07)	(0.085) 3.42 (1.14)	(0.080) 3.50 (1.17)

续表

碾压混凝土配合比			抗压强度/MPa					抗拉强度/MPa				
级配	强度等级（胶凝材料）$(C+F)$ /(kg/m^3)	水胶比	7d	28d	90d	180d	360d	7d	28d	90d	180d	360d
三	$C_{90}20$ (75+105)	0.46	13.2 (0.59)	22.3 (1.00)	28.5 (1.28)	32.9 (1.48)	32.1 (1.44)	(0.077) 1.02 (0.39)	(0.118) 2.64 (1.00)	(0.109) 3.10 (1.17)	(0.109) 3.20 (1.21)	(0.089) 3.33 (1.26)
三	$C_{90}15$ (55+105)	0.51	8.4 (0.45)	18.7 (1.00)	23.2 (1.24)	28.1 (1.50)	32.1 (1.72)	(0.098) 0.82 (0.43)	(0.103) 1.93 (1.00)	(0.097) 2.26 (1.17)	(0.106) 2.98 (1.54)	(0.095) 3.04 (1.58)
强度平均值			12.37	23.32	30.18	35.68	38.55	1.03	2.61	2.95	3.30	3.39
强度增长系数平均值			0.53	1.00	1.29	1.52	1.65	0.40	1.00	1.14	1.29	1.33
拉压比平均值			—	—	—	—	—	0.085	0.111	0.096	0.094	0.086

注　表中括号内数值分别表示拉压比和以28d为准的强度增长系数，其中上排表示数值为拉压比。

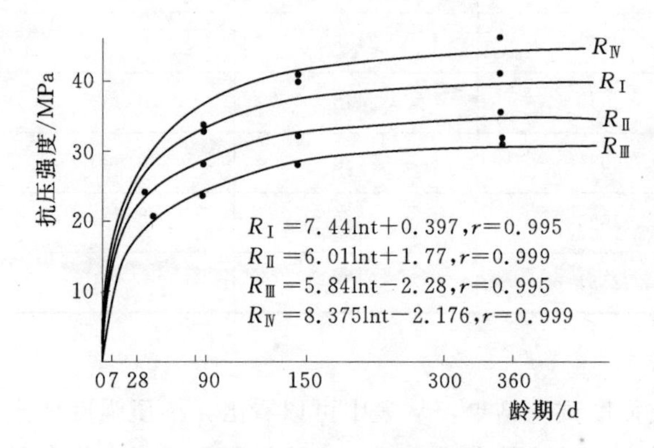

图2.4　碾压混凝土抗压强度发展过程线

以上结果表明，碾压混凝土抗压强度的发展，在180d龄期时均超出设计强度，以后在粉煤灰的二次水化作用下强度仍有增长，但增长速度较为缓慢。

碾压混凝土的抗拉强度也随水胶比的增大而降低，抗拉强度随龄期的增长没有抗压强度大。4种碾压混凝土抗压强度增长系数平均值为1.65，抗拉强度为1.33（均指360d强度与28d强度之比）。

表2.9列出了龙滩碾压混凝土的强灰比（强度与每立方米混凝土水泥用量之比）和强胶比（强度与每立方米混凝土胶凝用量之比）的数据。可见，28d以后碾压混凝土强灰比几乎是常态混凝土的一倍，而强胶比基本相等，表明碾压混凝土充分发挥了水泥和粉煤灰的效益。

表2.9　　龙滩水电站碾压混凝土强灰比和强胶比汇总表

水泥用量/(kg/m^3)	粉煤灰用量/(kg/m^3)	$C+F$/(kg/m^3)	$(强/灰)_{压}$			$(强/灰)_{拉}$			$(强/胶)_{压}$			$(强/胶)_{拉}$		
			28d	90d	180d	28d	90d	180d	28d	90d	180d	28d	90d	180d
80	115	195	0.29	0.38	0.44	0.032	0.037	0.041	0.12	0.15	0.18	0.013	0.015	0.017

2.1.3.3　碾压混凝土的热学性能

龙滩碾压混凝土的热学性能试验成果见表2.10和表2.11。

表 2.10 碾压混凝土导温系数、线膨胀系数、热系数、比热成果表

大坝碾压混凝土材料分区编号	导温系数 /(m^2/h)	导热系数 /[W/(m·℃)]	比热 /[J/(kg·℃)]	密度 /(kg/m^3)	线膨胀系数 /(10^{-6}/℃)
$C_{90}25(R_{I})$	0.003325	2.384	1000.6 (θ=30℃)	2457	5.12
$C_{90}20(R_{II})$	0.003642	2.575	972.6 (θ=30℃)	2459	4.93
$C_{90}15(R_{III})$	0.003637	2.506	961.7 (θ=30℃)	2441	4.42
$C_{90}25(R_{IV})$	0.003406	2.445	996.5 (θ=30℃)	2438	5.41

表 2.11 龙滩水电站碾压混凝土绝热温升 T_γ 成果表

材料分区编号	28d 龄期 T_γ 值/℃	最终龄期 T_γ 值/℃	表达式	相关系数
$C_{90}25(R_{I})$	17.82	20.46	$T_\gamma=20.46t/(4.15+t)$	0.993
$C_{90}20(R_{II})$	15.40	17.66	$T_\gamma=17.66t/(3.7+t)$	0.999
$C_{90}15(R_{III})$	13.10	16.19	$T_\gamma=16.19t/(5.57+t)$	0.996
$C_{90}25(R_{IV})$	19.75	22.53	$T_\gamma=22.53t/(5.64+t)$	0.995

从上述试验成果可以看出，龙滩碾压混凝土的绝热温升随水泥用量的增加而增加，随粉煤灰掺量的增加而降低。总的来说，龙滩碾压混凝土的绝热温升不高，与常态混凝土相比具有低热的优越性；另外，由于采用石灰岩作为粗骨料，碾压混凝土的线膨胀系数都很低，在 5×10^{-6}/℃的左右；以上两点对碾压混凝土的温控和防裂有利。

2.1.3.4 碾压混凝土的变形特性

1. 碾压混凝土弹性模量和极限拉伸

表 2.12 列出了龙滩碾压混凝土和常态混凝土试验结果，由于这 4 种混凝土强度等级相近且平均胶凝材料用量接近，因此，取其试验平均值进行比较是合理的。现以 90d 龄期的试验结果比较如下：

(1) 混凝土的抗拉弹模略大于抗压弹模，碾压混凝土的拉压弹模比为 1.06，常态混凝土拉压弹模比为 1.14，平均为 1.1。

(2) 碾压混凝土与常态混凝土抗拉弹模之比为 0.98，碾压混凝土与常态混凝土抗压弹模之比为 1.03。

(3) 混凝土的轴拉强度大于劈拉强度，碾压混凝土的轴拉强度与劈拉强度之比为 1.196，常态混凝土的轴拉强度与劈拉强度之比为 1.255，平均为 1.225。

(4) 碾压混凝土和常态混凝土的极限拉伸值之比为 0.934，常态混凝土略高。

(5) 碾压混凝土与常态混凝土的轴拉强度之比为 1.05，碾压混凝土与常态混凝土的劈拉强度之比为 1.10，碾压混凝土高于常态混凝土。

通过以上比较可以看出，龙滩碾压混凝土的上述指标不比常态混凝土差，甚至略优于

常态混凝土，这些指标都满足建造龙滩水电站200m级碾压混凝土高坝的要求。

表 2.12　　龙滩水电站碾压混凝土弹性模量和极限拉伸值试验成果表

混凝土种类	混凝土配合比			抗压弹模/(10^4MPa)				轴拉弹模/(10^4MPa)			轴拉强度/MPa			极限拉伸值/10^{-6}		
	级配	强度等级（胶凝材料）($C+F$)/(kg/m³)	水胶比	7d	28d	90d	180d	7d	28d	90d	7d	28d	90d	7d	28d	90d
碾压混凝土	二	$C_{90}25$ (110+140)	0.42	2.58	3.33	3.64	3.80	2.84	3.66	3.97	2.73	3.46	3.89	66	78	100
	三	$C_{90}25$ (90+110)	0.42	2.49	3.20	3.69	3.76	2.74	3.54	3.78	2.20	3.42	3.81	56	86	101
	三	$C_{90}20$ (75+105)	0.46	2.38	3.02	3.37	3.47	2.57	3.32	3.60	2.03	2.88	3.60	54	70	86
	三	$C_{90}15$ (55+105)	0.51	1.89	2.81	3.12	3.39	2.10	3.14	3.35	1.01	2.31	2.80	37	71	84
	平均值			2.33	3.09	3.45	3.61	2.56	3.42	3.68	1.99	3.02	3.53	53.3	76.3	92.7
常态混凝土	二	$C_{90}20$ (149+64)	0.61	1.63	2.65	3.19	3.88	2.47	3.24	3.93	1.25	2.49	2.92	69	96	91
	三	$C_{90}20$ (143+61)	0.54	2.17	3.04	3.27	4.15	2.50	3.16	3.50	1.53	3.00	3.52	78	106	110
	三	$C_{90}15$ (95+41)	0.70	1.64	3.13	3.39	4.55	2.27	3.90	3.98	1.50	2.94	3.23	82	97	92
	三	$C_{90}25$ (163+41)	0.48	2.35	3.27	3.53	4.43	2.17	2.78	3.63	2.00	3.27	3.73	91	100	104
	平均值			1.94	3.02	3.34	4.25	2.40	3.27	3.76	1.57	2.93	3.35	80.0	99.7	99.25

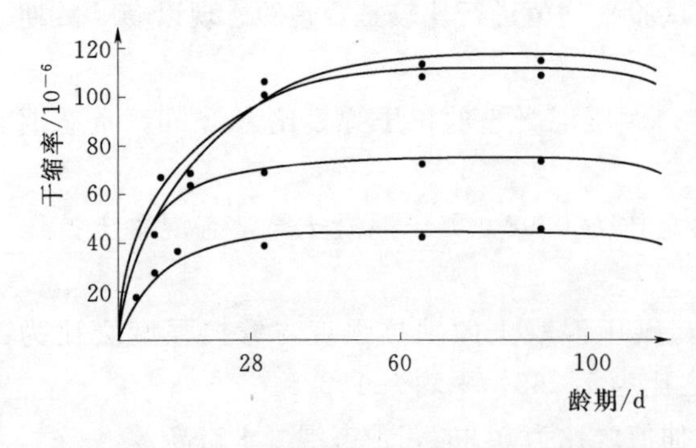

图 2.5　龙滩碾压混凝土干缩率与龄期关系

2. 碾压混凝土干缩变形和自生体积变形

在混凝土内由于毛细孔中水的负压逐渐增大，产生收缩力使混凝土收缩，碾压混凝土由于用水量小、胶凝材料用量也比较少，而且掺入大比例的粉煤灰，因此，其干缩率明显减小。龙滩碾压混凝土干缩率随龄期的发展见图2.5。

混凝土的自生体积变形主要是由于胶凝材料和水在反应前后反应物与生成物密度不同所致，生成物的密度小于反应物则表现为自生体积膨胀，相反则表现为自生体积收缩。龙滩$C_{90}15$碾压混凝土和$C_{90}25$常态混凝土自生体积变形见图2.6。从图2.6中可以看出，碾压混凝土表现为先膨胀后收缩，常态混凝土表现为单纯收缩，碾压混凝土的收缩量小于常态混凝土。

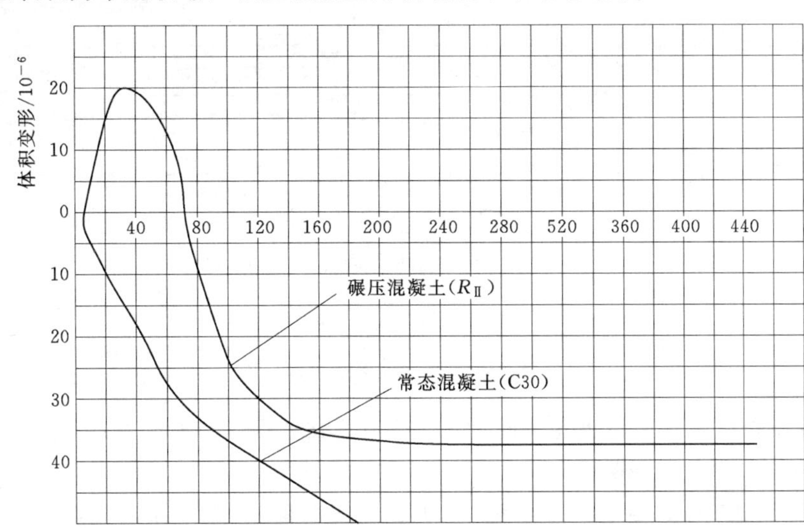

图 2.6　龙滩水电站碾压混凝土和常态混凝土自生体积变形过程线

3. 碾压混凝土的徐变特性

一般认为，当其他条件不变时，混凝土的灰浆率越大，徐变越大；使用石灰岩骨料比使用砂岩骨料徐变较小。图 2.7 给出了龙滩 2 种碾压混凝土 $C_{90}20$ 和 $C_{90}15$ 及 1 种常态混凝

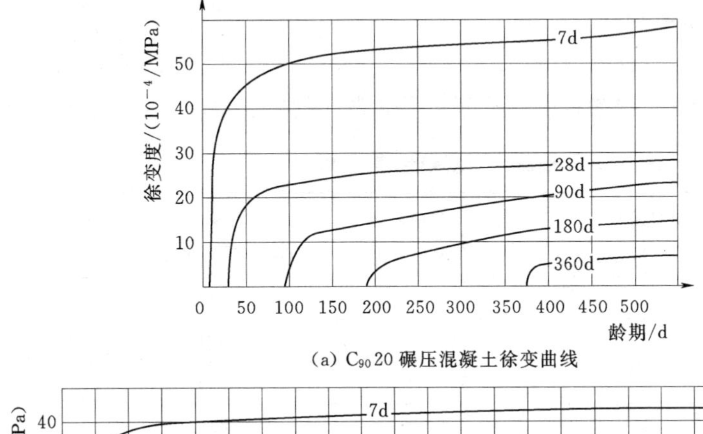

(a) $C_{90}20$ 碾压混凝土徐变曲线

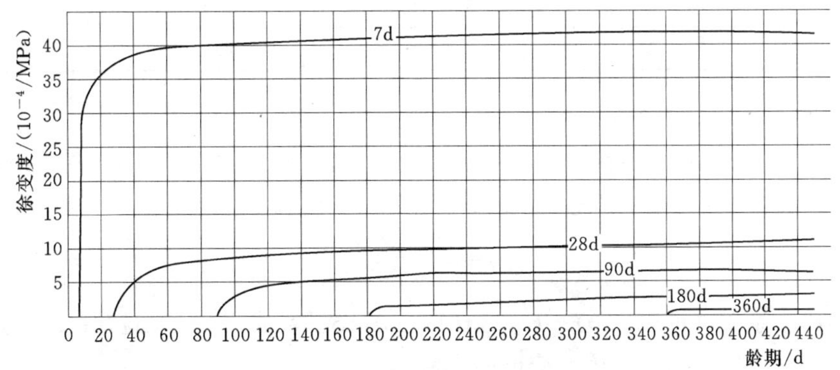

(b) $C_{90}15$ 碾压混凝土徐变曲线

图 2.7（一）　龙滩大坝混凝土徐变曲线

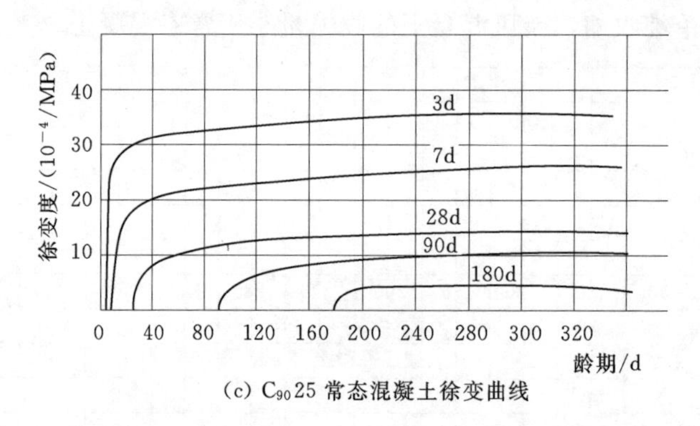

(c) $C_{90}25$ 常态混凝土徐变曲线

图 2.7（二） 龙滩大坝混凝土徐变曲线

土 $C_{90}25$ 的徐变曲线，可以看出龙滩混凝土的徐变度比较低，对温控和防裂是不利的，可能与采用石灰岩骨料和水泥品种有关。

比较图 2.7 中 3 种混凝土（a、b 和 c）的徐变度，有以下特点：

（1）碾压混凝土早期加载的徐变远大于后期加载者，也远大于常态混凝土早期加载者，表现了高掺量粉煤灰的影响。

（2）胶凝材料较多的碾压混凝土的徐变度大于胶凝材料少的。

（3）胶凝材料多的碾压混凝土后期加载的徐变度大于常态混凝土同期加载者。

（4）龙滩大坝下部碾压混凝土采用的胶凝材料用量更高，可推知其徐变度更大些。

4. 碾压混凝土的断裂韧性

混凝土断裂韧性 K_{IC} 是混凝土材料的一个常数，其数值的大小直接反映了混凝土的抗裂能力。K_{IC} 数值大表示混凝土的抗裂性好，K_{IC} 值小则混凝土的抗裂性差，试验结果列于表 2.13。

表 2.13　混凝土断裂韧性表（180d）

混凝土材料编号及胶凝材料总量	试验组数 n	平均最大弯曲荷载 P/kN	断裂韧性 $K_{IC}/(kN/cm^{3/2})$	备注
R_{I}(90+110)	3	2.68	0.672	试件型式：三点弯曲梁试件，尺寸：10cm×10cm×14cm
R_{II}(75+105)	3	2.08	0.521	
R_{III}(55+105)	5	2.57	0.646	
R_{IV}(100+140)	3	2.43	0.510	

5. 碾压混凝土抗裂度分析

根据碾压混凝土的强度特性、温度特性和变形特性，按朱伯芳院士等人提出的方法，将这些指标进行综合评价，这就是抗裂度的概念。混凝土浇筑块温度应力 σ 近似计算公式为

$$\sigma=\frac{RE\alpha\Delta T}{(1+E_C)} \tag{2.1}$$

式中：R 为约束系数（可取 1.0）；E 为弹模；α 为线胀系数；ΔT 为温升；E_C 为徐弹比，即混凝土最终徐变变形与瞬时弹性变形的比值。

令 $\sigma=R_t$（抗拉强度），得到抗裂度

$$K_1=\frac{(1+E_C)R_t}{E\alpha} \tag{2.2}$$

式中：K_1 为安全系数为1.0，约束为100%，温度应力等于抗拉强度的温差，℃。

如令 $\sigma=E\varepsilon_t$（ε_t 为极限拉伸值），得抗裂度

$$K_2=\frac{(1+E_C)E\varepsilon_t}{E\alpha} \tag{2.3}$$

式中：K_2 为安全系数为1.0，约束100%，温度应力等于 $E\varepsilon_t$ 时的温差，℃。

进一步假定温差完全由水化热 θ 引起，并按下列简式计算温度应力

$$\sigma=\frac{E\alpha\theta}{(1+E_C)} \tag{2.4}$$

如令 $\sigma=R_t$ 和 $\sigma=E\varepsilon_t$，得到抗裂系数 K_3 和 K_4 如下

$$K_3=K_1/\theta \tag{2.5}$$

$$K_4=K_2/\theta \tag{2.6}$$

龙滩水电站碾压混凝土和常态混凝土的性能见表2.14，根据此表用上述公式计算出混凝土抗裂能力见表2.15。从表2.15中可以看出，若以 K_2 来评价，龙滩碾压混凝土28d龄期的抗裂能力为常态混凝土的74%～83%，看来碾压混凝土比常态混凝土抗裂能力要差；但是，把碾压混凝土的绝热温升也考虑进去，并假定水化热全部转化为温升，由 K_4 可以看出，碾压混凝土的抗裂度高于常态混凝土；实际上碾压混凝土由于连续施工，水化热散发不多，而常态混凝土由于施工有间歇，水化热散发较多，不会全部转化为温升。因此，考虑上述因素，碾压混凝土和常态混凝土两者的抗裂度可能基本接近。

表2.14　龙滩水电站碾压混凝土和常态混凝土性能比较

混凝土类型		$E(\tau)$ /MPa	α /(10^{-6}/℃)	θ_τ /℃	$E(\tau)C(\tau)$	R_t /MPa	ε_t /10^{-6}
RCC	$C_{90}20R_{Ⅱ}$	30200 (33700)	4.93	15.60 (16.96)	0.82 (0.673)	2.64 (3.10)	70 (86)
	$C_{90}15R_{Ⅲ}$	28100 (31200)	4.42	13.50 (15.25)	0.42 (0.25)	1.93 (2.26)	71 (84)
常态	$C_{90}25$	32700 (35300)	5.16	24.20 (24.82)	0.59 (0.42)	2.23 (3.20)	100 (104)

注　表中括号内数据为90d成果。

表2.15　龙滩水电站碾压混凝土和常态混凝土抗裂能力比较表

混凝土类型		K_2/℃	K_4/℃
RCC	$C_{90}20R_{Ⅱ}$	25.78(29.13)	1.65(1.72)
	$C_{90}15R_{Ⅲ}$	22.85(23.75)	1.69(1.56)
常态	$C_{90}25$	30.80(26.82)	1.27(1.15)

注　表中括号内数据为90d成果。

2.1.3.5 碾压混凝土的耐久性

碾压混凝土的耐久性主要研究了抗渗性和抗冻性，龙滩水电站碾压混凝土抗渗和抗冻试验成果见表2.16。龙滩碾压混凝土抗渗等级均大于W11，通过渗透试件的渗水高度和渗水时间计算出的渗透系数均小于10^{-9}cm/s，其渗透系数与常态混凝土具有相同的数量级。龙滩水电站碾压混凝土的抗冻等级在F100～F150，达到设计要求。

表2.16　　龙滩水电站碾压混凝土抗渗和抗冻试验成果表

碾压混凝土材料分区编号	抗渗等级			抗冻等级(90d)	现场取样室内渗流试验
	28d	90d	180d		
$C_{90}25(R_{I})$	>W11	>W11	>W11 (2.83×10^{-10})	F150	层面不处理 (0.31×10^{-9})
$C_{90}20(R_{II})$	>W11	>W11	>W11 (8.95×10^{-9})	F100	铺小骨料混凝土 (2.534×10^{-9})
$C_{90}15(R_{III})$	>W11	>W11	>W11 (1.35×10^{-9})	F100	
$C_{90}25(R_{IV})$	>W11	>W11	>W11 (2.92×10^{-10})	F150	

2.1.3.6 碾压混凝土芯样性能试验研究

由于碾压混凝土材料的力学参数与试件型式、成型方式、试件尺寸、加载方式、加载速率、量测技术和精度有关，现场碾压混凝土切割的试件，不同于室内经湿筛后成型的标准试件；此外，碾压混凝土由于其干硬性以及含有层间弱面，因此，现场试验成果与室内成型试件的试验结果并不完全相同，龙滩现场试验各工况配合比见表2.17。

表2.17　　龙滩水电站大坝现场碾压试验基本情况汇总表

工况	试验配合比								工况说明
	材料用量/(kg/m³)					外加剂/%	砂率/%	$\frac{W}{C+F}$	
	水	水泥	粉煤灰	砂	碎石				
A、B	98	75	105	735	1475	TF，0.25	33.3	0.544	在完成第一层碾压后，A工况层面间歇24h，层面铺一层1.5～2.0cm厚的水泥砂浆，再摊铺60cm厚的混凝土，并碾压；B工况间歇4～6h，层面不作处理
C、D	102～105	70	150	724	1422	金星V，0.5	33.8	0.464～0.477	工况C：层面间歇7.5h，表面保湿，然后铺1：2.5水泥砂浆，再铺上层碾压混凝土。工况D：层间间歇3h，表面湿润，层面不处理。
E	100	70	150	724	1422	金星V，0.5	33.8	0.455	工况E：层面不处理，间隔4h。
F	100	75	105	735	1475	FDN-M500R，0.3	33.3	0.556	工况F：层面间歇7h，保持湿润，铺小石子常态混凝土垫层料

续表

工况	试验配合比								工况说明
	材料用量/(kg/m³)					外加剂/%	砂率/%	$\frac{W}{C+F}$	
	水	水泥	粉煤灰	砂	碎石				
G、H	100	75	105	735	1475	FDN-M500R，0.3	33.3	0.556	工况G：层面不处理，间歇时间4h40min。 工况H：层面间歇5h，保湿，铺7～13mm厚水泥砂浆。
I	105	90	110	735	1470	FDN-M500R，0.3	33.3	0.525	工况I：层面不处理，间歇5h20min。
J	90	90	60	745	1496	FDN-M500R，0.3	33.2	0.60	工况J：按RCD法施工，层面间歇72h，凿毛，冲洗，铺砂浆

1. 横观各向同性研究

6种工况（A～F）含层面试件的抗压弹模试验成果见表2.18，抗压弹模试验结果在17.2～31.2GPa之间，不含层面的本体试件的抗压弹模在31.3～39.9GPa之间，平均为35.0GPa，前者与后者之比为0.69。

表2.18　　龙滩水电站碾压混凝土芯样物理力学试验成果汇总表
（现场取样、室内试验、龄期180d）

工况	统计参数	密度/(kg/m³)		抗压强度/MPa		劈拉强度/MPa		抗压弹性模量/(10⁴MPa)		超声波速度/(m/s)			轴向拉伸		
		层面	本体	层面	本体	层面	本体	层面	本体	垂直层面	平行本体	垂直本体	σ/MPa	E/GPa	ε_{min}/10^{-5}
A	平均值	2474		35.01		1.43		1.97	3.99	4786	5337	5002			
B	平均值	2469		25.57		0.77		2.50	3.90	4808	5315	4908			
C	平均值	2455	2443	26.49		0.70	2.17	1.72	3.13	4718	5076		1.11	26.59	5.45
D	平均值	2484		23.44		2.23		2.48	3.13	4697	5037		1.15	24.12	5.27
E	平均值	2451	2450	28.43	28.75	2.24	3.95	2.83	3.43	4655	4952		0.83	27.59	4.69
F	平均值	2486	2478	28.46	29.12	2.48	3.64	3.12	3.48	4875	5117		1.07	30.48	5.01
G	平均值			37.36		2.16									
H	平均值			36.16		2.44									
I	平均值			40.91		2.34									
J	平均值			31.94		1.32									

注　碾压混凝土的拉、压强度和弹性模量的确定，应以室内经湿筛后成型的标准试件的试验结果为准。

在静态减摩加载条件下，加载应变速率5$\mu\varepsilon$/s，测得D、E工况平行层面X方向和垂直层面Y方向的静弹性模量E_{sx}和E_{sy}于表2.19，本体试件的平均泊松比为0.15，层面试件的平均泊松比为0.27，表中给出碾压混凝土竖向弹性模量E_y为横向弹模模量E_x的0.8倍。

表 2.19　　碾压混凝土静弹性模量

项　目	工　况　D			工　况　E		
弹性模量	E_x^s	E_y^s	E_x^s/E_y^s	E_x^s	E_y^s	E_x^s/E_y^s
均值/(10^4MPa)	2.11	1.76	1.20	2.26	1.90	1.19
均方差/(10^4MPa)	0.61	0.46	0.18	0.65	0.43	0.37
变异系数	0.29	0.26	0.15	0.29	0.23	0.30

从表 2.18 和表 2.19 中碾压混凝土芯样的指标比较可以看出，层面的存在对碾压混凝土的密度和抗压强度没有影响，但是，层面的存在使抗拉强度、弹性模量明显降低，说明碾压混凝土材料具有一定程度的横观各向同性性质。

横观各向同性介质具有5个独立的弹性常数，即顺层向的弹性模量 E_1 和泊桑比 μ_1，垂直层面方向的弹性模量 E_2 和泊桑比 μ_2，以及切层的剪切模量 G_2。若已知碾压混凝土本体碾压层相对厚度为 t_B，弹性常数 E_B 和 μ_B，以及层间弱面影响带的相对厚度为 t_s，弹性常数 E_S 和 μ_S，也可以通过计算求得横观各向同性介质的5个独立的弹性常数。

平面变形问题：

$$\left.\begin{aligned}E_1=l_1-(l_3^2/l_1),\mu_1=l_3/l_1,G_2=1/l_5\\E_2=\frac{l_1+l_3}{l_4(l_1+l_3)+2l_2^2},\mu_2=\frac{l_2}{l_4(l_1+l_3)+2l_2^2}\end{aligned}\right\}\tag{2.7}$$

平面应力问题：

$$\left.\begin{aligned}E_1=l_1-l_3^2l_6,E_2=(1/l_6)-(l_3^2/l_1)\\\mu_2=l_3/l_1,G_2=1/l_5\end{aligned}\right\}\tag{2.8}$$

式（2.7）和式（2.8）中：

$$l_1=\frac{E_B}{1-\mu_B^2}t_B+\frac{E_s}{1-\mu_s^2}t_s,l_2=\frac{\mu_B}{1-\mu_B}t_B+\frac{\mu_s}{1-\mu_s}t_s$$

$$l_3=\frac{\mu_BE_B}{1-\mu_B^2}t_B+\frac{\mu_sE_s}{1-\mu_s^2}t_s,l_4=\frac{1-\mu_B-2\mu_B^2}{E_B(1-\mu_B)}t_B+\frac{1-\mu_s-2\mu_s^2}{E_s(1-\mu_s)}t_s$$

$$l_5=E\ \frac{2(1+\mu_B)}{E_B}t_B+\frac{2(1+\mu_s)}{E_s}t_s,l_6=\frac{(1-\mu_B^2)}{E_B}t_B+\frac{(1-\mu_s^2)}{E_s}t_s$$

$$t_B+t_s=1$$

2. 抗压、抗拉强度特性研究

10种工况（A～J）的抗压强度和抗拉强度试验成果见表2.18，抗压强度试验结果在23.44～40.91MPa之间，平均为31.37MPa。其中第二次试验（C、D、E、F工况）成果偏低，可能与高气温下施工有关，E、F两种工况，含层面的抗压强度与本体抗压强度之比为0.984。

10种工况沿层面的劈拉强度在0.70～2.48MPa之间，平均为1.81MPa，平均拉压比为0.058，比一般拉压比偏低。4个工况（A、C、E、F）层面劈裂抗拉强度平均值为1.71MPa，与本体劈裂抗拉强度2.9MPa之比为0.59。

在静态减摩加载条件下，加载应变速率 5με/s，对D、E、F工况试验测得的峰值压应力强度和极限应变试件进行统计，得到静态抗压强度 $f_0^s=14.4\sim16.6$MPa（若不减摩加载强度可提高约 1.6 倍），静态极限压应变 $\varepsilon_0^s=1400\sim2100\mu\varepsilon$。从拉伸试验得到静态抗拉强度 $f_t^s=0.8\sim1.2$MPa，静态极限拉应变 $\varepsilon_t^s=69\sim76\mu\varepsilon$。根据拉裂面的部位和形态判断拉伸试验的结果，可认为基本上反映了碾压混凝土的层面性能。抗拉强度与抗压强度比值约为 (1/17)～(1/20)。根据以上的分析可知，主要的原因是由于试件含碾压层面，而层面抗拉强度较低，导致拉、压强度比值较低。

D、E、F 工况拉伸试验表明，静态弹模、峰值应力和极限应变测试均值分别为：均值 $f_t^s=0.89$MPa，变异系数 0.205；均值 $\varepsilon_t^s=73.1\mu\varepsilon$，变异系数 0.179；均值 $E_{zt}^s=1.22\times10^4$MPa，变异系数 0.223。

拉伸试验中，共测试到 14 条静态应力-位移全过程曲线（$\sigma-W$），见图 2.8，对这 14 条曲线采取规一化的办法进行处理，并按照软化曲线整理方法，得出平均的材料软化应力-张开度（f/f_t-W）曲线，见图 2.9。

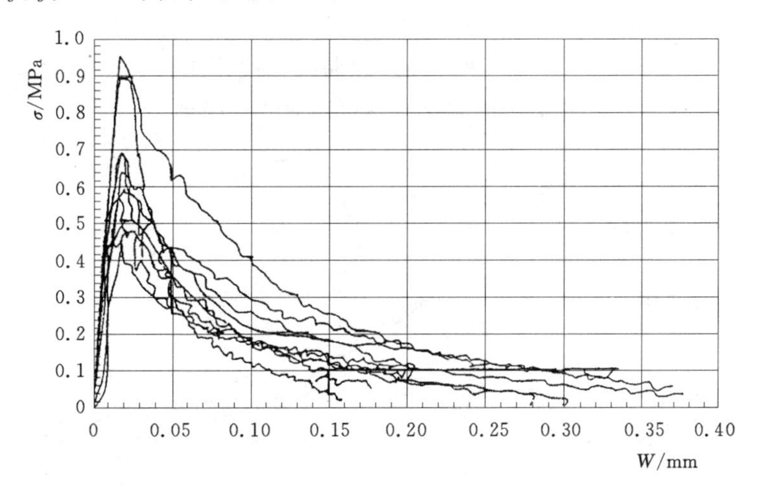

图 2.8 实测应力-变形全过程曲线（拉伸，慢速加载）

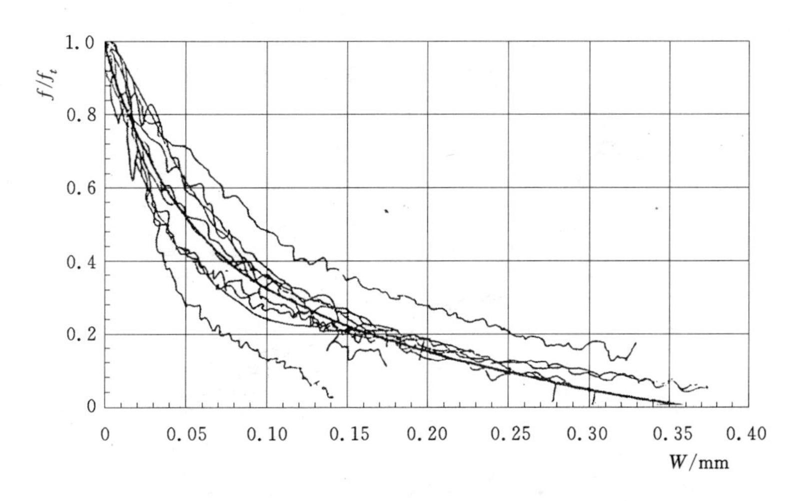

图 2.9 实测规一化应力-张开度曲线（拉伸，慢速加载）

3. 碾压混凝土芯样的动力特性

试验研究中的加载速率分为快、慢两档作为动力和静力试验条件。对于拉伸试验，快速加载（动力）的应变速率为 500$\mu\varepsilon$/s，慢速加载（静力）的应变速率为 5$\mu\varepsilon$/s；对于压缩试件分别是 5000$\mu\varepsilon$/s 和 50$\mu\varepsilon$/s。

（1）根据 D、E、F 工况试件静、动力试验结果的统计，动态弹模与静态弹模之比为 1.10；动态抗压强度与静态抗压强度之比为 1.13；动态抗拉强度与静态抗拉强度之比为 1.27；动、静态极限拉伸应变基本相等，动静态极限应变比值为 0.96。说明动态下的强度性能有所提高。

（2）碾压混凝土材料在受压状态下，无论是慢速加载，还是快速加载都呈现应变软化特性。对 19 条试验曲线［10 条慢速加载（静态）和 9 条快速加载（动态）］进行规一化处理，应力应变全曲线规一化处理即取峰值应力为 1，用峰值应力除曲线各点应力，取峰值应力对应的应变（即极限应变）为 1，再用极限应变除曲线各点的应变。规一化处理后的结果见图 2.10～图 2.12。从两条平均全过程曲线的线型来看，静态的软化段曲线可近似地用一条直线来代替；快速加载的软化段，可用双线性来逼近。

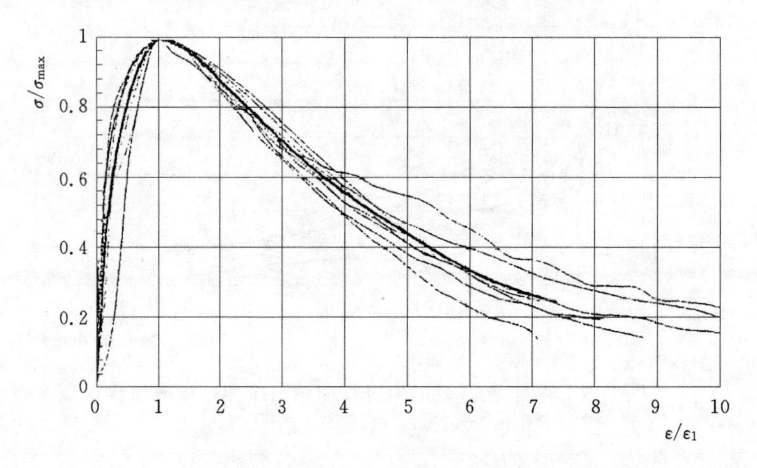

图 2.10　实测无量纲应力应变曲线（压缩，慢速加载）

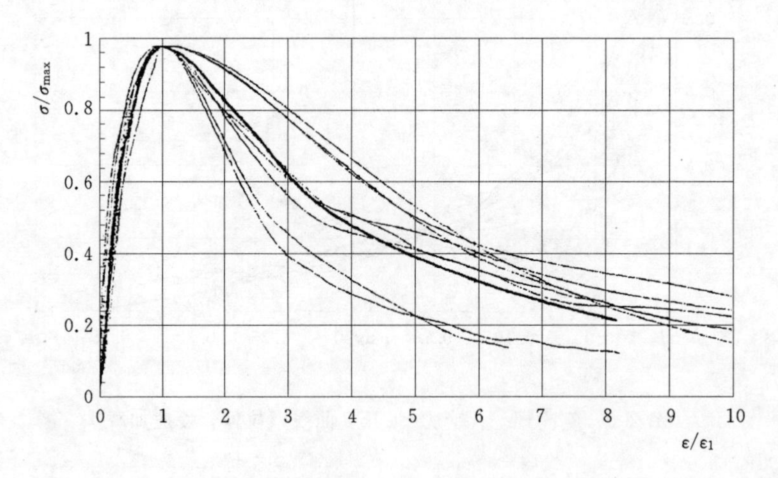

图 2.11　实测无量纲应力应变曲线（压缩，快速加载）

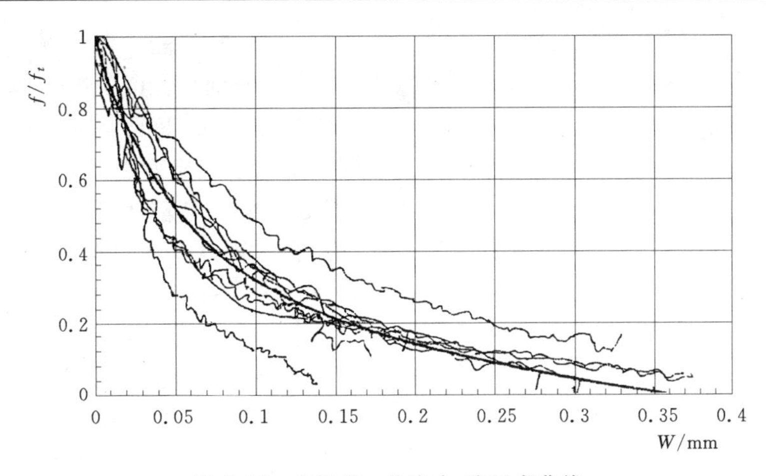

图 2.12 实测规一化应力-张开度曲线

D、E、F 工况拉伸试验测得动态抗拉峰值应力均值 $f_t^d=1.28\text{MPa}$，变异系数 0.325。为增强可比性，取同一试块切割出来的试件做动静强度比较，测得静态抗拉峰值应力均值 $f_t^s=1.01\text{MPa}$，动、静抗拉强度比 $f_t^d/f_t^s=1.27$。

4. 断裂特性研究

(1) 断裂韧度与复合断裂。从表 2.20 看出，本体断裂韧度均大于层面断裂韧度。工况 D 层面 $K_{\text{I}C}$ 为本体的 0.99，层面 $K_{\text{II}C}$ 为本体的 0.838，工况 E 层面 $K_{\text{I}C}$ 为本体的 0.73，层面 $K_{\text{II}C}$ 为本体的 0.91，综合上述 4 种情况，层面断裂韧度为本体的 0.87。图 2.13 为工况 D 层面试验和计算断裂曲线的比较，从图中可以看出，试验所得断裂曲线与最大拉应力准则计算所得断裂曲线，除个别点外大体上是吻合的。从表 2.21 看出所测的开裂角与理论值相差较大。

表 2.20　各种工况本体及层面的断裂韧度

工　况	$K_{\text{I}C}$ /(kN/cm$^{3/2}$)	$K_{\text{II}C}$ /(kN/cm$^{3/2}$)	$K_{\text{II}C}/K_{\text{I}C}$
D 本体	0.491	0.510	1.02
E 本体	0.605	0.513	0.85
D 层面	0.488	0.421	0.86
E 层面	0.440	0.467	1.06
F 层面	0.515	0.448	0.94

表 2.21　工况 D 层面复合型断裂试验结果

C /mm	d /mm	K_{I} /(kN/cm$^{3/2}$)	K_{II} /(kN/cm$^{3/2}$)	理论 $\theta_0$① /(°)	实测 θ_0 /(°)	$K_{\text{I}}/K_{\text{I}C}$	$K_{\text{II}}/K_{\text{I}C}$
0	45	0	−0.421	70.5	37.7	0	−0.863
5	45	0.178	−0.427	62.8	30	0.365	−0.875
15	90	0.179	−0.241	57.2	28	0.367	−0.494
30	90	0.326	−0.197	44.1	25	0.668	−0.404
55	90	0.430	−0.122	28.0	17	0.881	−0.250
三点弯曲试件		0.488	0	0	0	1.0	0

① 按最大拉应力准则计算的 θ_0 值。

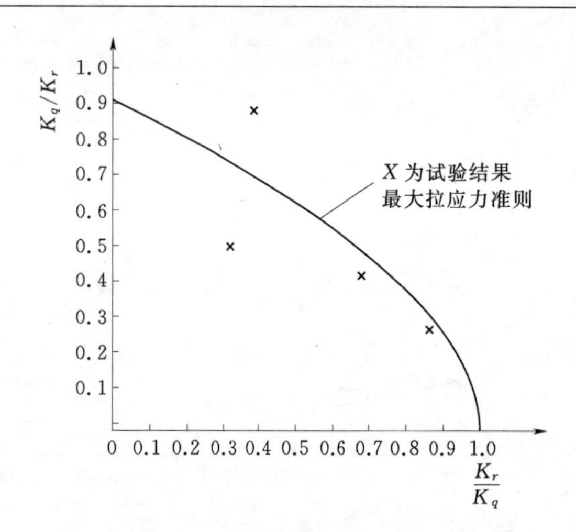

图 2.13 临界断裂曲线试验值与最大拉应力准则的比较

(2) 断裂能。各工况断裂能（单位：N/m）分别是：D工况本体132，E工况本体173，D工况层面106，E工况层面120，F工况层面109。可见，同一工况本体试件的断裂能大于层面试件的断裂能，例如工况D本体试件的断裂能较层面的大15%。对于工况D层面各复合型断裂试件，测得其断裂能 $G_F=101\text{N/m}$，与用三点弯曲所测得断裂能（$G_F=106\text{N/m}$）属同一量级，对于其他复合型断裂试件以及纯Ⅱ型试件所测得的断裂能，其值也与3点弯曲试件的 G_F 值属同一量级，这说明各复合型断裂试件及纯Ⅱ型试件也属于拉伸断裂。

采用应变控制加载的单轴拉伸试验，按照拉伸软化曲线的整理方法和规一化处理，得到反映材料应变软化特性的应力-张开度曲线。从拟合的平均软化曲线可求出，含层面碾压混凝土材料的断裂能 $G_F=\int f\mathrm{d}w$，试验测得材料抗拉强度均值 $f_t=0.83\text{MPa}$，最大张开度0.35mm，积分求得断裂能 $G_F=70\text{N/m}$。显然，由于碾压层面抗拉强度 f_t 较低，所以 G_F 相对来说也较小。

(3) 徐变断裂。通过D工况试件的徐变断裂试验，获得下列结果：

1) 当应力强度因子水平较高（$K_{\text{I}}/K_{\text{I}C}=0.95$、0.90）时，裂缝延长线上应变随时间不断增加；即裂缝随时间延长而不断扩展，其断裂时间为数十秒至数分钟，这一类的试件断裂具有瞬时断裂的性质。

2) 当应力强度因子水平较低（$K_{\text{I}}/K_{\text{I}C}=0.75$）时，在持续荷载作用下裂缝延长线上的应变随时间有所增加，但应变经历减速阶段后，应变增长缓慢，应变值趋于一稳定值，试件历时6个月尚未破坏。

3) 当应力强度因子水平 $K_{\text{I}}/K_{\text{I}C}=0.85$，0.80时，徐变可分为3个阶段：第一阶段为一开始阶段，这一阶段徐变速率随时间而逐渐减少，即徐变速率减速阶段；第二阶段徐变曲线接近直线，这是徐变稳定阶段；第三阶段当总变形达到某一数值后，徐变速率值随时间不断增大，最终导致试件破坏，这是徐变加速的断裂阶段，这一类型属典型的徐变断裂。

根据试件的平均断裂时间，假定不同的工作年限，得到相应的应力强度因子水平，见表2.22，供结构物徐变断裂分析参考。

表 2.22　　不同使用年限的应力强度因子水平

使用年限/a	20	30	50
应力强度应子水平 $K_{\text{I}}/K_{\text{1C}}$	0.750	0.746	0.740

2.2 碾压混凝土层面垫层材料研究

碾压混凝土超过初凝时间后，为了使层面结合良好，必须铺设层面垫层材料。龙滩碾压混凝土主要研究了掺粉煤灰的水泥砂浆、小骨料常态混凝土、丙乳粉煤灰水泥砂浆和防水剂粉煤灰水泥砂浆等4种层面垫层材料。

2.2.1 水泥砂浆垫层材料

通过试验研究提出了适用于龙滩碾压混凝土的水泥砂浆垫层材料配合比，这种砂浆具有强度高（90d抗压强度达37.6MPa，抗拉强度达3.43MPa）、变形性能好（90d弹模为2.91×10^4MPa，极限拉伸值达113×10^{-6}）、抗渗性好（28d抗渗等级大于W12）的特点。

水泥砂浆垫层材料配合比及其性能见表2.23和表2.24。

表2.23　　水泥砂浆垫层和一级配常态混凝土垫层材料配合比表

项目	水灰比	单位用水量/(kg/m³)	水泥/(kg/m³)	粉煤灰/(kg/m³)	砂子/(kg/m³)	小石/(kg/m³)	坍落度/mm	沉入度/mm	容重/(kg/m³)	抗压强度/MPa			劈拉强度/MPa		
										7d	28d	90d	7d	28d	90d
一级配混凝土$C_{90}20$	0.46	142	105	204	819	1130	10	—	2394	12.0	23.9	24.0	1.36	2.07	2.10
一级配混凝土$C_{90}30$	0.46	140	212	91	758	1062	20	—	2398	15.5	23.3	35.9	1.39	2.71	3.39
砂浆	0.38	230	242	363	1410	—	—	54	2231	22.2	44.1	48.5	1.87	3.00	2.70

表2.24　　水泥砂浆垫层和一级配常态混凝土垫层材料性能表

项目	试件抗压强度/MPa			抗压弹模/(10^4MPa)			轴拉弹模/(10^4MPa)			轴拉强度/MPa			极限拉伸值/$\mu\varepsilon$			抗渗等级
	7d	28d	90d	7d	28d	90d	7d	28d	90d	7d	28d	90d	7d	28d	90d	
一级配混凝土C20(90d)	7.7	16.5	20.6	2.07	3.45	3.58	3.32	3.50	3.91	1.32	2.80	3.53	50	83	97	>W10
砂浆	18.1	30.3	37.6	2.16	2.85	2.91	—	—	3.03	—	—	3.43	—	—	113	>W12

2.2.2 小骨料常态混凝土垫层材料

配合比设计所选定的小骨料常态混凝土采用一级配混凝土，其强度高于上、下层的碾压混凝土，拌和物坍落度控制在0～20mm之间，通过试验研究提出的小骨料常态混凝土配合比具有强度高、变形性能好等一系列优点。

小骨料常态混凝土垫层材料配合比及其性能见表2.23和表2.24。

2.2.3 其他层面垫层材料配合比研究

其他层面处理材料及配合比试验主要研究了丙乳粉煤灰水泥砂浆和防水剂粉煤灰水泥

砂浆等两种层面垫层结合材料，进行初凝前覆盖、初凝后终凝前覆盖、终凝后覆盖等3种层面结合条件下的抗压强度、层间结合强度、抗渗性和抗冻性等试验。

2.2.3.1 配合比

丙乳改性垫层砂浆即在粉煤灰水泥砂浆中掺入适量的丙乳改性剂进行改性。掺10%丙乳的不同粉煤灰掺量的砂浆试验结果表明，粉煤灰掺量为30%时性能较好，28d强度为32.3MPa，高于本体碾压混凝土，极限拉伸值达190×10^{-6}，轴心抗拉强度为3.75MPa，轴心抗拉弹模为24.0GPa，因此，粉煤灰掺量宜取30%。

防水剂改性垫层砂浆即在粉煤灰水泥砂浆的基础上掺入2.0%的防水剂。

丙乳改性垫层砂浆、防水剂改性垫层砂浆以及进行对比试验的普通砂浆的配合比见表2.25。

表2.25　　垫层砂浆配合比及拌和物性能

编号	砂浆品种	水胶比	掺灰量/%	水泥+凯里灰+砂+水+防水剂/(kg/m³)	丙乳		减水剂/%	稠度/mm	含气量/%
					kg/m³	%			
PL	普通	0.40	40	353+235+1317+235+0	—	—	0.7	93	5.0
NL	丙乳	0.30	30	411+176+1171+142+0	59	10	0.7	95	10.1
KL	防水剂	0.40	40	353+235+1317+235+12	—	—	0.7	92	4.6

2.2.3.2 含层面碾压混凝土的性能

（1）含层面碾压混凝土力学性能。选择普通粉煤灰水泥砂浆、丙乳粉煤灰水泥砂浆和防水剂粉煤灰水泥砂浆作为碾压混凝土层间界面结合的垫层砂浆，分初凝前铺垫、初凝后终凝前铺垫、终凝后铺垫等3类层面条件（试验室条件下，本体碾压混凝土的初凝时间为9h左右，终凝时间约13.5h），进行含层面碾压混凝土的性能对比试验，垫层厚度为10～15mm。砂浆抗压强度试验结果见表2.26，含层面碾压混凝土的性能试验结果见表2.27和表2.28。

表2.26　　垫层砂浆的抗压强度

编号	密度/(kg/m³)	抗压强度/MPa			
		7d	28d	90d	180d
PL	2140	15.9	30.1	41.6	43.7
NL	1975	15.3	31.2	38.8	41.5
KL	2148	16.1	30.5	41.9	44.0

表2.27　　含层面碾压混凝土的抗压强度/MPa

砂浆品种	初凝前铺垫（间隔3～4h）				初凝后、终凝前铺垫（间隔11～12h）				终凝后铺垫（间隔16～17h）			
	编号	7d	28d	90d	编号	7d	28d	90d	编号	7d	28d	90d
普通	PL1	15.2	27.9	40.8	PL2	15.3	27.8	41.3	PL3	15.2	28.1	41.6
丙乳	NL1	15.1	28.3	41.0	NL2	15.1	27.5	40.7	NL3	15.0	28.9	40.2
防水剂	KL1	15.3	28.1	40.5	KL2	15.1	27.9	41.0	KL3	15.2	28.8	41.4

表 2.28 含层面碾压混凝土的层间劈拉强度/MPa

砂浆品种	初凝前铺垫（间隔 3～4h）				初凝后、终凝前铺垫（间隔 11～12h）				终凝后铺垫（间隔 16～17h）			
	编号	7d	28d	90d	编号	7d	28d	90d	编号	7d	28d	90d
普通	PL1	0.58	1.19	1.98	PL2	0.54	1.10	1.84	PL3	0.42	1.00	1.44
丙乳	NL1	0.65	1.30	2.69	NL2	0.57	1.27	2.55	NL3	0.57	1.27	1.84
防水剂	KL1	0.60	1.22	2.01	KL2	0.55	1.14	1.89	KL3	0.43	1.06	1.51

试验结果表明，初凝前铺垫、初凝后终凝前铺垫、终凝后铺垫 3 类层面条件下制作的含层面碾压混凝土，不管是丙乳砂浆、防水剂砂浆，还是普通砂浆，各龄期相应的抗压强度相差不大，与本体碾压混凝土接近，劈拉强度均低于本体碾压混凝土。

层间劈拉强度，初凝前铺垫优于初凝后终凝前铺垫，优于终凝后铺垫，以 90d 龄期为例，初凝后终凝前铺垫比初凝前铺垫下降 5%～7%，终凝后铺垫比初凝前铺垫下降 27%～32%。

丙乳砂浆与普通砂浆相比能有效地提高碾压混凝土的层间结合强度，提高 6%～36%，丙乳砂浆初凝后终凝前铺垫时，其劈拉强度仅比普通砂浆初凝前铺垫下降 7%，采用丙乳砂浆作垫层材料，具有较好的界面结合性能。

掺防水剂的垫层砂浆对碾压混凝土的层间劈拉强度提高 2%～5%，与普通砂浆基本相同。

(2) 含层面碾压混凝土的耐久性能。含层面碾压混凝土的耐久性试验包括抗渗试验和抗冻试验。抗渗和抗冻试件的养护龄期为 90d，抗渗试验时的渗水方向平行于层间结合面，结果见表 2.29。

表 2.29 含层面碾压混凝土的抗渗性能

编号	砂浆品种	铺垫条件	逐级加压至 3.0MPa 后的渗水高度/mm	抗渗等级
PL1	普通	初凝前铺垫砂浆 间隔 3～4h	55.1	≥W30
NL1	丙乳		31.4	≥W30
KL1	防水剂		38.8	≥W30
PL2	普通	初凝后终凝前铺垫砂浆 间隔 11～12h	62.3	≥W30
NL2	丙乳		36.2	≥W30
KL2	防水剂		45.5	≥W30
PL3	普通	终凝后铺垫砂浆 间隔 16～17h	83.0	≥W30
NL3	丙乳		40.3	≥W30
KL3	防水剂		52.8	≥W30
L5	—	本体碾压混凝土	39.4	≥W30

抗渗试验结果表明，采用普通砂浆进行层间处理的碾压混凝土，其抗渗能力均低于本体碾压混凝土，而采用防水剂砂浆和丙乳砂浆进行层间处理时，其抗渗能力优于本体碾压

混凝土。防水剂砂浆垫层时，含层面碾压混凝土的抗渗能力比普通砂浆垫层处理的碾压混凝土，要提高 27%～36%，丙乳砂浆垫层比普通砂浆垫层要提高 42%～52%。3 种砂浆在 3 类铺垫条件下的含层面碾压混凝土的抗渗性均大于 W30。

抗冻试验结果表明，含层面碾压混凝土具有较好的抗冻性，即使采用终凝后铺垫砂浆，进行 200 次冻融循环后的质量损失率和相对动弹性模数均能满足要求，可见，其抗冻性完全能满足 F150 的要求。

试验表明，采用丙乳改性垫层砂浆、渗透结晶防水剂垫层砂浆作为碾压混凝土层面处理材料与普通砂浆垫层相比，可显著提高层面抗渗能力。但掺入丙乳对砂浆抗压强度和弹模有降低的影响，对层面抗剪不利，其实用性还有待进一步研究。

2.3　变态混凝土配合比与特性研究

龙滩水电站大坝上游面的变态混凝土作为防渗体的一部分，参考常态混凝土坝的上游面外部混凝土分区要求，提出变态混凝土的主要设计指标：强度等级为 C_{90}25；抗渗等级为 W12（龄期 90d）；抗冻等级为 F150（龄期 90d）；极限拉伸值为 85×10^{-6}（龄期 28d）；坍落度为 3～5cm；最大水胶比不大于 0.45。

2.3.1　原材料试验方案

试验研究采用广西鱼峰水泥股份有限公司生产的鱼峰牌 52.5R 中热硅酸盐水泥，试验用的粉煤灰有两种，即贵州凯里灰及云南宣威灰，试验用粗、细骨料为龙滩麻村料场砂石系统生产的石灰岩人工骨料，试验采用外加剂包括高效减水剂（ZB-1Rcc15，ZB-1，FDN-04，JM-2）和引气剂（ZB-1G，DH_9，AE，JM-2000）两类。

变态混凝土浆液中掺合料还采用了高性能掺合料，该掺合料比表面积大，就 28d 强度比结果看，其有增强效果，并且强度高于粉煤灰。在变态混凝土浆液中使用的外加剂增加了改性剂，通过在普通外加剂中增加改性剂，以改善“水、水泥、粉煤灰”组成的变态混凝土浆液性能。

2.3.2　改性外加剂型变态混凝土配合比研究

2.3.2.1　浆液配合比及浆液质量控制研究

根据对浆液进行大量流变性能、稳定性和仿真试验结果，并对外加剂进行了各类组合试验，经筛选选定的外加剂组合和浆液配合比见表 2.30。

表 2.30　　浆液优化配合比

试验编号	改性外加剂		$1m^3$ 浆液材料用量/kg			Marsh 流动度/s	
	品名	掺量/%	水	水泥	粉煤灰	测次	平均值
LT-16 LT-12	J-100	0.5	480 500	480 500	888 825	11	8.6
LT-43 LT-44	J-400	0.5	480 500	480 500	888 825	8	12.2

续表

试验编号	改性外加剂		1m³ 浆液材料用量/kg			Marsh 流动度/s	
	品名	掺量/%	水	水泥	粉煤灰	测次	平均值
LT-57 LT-58	J-500	0.5	480 500	480 500	888 825	8 7	8.8 7.1
LT-61 LT-63	J-600	0.5	480 500	480 500	888 825	8 7	9.4 6.6

变态混凝土加浆浆液必须具有良好的流变性、体积稳定性和抗离析性，控制浆液流动度是保证浆液流变性能稳定和变态混凝土质量的必要条件，浆液流变性能中一个指标是流动度。

浆液流动度测定常用水泥净浆流动度测定方法：《混凝土外加剂匀质性试验方法》(GB/T 8077—2000)，这种方法一般适用于稠度较稠的浆液，净浆流动度大约在 130～180mm。变态混凝土用浆液一般稠度较稀，净浆流动度在 250mm 以上，超出净浆流动度的精度测试范围，不能真实反映变态混凝土浆液的流动性能，为此，专门研制了一种新的锥体流动度仪，又称 Marsh 流动度仪，用来测量浆液流动度。

2.3.2.2 浆液性能试验

(1) 浆液的强度。浆液制成 4cm×4cm×16cm 试件，测定其抗压强度和抗折强度，试验结果见表 2.31。

表 2.31　浆液抗压强度和抗折强度试验结果

试验编号	外加剂		抗压强度/MPa			抗折强度/MPa		
	品名	掺量/%	7d	28d	90d	7d	28d	90d
LT-16 LT-12	J-100	0.5		19.6			4.33	
LT-43 LT-44	J-400	0.5	8.6 8.1	20.8 20.1	32.3 31.4	2.21 2.42	4.22 4.56	5.2 5.2
LT-57 LT-58	J-500	0.5	10.5 10.4	22.2 19.7	40.1 33.1	3.04 3.00	4.34 4.45	5.65 5.82
LT-61 LT-63	J-600	0.5	10.5	19.2	29.3	2.82	4.15	5.02

(2) 浆液的凝结时间和静置稳定性。浆液的凝结时间测定执行《水泥标准稠度用水量、凝结时间、安定性检验方法》(GB/T 1346—2001)，静置稳定性用浆液的 Marsh 流动度与历时的关系表示，即拌制好的浆液静置不同时间后重新搅拌测定其 Marsh 流动度，试验结果见表 2.32。

表 2.32　浆液凝结时间和静置稳定性试验结果

试验编号	凝结时间/h		Marsh 流动度/s			
	初凝	终凝	0h	2h	4h	6h
LT-16	49.75	52.00	7.1	5.7	5.7	4.6
LT-43	46.50	50.50	8.5	8.1	7.1	6.3
LT-57	46.25	50.25	8.2	8.1	6.5	5.4
LT-61	48.50	52.00	6.9	6.7	5.8	5.4

2.3.2.3　变态混凝土加浆方式和加浆率试验

在碾压混凝土配合比和浆液配合比确定的情况下，现场加浆方式和加浆率是影响变态混凝土配合比和质量的重要因素。采用实验室仿真试验研究变态混凝土加浆方式、加浆率和变态混凝土振动液化形态，并为变态混凝土施工加浆方式提供试验依据。

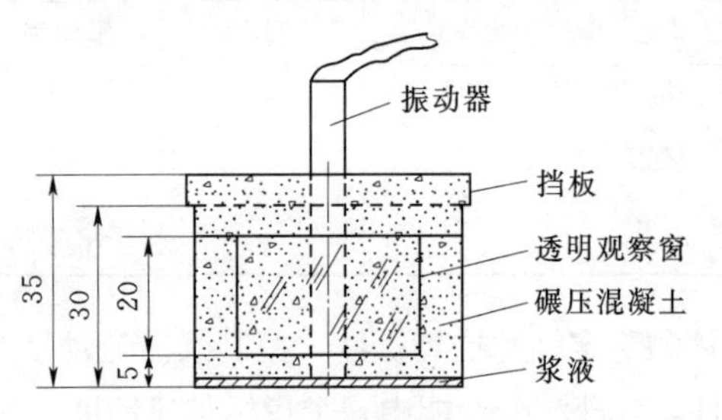

图 2.14　变态混凝土仿真模型示意图（尺寸：cm）

（1）仿真试验模型。仿真试验模型见图 2.14，仿真试件高 0.3m，相当于一层碾压混凝土层厚，插入式振动器采用 ZX－50 型振动器。

（2）不同加浆方法和加浆率仿真试验。从国内各工程已采用的加浆方法中筛选出底层、中间层和造孔加浆 3 种加浆方法进行仿真试验。不同加浆方法和加浆率仿真试验结果见表 2.33。

表 2.33　加浆方法和不同加浆率仿真试验结果

<table>
<tr><th rowspan="2">试验编号</th><th colspan="2">基　材</th><th rowspan="2">加浆方法</th><th rowspan="2">加浆率（体积）/%</th><th rowspan="2">振动液化描述</th><th rowspan="2">仿真试件抗压强度（7d）/MPa</th><th rowspan="2">仿真试件振实容重/(kg/m³)</th></tr>
<tr><th>名称</th><th>试件编号</th></tr>
<tr><td>LTG1－11</td><td rowspan="3">设定 RCC
浆液</td><td rowspan="3">LTR6－11
LT－16</td><td rowspan="3">中间层加浆：先铺 10cm 厚 RCC，再铺浆液，然后铺 RCC 至顶面高出 3～5cm</td><td>4</td><td>插入振动器后 10s 内激振液化，20s 内浆液上浮，30～35s 顶面见浆，但不能扩展</td><td>15.9</td><td>2500</td></tr>
<tr><td>LTG1－12</td><td>6</td><td>插入振动器 30s 内整个顶面见浆，扩展迅速成片，浆量足够</td><td>13.2</td><td>2463</td></tr>
<tr><td>LTG1－13</td><td>8</td><td>插入振动器 15s 顶面见浆，25s 扩展成片并流淌，浆量过多</td><td>13.8</td><td>2470</td></tr>
<tr><td>LTG1－14</td><td rowspan="3">设定 RCC
浆液</td><td rowspan="3">LTR6－11
LT－12</td><td rowspan="3">底层加浆：浆液全部铺满底层，上面铺 RCC，高 35cm</td><td>4</td><td>RCC 摊铺后浆液升高 5～7cm，插入振动器 15s 内浆液上升 25cm，表面全部出浆 30s，但不能扩展成片</td><td>14.9</td><td>2481</td></tr>
<tr><td>LTG1－15</td><td>5</td><td>浆铺底层，厚 18mm，插入振动器 10s 浆液上浮 25cm 高度，25s 浆液全部浮出表面，浆量足够</td><td>14.8</td><td>2469</td></tr>
<tr><td>LTG1－16</td><td>6</td><td>浆铺底层，厚 20mm，插入振动器 10s 浆液上浮 30cm 高度，15s 完全浮出表面，浆量足够</td><td>11.9</td><td>2452</td></tr>
<tr><td>LTG2－11</td><td>优化 RCC
浆液</td><td>LTR6－31
LT－58</td><td rowspan="3">造孔加浆：对角线上相距 25cm 造 2 孔，孔径 5cm，浆液平均倒入孔内</td><td rowspan="3">5</td><td rowspan="3">插入振动器，上部孔中浆液上浮封住下部孔中浆液上升通道，气泡不能全部逸出。30s 表面全部出浆</td><td>14.7</td><td>2478</td></tr>
<tr><td>LTG2－12</td><td>优化 RCC
浆液</td><td>LTR6－31
LT－44</td><td>13.3</td><td>2507</td></tr>
<tr><td>LTG2－13</td><td>优化 RCC
浆液</td><td>LTR6－31
LT－63</td><td>12.3</td><td>2489</td></tr>
</table>

在仿真试验中，由观察窗可以清楚观察到振动液化后浆液上浮和碾压混凝土颗粒排列整个过程的形态变化。

仿真试验表明，从振动液化机理考虑，3种加浆方法中以底层加浆最好，从简化施工工艺考虑，底层加浆方法最简便；合适的加浆率（体积%）可以从仿真试件表面泛浆分析判断，加浆率为4%～5%，表面全部泛浆，振动时间大约30s；浆液Marsh流动度为9±3s的浆液与其相适应的加浆率为4%～5%；加浆率过高，会在顶面上形成一层浮浆，如果浆液泌水，稳定性差，浮浆表面会出现一层粉煤灰浆，将降低层缝的抗拉强度和抗剪黏聚力，也易形成渗漏通道；不论是底层加浆还是造孔加浆，加浆率5%（体积百分比）时3种优化浆液的6个配比7d龄期抗压强度差异不大，振实容重达到2450kg/m³以上，满足设计规定值。

2.3.2.4 变态混凝土拌和物配合比

（1）试验室拌制成型变态混凝土试件方法。在试验室模拟变态混凝土形成过程制作混凝土试件，除采用仿真试验方法外，也可将拌制好的碾压混凝土摊铺成一定厚度（10～15cm），在其上洒铺已拌制好浆液，其量按已设定的加浆率（体积比）计算，然后人工翻拌两次，装入试模，按水工混凝土试验规程规定的成型方法成型试件。

采用仿真试件抗压强度与试验室拌制成型试件抗压强度的对比表明：试验室成型试件的抗压强度比仿真试件抗压强度值高，平均约高6%；从试件尺寸效应考虑，高出不超过10%是合理的。由此说明试验室成型的变态混凝土试件能够反映出变态混凝土的本质和性能。

（2）变态混凝土拌和物配合比及性能。优选并用于性能试验的配合比见表2.34，变态混凝土凝结时间试验结果见表2.35。

表2.34 变态混凝土配合比和性能

试验编号	基材		加浆率（体积比）/%	1m³变态混凝土材料用量/kg					坍落度/cm	含气量/%
	RCC	浆液		水	水泥	粉煤灰	砂	石		
LTG1-17	LTR6-11	LT-16	5	106	119	176	727	1290	3.6	2.5
LTG2-21	LTR6-32	LT-57	5	102	110	139	782	1302	3.2	2.7
LTG2-22	LTR6-32	LT-43	5	102	110	139	782	1302	2.5	2.7
LTG2-23	LTR6-32	LT-61	5	102	110	139	782	1302	1.6	2.6
LTG2-24	LTR6-32	LT-16	5	102	110	139	782	1302	1.7	2.8

表2.35 变态混凝土凝结时间测定结果

凝结时间 \ 试验编号	LTG1-17	LTG2-21	LTG2-22	LTG2-23	LTG2-24
初凝/h	17.50	19.17	16.08	16.08	18.50
终凝/h	23.50	24.17	22.42	22.08	23.83

2.3.2.5 变态混凝土物理力学性能

（1）抗压强度。抗压强度试验结果见表2.36。试验表明：变态混凝土90d龄期抗压强度均大于35MPa，超过设计抗压强度规定。

表2.36　　变态混凝土抗压强度（试验室成型试件）试验结果

试验编号	基材		水胶比	水泥用量/(kg/m³)	加浆率（体积比）/%	石粉含量/%	抗压强度/MPa			
	RCC	浆液					7d	28d	90d	180d
LTG1-17	LTR6-11	LT-16	0.36	119	5	9.9	13.3	27.7	39.7	46.5
LTG2-21	LTR6-32	LT-57	0.41	110	5	17.3	12.8	25.8	38.9	45.2
LTG2-22	LTR6-32	LT-43	0.41	110	5	17.3	13.0	25.1	38.8	47.1
LTG2-23	LTR6-32	LT-61	0.41	110	5	17.3	13.9	25.2	35.4	46.8
LTG2-24	LTR6-32	LT-16	0.4	110	5	17.3	14.0	27.9	39.8	43.6

（2）轴向抗拉强度。轴拉强度试验结果见表2.37。

表2.37　　变态混凝土轴拉强度试验结果

试验编号	基材		水胶比	加浆率（体积）/%	石粉含量/%	轴拉强度/MPa			
	RCC	浆液				7d	28d	90d	180d
LTG1-17	LTR6-11	LT-16	0.36	5	9.9	1.13	2.46	3.57	3.66
LTG2-21	LTR6-32	LT-57	0.41	5	17.3	1.17	2.15	3.25	3.62
LTG2-22	LTR6-32	LT-43	0.41	5	17.3	0.97	2.24	3.34	3.64
LTG2-23	LTR6-32	LT-61	0.41	5	17.3	1.32	2.32	3.31	3.78
LTG2-24	LTR6-32	LT-16	0.41	5	17.3	1.18	2.24	3.16	3.58

（3）压缩弹性模量和极限拉伸。压缩弹性模量和极限拉伸试验结果见表2.38，28d极限拉伸偏小。

表2.38　　变态混凝土弹性模量和极限拉伸试验结果

试验编号	基材编号		弹性模量/GPa				极限拉伸/10^{-6}			
	RCC	浆液	7d	28d	90d	180d	7d	28d	90d	180d
LTG1-17	LTR-11	LT-16	25.0	36.7	43.0	44.7	42	66	97	100
LTG2-21	LTR6-32	LT-57	27.0	36.1	42.7	44.2	47	67	94	95
LTG2-22	LTR6-32	LT-43	24.1	37.0	41.2	44.9	40	71	92	95
LTG2-23	LTR6-32	LT-61	24.0	34.8	42.9	43.2	48	65	86	94
LTG2-24	LTR6-32	LT-16	25.4	38.3	42.5	43.7	44	65	87	100

（4）体积变形。试验结果表明：变态混凝土的自生体积变形皆为膨胀，28d龄期自生体积变形为（20～25）$\times10^{-6}$，90d龄期后仍维持不变或略有增长；膨胀（20～25）$\times10^{-6}$相当于抵消2～3℃温差所引起的拉应力。

28d龄期后干缩值基本稳定，后龄期略有增加，至90d龄期干缩值在（160～200）$\times10^{-6}$范围内（图2.15）。龙滩水电站变态混凝土用水量只有102kg/m³，故其干缩值比常态混凝土小，但比二级配碾压混凝土的干缩值高出10%～15%。

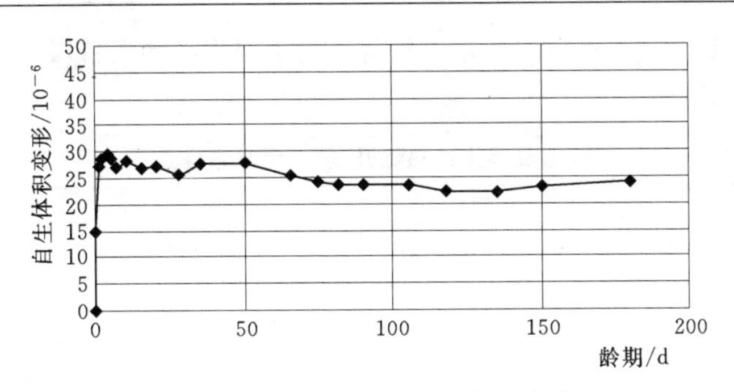

图 2.15 变态混凝土自生体积变形

(5) 耐久性。抗渗性试验结果见表 2.39。5 种变态混凝土的抗渗性全部超过设计要求 W12(90d)。抗冻性试验结果表明，除 LTG2-23 配合比不能满足抗冻性要求外，其余 3 种变态混凝土抗冻性均满足 F150 设计规定。

表 2.39 变态混凝土抗渗性试验结果

指标 \ 试验编号	LTG1-17	LTG2-21	LTG2-22	LTG2-23	LTG2-24
抗渗标号 (90d)	>W12	>W12	>W12	>W12	>W12
渗透高度/cm	1.1	1.7	1.8	1.4	1.7

(6) 热学性能。

1) 热线胀系数。热胀系数测定结果见表 2.40。

表 2.40 热胀系数试验结果 单位：10^{-6}/℃

试验编号	升温 (15～50℃)		降温 (50～15℃)		平均值
LTG1-17	5.53	6.15	6.62	6.37	6.16
LTG2-21	5.34	5.88	5.85	5.78	5.78
LTG2-22	5.17	5.68	5.10	5.44	5.44
LTG2-23	5.32	5.83	5.84	5.74	5.74

2) 绝热温升。变态混凝土 LTG2-21 的绝热温升过程曲线见图 2.16。采用最小二乘法进行曲线拟合，得出混凝土的绝热温升-历时最优拟合表达式见表 2.41。

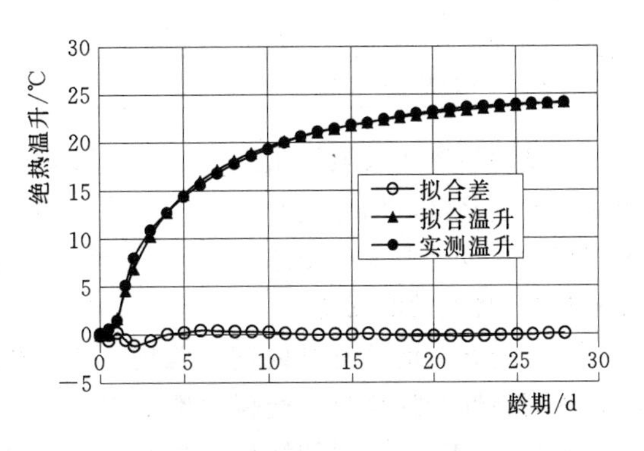

图 2.16 龙滩水电站变态混凝土绝热温升过程曲线和拟合曲线

2.3.3 高性能掺合料型变态混凝土配合比研究

2.3.3.1 变态混凝土加浆浆液配合比及浆液质量控制研究

已建碾压混凝土坝中变态混凝土施工，主要采用水泥浆或水泥粉煤灰浆。为满足龙滩水电站碾压混凝土重力坝防渗要求，在常用的水泥浆和水泥粉煤灰浆加入高性能掺合料，以提高变态混凝土的浆液性能。

表 2.41　　变态混凝土绝热温升-历时拟合方程式

试验编号	初始温度/℃	28d绝热温升/℃	拟合最终绝热温升/℃	绝热温升 T为绝热温升，℃；t为历时，d		
				表达式	精度 95%信度	适用条件
LTG2-21	16.1	24.1	27.5	$T=\frac{27.5t-20.66}{t+3.01}$	0.66	$t\geq 0.75$

通过试验分析了粉煤灰对纯水泥浆液的影响、外加剂对变态材料性能的影响以及高性能掺合料对浆材性能的影响，综合以上变态材料对变态浆液的影响，选取了6种改性变态浆液作为推荐的变态材料配合比进行重点研究，在其基础上检验变浆材料的性能。选取的浆液黏度（用普里帕克漏斗测定）范围为19～29s，配合比见表2.42。

表 2.42　　变态混凝土浆液配合比成果表

序号	配合比编号	浆液品种	水胶比	粉煤灰品种及掺量	高性能掺合料掺量/%	引气剂品种	每方浆体材料用量/(kg/m³)						实测浆液密度/(kg/m³)
							水	水泥	粉煤灰	高性能掺合料	减水剂(ZB-1 RCC15)	引气剂	
1	BTY	水泥粉煤灰浆	0.356	宣威灰 50%	—	ZB-1G	471	662	662	—	6.62	0.199	1799
2	BTO	水泥粉煤灰高性能掺合料浆	0.362	宣威灰 20%	30	ZB—1G	476	658	263	395	6.58	0.197	1791
3	BTP	水泥粉煤灰高性能掺合料浆	0.362	宣威灰 20%	30	DH9	488	674	270	404	6.74	0.202	1836
4	BTR	水泥粉煤灰高性能掺合料浆	0.400	凯里灰 20%	30	ZB—1G	515	644	258	386	6.44	0.193	1802
5	BTS	水泥粉煤灰高性能掺合料浆	0.372	宣威灰 20%	20	ZB—1G	490	793	265	265	6.62	0.198	1813
6	BTZ	水泥高性能掺合料浆	0.370	—	50	ZB-1G	494	668	—	668	6.68	0.200	1830

在试验研究中浆液质量主要采用锥形漏斗法对浆液的表观黏度采用普里帕克漏斗进行控制。控制浆液流出时间在22～32s范围内，以5%的掺量，掺入二级配碾压混凝土中，可获得满足设计要求的变态混凝土。

2.3.3.2　浆液性能试验

（1）变态浆液的凝结时间、强度、干缩性能。推荐配合比的强度以水泥粉煤灰浆最低，水泥高性能掺合料浆最高，见表2.43。

表2.43表明，初凝时间在23.28～31.18h范围内。水泥高性能掺合料浆的干缩率略高于水泥粉煤灰（宣威灰）高性能浆，水泥粉煤灰浆干缩率最小。

表 2.43 变态浆液性能试验成果表

序号	配合比编号	凝结时间/h		抗压强度/MPa		抗折强度/MPa	
		初凝	终凝	14d	28d	14d	28d
1	BTY	23.28	38.47	12.6	18.0	3.2	4.1
2	BTO	32.53	33.72	28.3	41.8	4.8	6.5
3	BTP	30.78	32.13	29.3	42.6	4.7	6.9
4	BTR	29.62	32.22	20.5	29.6	4.1	4.9
5	BTS	27.07	28.33	28.6	40.4	5.3	6.2
6	BTZ	31.18	32.00	41.3	53.5	5.9	7.3

(2) 变态浆液的工作性。由试验结果可知：推荐的浆体在温度20℃的条件下，工作性至少可保持在1h内，变态浆液的黏度随温度变化，温度升高使胶凝材料水化加快，水分散失较多，因此变态浆液的可用时间将随温度的升高而减小。

2.3.3.3 变态混凝土加浆率试验

掺浆量选择了3%、4%、5%、6%、7% 5个掺浆比例，以机口变态方式进行试验，研究成果表明：随着掺浆量的增加，变态混凝土坍落度变大，含气量增大，混凝土的体积密度降低。掺浆量为5%时，拌和物坍落度55mm，含气量2.88%，容重2425kg/m^3，各项指标较为理想，据此确定变态混凝土掺浆量采用5%。

2.3.3.4 变态混凝配合比选择试验研究

配合比选择试验用推荐的6种变态浆液配合比进行变态混凝土拌和物的坍落度、含气量、容重等的基本性能的测试，以及硬化变态混凝土的抗压、劈拉、轴拉强度、极限拉伸值等性能的试验，通过对试验成果进行分析，推荐变态混凝土的基本配合比进行重点研究。

变态混凝土性能研究确定针对编号为BTO（宣威灰）和BTR（凯里灰）两个配合比，配合比参数及拌和物性能见表2.44，掺浆量为5%。

表 2.44 变态混凝土配合比及拌和物性能表

序号	配合比编号	水胶比	粉煤灰品种及掺量	高性能掺合料掺量	砂率/%	每方混凝土材料用量/(kg/m^3)								含气量/%	坍落度/cm	实测体积密度/(kg/m^3)
						水	水泥	粉煤灰	高性能掺合料	砂	石	减水剂(ZB-1RCC15)	引气剂(ZB-1G)			
1	BTO	0.40	宣威灰49.7%	6.8%	39	117	128	146(宣)	20	797	1246	1.469	0.044	2.9	5.5	2421
2	BTR	0.41	凯里灰50.0%	6.5%	39	119	127	146(凯)	19	797	1246	1.462	0.044	2.4	4.5	2439

2.3.3.5 变态混凝土物理力学性能

对BTO（宣威灰）和BTR（凯里灰）两个配合比的变态混凝土进行了抗压强度、劈拉强度、抗剪断、弹性模量、极限拉伸、抗冻、抗渗、自生体积变形、线膨胀、绝热温升、干缩等物理力学性能试验。

1. 抗压强度、劈拉强度

变态混凝土立方体抗压强度和劈拉强度试验成果及强度随龄期的增长率见表2.45，变态混凝土拉压强度比值列于表2.46。

表2.45　　变态混凝土强度性能试验成果表

序号	配合比编号	抗压强度/MPa				劈拉强度/MPa				变态方式
		7d	28d	90d	180d	7d	28d	90d	180d	
1	BTO（宣威灰）	13.3 (0.53)	25.3 (1.00)	28.1 (1.11)	30.6 (1.21)	1.36 (0.57)	2.38 (1.00)	3.15 (1.32)	3.54 (1.49)	二次变态
		13.6 (0.52)	26.2 (1.00)	30.8 (1.07)	41.3 (1.58)	1.41 (0.56)	2.50 (1.00)	3.67 (1.46)	3.70 (1.48)	机口变态
2	BTR（凯里灰）	11.5 (0.46)	25.2 (1.00)	27.6 (1.10)	31.5 (1.25)	1.24 (0.58)	2.15 (1.00)	2.99 (1.39)	3.75 (1.74)	二次变态
		12.2 (0.46)	24.9 (1.00)	27.3 (1.10)	39.9 (1.60)	1.32 (0.59)	2.24 (1.00)	3.49 (1.56)	3.96 (1.77)	机口变态

注　括号内为以28d龄期为1的强度增长率。

表2.46　　混凝土拉压强度性能比较成果表

序号	配合比编号	劈拉/抗压强度比				拉/压比变动范围	变态方式
		7d	28d	90d	180d		
1	BTO（宣威灰）	0.10	0.09	0.11	0.12	0.09～0.12	二次变态
		0.10	0.10	0.13	0.09	0.09～0.13	机口变态
2	BTR（凯里灰）	0.11	0.09	0.11	0.12	0.09～0.12	二次变态
		0.11	0.09	0.13	0.09	0.09～0.13	机口变态
3	C20-X（宣威灰）	0.10	0.09	0.11	0.10	0.09～0.11	二级配碾压混凝土
4	C20-K（凯里灰）	0.10	0.10	0.11	0.09	0.09～0.11	二级配碾压混凝土

试验结果表明：变态混凝土的抗压强度和劈拉强度都随龄期的增大而增长；变态混凝土拉压强度比值在0.09～0.13范围内，符合混凝土强度特性的一般规律，变态混凝土的拉压比值较碾压混凝土有所提高。

对变态混凝土及基准碾压混凝土抗压强度与龄期τ的函数关系采用双曲线式和复合指数式两种数学关系进行拟合表明，用双曲线式及复合指数式拟合的数据与试验数据复合得很好，相关系数高，变态混凝土采用双曲线式拟合精度稍高。

2. 抗剪断性能

变态混凝土抗剪断试验采用尺寸为15cm×15cm×15cm立方体试件，水平荷载施力的剪切面为变态混凝土的一次加浆位置，试验分为0.75MPa、1.50MPa、2.25MPa、3.0MPa四级施加法向荷载。试验成果见表2.47，抗剪应力与位移的关系见图2.17及图2.18。变态混凝土抗剪断试验剪应力与法向应力关系见图2.19。

表 2.47 变态混凝土抗剪断研究成果表

试件编号	龄期	抗剪（断）峰值强度参数			残余强度参数			摩擦强度参数		
		c' /MPa	f'	τ /MPa	c' /MPa	f'	τ /MPa	c' /MPa	f'	τ /MPa
BTO	180d	3.65	1.21	7.28	0.50	0.82	2.96	0.41	0.85	2.96
BTR	180d	2.51	1.60	7.31	0.57	0.82	3.03	0.32	0.93	3.11

注 $\tau=c'+f'\times3.0$。

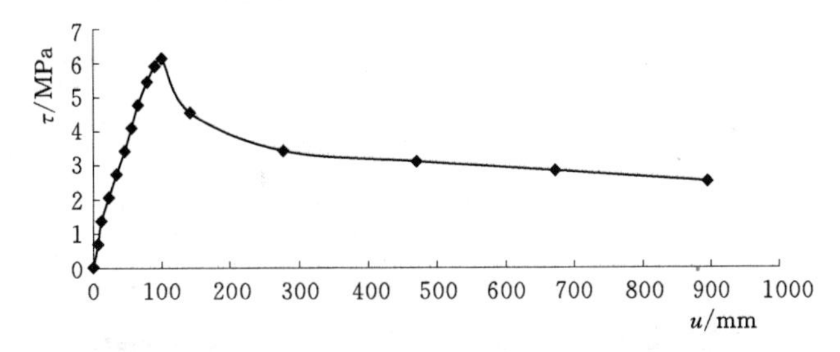

图 2.17 2.25MPa 法向应力下抗剪应力与位移图（BTR）

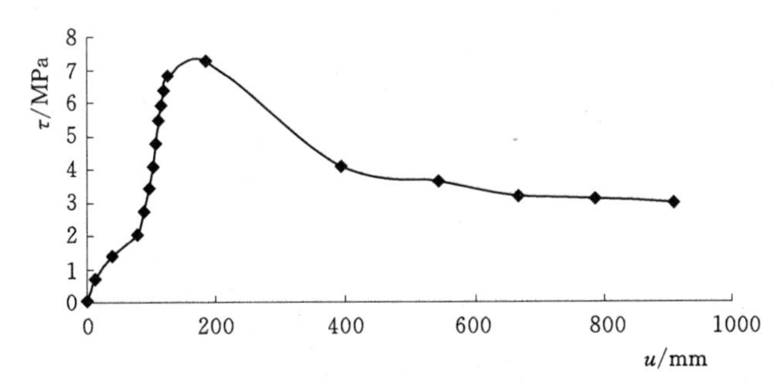

图 2.18 3.0MPa 法向应力下抗剪应力与位移图（BTO）

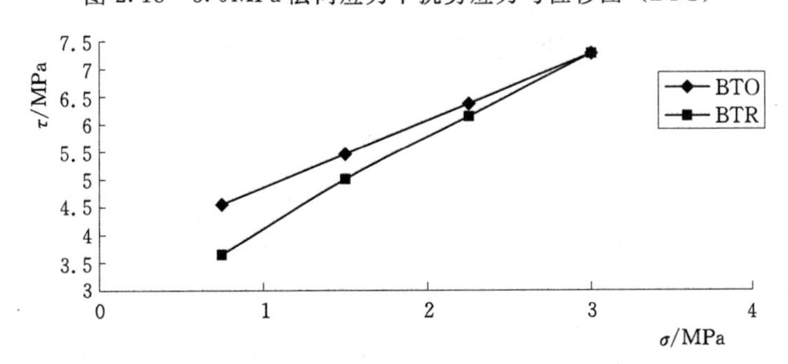

图 2.19 变态混凝土抗剪断试验剪应力与法向应力关系图

试验成果表明，两个配比的变态混凝土的抗剪断指标都能满足龙滩水电站的设计要求。

3. 弹性模量与极限拉伸性能

各龄期的轴心抗压强度、抗压弹模和极限拉伸值试验成果见表 2.48，增长系数见表 2.49。对于抗压弹性模量和极限拉伸值随龄期变化的函数关系，仍采用双曲线式和复合指数式拟合，方程式及相关系数见表 2.50。

表 2.48　　变态混凝土弹性模量、极限拉伸性能试验成果表

序号	配合比编号	轴心抗压强度/MPa				抗压弹性模量/10^4MPa				轴心抗拉强度/MPa				极限拉伸值/10^{-6}				抗拉弹性模量/10^4MPa			
		7d	28d	90d	180d	7d	28d	90d	180d	7d	28d	90d	180d	7d	28d	90d	180d	7d	28d	90d	180d
1	BTO	8.81	17.8	28.2	38.2	2.38	3.71	3.82	4.11	1.52	2.48	3.55	3.81	58.1	88.4	101	95.4	3.09	3.36	4.17	4.25
2	BTR	9.34	17.5	25.5	25.9	2.66	3.40	4.15	4.31	1.46	2.42	3.49	3.68	63.7	86.7	94.3	92.5	3.17	3.54	4.17	4.60

表 2.49　　变态混凝土弹性模量、极限拉伸性能试验成果表

序号	配合比编号	轴心抗压强度增长率				抗压弹性模量增长率				轴心抗拉/抗压比				极限拉伸值增长率				抗拉/抗压弹模比			
		7d	28d	90d	180d	7d	28d	90d	180d	7d	28d	90d	180d	7d	28d	90d	180d	7d	28d	90d	180d
1	BTO	0.49	1.00	1.58	2.15	0.64	1.00	1.03	1.11	0.11	0.10	0.13	0.12	0.66	1.00	1.14	1.08	1.30	0.91	1.09	1.03
2	BTR	0.53	1.00	1.46	1.48	0.78	1.00	1.22	1.27	0.13	0.10	0.13	0.12	0.73	1.00	1.09	1.07	1.19	1.04	1.00	1.06

表 2.50　　变态混凝土弹性模量和极限拉伸与龄期函数关系表

序号	配合比编号	混凝土性能	双曲线拟合		复合指数式拟合	
			拟合方程式	相关系数	拟合方程式	相关系数
1	BTO	抗压弹模	$E_c=4.20\tau/(5.56+\tau)$	$r=0.9995$	$E_c=4.16[1-\mathrm{EXP}(-0.3769\tau^{0.4638})]$	$r=0.9634$
		极限拉伸	$\varepsilon_P=98\tau/(2.55+\tau)$	$r=0.9989$	$\varepsilon_P=118[1-\mathrm{EXP}(-0.4356\tau^{0.2955})]$	$r=0.9075$
2	BTR	抗压弹模	$E_c=4.46\tau/(6.65+\tau)$	$r=0.9998$	$E_c=4.60[1-\mathrm{EXP}(-0.4115\tau^{0.3714})]$	$r=0.9956$
		极限拉伸	$\varepsilon_P=94.34\tau/(2.28+\tau)$	$r=0.9998$	$\varepsilon_P=98.3[1-\mathrm{EXP}(-0.6182\tau^{0.3294})]$	$r=0.9341$

注　表达式中 E_c 为抗压弹性模量，ε_P 为极限拉伸值，τ 为试验龄期。

试验成果显示：各龄期的轴心抗拉强度与标准立方体抗压强度比值在 0.10～0.13 范围内，并且不随龄期增长而变化；抗拉弹模略高于抗压弹模；对于抗压弹模和极限拉伸与龄期的关系，用双曲线公式拟合的计算精度较用复合指数公式高。

4. 变态混凝土变形性能

(1) 自生体积变形。自生体积变形随龄期变化曲线见图 2.20。

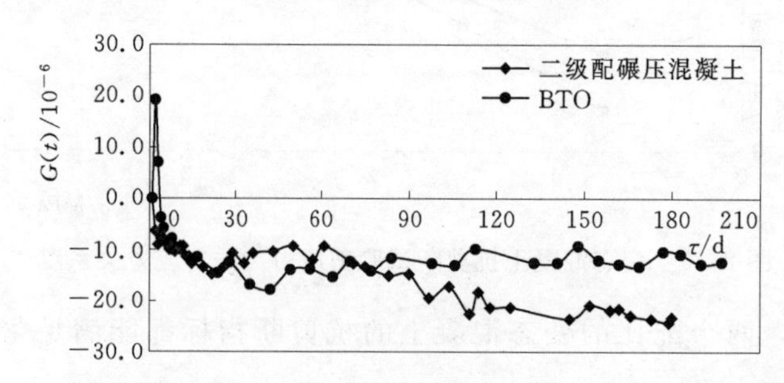

图 2.20　变态混凝土（BTO）自生体积变形随龄期变化过程曲线图

由变化曲线可以看到：BTO 是早期膨胀，后期收缩型，28d 后趋于平稳；二级配碾压混凝土均为收缩变形；膨胀性自生体积变形对混凝土结构在降温过程中的拉应力能产生一定的补偿作用。

（2）干缩性能。干缩率与龄期的关系曲线图见图2.21，变态混凝土干缩较上游面二级配碾压混凝土略大。

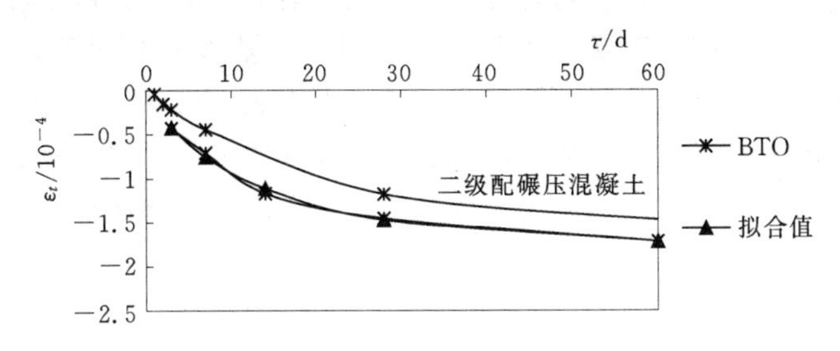

图2.21　变态混凝土（BTO）干缩率随龄期变化曲线图

5. 耐久性

抗冻性性能试验成果表明：变态混凝土抗冻性能较上游面二级配碾压混凝土提高，BTO（宣威灰）的试件能满足设计的F150抗冻要求。混凝土抗渗性试验成果表明：抗渗等级大于W12，均能满足设计的抗渗要求，且渗透系数较小，且较使用同种缓凝高效减水剂的碾压混凝土有所提高。

6. 热学性能

（1）线膨胀系数。编号为BTO混凝土，线膨胀系数$a=4.24\times10^{-6}/℃$；编号为BTR混凝土，线膨胀系数$a=3.47\times10^{-6}/℃$；碾压混凝土线膨胀系数$a=3.75\times10^{-6}/℃$。试验成果说明两种变态混凝土线膨胀系数均较小；同种骨料的变态混凝土与碾压混凝土线膨胀系数相差不大。

（2）绝热温升。试验结果表明：28d时BTO配比每千克胶凝材料产生的温度值为0.09℃，BTR配比每千克胶凝材料产生的温度值为0.088℃，两者很接近；编号为BTO的变态混凝土，最终绝热温升为26.65℃，编号为BTR的变态混凝土最终绝热温升为25.8℃，均较低，有利于大坝的温控防裂；变态混凝土绝热温升值略高于碾压混凝土，较常态混凝土低很多，这也证明了采用推荐的浆液配合比不至于给混凝土带来过多的绝热温升。采用双曲线式、指数式、复合指数式对试验结果进行拟订，用指数式和复合指数式拟合的值与试验数据很接近，精度很高，拟订的方程见表2.51。

表2.51　变态混凝土绝热温升与龄期函数关系表

序号	配合比编号	函数形式	拟合方程式	相关系数
1	BTO	双曲线式	$\theta=34.72\tau/(6.41+\tau)$	$r=0.9526$
		复合指数式	$\theta=26.65[1-EXP(-0.13041\tau^{1.2058})]$	$r=0.9762$
		指数式	$\theta=26.65(1-e-0.2064\tau)$	$r=0.9747$
2	BTR	双曲线式	$\theta=32.30\tau/(5.36+\tau)$	$r=0.9683$
		复合指数式	$\theta=25.8[1-EXP(-0.1440\tau^{1.1791})]$	$r=0.9846$
		指数式	$\theta=25.8(1-e-0.2232\tau)$	$r=0.9915$

注　表达式中θ为绝热温升值，τ为试验龄期。

2.3.4　变态混凝土掺浆方式及均匀性影响室内试验研究

为研究变态混凝土掺浆方式和均匀性对混凝土性能的影响，开展了相应的室内试验工作。试验采用与龙滩三级配碾压混凝土相同的原材料，基本配合比见表2.52，试验中考虑不同的变态方法，即一次变态和二次变态，并考虑10s、30s和50s 3种不同的成型振动时间。一次变态指碾压混凝土一次装模，然后在其顶部掺浆并插捣振动成型；二次变态指碾压混凝土分两次装模，水泥浆也相应地分两次分别在试件中部和顶部掺入并插捣，然后振动成型。

表2.52　　试验用基本配合比

种类	$\frac{W}{C+F}$	$\frac{F}{C+F}$/%	每立方米材料用量/kg							
			$C+F$	C	F	W	S	$G_{小}$	$G_{中}$	外加剂
二级配碾压混凝土	0.346	58	240	100	140	83	843	528	791	ZB-1RCC15：0.96 DH9：0.024
水泥浆	0.675	—	—	40	—	27	—	—	—	二合一或BS$_{Ⅱ}$

显然，采用二次变态的浆液在碾压混凝土内的均匀程度比一次变态更好，上述试验成果见表2.53和表2.54。

表2.53　　变态混凝土成型工艺比选试验成果表

试件编号	变态材料		变态方式	振外加剂	振动时间/s	90d抗压强度/MPa	90d劈拉强度/MPa	拉压比/%
	水泥用量/(kg/m³)	用水量/(kg/m³)						
9910					10	42.49	3.41	8.03
9911	40	27	二次装模	二合一	30	37.78	3.29	8.70
9912					50	37.51	3.25	8.66
9920					10	36.30	2.92	8.04
9921	40	27	一次装模	二合一	30	33.62	3.09	8.83
9922					50	34.34	3.37	9.81
9918	40	28.5	二次装模	BS$_{Ⅱ}$	10	42.52	3.53	8.30
9919					30	44.59	3.39	7.60

注　二合一为ZB-1RCC15（0.4%）+DH9（0.01%）。

表2.54　　变态混凝土抗渗性室内试验成果表

试件编号	变态方式	变态材料		外加剂	振动时间/s	龄期/d	抗渗等级
		水泥/(kg/m³)	水/(kg/m³)				
9909			28.5		15	110	>W20
9915			27	二合一	30	143	>W20
9916	二次装模	40	27		50	143	>W20
9918			28.5	BS$_{Ⅱ}$	10	147	>W18
9919			28.5		30	147	>W18

续表

试件编号	变态方式	变态材料		外加剂	振动时间/s	龄期/d	抗渗等级
		水泥/(kg/m³)	水/(kg/m³)				
9920	一次装模	40	27	二合一	10	160	>W12
9921					30	164	>W12
9922					50	164	>W12

从试验结果可知，无论强度还是抗渗指标，变态混凝土室内成型试件均以二次装模为好，即与掺浆的均匀程度关系密切，表层掺浆不利于浆液在碾压混凝土内充分扩散，对变态混凝土性能有一定影响。

2.3.5　变态混凝土推荐配合比

通过对各类浆材改性的变态混凝土进行的大量试验研究，根据设计要求和试验研究成果，推荐满足龙滩大坝上游防渗结构要求的变态混凝土配合比如下。

2.3.5.1　高性能掺合料型变态混凝土

高性能掺合料型变态混凝土推荐配合比见表2.55。

表2.55　高性能掺合料型变态混凝土推荐配合比表

编号	掺浆量/%	水胶比	粉煤灰掺量/%	高性能掺合料掺量/%	砂率/%	每方混凝土材料用量/(kg/m³)								含气量/%	坍落度/cm	实测体积密度/(kg/m³)
						水	水泥	粉煤灰	高性能掺合料	砂	石	减水剂(ZB-1RCC15)	引气剂(ZB-1G)			
BTO	5	0.40	49.7	6.8	39	117	128	146(宣威灰)	20	797	1246	1.469	0.044	2.9	5.5	2421
BTR	5	0.41	50.0	6.5	39	119	127	146(凯里灰)	19	797	1246	1.462	0.044	2.4	4.5	2439

编号BTR的变态混凝土由于采用的凯里粉煤灰烧失量较大，引气效果较差，使抗冻等级不满足设计要求。需适当增加引气剂掺量，使变态混凝土拌和物含气量达到3%左右，可满足抗冻要求。

2.3.5.2　普通水泥粉煤灰浆材变态混凝土

普通水泥粉煤灰浆材变态混凝土推荐配合比见表2.56。

表2.56　普通水泥粉煤灰型变态混凝土推荐配合比表

编号	掺浆量/%	水胶比	粉煤灰掺量/%	每方混凝土材料用量/(kg/m³)						含气量/%	坍落度/cm
				水	水泥	粉煤灰	砂	石	外加剂 JM-2+JM-2000J-500/%		
LTG2-21	5	0.41	56(凯里灰)	102	110	141	782	1302	0.69	2.7	3.2

2.4 龙滩水电站大坝碾压混凝土施工配合比

2.4.1 试验基本条件

(1) 骨料：以饱和面干状态为基准。

(2) 外加剂：高效缓凝减水剂为ZB-1RCC15和JM-Ⅱ，引气剂采用ZB-1G，前期也曾使用过JM-2000。湿筛混凝土含气量控制在3.0%～4.0%，VC值为5±2s。

(3) 粉煤灰以云南宣威Ⅰ级灰为主，并用来宾B、珞磺、襄樊粉、凯里煤灰进行对比试验。

(4) 配合比计算采用绝对体积法，围堰碾压混凝土含气量按2%计（无抗冻要求，不掺引气剂），其他碾压混凝土含气量按3%计。

(5) 混凝土试验用100L强制式混凝土搅拌机。

2.4.2 原材料

2.4.2.1 水泥

2004年1月前，使用的水泥为广西鱼峰水泥股份有限公司生产的“鱼峰”牌52.5R中热硅酸盐水泥和湖北葛洲坝荆门水泥厂生产的“三峡”牌52.5R中热硅酸盐水泥。

2004年1月起，中热硅酸盐水泥开始执行新的国家标准《中热硅酸盐水泥、低热硅酸盐水泥、低热矿渣硅酸盐水泥》(GB 200—2003)，试验采用的水泥为广西鱼峰水泥股份有限公司生产的“鱼峰”牌42.5R中热硅酸盐水泥和湖北葛洲坝荆门水泥厂生产的“三峡”牌42.5R中热硅酸盐水泥。

水泥的物理力学性能试验检测项目包括标准稠度、细度、表观密度、安定性、凝结时间、抗压强度、抗折强度等。水泥的化学成分分析包括氧化钙、二氧化硅、三氧化二铁、三氧化硫、氧化镁、碱含量、游离氧化钙、硅酸三钙、铝酸三钙等。

试验结果表明，进行第一次混凝土配合比试验的两种52.5R中热硅酸盐水泥品质指标均符合《中热硅酸盐水泥、低热矿渣硅酸盐水泥》(GB 200—1989) 的要求；进行第二次混凝土配合比试验的两种42.5R中热硅酸盐水泥品质指标均符合《中热硅酸盐水泥、低热硅酸盐水泥、低热矿渣硅酸盐水泥》(GB 200—2003) 的要求，品质检验合格。

2.4.2.2 掺合料（粉煤灰）

进行第一次混凝土配合比试验采用的粉煤灰有宣威、珞磺、襄樊、来宾B等4个厂家生产的Ⅰ级粉煤灰。进行第二次混凝土配合比试验采用的粉煤灰有宣威、珞磺、襄樊、来宾B、凯里五个厂家生产的Ⅰ级粉煤灰。

粉煤灰的试验检测项目包括表观密度、细度、需水量比、烧失量、三氧化硫、含水量、胶砂强度比等。

试验结果表明：粉煤灰均符合《水工混凝土掺用粉煤灰技术规范》(DL/T 5055—1996) 中Ⅰ级粉煤灰品质指标要求。

2.4.2.3　外加剂

试验采用浙江龙游外加剂厂生产的缓凝高效减水剂 ZB－1RCC15 和引气剂 ZB－1G，江苏建筑科学研究院博特新材料有限公司生产的缓凝高效减水剂 JM－Ⅱ。第一次试验前期还使用了引气剂 JM－2000。

试验结果表明：ZB－1RCC15 和 JM－Ⅱ两种缓凝高效减水剂，以及 ZB－1G 引气剂的品质检验结果满足《混凝土外加剂》（GB 8076—1997）的有关要求，品质检验合格。

2.4.2.4　砂石骨料

进行混凝土配合比试验时，第一次采用麻村人工砂，第二次采用大法坪人工砂。在试验时，由于两个砂石系统生产的人工砂的石粉含量均不能满足16％～20％的要求，用人工方法掺入一定比例的石粉，配制成碾压混凝土试验用砂。

第一次混凝土配合比试验使用的粗骨料取自于麻村人工砂石系统，第二次混凝土配合比试验使用的粗骨料取自于大法坪人工砂石系统。大法坪人工粗骨料的逊径含量偏大，表面裹粉较为严重，中径筛筛余量不能很好地满足有关规范的要求。在进行室内混凝土配合比试验前，把粗骨料进行冲洗，洗去表面裹粉并筛除超逊径，筛分成标准粒径骨料：大石为 40～80mm，中石为 20～40mm，小石为 5～20mm。

2.4.3　性能试验基本结论

尽管原材料品种的变化较大，但通过施工配合比试验以及各项性能测试，表明基于新的试验材料基础上的碾压混凝土具有以下特点：

（1）碾压混凝土拌和物的颜色均匀，砂石骨料表面附浆均匀，没有水泥或粉煤灰结块，刚出机的混凝土拌和物用手轻握时能成团成块，松开后手心无过多灰浆黏附，粗骨料表面有灰浆光亮感，碾压混凝土拌和物的亲和性能良好。

（2）碾压混凝土抗压强度均满足设计要求，并且有较大的富余。

（3）各强度等级碾压混凝土极限拉伸值均能满足设计要求，抗压弹模与抗拉弹模基本接近。

（4）各强度等级的碾压混凝土抗渗、抗冻指标均能满足设计要求，并且抗压强度、抗渗指标有着较大的富余，应采用适当提高混凝土含气量的方法来提高碾压混凝土的抗冻性能。

（5）碾压混凝土施工建议配合比的热学性能与设计推荐配合比相近，由于胶凝材料用量有所减少，绝热温升相应有所降低。

（6）碾压混凝土施工建议配合比性能与设计推荐配合比性能相似，各项指标的总体规律符合碾压混凝土的一般规律，均能满足设计要求。

2.4.4　施工配合比

龙滩水电站大坝碾压混凝土施工配合比见表 2.57 和表 2.58，表 2.59 列出了龙滩大坝碾压混凝土施工配合比和设计推荐配合比的比较。

从表 2.59 可以看出：龙滩水电站大坝碾压混凝土施工配合比和设计推荐配合比基本参数在原材料品种发生较大变化的情况下略有差别，但均非常接近，证明了多年来设计工作中开展的配合比研究工作及成果在施工实践中得到检验，设计工作中开展的配合比研究工作为 200m 级碾压混凝土重力坝的施工实践奠定了稳固的基础。

表 2.57　　龙滩大坝碾压混凝土施工配合比表

强度等级	级配	配合比参数 $W/(C+F)$	W	F/%	S/%	ZB-1RCC15/%	JM-Ⅱ/%	ZB-1G/10^4	材料用量/(kg/m³) 水	水泥	粉煤灰	人工砂	小石	中石	大石	ZB-1RCC15粉剂	JM-Ⅱ粉剂	ZB-1G粉剂
R_{I} $C_{90}25$ W6F100	三	0.41	79	56	34	0.6	—	0.8	79	86	109	723	446	594	446	1.14	—	0.0152
						—	0.6	2.0								—	1.14	0.0380
R_{II} $C_{90}20$ W6F100	三	0.45	78	61	33	0.6	—	0.8	78	68	107	731	450	600	450	1.02	—	0.0138
						—	0.6	2.0								—	1.02	0.0340
R_{III} $C_{90}15$ W4F50	三	0.48	79	66	34	0.6	—	0.8	79	56	109	755	445	593	445	0.960	—	0.0128
						—	0.6	2.0								—	0.960	0.0320
R_{IV} $C_{90}25$ W12F150	二	0.4	87	55	38	0.6	—	0.8	87	99	121	812	670	670	—	1.32	—	0.0176
						—	0.6	2.0								—	1.32	0.0440
Cb_{I} $C_{90}25$ W12F150	浆液	0.40	497	50	—	0.4	—	—	497	621	621	—	—	—	—	4.97	—	—
						—	0.4	—								—	4.97	—

注　变态混凝土的浆液掺加量为每立方米混凝土掺加浆液 60L。

表 2.58　　龙滩水电站大坝碾压混凝土用接缝砂浆及小骨料混凝土施工配合比

类别	强度等级	配合比参数 $W/(C+F)$	W	S/%	F/%	ZB-1RCC15/%	JM-Ⅱ/%	ZB-1G/10^4	材料用量/(kg/m³) 水	水泥	粉煤灰	人工砂	小石	ZB-1RCC15粉剂	JM-Ⅱ粉剂	ZB-1G粉剂
一级配	R_{I}、R_{IV} C25	0.37	124	37	55	0.5	—	0.25	124	151	184	707	1218	1.675	—	0.0084
						—	0.5	0.35						—	1.675	0.0117
	R_{II} C20	0.40	124	38	60	0.5	—	0.25	124	124	186	734	1211	1.550	—	0.0078
						—	0.5	0.35						—	1.550	0.0108
	R_{III} C15	0.43	122	39	65	0.5	—	0.25	122	99	185	764	1208	1.42	—	0.0071
						—	0.5	0.35						—	1.42	0.0099
砂浆	R_{I}、R_{IV} C25	0.37	275	100	55	0.3	—	0.1	275	334	409	1088	—	2.229	—	0.0074
						—	0.3	0.3						—	2.229	0.0223
	R_{II} C20	0.42	270	100	60	0.3	—	0.1	270	257	386	1191	—	1.929		0.0064
						—	0.3	0.3							1.929	0.0193
	R_{III} C15	0.45	260	100	65	0.3	—	0.1	260	202	376	1275	—	1.734	—	0.0058
						—	0.3	0.3							1.734	0.0173

表 2.59 龙滩水电站大坝碾压混凝土施工配合比和设计推荐配合比比较表

部位及类型	项目	水胶比	粉煤灰掺量/%	胶凝材料用量/(kg/m³)			砂率/%	备注
				水泥	粉煤灰	胶凝材料总用量		
坝体下部三级配碾压混凝土	设计推荐配合比	0.42	55	90	110	200	33	
	施工配合比	0.41	56	86	109	195	33	
坝体中部三级配碾压混凝土	设计推荐配合比	0.46	58	75	105	180	33	
	施工配合比	0.45	61	68	107	175	33	
坝体上部三级配碾压混凝土	设计推荐配合比	0.51	65	55	105	160	33	
	施工配合比	0.48	66	56	109	165	34	
二级配碾压混凝土	设计推荐配合比	0.32	58	100	140	240	39	
	施工配合比	0.4	55	99	121	220	38	
垫层砂浆	设计推荐配合比	0.38	60	242	363	605	100	
	施工配合比	0.37	55	257	386	643	100	
上游面变态混凝土	设计推荐配合比	0.41	56	110	141	251		掺浆量为5%
	施工配合比	0.4	54	130	151	281		掺浆量为6%

2.5 研究小结

在充分研究200m级碾压混凝土重力坝在材料方面设计要求的基础上，通过对龙滩碾压混凝土重力坝配合比设计特点、设计原则和设计方法的研究，以及对大坝碾压混凝土、碾压混凝土层面垫层材料和变态混凝土的配合比进行了大量的试验研究，确定了采用富胶凝材料碾压混凝土的技术路线，试验推荐配合比的各项性能指标均满足建造龙滩200m级碾压混凝土高坝的要求。

龙滩水电站大坝碾压混凝土、碾压混凝土层面垫层材料和变态混凝土施工配合比和设计推荐配合比基本参数在原材料品种发生较大变化的情况下略有差别，但均非常接近，证明了多年来设计工作中开展的配合比研究工作及成果在施工实践中得到检验，设计工作中开展的配合比研究工作为200m级碾压混凝土重力坝的施工实践奠定了稳固的基础。

2.5.1 大坝碾压混凝土研究小结

(1) 碾压混凝土的密实程度，直接影响其物理力学性能，含5%空隙时，强度约降低30%，即使空隙为2%，强度也降低10%以上。

(2) 抗压强度随水胶比的增大而降低，符合水胶比定则；碾压混凝土强度随龄期的发展规律符合对数曲线，龙滩碾压混凝土抗压强度强灰比28d以后几乎是常态混凝土的一倍，而强胶比基本相等，表明碾压混凝土充分发挥了水泥和粉煤灰的效益；龙滩碾压混凝土抗压强度的发展，在180d龄期以后强度增长速度较为缓慢。

（3）龙滩碾压混凝土的绝热温升与常态混凝土相比具有低热的优越性，由于采用石灰岩作为粗骨料，碾压混凝土的线膨胀系数较低，在5×10^{-6}℃的左右，对碾压混凝土的温控和防裂有利。

（4）碾压混凝土的抗拉弹模略大于抗压弹模，拉压弹模比为1.06，碾压混凝土本体和常态混凝土弹模基本相当，二者抗拉弹模之比为0.98，抗压弹模之比为1.03。

（5）碾压混凝土的轴拉强度大于劈拉强度，轴拉强度与劈拉强度之比为1.196，碾压混凝土与常态混凝土的轴拉强度之比为1.05，碾压混凝土与常态混凝土的劈拉强度之比为1.10，碾压混凝土高于常态混凝土。

（6）龙滩水电站碾压混凝土和常态混凝土的极限拉伸值之比为0.934，常态混凝土略高。

（7）以K_2来评价，龙滩水电站碾压混凝土28d龄期的抗裂能力为常态混凝土的74%～83%，但是，把碾压混凝土的绝热温升也考虑进去，由K_4可以看出，碾压混凝土的抗裂度高于常态混凝土，考虑二者实际施工和水化热散发条件因素，碾压混凝土和常态混凝土两者的抗裂度可能基本接近。

（8）龙滩水电站碾压混凝土具有良好的耐久性，抗渗等级均大于W11，相应的渗透系数均小于10^{-9}cm/s，与常态混凝土具有相同的数量级；抗冻等级可满足F100～F150。

（9）层面的存在对碾压混凝土的密度和抗压强度没有影响，但是，抗拉强度、弹性模量明显降低，碾压混凝土材料具有一定程度的横观各向同性性质。

（10）现场试验10种工况含层面试件的平均拉压比为0.058，比一般拉压比偏低；4个工况（A、C、E、F）层面劈裂抗拉强度与本体劈裂抗拉强度之比为0.59；由于试件层面抗拉强度较低，层面的存在导致拉、压强度比值较低。

（11）含层面芯样试件的静、动力试验结果统计，动态弹模与静态弹模之比为1.10；动态抗压强度与静态抗压强度之比为1.13；动态抗拉强度与静态抗拉强度之比为1.27；动、静态极限拉伸应变基本相等，动态下的强度性能有所提高。

（12）含层面芯样试件在受压状态下，无论是慢速加载，还是快速加载都呈现应变软化特性，静态的软化段曲线可近似地用一条直线来代替，快速加载的软化段曲线可用双线性来逼近。

（13）碾压混凝土本体断裂韧度大于层面断裂韧度，本体的断裂能大于层面试件的断裂能，层面断裂韧度约为本体的0.87；芯样各复合型断裂试件及纯Ⅱ型试件均属于拉伸断裂；当应力强度因子水平较高（$K_1/K_{1C}=0.95$、0.90）时，这一类的试件断裂具有瞬时断裂的性质；当应力强度因子水平较低（$K_1/K_{1C}=0.75$）时，试件历时6个月尚未破坏；当应力强度因子水平$K_1/K_{1C}=0.85$，0.80时，徐变可分为3个阶段，第一阶段为徐变速率减速阶段，第二阶段为徐变稳定阶段，第三阶段为徐变加速的断裂阶段，这一类型属典型的徐变断裂。

2.5.2 碾压混凝土层面垫层材料研究小结

（1）通过试验研究提出了适用于龙滩碾压混凝土的水泥砂浆垫层材料和小骨料常态混凝土垫层材料配合比，砂浆垫层材料具有强度高、变形性能好、抗渗性好的特点；小骨料常态混凝土采用一级配混凝土，其强度高于上、下层的碾压混凝土，拌和物坍落度控制在0～20mm之间，具有强度高、变形性能好等一系列优点。

（2）采用丙乳砂浆、防水剂砂浆、普通砂浆作为垫层材料的含层面碾压混凝各龄期相应的抗压强度相差不大，与本体碾压混凝土接近，劈拉强度均低于本体碾压混凝土；丙乳砂浆与普通砂浆相比能有效地提高碾压混凝土的层间结合强度；防水剂砂浆垫层处理的含层面碾压混凝土的抗渗能力比普通砂浆垫层处理的碾压混凝土提高27%～36%，丙乳砂浆垫层处理的含层面碾压混凝土的抗渗能力比普通砂浆垫层提高42%～52%，3种砂浆含层面碾压混凝土的抗渗性均大于W30；采用上述垫层材料的含层面碾压混凝具有较好的抗冻性，完全能满足F150的要求；掺入丙乳对砂浆抗压强度和弹模有降低的影响，对层面抗剪不利，其实用性还有待进一步研究。

2.5.3 变态混凝土研究小结

（1）研究配制的几种改性外加剂可有效提高粉煤灰水泥浆流动性、静置稳定性、减少用水量。高性能掺合料浆与普通浆液配制的变态混凝土相比较，早期强度和极限拉伸值得到较大幅度提高。

（2）变态混凝土浆液的质量控制可通过对浆液流变性能进行控制，Marsh流动度仪和锥形漏斗法（普里帕克漏斗）均可适用于现场制浆质量控制。变态混凝土浆液采用Marsh流动度仪测量流动度适用范围是6～12s，采用锥形漏斗法（普里帕克漏斗）控制浆液流出时间应在22～32s范围内，这种流动度的浆液在变态过程中能充分液化，具有良好的贯入充填空隙效应。

（3）二级配碾压混凝土改性为变态混凝土的最优加浆量为4%～5%（体积比）。

（4）变态混凝土的水化温升值较碾压混凝土略高，远远低于常态混凝土。

（5）粉煤灰对变态混凝土的极限拉伸值、弹性模量、拉压比、抗裂性能等均有一定影响，建议龙滩大坝的变态混凝土应采用优质粉煤灰。

（6）对变态混凝土底部、中部和造孔加浆法以及表层加浆和2层加浆等5种加浆方式的试验证明：变态混凝土成型试件时浆液的均匀性对混凝土的性能有一定影响，表层掺浆不利于浆液在碾压混凝土内充分扩散，2层加浆效果最好。

◎第 3 章

碾压混凝土层面特性

3.1 现场试验简介

层面抗剪断强度能否满足要求是设计 200m 级碾压混凝土重力坝的关键技术问题，夏季高气温及多雨条件下，能否连续施工也是碾压混凝土大坝能否充分发挥快速施工优势、按期或提前发电的关键。现场试验是论证修建 200m 级碾压混凝土重力坝技术可行性的重要手段。

3.1.1 现场碾压试验

为论证修建 200m 级碾压混凝土重力坝技术上的可行性，自 1990 年 10 月开始至 1993 年 6 月，选择在与龙滩气候环境条件相似、混凝土胶凝材料基本相同且粗细骨料相近的岩滩水电站开展了 3 场较大规模的现场碾压试验和现场原位抗剪断试验，现场碾压试验的主要目的如下：

(1) 检验通过室内试验推荐的碾压混凝土配合比的可碾性和施工工艺参数。

(2) 研究在不同环境条件下，不同层间处理和不同间歇时间对碾压混凝土层间结合的影响，研究提高层间结合的处理措施。

(3) 研究在常温和高温条件下碾压混凝土施工质量控制标准。

(4) 现场检测碾压混凝土层间抗剪断强度、抗渗性能并取样进行室内各种物理力学参数测定，论证 200m 级重力坝全高度采用碾压混凝土的可行性，并对配合比进一步优化。

3 场 10 个工况共浇筑碾压混凝土 819m^3。现场碾压试验成果表明：所选用的碾压混凝土配合比拌和均匀，砂浆充裕，可碾性好，极少骨料分离，略有反弹和泛浆，有利于层间结合。实测碾压混凝土密度、机口成型试件 90d 抗压强度和抗渗等级均能满足龙滩大坝设计的技术要求，证明了 *VC* 值控制和碾压制度是合适的，碾压混凝土质量和性能良好。

3.1.2 层面抗剪断试验

为研究龙滩水电站大坝碾压混凝土层面抗剪（断）强度特性，提出大坝抗滑稳定设计参数，先后对三次现场碾压试验 10 个工况进行现场原位碾压混凝土层面抗剪（断）强度试验，共 129 组，现场取样室内碾压混凝土层面中型抗剪（断）强度试验 186 组。

3.1.2.1 现场原位抗剪断试验研究

原位抗剪断试件是在碾压混凝土养护 14d 左右用人工凿制而成。试件剪切面积 50cm

×50cm，试件高度以混凝土层厚控制。

抗剪断试验采用峰值法（多点法）和单点法两种方法进行，以峰值法为主，以便与重力坝设计规范的要求相匹配。多点法由4～5块（大多为4块）试件为一组，每块试件上分别施加0.75MPa、1.50MPa、2.25MPa、3.00MPa的垂直正应力，然后按要求各自施加水平剪应力直至剪断，并求得残余强度。

各工况在抗剪断试验后，逐块对剪断面情况进行统计，各工况剪断面位置和起伏差情况见表3.1。

表3.1　各工况剪断面位置和起伏差情况统计表

工况	试件数	剪断面位置			
		层面		部分RCC中	
		块数	起伏差/cm	块数	起伏差/cm
C	39	7	0.4～0.9	32	1.0～6.0
D	40	9	0.5～1.2	31	2.0～7.0
E	48	26	0.4～1.6	22	0.9～5.0
F	48	23	0.4～1.2	25	0.6～3.7
G	28	18	0.4～1.4	10	1.2～3.6
H	14	4	0.4～0.9	10	0.9～2.9
I	28	11	0.3～1.7	17	1.3～5.7
J	14	2	0.3～2.3	12	1.0～4.5
合计	259	100		159	

从试件抗剪断剖面情况可以看出，在259个抗剪断剖面中，在层面剪断的有100块，占39%；层面部分在RCC中剪断的有159块，占61%。可见，层面是一个弱面。另外，上层覆盖快的，一般剪断面起伏差大，有利于抗剪断参数的提高，这对于提高碾压混凝土的质量是十分重要的。

3.1.2.2　室内抗剪断试验研究

室内抗剪断试件都是取自现场碾压试验块，第一次用ϕ200mm钻孔芯样，第二、三次都用切取的25cm×25cm×25cm的立方体试件。它们中间都含有层面，以便测定层面的抗剪断强度和参数。试验仍采用多点（峰值）法、临近破坏极限单点法和比例极限单点法3种方法，在复合伺服试验机上进行。用函数记录仪记录剪切荷载（Q）与剪切位移（u）、法向变形（V）及声发射率（AE）的关系曲线。

3.2　抗剪断试验资料统计成果分析

3.2.1　各种统计方法所得成果分析

通过采用小值平均值法、保证率法、优定斜率法、随机组合法、综合分析法等统计方法，对龙滩水电站碾压混凝土层面室内和现场原位各龄期抗剪断试验资料作分析，得以下认识：

（1）小值平均值的两种计算方法所得 f'、c'值相差较大，f'、c'中取小值平均值一般低于τ'中取小值平均值，说明前者偏于安全。经统计，在 f'、c'值中取小值平均值算得的剪应力（$\overline{\tau}_{fc}$）与抗剪断强度小值平均值算得的剪应力（$\overline{\tau}_{小}$）有以下关系：

1）当组数小于 10 时，室内：$\overline{\tau}_{fc}=0.86\ \overline{\tau}_{小}$(0.74～0.94)；现场：$\overline{\tau}_{fc}=0.94\ \overline{\tau}_{小}$(0.88～1.01)。

2）当组数为 13～32 时，室内：$\overline{\tau}_{fc}=0.90\ \overline{\tau}_{小}$(0.84～0.97)；现场：$\overline{\tau}_{fc}=0.94\ \overline{\tau}_{小}$(0.90～0.8)。

（2）抗剪断强度的小值平均值（$\overline{\tau}_{小}$）、保证率法算得的抗剪断强度（$\overline{\tau}_{78.8}$，$\overline{\tau}_{80}$，$\overline{\tau}_{95}$，下标为保证率）与抗剪断峰值强度（$\tau'=f'\sigma+c'$）具有表 3.2 所列关系。从表 3.2 中可以看出：

1）抗剪断强度小值平均值（$\overline{\tau}_{小}$）为抗剪断峰值强度（$f'\sigma+c'$）的 0.84～0.88，平均为 0.86，与以前常用的将峰值强度乘以 0.85 的修正系数作为设计参数建议值很接近。

2）按《水工混凝土试验规程》中的公式，取保证率为 78.8%和 80%算得的抗剪断强度（$\tau'_{78.8}$和 τ'_{80}）接近抗剪断强度的小值平均值（$\overline{\tau}_{小}$），相差 1%左右，但以 80%较好。

3）按《岩石力学试验规程》中的公式，取保证率 95%算得的抗剪断强度（τ'_{95}）与$\overline{\tau}_{小}$相差在 1%～6%，变化不够稳定。

表 3.2　$\overline{\tau}_{小}$、$\overline{\tau}_{78.8}$、$\overline{\tau}_{80}$、$\overline{\tau}_{95}$与 τ'关系表

项　目	关 系 式	范 围 值
室内	$\overline{\tau}_{小}=0.84(f'\sigma+c')$	0.73～0.92
	$\overline{\tau}_{78.8}=0.85(f'\sigma+c')$	0.77～0.92
	$\overline{\tau}_{80}=0.85(f'\sigma+c')$	0.76～0.91
	$\overline{\tau}_{95}=0.80(f'\sigma+c')$	0.67～0.91
现场	$\overline{\tau}_{小}=0.88(f'\sigma+c')$	0.84～0.92
	$\overline{\tau}_{78.8}=0.89(f'\sigma+c')$	0.84～0.94
	$\overline{\tau}_{80}=0.88(f'\sigma+c')$	0.84～0.92
	$\overline{\tau}_{95}=0.87(f'\sigma+c')$	0.84～0.90
多组综合	$\overline{\tau}_{小}=0.87(f'\sigma+c')$	0.78～0.93
	$\overline{\tau}_{78.8}=0.87(f'\sigma+c')$	0.79～0.93
	$\overline{\tau}_{80}=0.86(f'\sigma+c')$	0.78～0.92
	$\overline{\tau}_{95}=0.92(f'\sigma+c')$	0.84～0.96

（3）几种计算方法所得 C_V 值的变化范围和平均值见表 3.3，由表 3.3 可以看出：随机组合法的 C_V 最大，常规计算法次之，综合值分析法最小；室内的 C_V 值大于现场的 C_V 值；f'的 C_V 值小于c'的 C_V 值（也有个别例外）。但这些值都在通常范围，都可作为工程设计中选择 C_V 值的参考。

表 3.3　　　　龙滩水电站 RCC 层面抗剪断试验 C_V 值汇总表

试验条件	项目	$C_{Vf'}$			$C_{Vc'}$		
		随机组合法	常规计算法	综合值法	随机组合法	常规计算法	综合值法
现场	平均值	0.19	0.11	0.13	0.20	0.21	0.14
	范围值	0.08～0.29	0.02～0.25	0.09～0.22	0.10～0.34	0.07～0.42	0.09～0.22
室内	平均值	0.27	0.26	0.16	0.24	0.29	0.14
	范围值	0.13～0.33	0.03～0.73	0.09～0.27	0.10～0.44	0.10～0.51	0.07～0.23

采用国内 1955—1985 年分布在全国 40 个大、中型水利水电工程工地现场所做坝体混凝土与基岩现场原位抗剪断试验共计 229 组试验成果作为子样，用数理统计方法进行分析，其概率分布采用 K－S 法和 A－D 法检验，显著性水平取 0.05，对坝基岩体按岩性特征、物理力学指标大致相同的条件，根据坝基岩体分类表，将坝基岩体分为Ⅰ、Ⅱ、Ⅲ、Ⅳ、Ⅴ五级，其抗剪断强度的子样组数顺次为 60、64、66、27、12，分别进行了统计分析，结合工程经验并参照现行规范，经分析后采用的统计参数见表 3.4。

表 3.4　　　　岩体与混凝土接触面之间抗剪断参数统计表

岩体工程分类	坝基岩体特性	岩体基本参数变化范围类比值		混凝土接触面抗剪断参数			
				均值 $\mu_{f'}$ /MPa	变异系数 $C_{Vf'}$	均值 $\mu_{c'}$ /MPa	变异系数 $C_{Vc'}$
Ⅰ	致密坚硬的、裂隙不发育的新鲜完整的、块状及厚-巨厚层结构的岩体。裂隙间距一般大于 100cm，无贯穿性的软弱结构面、稳定性好。 如岩性较单一的岩浆岩及火山岩类，深变质岩（块状片麻岩、混合岩等）、巨厚层沉积岩	具有各向同性的力学特性	$R_b>100$MPa $V_p\geqslant5000$m/s $E_0\geqslant2.0$ 万 MPa	1.50～1.30	0.20	1.50～1.30	0.36
Ⅱ	坚硬的、裂隙不发育的微风化的块状及厚-巨厚层结构的较完整岩体；厚层砂岩、砾岩、未溶蚀的石灰岩、白云岩、石英岩、火山碎屑岩等。 除局部地段外，整体稳定性较好。 （包括裂隙发育，经过灌浆处理的岩体）	具有各向同性的力学特性	$R_b=100\sim60$MPa $V_p=5000\sim4000$m/s $E_0=(2.0\sim1.0)$ 万 MPa	1.30～1.10	0.20	1.30～1.10	0.36
Ⅲ	中等坚硬的、完整性较差的、裂隙发育的弱风化块状岩体；厚-中厚层状结构岩体。岩体稳定性受结构面控制。如风化的Ⅰ类岩；石灰岩、砂岩、砾岩及均一性较差的熔结凝灰岩、集块岩等。 （作为坝基，必须进行专门性地基处理）	岩体显著风化、力学特性不均一、差异较大，明显受结构面控制	$R_b=60\sim30$MPa $V_p=4000\sim3000$m/s $E_0=(1.0\sim0.5)$ 万 MPa	1.10～0.90	0.22	1.10～0.70	0.40
Ⅳ	完整性较差的、裂隙发育、强度较低的、强风化的块状及厚层状岩体；中-薄层状结构岩体，砂岩、泥灰岩、粉砂岩、凝灰岩、云母片岩、千枚岩等。 岩体整体强度和稳定性较低	力学特性显著不均一	$R_b=30\sim15$MPa $V_p=3000\sim2000$m/s $E_0=(0.5\sim0.2)$ 万 MPa	0.90～0.7	0.26	0.70～0.5	0.45

注　R_b 为饱和抗压强度；V_p 为声波纵波速；E_0 为变形模量。

表 3.4 显示，在试验组数（统计样本容量）较大的情况下，混凝土与基岩抗剪断强度 f'的变异系数平均值为 0.2～0.22，c'的变异系数平均值为 0.36～0.4；表 3.4 采用不同方法统计的龙滩碾压混凝土现场原位抗剪断试验 f'的变异系数平均值为 0.11～0.19，c'的变异系数平均值为 0.14～0.21；考虑到施工期间影响碾压混凝土质量的因素远比试验期间多，施工期间碾压混凝土的 C_v 值应比试验得出的 C_v 值大，但无论从碾压混凝土的匀质性，还是从统计样本组成的差异性而言，施工期间碾压混凝土的 C_v 值应比表 3.4 统计成果小。因此，施工期间碾压混凝土的 C_v 值建议取为 f'的变异系数 0.2，c'的变异系数 0.35。

（4）经室内、外试验资料统计，对各种试验方法的抗剪断强度进行比较，比例极限强度（$\tau_{比}$）、屈服极限强度（$\tau_{屈}$）、临近破坏强度（$\tau_{临}$）和残余强度（$\tau_{残}$）与抗剪断峰值强度具有表 3.5 所列关系。从表 3.5 中可以看出：

表 3.5　$\tau_{比}$、$\tau_{屈}$、$\tau_{临}$、$\tau_{残}$ 与 τ'关系表

条　件	方　法	序　号	关 系 式	范 围 值
室内	多点法	1	$\tau_{比}=0.50(f'\sigma+c')$	0.46～0.56
		2	$\tau_{屈}=0.86(f'\sigma+c')$	0.83～0.88
		3	$\tau_{残}=0.55(f'\sigma+c')$	0.51～0.60
	单点法	4	$\tau_{比}=0.45(f'\sigma+c')$	0.36～0.56
		5	$\tau_{屈}=0.79(f'\sigma+c')$	0.67～0.89
		6	$\tau_{峰}=0.87(f'\sigma+c')$	0.65～1.01
现场	单点法	7	$\tau_{比}=0.49(f'\sigma+c')$	0.38~0.57
		8	$\tau_{临}=0.86(f'\sigma+c')$	0.74～0.93
	多点法	9	$\tau_{残}=0.61(f'\sigma+c')$	0.43～0.84

1）比例极限强度相当于抗剪断峰值强度的 50%左右，屈服极限强度或临近破坏强度为峰值强度的 86%，残余强度为峰值强度的 50%～60%，均与国内、外工程试验资料统计相一致。

2）室内多点法范围值变化最小，1 项、2 项、3 项最大差值仅 0.1，说明试验成果稳定性好。

3）单点法 4 项、5 项、6 项范围值最大差值为 0.36，而且与多点法同等强度比较均偏低，说明单点法试验受人为因素影响大，致使成果分散或未达到相应的强度值而结束了试验，使比值偏低。

4）表 3.5 中第 6 项参照剪断全过程线的类型和形状，按比例取的抗剪断强度，此值仅为试验实测峰值强度的 87%，说明这种取值方法成果偏低，主要原因是由于经 3 次屈服强度试验后，剪切面已受很大损伤，使最后一级正应力下的抗剪断峰值强度低于多点法强度值，所以，以它为基准取的峰值强度低。

5）现场试验 $\tau_{比}$、$\tau_{临}$ 与 τ' 的比值变化范围的差值均为 0.19，与室内多点法基本一致，表明在试验控制上较好。$\tau_{残}/\tau'$ 的比值变化范围为 0.41，略显分散，主要是由于有的试验没有达到足够的位移值。

6）室内抗剪断强度与现场原位抗剪断强度之比，C、D、E、F 工况平均室内为现场的 1.35 倍（范围值 1.22～1.42），G、H、I 工况平均室内为现场的 1.26 倍（范围值 1.41～1.33）。在这个比值中，包括了混凝土强度增长，尺寸效应，试验条件和取样位置等多种因素的影响。

3.2.2 抗剪断试验成果的分析

10 个工况现场和室内抗剪断试验成果见表 3.6 和表 3.7。

表 3.6　　10 个工况现场及室内抗剪断峰值强度综合值分析法计算成果表

项目	工况	龄期 /d	总点数 n	综合值		均方差 σ		离差系数 C_V		正态分布 $P=80\%$	
				f'	c'/MPa	$\sigma_{f'}$	$\sigma_{c'}$	$C_{Vf'}$	$C_{Vc'}$	f'	c'/MPa
现场抗剪断试验	A	90d	12	1.30	2.40	0.14	0.28	0.11	0.12	1.18	2.17
	B	90d	10	1.33	1.67	0.18	0.36	0.16	0.22	0.98	1.37
	C	90d	38	0.89	1.59	0.12	0.25	0.13	0.16	0.79	1.38
	D	90d	40	1.09	2.31	0.10	0.21	0.09	0.09	1.01	2.13
	E	90d	32	0.98	1.64	0.12	0.25	0.12	0.15	0.88	1.43
	F	90d	32	1.00	1.94	0.09	0.18	0.09	0.09	0.93	1.79
	G	180d	20	1.17	2.10	0.10	0.21	0.09	0.10	1.08	1.93
	H	180d	10	1.22	2.62	0.20	0.43	0.16	0.16	1.05	2.26
	I	180d	20	1.29	2.80	0.12	0.24	0.09	0.09	1.19	2.59
	J	180d	10	1.16	3.29	0.26	0.52	0.22	0.16	0.94	2.85
室内抗剪断试验	A	180d	12	0.99	4.04	0.27	0.51	0.27	0.12	0.76	3.62
	B	535d	12	1.00	2.56	0.13	0.25	0.13	0.10	0.88	2.35
	C	535d	31	1.24	2.00	0.22	0.46	0.18	0.23	1.05	1.62
	D	535d	32	1.24	2.97	0.11	0.22	0.09	0.07	1.15	2.78
	E	535d	32	1.49	2.13	0.14	0.29	0.10	0.14	1.37	1.88
	F	535d	32	1.40	2.63	0.21	0.43	0.15	0.16	1.23	2.27
	C	301d	30	1.36	2.23	0.21	0.42	0.15	0.19	1.19	1.88
	D	301d	33	1.35	2.79	0.14	0.29	0.10	0.10	1.23	2.54
	E	301d	30	1.18	2.73	0.12	0.25	0.10	0.09	1.08	2.52
	F	301d	29	1.38	2.49	0.21	0.43	0.15	0.17	1.21	2.13
	G	605d	12	1.13	12.78	0.12	0.25	0.10	0.09	1.02	2.57
	H	613d	8	1.31	3.98	0.34	0.70	0.26	0.18	1.02	3.40

表 3.7　　10个工况现场及室内抗剪断残余强度综合值分析法计算成果表

项目	工况	龄期/d	总点数 n	综合值		均方差 σ		离差系数 C_V		正态分布 $P=80\%$	
				f'	c'/MPa	$\sigma_{f'}$	$\sigma_{c'}$	$C_{Vf'}$	$C_{Vc'}$	f'	c'/MPa
现场抗剪断试验	A	90d	10	0.95	0.82	0.12	0.21	0.12	0.26	0.85	0.64
	B	90d	8	0.94	0.43	0.10	0.19	0.11	0.45	0.85	0.27
	C	90d	32	0.91	1.05	0.12	0.24	0.13	0.23	0.81	0.85
	D	90d	32	0.98	1.48	0.09	0.18	0.09	0.12	0.91	1.33
	E	90d	32	0.79	0.89	0.07	0.13	0.08	0.15	0.73	0.77
	F	90d	32	0.78	0.95	0.07	0.14	0.08	0.14	0.72	0.83
	G	180d	19	0.73	0.59	0.05	0.10	0.06	0.16	0.69	0.51
	H	180d	10	0.74	0.76	0.07	0.14	0.09	0.19	0.68	0.64
	I	180d	20	0.95	1.14	0.11	0.23	0.12	0.20	0.86	0.95
	J	180d	10	0.75	1.53	0.17	0.34	0.23	0.22	0.16	1.24
室内抗剪断试验	A	180d	24	0.72	1.33	0.08	0.15	0.11	0.11	0.66	1.20
	B	180d	20	0.62	1.38	0.08	0.16	0.14	0.12	0.54	1.24
	C	535d	30	1.04	0.63	0.08	0.17	0.08	0.27	0.97	0.48
	D	535d	32	1.05	1.08	0.06	0.13	0.06	0.12	1.00	0.97
	E	535d	31	1.03	0.66	0.06	0.12	0.05	0.17	0.98	0.57
	F	535d	32	1.01	0.86	0.09	0.18	0.09	0.21	0.94	0.70
	C	301d	28	1.09	0.76	0.07	0.14	0.07	0.19	1.03	0.64
	D	301d	30	1.31	0.79	0.12	0.25	0.09	0.32	1.20	0.58
	E	301d	31	1.07	0.69	0.10	0.21	0.09	0.30	0.99	0.51
	F	301d	31	1.21	0.59	0.08	0.17	0.07	0.29	1.14	0.45
	G	605d	12	0.84	0.59	0.06	0.11	0.07	0.19	0.80	0.49
	H	613d	8	0.99	0.40	0.07	0.14	0.07	0.34	0.93	0.29
	I	619d	8	0.95	0.66	0.11	0.22	0.11	0.34	0.86	0.49

表3.6和表3.7成果反映了各工况的层面胶结特性，并具有较好的规律性。

(1) 温度对碾压混凝土的初凝时间是个敏感的因素，常温条件下的层面抗剪断强度大于高温条件下的层面抗剪断强度。

1) 高气温条件下施工如不能即时覆盖上层混凝土则将严重影响层面胶结，例如，C工况的抗剪断强度仅为D工况的75%，是个很好的例证。

2) 在正常条件下施工，高气温和常温也有较大差异，B、G工况各种条件相同，但B工况是高气温施工，G工况是常温施工，B工况的抗剪断强度平均为G工况的87%。

3) D工况总胶凝材料用量高于Ⅰ工况，但由于施工温度不同，D工况的抗剪断强度平均为Ⅰ工况的83.5%。

4) 大坝下部碾压混凝土应尽可能选择常温条件下施工，如必须在高温条件下施工，则应采取严格有效的技术措施。

(2) 胶凝材料用量与层间胶结强度有关，高胶凝材料用量情况下的层面抗剪断强度大于低胶凝材料用量情况。例如Ⅰ工况的总胶凝材料用量为 200kg/m³，G 工况为 180kg/m³，两者相比，G工况的抗剪断强度平均为Ⅰ工况的 81.75%，因此在允许的范围内，适当提高胶凝材料用量对提高碾压混凝土层间抗剪断强度是有利的。

(3) 层面处理的抗剪断强度大于层面不处理的，仅C工况例外。

1) 高气温下施工的E、F工况，E工况的抗剪断强度为F工况的 90.5%。；常温下施工的G、H工况，G工况的抗剪断强度为H工况的 87%，A、B工况也有类似的结果；这是因为层面处理中铺砂浆或小石子混凝土，而增加了胶凝材料，通过碾压使层面胶结的更好些。

2) J工况为 RCD 工法，其抗剪断强度在 10 个工况中最高的，就是Ⅰ工况抗剪断强度也仅为J工况的 94%，说明层面经冲洗、打毛和铺砂浆后，使抗剪断强度提高很大。因此必要时（如冷缝处理）也可采用。

3.2.3 碾压混凝土层面抗剪断参数的选取

3.2.3.1 碾压混凝土层面抗剪断参数的特性分析

碾压混凝土重力坝采用大仓面分层碾压连续上升的施工方法，较易产生隐伏的层状结构，碾压层面处的抗拉、抗剪强度较低，属于碾压混凝土材料的弱面。碾压混凝土坝层面延伸的范围达到整个结构长度，层间间距为 0.3～0.6m，层间缝的数量约为常态混凝土重力坝的 5～7 倍，众多的碾压层面中，对于每一条层间接缝的每个部位的黏结强度，也不都是有充分的质量保证，所以，在碾压混凝土重力坝的抗滑稳定分析中，沿着坝体层面的稳定分析，也就成为重要的问题，层面抗剪断参数的确定成为关键问题。

(1) 通过工程实践与研究，目前对于影响层间黏结的基本因素已经明确，主要的影响因素有以下几个方面：

1) 拌和后的混凝土在运输平仓过程中产生骨料分离。

2) 碾压混凝土在振动碾压过程中形成的孔隙和多余的水分排出困难。

3) 层间间隔时间过长或下层混凝土表面的干湿状态不符合施工要求。

4) 碾压混凝土的稠度（*VC* 值）过大或过小。

5) 卸料集中，铺料厚度过大，振动压实能量不足等。

(2) 为了改善碾压混凝土层间黏结状态，提高其和易性、可碾性、密实性、抗渗性和抗剪断强度，碾压混凝土的浇筑需要有足够的胶凝材料数量。

(3) 为了研究碾压混凝土层面抗剪断强度特性，并与常态混凝土坝接缝面抗剪断参数进行对比，收集和分析了以下资料：

1) 汉森等提供了 1998 年建成的澳大利亚 Cadiangullong 坝的芯样层面直剪试验结果。

2) 弗朗西斯和麦克林提供的美国和澳大利亚 8 个碾压混凝土工程或试验项目，共 142 组抗剪断试验的综合数据。

3) 根据美国垦务局（USBR）的报告提供的常态混凝土 10 个工程，共 165 组试验数据。

4) 美国垦务局和硅酸盐水泥协会试验室（CTL）合作，共同进行大面积现场碾压试验段的施工和取芯样试验，对碾压混凝土坝层面黏结强度进行研究的成果。

5）根据国内外已建的碾压混凝土坝，选择8个有较大代表性的工程（柳溪坝、盖尔斯维尔坝、玉川坝、临江坝、岩滩坝、铜街子坝、沙溪口开关站挡墙、上静水坝）的试验资料。

（4）由于试验材料的种类、成果的来源和试验方法都有很大不同，得到的试验数据成果明显离散，从文献中取得的试验成果，也难于对其重要的变量及试验条件进行评价。但通过以上研究资料的分析比较，并结合常态混凝土在接缝面处抗剪断参数的统计数据，仍然可以得出以下几方面结果：

1）对于多种类型的碾压混凝土180d龄期层面抗剪断参数进行综合分析后得出，按照胶凝材料的多少对层面抗剪断性能进行划分，符合客观的事实。虽然碾压混凝土层面抗剪断参数中的黏聚力c'和摩擦系数f'都有一定的离散度，但c'的变异系数$C_{Vc'}$大，而f'的变异系数$C_{Vf'}$相对较小，实际工程研究结果表明，$C_{Vc'}$和$C_{Vf'}$两者的比值（$C_{Vc}/C_{Vf'}$）为1.7～1.8。

2）层面抗剪断参数f'的均值，不论贫胶凝材料还是富胶凝材料，一般都在1.0以上。碾压混凝土的胶凝材料用量，我国采用小于130kg/m^{3}为贫胶凝材料；大于160kg/m^{3}为富胶凝材料。贫胶凝材料f'的均值$\mu_{f'}$可采用1.0～1.1，富胶凝材料f'的均值$\mu_{f'}$可采用1.1～1.3，f'的变异系数$\delta_{f'}$建议采用0.21。

3）层面抗剪断参数中的黏聚力c'的数值，受胶凝材料用量、层面间隔时间长短、是否处理以及龄期长短的影响较大。在层面黏结强度符合要求的条件下，贫胶凝材料c'的均值$\mu_{c'}$可采用1.27～1.50MPa，变异系数$\delta_{c'}$取0.36，富胶凝材料c'的均值$\mu_{c'}$可采用1.73～1.96MPa，变异系数取0.36。

4）常态混凝土90d龄期层面抗剪断参数，对于C10～C20，f'均值$\mu_{f'}$可采用1.3～1.5。变异系数取0.20；c'均值$\mu_{c'}$可采用1.6～2.0MPa，变异系数取0.33。

通过上述资料经分析后得到混凝土层面抗剪断参数见表3.8。

表3.8　混凝土层面抗剪断参数表

序号	类别名称	特　征	抗剪断参数					
			f'均值	f'变异系数	f'标准值	$\mu_{c'}$均值/MPa	$\mu_{c'}$变异系数	$\mu_{c'}$标准值/MPa
1	碾压混凝土（层面黏结）	贫胶凝材料配比180d龄期	1.0～1.1	0.21	0.82～0.91	1.27～1.50	0.36	0.89～1.05
		富胶凝材料配比180d龄期	1.1～1.3	0.21	0.91～1.07	1.73～1.96	0.36	1.21～1.37
2	常态混凝土（层面黏结）	90d龄期C10～C20	1.3～1.5	0.20	1.08～1.25	1.6～2.0	0.33	1.16～1.45

3.2.3.2　龙滩水电站碾压混凝土层面抗剪断参数的选取

针对龙滩工程的具体情况，应以现场多点法抗剪断峰值强度为主，以层面不处理的为主，以180d龄期强度为主的三原则，并考虑已取得的试验研究成果，推荐G、I两个工况的现场原位碾压混凝土层面抗剪断峰值强度，作为龙滩水电站碾压混凝土重力坝碾压混凝土层面抗剪断参数的主要选取依据，这两个工况的实测成果列于表3.9。

表3.9　　龙滩水电站RCC层面抗剪断参数实测成果汇总表（G、I工况）

工况	胶凝材料/(kg/m³)		常规统计法				保证率法				随机组合法						综合值分析法			
			平均值		小值平均值		τ' N80%		优定斜率法 N80%		小值平均值		N80%		C_V		N80%		C_V	
			f'	c'/MPa	f'	c'/MPa	f'	c'/MPa	f'	c'/MPa	f'	c'/MPa	f'	c'/MPa	$C_{Vf'}$	$C_{Vc'}$	f'	c'/MPa	$C_{Vf'}$	$C_{Vc'}$
G	75	105	1.25	1.94	1.11	1.89	1.13	1.85	1.17	1.85	1.10	1.79	1.12	1.78	0.15	0.19	1.08	1.93	0.09	0.10
I	90	110	1.29	2.80	1.13	1.92	1.32	2.39	1.29	2.44	1.13	2.26	1.10	2.39	0.18	0.18	1.19	2.59	0.09	0.09

注　粗骨料为三级配；层面不处理；龄期180d，N80%表示用正态分布保证率取80%。

从表中的数据看，若取小值平均值作为大坝设计参数是偏于不安全的，因为小面积的和数量不多的试验成果，不能反映大坝施工中层面黏结的离散性，建议以离差系数C_V值作为判断取值的可靠性。根据试验成果计算的层面抗剪断强度参数离散性状况，考虑到施工期间影响混凝土质量的因素远比试验期间多，因此，选取的C_V值应比试验得出的C_V值大。结合龙滩情况并参考其他工程经验，建议f'的C_V值选用0.20，c'值选用0.35。

对于大体积混凝土抗剪强度的保证率，根据试验成果的统计分析和有关资料，建议取保证率80%或85%。

按建议的C_V值和保证率，采用综合值分析法，提出龙滩碾压混凝土层面抗剪断参数建议值见表3.10。

表3.10　　龙滩水电站RCC层面抗剪断参数建议值

坝高/m	胶材用量/(kg/m³)		级配	间歇时间/h	层面处理	龄期/d	常规统计法				综合值分析法				建议参数	
							综合值		小值平均值		保证率80%		离差系数C_V		$C_{Vf'}=0.20$ $C_{Vc'}=0.35$	
	C	F					f'	c'/MPa	f'	c'/MPa	f'	c'/MPa	C_Vf'	C_Vc'	f'	c'/MPa
210.0	90	110	3	5.0	不处理	180	1.29	2.80	1.13	1.92	1.19	2.59	0.09	0.09	1.07	1.97
156.0	75	105	3	4.5	不处理	180	1.17	2.10	1.11	1.89	1.08	1.93	0.09	0.10	0.97	1.48

3.3　层面胶结和破坏机理及胶结强度研究

3.3.1　层面胶结和破坏机理研究

现场或室内抗剪断试验中试件的断裂面形貌通常为：对于顺层剪断的试件，其断裂面往往比较光滑，擦痕明显、断裂面上的起伏差小；而对断裂发生在碾压混凝土本体上的试件，其断裂面上通常是凹凸不平、起伏差大。试验成果整理时，是将断裂面看成是一种无起伏差的光滑面，通常用层面上的库仑抗剪断强度公式进行试验成果整理，这与实际情况有一定差异。

事实上，混凝土依靠胶凝材料的胶结作用将砂石骨料胶结成一整体。研究表明，混凝土的宏观力学行为在很大程度上受骨料和水泥石间的界面物理力学特性所控制，该界面为混凝土的薄弱环节，混凝土的断裂往往沿该界面发生，因而实际的混凝土断裂面为一有高差起伏的粗糙面。形成图 3.1 所示的理想模型，并对其中的一微小突台 AOB 进行分析，见图 3.2。

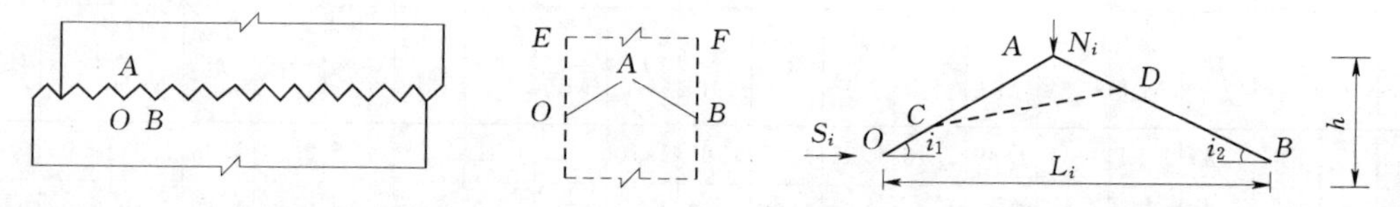

图 3.1　具有理想断裂形貌的抗剪断试件示意图　　图 3.2　典型突台的受力条件示意图

在抗剪过程中（图 3.1），由于试件的上半部 $AOEFBA$ 在发生沿剪切力方向侧移外，还有竖直向位移，若近似认为与突台 OAB 相比，试件上半部 $AOEFBA$ 的刚度很大，则据位移相容条件，对微小突出 OAB，其剪切破坏有两种可能：在试件的抗剪断试验过程中，若所施加的正应力水平较低，那么试件的抗剪断破坏形貌即为突台边缘 OAB：其中，在 OA 边上为剪切破坏，而在边 AB 上为拉断破坏。

水泥石与骨料间的内摩擦角为 φ_1，则考虑沿滑动面 OA 方向的力的平衡，可得到

$$\frac{h}{\sin i_1}c_1+\frac{h}{\sin i_2}\sigma_l+(S_j\sin i_1+N_j\cos i_1)\tan\varphi_1+N_j\sin i_1=S_j\cos i_1 \tag{3.1}$$

显然

$$\begin{aligned}\bar{\tau}&=\frac{S_j}{\bar{h}(\cot i_1+\cot i_2)}\\ \bar{\sigma}_n&=\frac{N_j}{h(\cot i_1+\cot i_2)}\end{aligned} \tag{3.2}$$

式（3.1）和式（3.2）中：$\bar{\tau}$ 为层面上的平均剪应力，MPa；φ 为内摩擦角；σ_n 为作用在试件上正压力，MPa；其他符号意义见图 3.2。

式（3.1）可进一步化简为

$$\tau=\frac{c_1\sin i_2+\sigma_l\sin i_1}{(\cos i_1-\sin i_1\tan\varphi_1)\sin(i_1+i_2)}+\sigma_n\tan(\varphi_1+i_1) \tag{3.3}$$

式中：c_1 为水泥砂浆结石与骨料间的黏聚力；σ_l 为水泥砂浆结石与骨料间的抗拉强度。

如果正应力 σ_n 足够大，那么骨料突台 OAB 可能会发生部分剪断，此时剪断面如 $OCDB$ 所示。此时，层面的抗剪断强度由 OC、CD 和 DB 3 条边提供。若剪断面完全发生在骨料上，则式（3.3）可以改写为

$$\tau=\frac{c_2\sin i_2+\sigma_l\sin i_1'}{(\cos i_1'-\sin i_1'\tan\varphi_2)\sin(i_1'+i_2)}+\sigma_n\tan(\varphi_2+i_1') \tag{3.4}$$

式中：c_2、φ_2 分别为骨料岩石的内黏聚力和内摩擦角。

一般来说，内摩擦角 φ_2 与水泥砂浆结石与骨料间的内摩擦角 φ_1 相差不大，而岩石骨料的内黏聚力 c_2 则往往远大于水泥砂浆结石与骨料间的内黏聚力 c_1。因此，若断裂发生或部分发生在骨料中，则碾压混凝土的抗剪断强度可大大提高。在一般情况下，碾压混凝

土的层面抗剪断强度应介于式（3.3）和式（3.4）所计算的值之间。在极限条件下，碾压混凝土的层面抗剪断强度可达到碾压混凝土的本体强度。另外，对一般情况，碾压混凝土试件在剪断试验中，剪断面还可能发生在水泥砂浆结石内部，故碾压混凝土层面抗剪断强度还与水泥砂浆结石的本身强度密切相关。

上述分析实际上从微观角度对层面材料“点”破坏的模式和“点”材料强度的物理模型描述，但由于物理模型中描述材料“点”强度的参数较多，且难于通过试验准确获得，因此，需要探讨简明描述材料“点”强度的方法及参数，运用库仑公式是描述层面抗剪断强度最通常的方法，且参数简单，以下将通过数值模型研究材料“点”强度。

碾压混凝土抗剪断试验沿层面的破坏是一个压剪破坏渐进发展的过程，在数值模型上它可用虚裂纹模型来描述，也可用钝裂纹带模型或节理单元模型来模拟，钝裂纹带模型和节理单元模型采用的理论不相同，它们适合于用非线性有限元来求解。

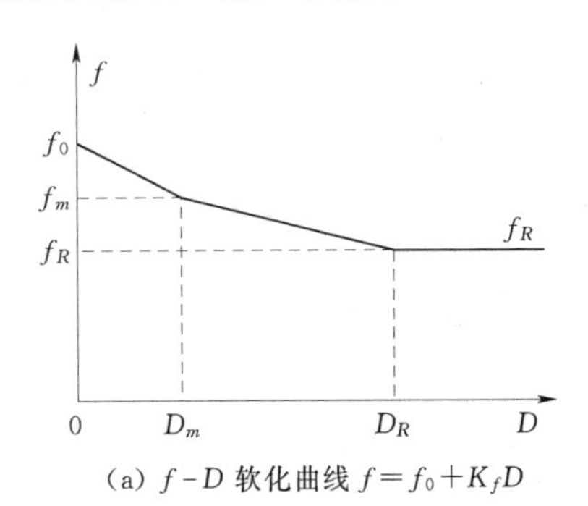

(a) $f-D$ 软化曲线 $f=f_0+K_fD$

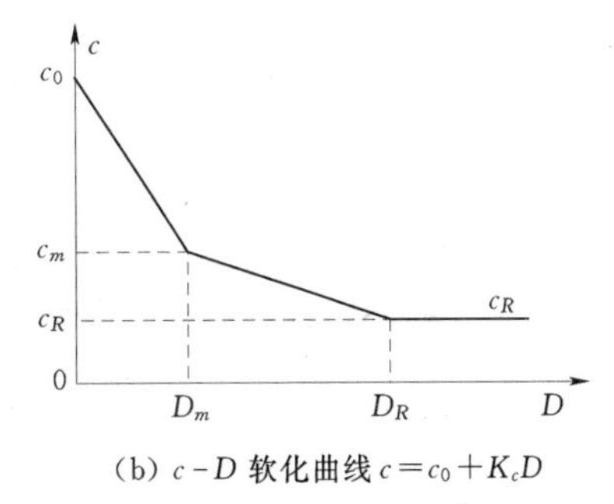

(b) $c-D$ 软化曲线 $c=c_0+K_cD$

图 3.3 抗剪断强度参数软化曲线

虚裂纹模型假定剪切裂纹破裂区发生在一个带状区域，并分为真实裂纹区（主裂纹区）、虚裂纹区（断裂过程区）、弹性区（未损伤区）3个区域。在真实裂纹区内，裂纹面发生过很大的错位，材料已经完全剪断，材料的抗剪强度采用残余强度 f_R、c_R。在虚裂纹区内材料正处于剪切破坏的过程中，材料抗剪强度取决于缝面错动位移 D，其参数数值介于残余强度和未损伤材料的强度之间，记为 f_m、c_m，在虚裂纹顶端，其错开位移为0，材料刚好为其未损伤的点抗剪断强度参数 f_0、c_0。在弹性区内，材料承受的应力未超过材料未损伤强度参数 f_0、c_0 下的莫尔-库仑准则包络线。

假定，f、c 与错动位移 D 的关系可用双折线图形来描述，见图 3.3，称为抗剪断强度参数软化曲线。虚裂纹模型是只在一个界面上考虑应力软化问题，因而用虚裂纹边界元方法解这个非线性断裂的裂纹扩展时，只需向前增加单元，不需改变原来网格，也没有单元的宽度效应。对于现场或室内抗剪断试验，通常是不断地增加试件的某组荷载，直至试件完全破坏，这个过程可由开裂过程反算外荷的方法来模拟。对于实际工程，可保持外荷载不变（始终为设计荷载），反算裂纹开裂过程与强度储备系数的关系来模拟。这两方面都具有重要意义又相互联系。前者可根据抗剪试验 $\sigma-u$ 全过程曲线来反算断裂参数（f_0、c_0 等），后者可根据这些参数计算大坝裂缝开展过程和强度储备系数。

现以虚裂纹模型为例，对龙滩工程现场原位抗剪断试验过程进行数值模拟。选取 E、F 工况现场试验获得的 8 组（每组 4 块试件）荷载与水平位移（$\tau-u$）曲线作为比较的依据。计算时，通过改变抗剪断参数 f_0、c_0、f_m、c_m、D_m、D_R（f_R、c_R 取实验得到的残余强度值），使得到的计算曲线和实验曲线有比较满意的吻合为止，见图 3.4。计算得出的

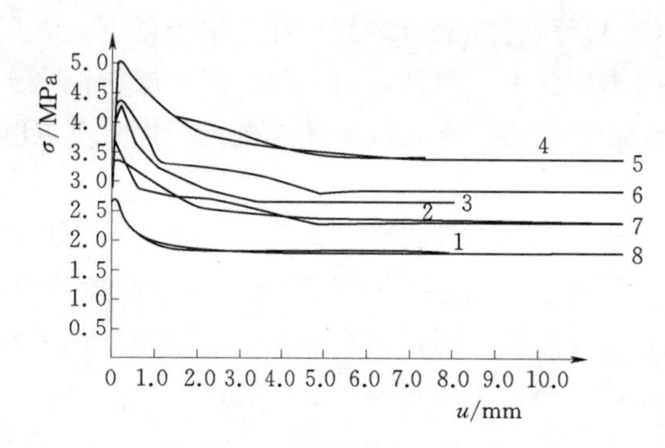

图 3.4　F_6 试块荷载-位移曲线的对比（计算值和实验值）

断裂参数及其软化过程曲线见图 3.5 和表 3.11。f_R、c_R 是材料“点”完全剪断后的残余强度参数，可以证明，只要材料严格遵守摩尔-库仑准则，就有 $f_0>f'>f_R$，$c_0>c'>c_R$。同时，从图 3.5 可以看出，材料软化曲线 $f-D$ 变化较小，在第一折线段内，f 几乎不变，且与 f' 几乎相等，而软化曲线 $c-D$ 变化很大，而且主要是在第一折线段内降低，这说明材料压剪破坏主要是黏聚力 c 的丧失，而且大部分是在剪切断裂的前期失去的。

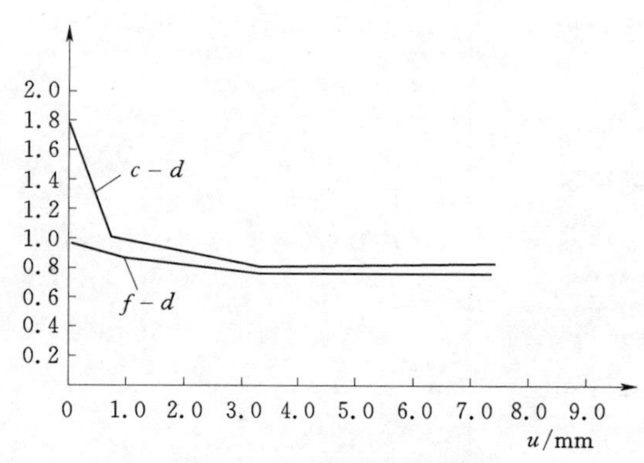

(a) E 工况 c、f 平均软化曲线及断裂能（虚裂纹模型边界元法计算结果）

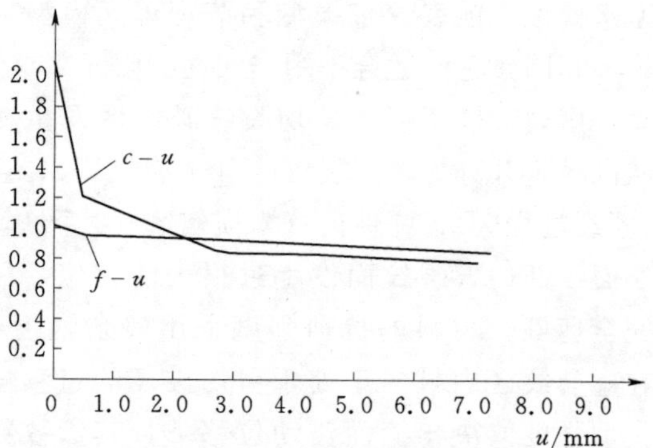

(b) E 工况 c、f 平均软化曲线（钝裂纹带模型有限元法计算结果）

图 3.5　软化过程曲线

表 3.11　　断裂参数反分析结果（虚裂纹模型边界元法计算结果）

类别	试件组号	实验抗剪断参数		数值反分析剪切断裂参数									
		f' /MPa	c'	f_0	c_0 /MPa	f_m	c_m /MPa	f_R	c_R /MPa	D_m /m	D_R /m	G_{F1} (N/M)	G_{F2} (N/M)
F 组	F2	0.93	1.70	0.93	1.95	0.92	1.20	0.89	0.65	0.0008	0.0045	580	460
	F3	1.14	1.54	1.15	1.80	1.10	0.80	0.87	0.67	0.0008	0.0045		
	F4	1.00	1.80	1.00	2.00	0.90	1.30	0.73	1.10	0.0008	0.0045		
	F5	0.91	2.23	0.91	2.5	0.85	1.70	0.68	1.27	0.0008	0.0045		
	平均	1.00	1.82	1.00	2.06	0.94	1.25	0.79	0.92	0.0008	0.0045		
E 组	E3	1.05	1.76	1.05	2.00	1.00	1.40	0.91	1.04	0.0008	0.045	450	230
	E5	0.90	1.68	0.90	1.90	0.88	0.80	0.86	0.70	0.0008	0.003		
	E6	1.07	1.19	1.07	1.40	0.90	0.90	0.71	0.81	0.0008	0.003		
	E7	0.82	1.34	0.82	1.55	0.81	0.90	0.72	0.81	0.0008	0.003		
	平均	0.97	1.50	0.97	1.71	0.90	1.0	0.80	0.84	0.0008	0.0034		

注　G_{F1} 为第一折线段内断裂能，G_{F2} 为第二折线段内断裂能。

用不同模型计算获得的“点”抗剪断强度参数（压裂参数）f_0、c_0 与试件平均抗剪断强度参数（通常称抗剪断参数）f'、c'的比值 f_0/f'、c_0/c'见表 3.12。由表中可见，各种计算方法所得的压裂参数都大于抗剪断强度参数，f_0/f'的变化在 0.95～1.20 之间，c_0/c'的变化在 1.00～1.88 之间，前者变化小一些，后者变化大一些；不同的模型计算的结果都有一定的差别，即使采用同一模型计算条件的变化也会使计算结果发生某些变化。实际上，“点”抗剪断强度，是反映材料在某点的抗剪断能力，不应受计算方法和条件的影响，因此，点抗剪断强度计算值得进一步研究与完善。

表 3.12　各种计算方法所得压剪断裂参数与抗剪断强度参数的比值

计算模型与计算方法	试件 F_3		试件 E_5	
	f_0/f'	c_0/c'	f_0/f'	c_0/c'
虚裂纹模型边界元法	1.01	1.16	1.00	1.13
钝裂纹带模型弹塑性有限元法	1.05	1.27	1.05	1.25
夹层单元模型弹塑性有限元法	1.20	1.20	1.18	1.18
节理单元模型弹塑性有限元法（理想软化）	1.13	1.88		
节理单元模型弹塑性有限元法（非线性）	0.95	1.50		
节理单元模型弹塑性有限元法（理想弹塑性）	1.00	1.00		

3.3.2　层面胶结强度影响因素研究

碾压混凝土层面胶结强度常用抗剪断强度指标来衡量，由式（3.3）和式（3.4）可知，碾压混凝土层面抗剪断强度指标 c'和 f'主要与下述因素有关：

（1）水泥砂浆结石与骨料间的胶结强度，包括水泥砂浆结石与骨料间的内黏聚力 c_1 及基本内摩擦角 φ_1。

（2）水泥砂浆结石本身的强度。

（3）岩石骨料本身的抗剪断强度指标 c_2 及 φ_2。

（4）试件剪断时的突台角 i_1 和 i_2，该突台角反映的是在层间上下层碾压混凝土骨料间的咬合程度。

（5）剪切过程中所施加的正应力水平 σ_n、σ_n 的大小直接决定着剪断是沿水泥砂浆结石与骨料间的结合面剪断还是部分骨料的剪断。

由式（3.3）和式（3.4）可知，若剪断完全沿层面发生，那么有

$$i_1=i_2=0,\quad 此时\begin{cases}c'=c_1 & (或\ c'=c_2)\\ f'=\tan\phi & (或\ f'=\tan\phi_2)\end{cases} \tag{3.5}$$

而对粗糙断裂面，总有 $i_1>0$，$i_2>0$。

3.4　层面胶结强度的尺寸效应研究

抗剪断强度参数 f'、c'是在标准加载和标准试件尺寸下获得的材料在剪断面上的宏观平均意义下抗剪断强度参数，各种因素的变化（如试件尺寸变化）时，剪断面上宏观的平

均效果也会变化。

3.4.1　虚裂纹模型的边界元法和钝裂纹带有限元法

现以现场原位抗剪断 F_6 组的非线性断裂参数（f_0、c_0、f_m、c_m、f_R、c_R、D_m、D_R）为例，在参数和受载情况完全一致且试件完全相似的情况下，取抗剪断面尺寸（试件长度）分别为 0.5、2.5、5.0、25.0、50.0m，用虚裂纹模型的边界元法和钝裂纹带有限元法进行了剪切断裂渐进过程分析，并得到了各个尺寸试件在正应力分别为 0.75、1.50、2.25 和 3.00MPa 时的峰值荷载和 f'、c'，见表 3.13。

表 3.13　试件尺寸对抗剪断参数 f'、c' 的影响

试件	分析方法	试件长度/m	各种正应力下的峰值强度/MPa				抗剪断参数		以 0.5m 的比值试件为准/%	
			3.00	2.25	1.50	0.75	f'	c'/MPa	f'	c'/MPa
F_6	现场试验	0.5	5.06	4.25	3.40	3.06	0.91	2.23	100	100
	虚裂纹模型	0.5	5.09	4.40	3.62	2.90	0.91	2.23	100	100
		2.5	4.67	4.04	3.25	2.55	0.91	1.90	100	85
		5.0	4.40	3.69	3.08	2.29	0.90	1.70	99	76
		25.0	3.90	3.31	2.70	2.11	0.82	1.50	90	67
		50.0	3.66	3.10	3.55	1.99	0.75	1.48	82	66
F_2	现场试验	0.5	4.47	3.90	2.96	2.45	0.93	1.70	100	100
	钝裂纹带模型	0.5	4.46	3.83	3.12	2.38	0.93	1.70	100	100
		2.5	4.21	3.47	2.82	2.10	0.92	1.42	99	84
		5.0	3.95	3.24	2.56	1.91	0.915	1.21	98	71
		50.0	3.60	2.95	2.28	1.55	0.902	0.90	97	53

注　F_6 表示现场试验编号，虚裂纹模型计算采用对 F_6 反分析获得的断裂参数。F_2 表示现场试验编号，钝裂纹模型计算采用对 F_2 反分析获得的断裂参数。

上述计算结果与试件拉压强度随试件尺寸的增大而降低，具有共同的规律，也与强度统计理论的概念相符。

3.4.2　原位抗剪断强度和芯样抗剪断强度关系统计分析

由于坝体取芯后加工而成的芯样尺寸一般为 150m×150m×150m 的立方体试件，在复核坝体实际的抗剪断参数时往往需要从芯样试验成果考虑尺寸效应等因素转换为原位抗剪断试验成果，为了确定芯样与原位试验间抗剪断试验成果的转换关系，采用龙滩水电站下游引航道现场碾压试验块上钻取芯样进行抗剪断试验，并与同部位同品种的原位抗剪断试验成果进行对比分析。

龙滩水电站下游引航道现场碾压试验块上钻孔取芯部位位于 $C_{90}25$ 混凝土第 3 层和第 4 层层面间歇时间为 4～5h 的浇筑块上以及 $C_{90}20$ 混凝土第 3 层和第 4 层层面为冷缝铺砂浆的浇筑块上，芯样长度约 70cm，穿过第 2 层和第 3 层层面并加工成试件，下伏第 2 层和第 3 层层面层间间歇时间分别为 10.65h 和 9.68h，期间下雨约 5h，其中，$C_{90}25$ 混凝土取芯部位第 2 层混凝土为 RIV 区二级配碾压混凝土。在下游引航道现场碾压试验块上钻取芯样龄期约为520d，$C_{90}25$和$C_{90}20$混凝土各完成6组芯样试验。

根据上述取芯部位及相应的现场碾压试验施工情况，按以下几种方式形成样本进行分析比较：

（1）比较一。将$C_{90}25$混凝土含第3层和第4层层面的3组芯样试件与同部位同工况180d龄期的2组原位抗剪断试件进行分析比较，该比较是同部位对应相同的层间结合面（层间间歇4～5h工况）的芯样与原位试件的比较。

（2）比较二。将$C_{90}25$混凝土6组芯样试件与第3场现场碾压试验$C_{90}25$混凝土180d龄期所有的6组（已剔除冷缝铺小骨料混凝土工况）原位抗剪断试件进行分析比较，该比较主要是考虑到前述各工况抗剪断强度基本相当的事实，将芯样试件视为代表各工况的抗剪断强度，与各工况综合统计的原位试件进行比较。

（3）比较三。将$C_{90}20$混凝土含第3层和第4层层面的3组芯样试件与同部位同工况180d龄期的2组原位抗剪断试件进行分析比较，该比较是同部位对应相同的层间结合面（冷缝铺砂浆）的芯样与原位试件的比较。

（4）比较四。将$C_{90}20$混凝土6组芯样试件与同部位同工况的180d龄期2组原位抗剪断试件进行分析比较，该比较是考虑到第2层与第3层施工过程中间歇时间较长且遭遇下雨，该层面经处理可认为类同于冷缝铺砂浆试件，即扩大样本后的冷缝铺砂浆芯样试件与冷缝铺砂浆原位试件的比较。

（5）比较五。将$C_{90}20$混凝土6组芯样试件与第3场现场碾压试验$C_{90}20$混凝土180d龄期所有的4组（已剔除冷缝铺小骨料混凝土工况）原位抗剪断试件进行分析比较。

整理分析方法为：先分别对芯样试验试件和下游引航道第3场原位试验试件形成2个样本，分别求出2个样本各正应力级下的平均剪应力，采用线性回归分析（最小二乘法）分别求出两个样本的抗剪断强度参数平均值f'、c'，按规范方法取离差系数，按正态分布求出80%保证率的标准值。

分别对f'、c'的平均值以及各正应力级下的平均剪应力进行比较，比较分析结果见表3.14。

表3.14　$C_{90}25$混凝土芯样与原位抗剪断试验峰值强度对比分析表

编号	项目	平均值		正应力3MPa下平均值剪应力的比值（芯样/原位）/%
		f'	c'/MPa	
比较一	芯样试验	1.69	3.74	127
	原位试验	1.67	1.92	
	比值（芯样/原位）	1.01	1.95	
比较二	芯样试验	1.8	4.03	135
	原位试验	1.55	2.34	
	比值（芯样/原位）	1.16	1.72	
比较三	芯样试验	1.55	3.96	129
	原位试验	1.25	2.91	
	比值（芯样/原位）	1.24	1.36	

续表

编号	项目	平均值		正应力 3MPa 下平均值剪应力的比值（芯样/原位）/%
		f'	c'/MPa	
比较四	芯样试验	1.67	3.9	134
	原位试验	1.25	2.91	
	比值（芯样/原位）	1.34	1.34	
比较五	芯样试验	1.67	3.9	125
	原位试验	1.35	3.05	
	比值（芯样/原位）	1.24	1.28	

结果表明，520d 龄期碾压混凝土芯样抗剪断试件与 180d 龄期原位抗剪断试件在 3MPa 正应力下剪应力比值约为 1.3、f'的比值为 1.0～1.34、c'的比值为 1.3～2.0，综合考虑 f'与尺寸效应和龄期的变化规律，f'为无量纲量，其测值一般不受试件尺寸影响，因此，进行芯样抗剪断强度与原位抗剪断强度换算时，可取 f'芯样与原位抗剪断参数换算系数为 1.1，c'芯样与原位抗剪断参数换算系数为 1.75。以上换算系数实际上包括了芯样的龄期增长系数，由于没有同一部位各龄期的试验成果进行统计分析，龄期增长系数无法在上述换算系数中进行区分。

由上述分析可以看出，随试件尺寸增大，相应的 f'、c'也相应降低。当试件长度由 0.15m 增至 0.5m 时，f'降低了 9%，c'降低了 40%；当试件长度由 0.5m 增至 50m 时，虚裂纹模型计算结果是 f'降低了 18%，c'降低了 34%，钝裂纹带模型计算结果是 f'降低了 3%，c'降低了 47%。

3.5　不同因素对碾压混凝土层面结合强度影响程度分析

在选定骨料后，其骨料的形状、颗粒级配及其力学强度指标均已给定，由前述分析可知，影响碾压混凝土层面胶结强度的基本参量为：水泥砂浆结石与骨料间的黏结力和基本内摩擦角，水泥砂浆结石本身的强度以及层面上骨料间的咬合程度。因此，影响上述基本参量的因素必将直接或间接影响碾压混凝土层面结合质量。通过室内试验对影响碾压混凝土层面结合强度的因素进行了分析。

3.5.1　不同层面间隔时间的碾压混凝土抗剪断特性

碾压混凝土层面间隔时间共设 4h、12h、24h、72h 4 种工况进行室内试验，每种间隔时间工况下层面又采用不处理、铺净浆、铺砂浆 3 种措施进行试验研究，抗剪断试验成果经过“最小二乘法”进行整理，成果见表 3.15。

试验研究成果表明，随着层面间隔时间的延长即由 4h 到 72h，碾压混凝土抗剪断峰值强度逐渐降低，由式 $\tau=c+f\times3.0$ 计算的 3 种层面处理方法的碾压混凝土抗剪断峰值强度平均值从 9.16MPa 逐渐降至 7.59MPa；残余强度的 τ 值平均值也随层面间隔时间由 4h 到 72h，逐渐从 4.32MPa 降低至 3.52MPa；而摩擦强度并不呈规律性变化，它们的 τ 值平均值分别在 3.87～3.34MPa 之间波动。总体规律是：层面间隔时间越长，其层面黏结强度越低。

表 3.15 **碾压混凝土层面抗剪断试验成果表**

层面间隔时间	层面状况	试件编号	峰值强度				残余强度				摩擦强度			
			c'/MPa	f'	τ/MPa	$\bar{\tau}$/MPa	c/MPa	f	τ/MPa	$\bar{\tau}$/MPa	c/MPa	f	τ/MPa	$\bar{\tau}$/MPa
4h	不处理	A4-1	4.41	1.44	8.73	9.16	0.66	1.27	4.47	4.32	0.84	0.98	3.78	3.87
	铺净浆	A4-2	4.10	1.73	9.29		0.84	1.11	4.17		1.42	0.76	3.70	
	铺砂浆	A4-3	6.48	0.99	9.45		0.26	1.35	4.31		0.26	1.29	4.13	
12h	不处理	A12-1	2.81	1.75	8.06	8.78	0.15	1.31	4.08	3.79	0.50	1.01	3.53	3.34
	铺净浆	A12-2	3.15	1.99	9.12		0.84	1.04	3.96		0.72	0.77	3.03	
	铺砂浆	A12-3	4.07	1.70	9.17		0.61	0.91	3.34		0.15	1.10	3.45	
24h	不处理	A24-1	2.77	1.38	6.91	7.89	0.38	1.21	4.01	3.66	0.61	1.23	4.30	3.74
	铺净浆	A24-2	3.83	1.44	8.15		0.11	1.18	3.65		0.66	0.99	3.63	
	铺砂浆	A24-3	5.67	0.98	8.61		0.65	0.89	3.32		0.36	0.98	3.30	
72h	不处理	A72-1	2.05	1.47	6.46	7.59	1.18	0.88	3.82	3.52	1.25	0.81	3.68	3.50
	铺净浆	A72-2	3.61	1.35	7.66		0.20	1.09	3.47		0.15	1.10	3.45	
	铺砂浆	A72-3	5.90	0.92	8.66		1.07	0.73	3.26		0.96	0.80	3.36	

注 试验龄期 180d，$C+F=(90+110)\text{kg/m}^3$，外加剂 ZB-1RCC15；$\tau=c+f\times3.0$。

水泥颗粒的水化反应顺序为由表及里，若在下层混凝土初凝前即开始浇筑上层混凝土，那么在层面上为塑性咬合状态，即上层骨料能在上层的碾压过程中压入下层混凝土中，见图 3.6（a）。若下层混凝土的凝结硬化已具有一段时间，则下层混凝土层面上的水泥浆的水泥颗粒的表面水化反应程度已较高，具有一定的强度，此时浇筑上层混凝土又不作处理时，一方面很难将落在层面上的上层混凝土骨料压入下层混凝土中；另一方面即使能将骨料压入下层，那必然使下层表层已开始硬化的混凝土结石的强度受到破坏，其层面上的接触方式有可能为已水化的下层水泥浆表面与上层骨料间的直接接触，因此，出现骨料在此面上的架空现象不可避免，无法保证层面上骨料间的良好结合，见图 3.6（b）。

(a) 层面上骨料间咬合良好

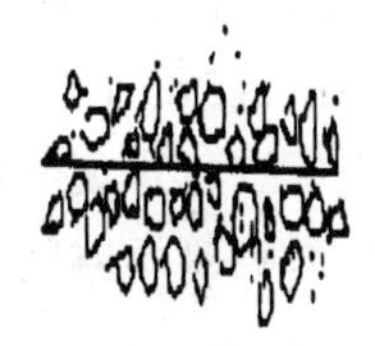

(b) 层面上骨料间没有咬合

图 3.6 层面上骨料间的咬合情况

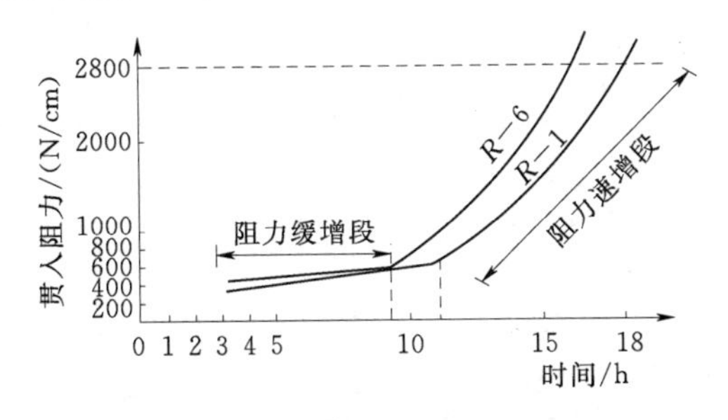

图 3.7 碾压混凝土贯入阻力与时间关系曲线

即使在下层混凝土初凝前浇筑上层混凝土，其层面上的咬合情况也远不能与层内骨料间的咬合情况相比，这主要由于碾压混凝土为干硬性混凝土，当下层碾压密实后，该碾压混凝土层仍具有一定的初始贯入阻力值，见图3.7。用扫描电镜对内部和层面的碾压混凝土的水化产物相貌的观察也表明，内部碾压混凝土的水泥水化产物（CSH）多为致密的Ⅱ型颗粒，而在层面上多为疏松多孔的Ⅰ型纤维状、Ⅱ型网状胶凝；层面上的氢氧化钙［$Ca(OH)_2$］也由不规则的片状变为规则的方板状结晶，且数量较多。与致密的生长环境相比，层面上疏松环境中所生成的水化物较为松散，结晶程度较高，必然会大大降低层面上骨料与水泥石间的黏聚力 c_1，从而使碾压混凝土层面成为结构弱面。因此，层面上即使是塑性整合面，其层面强度也难以达到碾压混凝土本体强度。

对于直接铺筑碾压混凝土层间允许间隔时间的规定，欧美一些国家的许多工程是以成熟度（h·℃）作为控制标准。我国多以混凝土初凝时间为参考标准。欧美的“成熟度”控制指标及我国的上述规范规定，从另一侧面表明了碾压混凝土施工过程中的层间间隔时间是影响层面结合质量的重要因素。“成熟度”概念反映的是环境气温条件对层面间隔时间选取的影响，而碾压混凝土初凝时间是混凝土配合比以及气温、风速、大气相对湿度、降雨、太阳辐射等环境条件因素的综合反映。

苏联的E.E卡尔科娃和H.B米哈依洛夫等人提出了确定水泥浆初凝时间的方法，武汉大学水利电力学院和成都勘测设计研究院提出了用贯入阻力法测定碾压混凝土拌和物凝结时间的方法。但必须指出，由于混凝土中的胶凝材料的水灰比和胶凝材料净浆中的水灰比是有所不同的，这必然导致胶凝材料净浆和混凝土的初凝时间不一致。然而，由于施工过程中受施工及环境条件因素的影响，快速而准确地确定碾压混凝土的初凝时间尚有难度。故在实际工程实践中，需要明确一种快速、合理确定层间允许间隔时间的可操作方法。

控制混凝土凝结时间的主要因素为胶凝材料用量、粉煤灰掺量、水胶比、温度和外加剂。由于水化水泥浆体中的凝结和硬化过程受到水化产物的空间填充情况的影响，水胶比会明显影响凝结时间。

3.5.2　配合比对碾压混凝土抗剪断特性的影响

（1）碾压混凝土不同胶凝材料用量的抗剪断特性。试验研究采用前述200kg/m³、180kg/m³、160kg/m³ 3种胶凝材料用量。对于每一种胶凝材料用量，碾压混凝土层面又分别考虑采用层面不处理、层面铺净浆和层面铺砂浆3种措施。抗剪断试验研究成果见表3.16。

表3.16　碾压混凝土层面抗剪断试验成果表

胶凝材料用量	层面状况	试件编号	峰值强度				残余强度				摩擦强度			
			c'/MPa	f'	τ/MPa	$\bar{\tau}$/MPa	c/MPa	f	τ/MPa	$\bar{\tau}$/MPa	c/MPa	f	τ/MPa	$\bar{\tau}$/MPa
200kg	不处理	A24－1	2.77	1.38	6.91	7.89	0.38	1.21	4.01	3.66	0.61	1.23	4.30	3.74
	铺净浆	A24－2	3.83	1.44	8.15		0.11	1.18	3.65		0.66	0.99	3.63	
	铺砂浆	A24－3	5.67	0.98	8.61		0.65	0.89	3.32		0.36	0.98	3.30	
180kg	不处理	B24－1	2.55	1.41	6.78	7.77	0.26	1.27	4.07	3.72	0.63	1.18	4.17	3.69
	铺砂浆	B24－2	4.50	1.17	8.48		0.47	1.07	3.68		0.66	0.98	3.60	
	铺砂浆	B24－3	4.22	1.42	8.48		0.43	0.99	3.40		0.53	0.92	3.29	

续表

胶凝材料用量	层面状况	试件编号	峰值强度				残余强度				摩擦强度			
			c'/MPa	f'	τ/MPa	$\bar{\tau}$/MPa	c/MPa	f	τ/MPa	$\bar{\tau}$/MPa	c/MPa	f	τ/MPa	$\bar{\tau}$/MPa
160kg	不处理	C24－1	2.26	1.44	6.58	7.59	0.35	1.26	4.13	3.85	0.58	1.16	4.06	3.74S
	铺净浆	C24－2	5.14	0.92	7.90		0.61	1.04	3.73		0.72	0.95	3.57	
	铺砂浆	C24－3	4.76	1.18	8.30		0.38	1.10	3.68		0.80	0.93	3.59	

注 试验龄期 180d，层面间隔时间 24h，外加剂 ZB－1RCC15；$\tau=c+f\times3.0$。

室内试验成果表明，200kg/m³ 胶凝材料用量的碾压混凝土抗剪断峰值强度高于 180kg/m³ 胶凝材料用量的碾压混凝土抗剪断峰值强度，而 180kg/m³ 胶凝材料用量的碾压混凝土抗剪断峰值强度又大于 160kg/m³ 胶凝材料用量的碾压混凝土抗剪断峰值强度。结合其他工程的资料分析可知，混凝土配比中若胶凝材料用量增大，可显著提高碾压混凝土的层面结合强度。由邓斯坦给出的碾压混凝土层缝轴拉强度与混凝土灰浆与砂浆之比的关系曲线同样可得到上述结论。

RCC 配比设计中的胶凝材料总量对 RCC 本体试件的抗压强度、抗拉强度及抗剪强度也有重要影响，在用水量高于最优含水量区间内，其基本变化趋势是：随水胶比的减小，胶凝材料用量的增大（水泥用量不变），RCC 的抗压、抗拉和抗剪等力学指标得到提高。碾压混凝土的配合比设计影响其本体强度特性的同时，同样对碾压混凝土的层面结合质量产生重要影响，并且两者的影响趋势与规律与本体强度的基本一致。

但是胶凝材料用量不同时，水胶比、粉煤灰掺量等因素的改变对上述 3 种力学指标的[illegible]影响程度及趋势是不尽相同的：对胶凝材料用量较少的情况，水胶比的变化可能会引[illegible] RCC 力学性能指标的巨大波动。而对富胶凝材料情况，水胶比的变化并不会引起 RCC[illegible]学性能指标的太大差异。

（2）不同水胶比的碾压混凝土抗剪断特性。试验资料表明，在高于碾压混[illegible]的最优用水量区间内，碾压混凝土的抗压强度服从 D. 阿布拉姆斯（D. Ablams）[illegible]比定则

$$f_c=\frac{k_1}{k_2 W/(C+F)} \tag{3.6}$$

式中：f_c 为混凝土强度；$W/(C+F)$ 为水胶比；k_1 和 k_2 为常数。

RCC 的抗压强度与水胶比试验关系曲线见图 3.8。由图 3.8 可见，[illegible]压混凝土的用水量高于最优含水量时，碾压混凝土的抗[illegible]度随水胶比的减小而增[illegible]当碾压混凝土的用水量低于最优含水量时，虽然此时水胶[illegible]减小，但在碾压振动压[illegible]过程中，混凝土拌和料内的气泡无法有效排出，致使碾压混凝[illegible]存在空隙，从而导[illegible]压混凝土力学行为特性发生显著差异，其抗压强度仍较低，因[illegible]水胶比定则在[illegible]最优含水量段已不适用。

碾压混凝土轴向抗拉强度与水胶比关系的试[illegible]结果见图[illegible]不同粉煤灰掺量的碾压混凝土，轴向抗拉强度均随水胶比增大而减小。[illegible]面碾压[illegible]土的层面抗剪断强度也有类似规律。

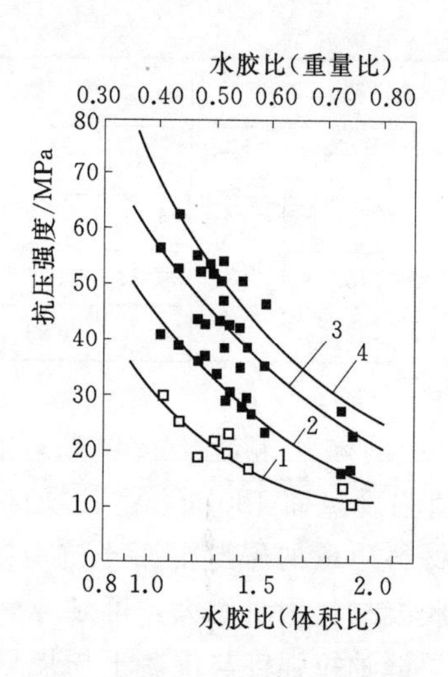

图 3.8 RCC的抗压强度与水胶比试验关系曲线

1—龄期 7d；2—龄期 28d；3—龄期 91d；4—龄期 365d

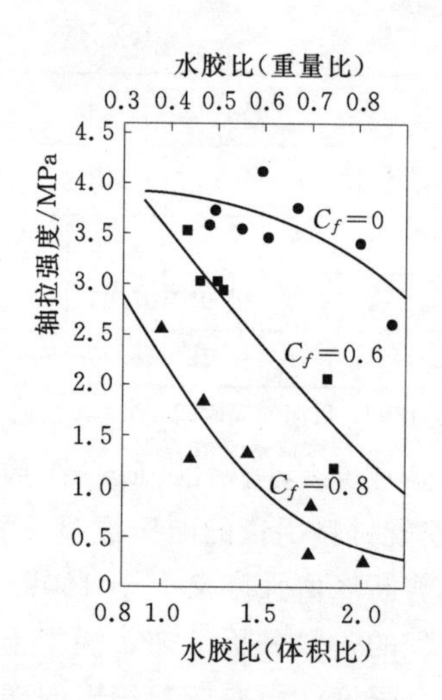

图 3.9 碾压混凝土轴拉强度与水胶比关系曲线

注：龄期 28d；C_f—粉煤灰掺量（体积比）。

(3) 粉煤灰掺量。水灰比相同时，随着粉煤灰掺量增加，碾压混凝土的抗压强度和轴向抗拉强度均降低，且水灰比小时降低的比率比水灰比大时低。

3.5.3 不同层面处理措施对碾压混凝土抗剪断特性的影响

在铺筑上层混凝土以前，若层间间隔时间已超过限定值，那么对该层面必须经过合理的层面处理才允许浇筑上层混凝土，常用的层面处理方式包括下面几类：在铺筑上层混凝土以前，在层面上铺一层胶凝材料净浆、砂浆以及细骨料混凝土等；而对层面本身是否经过刷毛处理又分为刷毛和不刷毛处理两种情况。

3.5.3.1 层面铺不同配比净浆的抗剪断特性

对于含层面碾压混凝土层面铺水泥、粉煤灰净浆的处理方式，试验采用了两种不同配比的净浆进行对比，层面抗剪断试验成果见表 3.17。

表 3.17 碾压混凝土层面抗剪断试验成果表

试验龄期	层面状况	试件编号	峰值强度				残余强度				摩擦强度			
			c'/MPa	f'	τ/MPa	$\bar{\tau}$/MPa	c/MPa	f	τ/MPa	$\bar{\tau}$/MPa	c/MPa	f	τ/MPa	$\bar{\tau}$/MPa
90d	净浆 1	95013-2	3.80	1.56	8.48	—	0.12	1.31	4.05	—	0.20	1.28	4.04	—
90d	净浆 2	A24-2(2)	4.20	1.18	7.44	—	0.56	0.90	3.26	—	0.51	0.92	3.27	—

注 1. $C+F=(90+110)\text{kg/m}^3$，层面间隔时间 24h，外加剂 ZB-1RCC15；$\tau=c+f\times3.0$。

2. 净浆 1 胶材用量 $C+F=1583\text{kg/m}^3$，净浆 2 胶材用量 $C+F=1349\text{kg/m}^3$。

表 3.18 所示的碾压混凝土层面抗剪断试验成果表明，随层面间隔时间的延长，层面铺胶凝材料净浆处理方式的碾压混凝土抗剪断峰值强度比层面不处理的碾压混

凝土抗剪断峰值强度高6.4%～20%；胶凝材料净浆（砂浆）的配合比决定了净浆（砂浆）本身的强度等级，层面上所摊铺胶凝材料净浆（砂浆）的配合比是层面结合强度的重要影响因素；表3.18中，含层面的碾压混凝土，在层面铺水胶比小的净浆的碾压混凝土抗剪断峰值强度，比层面铺水胶比大的净浆的碾压混凝土抗剪断峰值强度高14%；根据碾压混凝土的胶结机理可以推断，含层面的碾压混凝土的抗剪断峰值强度，随胶凝材料净浆（砂浆）中胶凝材料用量的增大、粉煤灰掺量的降低而增大。

3.5.3.2 层面铺水泥、粉煤灰砂浆的抗剪断特性

为获得砂浆结石与下层光滑碾压混凝土层面间的结合强度，进行了不同层面间隔时间条件下，水泥、粉煤灰砂浆试件的室内碾压混凝土层面抗剪断强度试验，试验成果见表3.18中。

表3.18 碾压混凝土砂浆试件层面抗剪断试验成果表

序号	层面间隔时间/h	抗剪断强度参数			垂直正应力σ_n/剪应力τ				相关系数
		c'	f'	$\bar{\tau}$					
1-1	0	—	—	3.89	0.33/3.83	0.74/4.14	1.22/3.76	1.71/3.84	—
1-2		0.271	0.831	1.14	0.35/0.59	0.74/0.84	1.28/1.35	1.80/1.77	0.999
1-3		0.193	0.812	1.00	0.33/0.49	0.70/0.74	1.22/1.10	1.71/1.66	0.972
2-1	4h	1.201	0.525	1.97	0.33/1.24	0.70/2.52	1.22/2.04	1.71/2.07	0.77
2-2		0.306	0.734	1.04	0.33/0.54	0.70/0.89	1.22/1.14	1.71/1.60	0.990
2-3		0.291	0.751	1.04	0.33/0.51	0.70/0.89	1.22/1.14	1.71/1.60	0.991
3-1	24h	1.021	1.262	2.27	0.33/1.24	0.70/2.16	1.22/2.62	1.71/3.05	0.96
3-2		0.427	0.735	1.14	0.33/0.69	0.70/0.91	1.22/1.26	1.71/1.72	1.000

注 其中序号为1-1、2-1和3-1的试验成果为抗剪断情况，其余为已剪断试件的摩擦试验结果。σ_n和τ的单位为MPa。

碾压混凝土层面结合强度室内外试验成果资料表明：层面处理可以有效地提高层面的结合强度；对铺水泥和粉煤灰的砂浆、胶凝材料净浆或铺细骨料混凝土3种层面处理方式中，铺胶凝材料净浆或铺砂浆要比铺细骨料混凝土好；并且，在铺浆以前对层面作刷毛和冲洗处理的情况，较之未作刷毛处理的层面结合强度有明显的提高。

3.5.3.3 不同条件下层面处理措施的选择

碾压混凝土层面间隔时间超过直接铺筑允许间歇时间，层面必须经过处理才能浇筑上层混凝土。碾压混凝土层面处理方式的选择需要兼顾既能有效提高层面结合强度，又能施工操作简单，并能适应高温、降雨、干燥有风或太阳辐射等不利环境条件的变化两方面的要求。

(1) 层面处理材料选择。从碾压混凝土层面的胶结机理方面看，碾压混凝土的上下层间必须通过上下层物料间的胶凝材料的胶结作用以及上下层粗细骨料间的有效咬合以保证其层面结合强度，从作为胶凝材料这一目的看，净浆的胶结作用要比水泥砂浆强；而从碾压混凝土的压实机理方面分析，考虑在混凝土拌和料的摊铺和压实过程中不可避免出现骨料在层面上的架空现象，显然铺水泥砂浆更利于防止骨料在层面上的架空，因此从这个角度看，铺水泥砂浆比铺净浆更有利。

龙滩水电站“八五”和“九五”期间的试验成果显示：层面间隔时间较短时，用铺净浆的处理方式相对较为有利；而层面间隔时间较长、层面处凹凸不平时铺水泥砂浆较好。江垭碾压混凝土坝施工中的层面处理实践也验证了上述成果的合理性。

从具体的施工过程方面考虑，铺细骨料混凝土或水泥粉煤灰砂浆不仅需专门的摊铺设备，而且其摊铺厚度不易控制，同时摊铺后若遇到降雨的施工条件时，摊铺垫层料的表面灰浆极易被雨点冲走且层面处理往往泌水严重；反之，若遇到高温、干燥有风且有太阳辐射等不利环境条件，如果摊铺的细骨料混凝土或水泥粉煤灰砂浆无法及时被上层混凝土覆盖，该垫层料往往失水严重，甚至其顶部被晒干发白，无法起到提高胶结强度的作用。而对于净浆，不仅摊铺工艺简便，而且其水胶比较易根据施工时的环境条件因素作出适当的调整以满足设计上的要求。因此，从提高层面结合强度、便于施工及其控制方面考虑，建议优先选用层面铺胶凝材料净浆的处理方式。

(2) 层面粗糙度处理。由层面结合强度微观分析可知，含层面试件剪断时的突台角 i_1 和 i_2 对碾压混凝土的层面抗剪断强度有重要影响，层面越凹凸不平，突台角 i_1 和 i_2 越大，碾压混凝土的层面抗剪断强度越高。层面铺浆前作刷毛或冲毛处理能增大上下层碾压混凝土物料间的胶结面积、提高上下层骨料间的咬合程度进而有效提高层面胶结强度，故对施工间歇缝面或已初凝的层面，在铺净浆或砂浆前，建议对层面先作冲毛处理；上层混凝土铺筑完成前，若下层混凝土超过直接铺筑间歇时间，在铺净浆或砂浆前建议对层面作刷毛处理。层面处理过程中，必须做到铺浆方式和层面刷毛或冲毛间的有效结合。

3.5.3.4 层面摊铺胶凝材料净浆（砂浆）的配合比确定

(1) 胶凝材料净浆（砂浆）中水胶比的调整。施工过程中，应该对由试验确定的胶凝材料净浆（砂浆）配合比（主要是水胶比）作适当的调整，以适应气温、降雨、大气相对湿度、风速及太阳辐射等环境因素的变化。

在高气温、大气相对湿度低、有风速及太阳辐射等不利环境条件下，摊铺在层面上的胶凝材料净浆或砂浆若不及时被覆盖，其拌和水的蒸发是不可避免的。控制因水分蒸发而引起水胶比变化的有效措施是在胶凝材料净浆或砂浆的配制中根据施工环境条件适量增加拌和水用量，并尽可能降低摊铺净浆或砂浆的入仓温度。

在降雨条件下，计算的单位面积上的受雨量见表3.19。在胶凝材料净浆或砂浆的配制中，应根据净浆或砂浆摊铺后的可能暴露时间，扣除因降雨而增加的水量。表3.20显示，当降雨强度超过3mm/h时，即使是净浆或砂浆摊铺后的暴露时间少于5min，降雨量相当在摊铺的净浆或砂浆中增加了10%～20%的用水量，对摊铺的净浆或砂浆的水胶比的影响是很严重的。因此，在施工过程中，必须做到各个施工程序的有效衔接，尽可能缩短净浆或砂浆摊铺后的暴露时间。

表 3.19　　降雨过程中单位面积上的受雨量（kg/m²）

受雨时间/min \ 降雨强度/(mm/h)	1	2	3	4	5	6
5	0.083	0.167	0.25	0.34	0.42	0.5
10	0.166	0.333	0.5	0.667	0.83	1.0
15	0.25	0.5	0.75	1.0	1.25	1.5
20	0.333	0.667	1.0	1.333	1.667	2.0

(2) 胶凝材料净浆（砂浆）强度等级的确定。层面上摊铺水泥和粉煤灰胶浆（砂浆）的强度等级，是层面结合强度的重要影响因素。剪断面上的起伏角是影响层面结合强度的重要方面，对于通常的碾压混凝土试件，若断裂沿层面发生，则剪断面上的起伏角接近零，此时层面的抗剪断强度主要靠层面上的内摩擦角和黏聚力提供。因此，从提高层面的抗剪断强度方面考虑，把层面上摊铺胶凝材料净浆（砂浆）的强度等级提高一级（此时可有效地提高 c'），是一种较可取的方法；同时提高层面上摊铺胶凝材料净浆（砂浆）的强度等级，也可有效地提高层面的抗拉强度。

层面上摊铺胶凝材料净浆（砂浆）的强度等级提高也意味着水泥用量（包括粉煤灰用量）的增加和水泥水化热的增大。事实上，即使把胶凝材料净浆（砂浆）的强度等级提高一级，按 30cm 的浇筑层厚、每一层面均进行处理的极限情况考虑，每立方米碾压混凝土中增加的水泥用量仅为 1.2kg 左右，这种量级的水泥用量增加量，不会对碾压混凝土的整体温度控制增加很大影响。

(3) 胶凝材料净浆（砂浆）中粉煤灰掺量的确定。确定胶凝材料净浆（砂浆）中的粉煤灰掺量时，应做到在确保层面结合强度的同时兼顾碾压混凝土的温度控制。随着胶凝材料中粉煤灰掺量的增大，碾压混凝土的抗压强度、抗拉强度等都随之降低，尤其是抗拉强度。因此在可能出现拉应力的部位，胶凝材料净浆（砂浆）中的粉煤灰掺量不宜过高；而在压应力较大的区域，胶浆（砂浆）中的粉煤灰掺量可适量提高。

3.5.4 其他影响因素对抗剪断特性的影响

碾压混凝土的龄期和施工过程的一些其他因素如碾压混凝土仓面养护条件、上层混凝土碾压及汽车轮碾、运输、卸料及摊铺过程中的骨料分离和施工层面上的污染等都会对碾压混凝土的层面结合质量和抗剪断特性产生影响。

3.5.4.1 碾压混凝土不同试验龄期抗剪断特性

试验龄期分别考虑 28d、90d、180d。每一龄期对碾压混凝土层面又采用不处理和铺净浆两种处理方式，成果见表 3.20。该成果表明，总体趋势是试验龄期越长，碾压混凝土抗剪（断）强度越大。

表 3.20　　碾压混凝土层面抗剪断试验成果表

试验龄期	层面状况	试件编号	峰值强度				残余强度				摩擦强度			
			c'/MPa	f'	τ/MPa	$\bar{\tau}$/MPa	c/MPa	f	τ/MPa	$\bar{\tau}$/MPa	c/MPa	f	τ/MPa	$\bar{\tau}$/MPa
28d	不处理	A24－1	2.87	1.14	6.29	6.86	0.46	1.03	3.55	3.38	0.23	1.04	3.35	3.32
	铺净浆	A24－2	2.71	1.57	7.42		0.44	0.92	3.20		0.55	0.91	3.28	
90d	不处理	A24－1	2.78	1.25	6.53	7.14	0.51	0.88	3.15	3.20	0.65	0.80	3.05	3.16
	铺净浆	A24－2	4.20	1.18	7.74		0.56	0.90	3.26		0.51	0.92	3.27	
180d	不处理	A24－1	2.77	1.38	6.91	7.53	0.38	1.21	4.01	3.83	0.61	1.23	4.30	3.96
	铺净浆	A24－2	3.83	1.44	8.15		0.11	1.18	3.65		0.66	0.99	3.63	

注　$C+F=(90+110)\text{kg/m}^3$，层面间隔时间24h，外加剂ZB－1RCC15；$\tau=c+f\times3.0$。

3.5.4.2　上部碾压等施工活动对层面结合的影响

通过试验确定激振力在碾压混凝土体中的分布、碾压混凝土早期强度（尤其是从初凝至3天以前）及其增强规律，来评估上层碾压混凝土的碾压过程中产生的激振力、及碾压混凝土运输过程的汽车轮碾对碾压混凝土层面结合质量的影响。在碾压混凝土摊铺层内不同深度处埋设土应力计，测定混凝土内的压力分布，研究振动碾作用在混凝土层面上的激振力沿层深方向传播，并经回归分析，得到激振力在混凝土内的传播衰减规律为

$$P=P_o e^{-\frac{\beta}{2}x} \tag{3.7}$$

式中：P为距其准点距离为x点的混凝土压力；P_0为层面基准点的压力，MPa；β为衰减系数。

对BW－200，CC40，CA51S等3种振动碾机型和两种碾压混凝土配合比实测混凝土压力衰减系数大致相近，$\beta=0.05$；而在基准点的P_0及β值分别为：0.67MPa、1.01MPa、2.11MPa及0.0484、0.0532、0.0510。

碾压混凝土层厚为30cm，当采用BW－200型振动碾时，其在30cm、60cm、90cm及120cm处的激振力分别达到0.324MPa、0.157MPa、0.076MPa及0.037MPa。

国内外对常态混凝土早期强度的研究尽管已取得不少研究成果，但针对碾压混凝土的研究成果却很少见。对常态混凝土，当其开始初凝时其相应抗压强度约为0.09MPa，而达到终凝时其相应抗压强度约为0.7MPa。

因此，在实际施工过程中，对现碾压层以下第3层面处，其振动碾压产生的激振力的影响已可忽略不计。

对通常施工工况，当碾压第1层时第3层混凝土一般均已初凝，而对刚初凝的碾压混凝强度往往很低；另外，由于第3层、第2层至第1层的波阻抗值（混凝土的纵波速度与其密度值之乘积）逐渐减小，因此振动碾产生的振动波，在层面处经透反射后会产生局部的应力集中。因此在第3层的顶面（层面2）局部范围内，还不能排除产生一定程度的凝结破坏的可能。从这个角度出发，在保证碾压密实度的前提下，适当增大碾压层厚可以防止这种可能发生的不利影响：若振动碾机型号分别采用BW－200或CC40时，相应碾压层厚分别采用42cm和46cm时，则在层面2上可使其碾压激振力小于0.09MPa。

3.5.4.3　骨料分离、层面污染和养护条件对抗剪断特性的影响

运输、卸料及铺料过程的骨料分离及其分离的骨料在层面上的聚集，必然影响胶凝材

料砂浆对该分离的骨料的充填包裹，这种骨料分离和局部聚集现象，在每个料堆的边缘底部附近显得尤为突出。

另外，在层面因油污、黏土等引起的仓面污染，也会严重影响局部范围的层面胶结质量；在层面上保持湿润的养护条件有利于层面结合强度的提高。

对上述骨料分离及污染等因素对层面胶结强度的影响，往往很难以从定量上加以评价，而只能在实际施工中尽可能加以控制及防范。

3.6 龙滩水电站碾压混凝土施工期原位抗剪断试验验证

3.6.1 现场碾压试验概况

龙滩水电站大坝开工后，碾压混凝土采用的主要建材包括水泥、粉煤灰、外加剂均与当年试验有所不同，为了验证施工配合比的可行性以及确定各项碾压工艺参数，在龙滩水电站工地现场又进行了 3 场碾压试验，相应地在碾压试验块上开展了大规模的原位抗剪断试验，在第 1 场现场碾压试验块上完成原位抗剪断试验共 30 组 151 块试件，在第 2 场现场碾压试验块上完成 32 组 160 块试件，在第 3 场现场碾压试验块上完成 29 组 145 块试件。

3 场现场碾压试验，模拟了 4 种碾压混凝土的施工，重点论证了 R_{I} 区碾压混凝土的施工配合比及高温条件下的施工技术保障措施，试验配合比见表 3.21，现场碾压试验基本情况见表 3.22。各次试验均进行了拌和物性能检测（包括出机口温度、入仓温度、机口和仓面 *VC* 值、含气量、凝结时间）、碾压混凝土压实度检测、机口试件的力学和变形性能试验（包括抗压强度、轴拉强度、极限拉伸值等）。

表 3.21　　现场碾压试验配合比汇总表

试验编号	分区编号	级配	水胶比	用水量 /(kg/m³)	胶材用量 /(kg/m³)	粉煤灰掺量 /%	砂率 /%	缓凝减水剂 /%	引气剂 /10^{-4}
第 1 场	R_{I}	3	0.42	80	190	53	32	0.5	3
		3	0.42	80	190	53	32	0.6 (ZB-1R_{CC}15)	0.8
	R_{II}	3	0.46	78	170	58	32	0.5	3
	R_{III}	3	0.49	79	161	65	32	0.6	2
	R_{IV}	2	0.41	90	220	55	37	0.6	2
第 2 场	R_{I}	3	0.40	80	200	55	33	—	—
		3	0.41	78	190	55	33	0.6	2
第 3 场	R_{I}	3	0.41	79	193	55	33	0.6	2
	R_{II}	3	0.45	76	170	60	33	0.6	2
	R_{III}	3	0.48	77	160	65	34	0.6	2
	R_{IV}	2	0.40	87	220	55	38	0.6	1.5

注　除注明外，其他配合比所采用高效缓凝减水剂均为 JM-Ⅱ。

表 3.22　　各场次原位抗剪断试验各试件剪断面情况综合统计描述汇总表

编号	试件分类	试件剪断面情况综合描述
第1场	90d龄期试件	实测剪断面最大起伏差平均约为1.5cm；剪断面平均约有60%沿上层试体或下层试体剪断，约40%沿层面剪断；在沿层面剪断的试件中有约25%的试件3/4以上面积沿层面剪断
	180d龄期试件	实测剪断面最大起伏差平均约为1.5cm；剪断面平均约有59%沿上层试体或下层试体剪断，约41%沿层面剪断；在沿层面剪断的试件中有约79%的试件3/4以上面积沿层面剪断。层间间歇时间长的试件沿层面剪断的概率高，即使铺砂浆其剪断面也大都沿砂浆与下层碾压混凝土的结合面剪断
第2场	90d龄期试件	实测剪断面最大起伏差平均约为2cm；剪断面平均约有89%沿上层试体或下层试体剪断，约11%沿层面剪断；在沿层面剪断的试件中有约78%的试件3/4以上面积沿层面剪断；有约30%的试件在试验后出现不同程度的开裂或破碎
	180d龄期试件	实测剪断面最大起伏差平均约为2.5cm；剪断面平均约有88%沿上层试体或下层试体剪断，约12%沿层面剪断；在沿层面剪断的试件中有约80%的试件3/4以上面积沿层面剪断；有约23%的试件在试验后出现不同程度的开裂或破碎
第3场	90d龄期试件	实测剪断面最大起伏差平均约为1.3cm；剪断面平均约有62%沿上层试体或下层试体剪断，约38%沿层面剪断；在沿层面剪断的试件中有约71%的试件3/4以上面积沿层面剪断；有约12%的试件在试验后出现不同程度的开裂或破碎
	180d龄期试件	实测剪断面最大起伏差平均约为1.5cm；剪断面平均约有61%沿上层试体或下层试体剪断，约39%沿层面剪断；在沿层面剪断的试件中有约89%的试件3/4以上面积沿层面剪断；有约11%的试件在试验后出现不同程度的开裂或破碎

原位抗剪断试件布置在碾压试验块顶部，包含顶层与其下一层的层面，试件尺寸为50cm×50cm，试件以切割机加工修整而成，试件完成后在试验开始前要求泡水养护48h以上。原位抗剪断试验每组为5～6块试件，试验方法按照《水工混凝土试验规程》（DL/T 5150—2001）的相关规定进行，采用平推法。试验采用多点峰值法，R_{I}和R_{IV}区最大正应力为4.5MPa，R_{II}和R_{III}区最大正应力为3MPa，每组5块试件分为5个正应力级，即0.9MPa、1.8MPa、2.7MPa、3.6MPa、4.5MPa和0.6MPa、1.2MPa、1.8MPa、2.4MPa、3MPa。

各场次原位抗剪断试验各试件剪断面的情况综合统计描述见表3.23。

表 3.23　　现场碾压试验基本情况概述

编号	试验时间	试验部位	试验目的	试验规模	试验计划模拟条件及实际实施情况	试验采用原材料
第1场	2004年1月16—18日	右岸下游引航道	（1）检验常温下碾压混凝土的施工工艺和工法；（2）检验各分区碾压混凝土施工配合比的可碾性和力学性能	（1）试验场地：50×20m；（2）碾压层数：5层	（1）气候条件，模拟常温或低温季节；（2）实际气候情况：1月16—18日晴天，气温6～13.5℃；2月8日小雨，气温2～7℃；（3）混凝土分区，R_{I}、R_{II}、R_{III}、R_{IV}；（4）碾压层厚，20cm、30cm、45cm；碾压工艺：平层；碾压遍数：无振2遍＋有振6、8、10遍；（5）层间间歇时间，计划分6～8h、10～12h、18～20h及终凝后，实际第4层和第5层之间调整为间歇10～12h及终凝后；（6）层面处理，热缝：不处理，温缝：铺砂浆（实际第4层和第5层未实施），冷缝：冲毛＋铺砂浆	水泥："鱼峰"牌42.5R中热硅酸盐水泥；粉煤灰：宣威电厂Ⅰ级灰；骨料：大法坪人工砂石骨料；外加剂：ZB-$1R_{CC}15$和JM-Ⅱ缓凝高效减水剂、ZB-1G引气剂

续表

编号	试验时间	试验部位	试验目的	试验规模	试验计划模拟条件及实际实施情况	试验采用原材料
第2场	2004年6月22—7月1日	上游碾压混凝土围堰顶部	（1）检验高温下碾压混凝土的施工工艺； （2）研究改善混凝土层间结合的措施和VC值的控制； （3）落实高温条件下温度控制措施； （4）验证和确定高温条件下碾压混凝土的质量控制标准和措施； （5）进一步论证$R_{Ⅰ}$区碾压混凝土的施工配合比	（1）试验场地，右岸：123.59m×7m；左岸：64.64m×7m； （2）碾压层数：5层	（1）气候条件，模拟高温季节； （2）实际气候情况，6月22—25日晴天，气温25～37℃；6月26日晴天，气温16～20℃； （3）混凝土分区，$R_{Ⅰ}$；碾压层厚：30cm；碾压遍数：无振2遍＋有振8、10遍； （4）碾压工艺，平层、斜层；层间间歇时间：2～3h、4～5h及终凝后； （5）层面处理，热缝：不处理；冷缝：冲毛＋铺砂浆、冲毛＋铺一级配混凝土	水泥："鱼峰"牌42.5R中热硅酸盐水泥； 粉煤灰：珞璜电厂Ⅰ级灰； 骨料：大法坪人工砂石骨料； 外加剂：JM－Ⅱ缓凝高效减水剂、ZB－1G引气剂
第3场	2004年7月17—26日	下游引航道高程260.0m平台		（1）试验场地:50×13.5m²； （2）碾压层数：4层	（1）气候条件，模拟高温季节； （2）实际气候情况，7月17—18日晴天，气温23.5～32.5℃；7月26日晴天，气温22.5℃； （3）混凝土分区，$R_{Ⅰ}$、$R_{Ⅱ}$、$R_{Ⅲ}$、$R_{Ⅳ}$；碾压层厚：30cm；碾压遍数：无振2遍＋有振8遍； （4）碾压工艺，平层；层间间歇时间：2～3h、4～5h及终凝后； （5）层面处理，热缝：不处理；冷缝：冲毛＋铺砂浆、冲毛＋铺一级配混凝土	

3.6.2　原位抗剪断试验成果统计分析样本和方法

（1）试验样本分布。3场现场原位抗剪断试验共完成91组试验可供参数统计分析，试验样本分类及样本容量汇总见表3.24。

表3.24　　　　现场原位抗剪断试验样本分类及样本容量汇总表

样本类别及试验工况		混凝土品种	龄期/d/样本容量/组	
热缝	常温季节，层间间歇时间10～12h	$C_{90}25$	90/3	180/6
		$C_{90}20$	90/3	180/6
		$C_{90}15$	90/2	180/2
	高温季节，层间间歇时间2～3h	$C_{90}25$	90/5	180/6
		$C_{90}20$	90/1	180/2
		$C_{90}15$	90/1	180/1
	高温季节，层间间歇时间4～5h	$C_{90}25$	90/5	180/6
		$C_{90}15$	90/1	180/1

续表

样本类别及试验工况			混凝土品种	龄期/d/样本容量/组	
冷缝	冲毛，铺砂浆	常温季节	$C_{90}25$	90/1	180/2
			$C_{90}20$	90/1	180/2
			$C_{90}15$	90/1	180/1
		高温季节	$C_{90}25$	90/5	180/6
			$C_{90}20$	90/1	180/2
			$C_{90}15$	90/1	180/1
	高温季节，冲毛，铺小骨料混凝土		$C_{90}25$	90/5	180/6
			$C_{90}20$	90/1	180/2
			$C_{90}15$	90/1	180/1

（2）统计分析方法。采用数理统计的方法进行试验资料的分析整理，对于不同的样本，分别采用保证率法和综合值分析法进行分析整理。

3.6.3 抗剪断峰值强度统计及结果

3.6.3.1 各工况单独统计分析

为了确定包括热缝、冷缝及其处理工艺中是否存在一个参数明显较低的工况，成为影响坝体抗滑稳定的控制性工况，首先对各工况180d龄期试件进行单独分析，按不同碾压混凝土品种分别进行统计分析，统计方法为保证率法，样本区分见表3.25。

表3.25 各工况单独统计分析样本分布情况表

样本类别	样本说明	样本分布及容量		
		$C_{90}25$	$C_{90}20$	$C_{90}15$
样本1	热缝、常温季节、层间间歇时间10～12h	6	6	2
样本2	热缝、高温季节、层间间歇时间2～3h	6	2	1
样本3	热缝、高温季节、层间间歇时间4～5h	6	—	1
样本4	冷缝、冲毛、层间铺砂浆	8	4	2
样本5	冷缝、冲毛、层间铺小骨料混凝土	6	2	1

$C_{90}25$碾压混凝土各样本抗剪断强度平均值、标准值以及在正应力3MPa情况下的剪应力相对样本1（热缝、常温季节、层间间歇时间10～12h）的比值见表3.26。$C_{90}20$和$C_{90}15$碾压混凝土由于样本容量有限，仅列出其平均值及标准值见表3.27。

表3.26 $C_{90}25$碾压混凝土各工况单独统计分析结果汇总表

样本类别	平均值		标准值		正应力3MPa下各样本剪应力相对样本1的比值	
	f'	c'/MPa	f'	c'/MPa	平均值	标准值
样本1	1.37	2.19	1.14	1.54	100	100
样本2	1.51	2.08	1.25	1.47	104.9	105.4

续表

样本类别	平均值		标准值		正应力 3MPa 下各样本剪应力相对样本 1 的比值	
	f'	c'/MPa	f'	c'/MPa	平均值	标准值
样本 3	1.50	2.41	1.25	1.70	109.8	109.8
样本 4	1.38	2.67	1.15	1.88	108.3	107.6
样本 5	1.34	2.66	1.11	1.88	106.1	105.2

表 3.27　C_{90}20 和 C_{90}15 碾压混凝土各工况单独统计分析结果汇总表

样本类别	C_{90}20				C_{90}15		正应力 3MPa 下各样本剪应力相对样本 1 的比值/%	
	平均值		标准值		平均值			
	f'	c'/MPa	f'	c'/MPa	f'	c'/MPa	C15	C10
样本 1	1.42	1.84	1.18	1.30	1.13	1.95	100	100
样本 2	1.44	3.20	1.20	2.26	1.78	1.74	123	133
样本 3	—	—	—	—	1.69	1.48	—	123
样本 4	1.29	2.71	1.08	1.91	1.34	1.62	108	106
样本 5	1.66	1.72	1.38	1.22	1.40	1.41	110	105

从表 3.25 中可知，除样本 1（热缝、常温季节、层间间歇时间 10～12h）层间抗剪断强度略偏低外，其他各工况抗剪断强度相当，无明显的薄弱的起控制作用的工况，而样本 1 层间抗剪断强度偏低的原因主要是试验期间为拌和楼生产初期，系统运转不太正常，导致层间间歇时间过长（10～12h）、层间抗剪断强度降低，如果确保在设计要求的层间间歇时间（6～8h）内及时覆盖，其层间抗剪断强度应有所改善。

表 3.27 由于样本容量小，其成果仅可供参考，该表显示除样本 2 和样本 3 层间抗剪断强度明显较大外，样本 1、样本 4 和样本 5 之间的关系基本与表 3.26 相同。

3.6.3.2 各工况综合统计分析

根据前述分析，施工中所采取的层面处理措施其抗剪断强度相当，无明显起控制作用的工况，因此，可将模拟施工中所采取的层面处理的试验工况按混凝土品种区分形成 3 个大样本进行统计分析。

样本构成：按混凝土品种进行样本分类，以 180d 龄期试件剔除冷缝冲毛铺小骨料混凝土试验工况（现场施工中未采用此方法进行冷缝面的处理）的成果。统计分析结果见表 3.28。

由表 3.28 可知：综合统计分析全面反映了坝体碾压混凝土的抗剪断强度，样本容量较大，相对统计精度较高，可作为设计参数取值的依据；方法 2 离差系数较小，考虑实际施工条件与试验条件的区别，按建议的离差系数取值为宜。

3.6.3.3 抗剪断强度与胶凝材料用量、龄期等关系初步分析

将 C_{90}25、C_{90}20 和 C_{90}15 混凝土 90d 和 180d 龄期剔除冷缝冲毛铺小骨料混凝土试验工况各形成 1 个样本进行抗剪断强度与胶凝材料用量、龄期等关系的比较分析，以正应力

3MPa 情况下的剪应力进行相对比较，比较结果见表 3.29 和表 3.30。

表 3.28　　峰值强度综合统计分析结果汇总表

混凝土类别	样本容量/组	项目	平均值		标准值		小值平均值	
			f'	c'/MPa	f'	c'/MPa	f'	c'/MPa
$C_{90}25$	26	方法 1	1.44	2.36	1.20	1.67	1.29	1.55
		方法 2	1.44	2.36	1.40	2.23	—	—
$C_{90}20$	12	方法 1	1.38	2.36	1.15	1.66	1.28	1.74
		方法 2	1.38	2.36	1.30	2.20	—	—
$C_{90}15$	6	方法 1	1.40	1.73	1.16	1.22	1.15	1.57
		方法 2	1.40	1.73	1.29	1.51	—	—

注　$C_{90}25$ 混凝土方法 2 统计的 $C_{Vf'}$ 为 0.04，$C_{Vc'}$ 为 0.07；$C_{90}20$ 混凝土方法 2 统计的 $C_{Vf'}$ 为 0.07，$C_{Vc'}$ 为 0.08；$C_{90}15$ 混凝土方法 2 统计的 $C_{Vf'}$ 为 0.09，$C_{Vc'}$ 为 0.15。

表 3.29　　各品种混凝土抗剪断强度与胶凝材料用量的关系对照表

龄期	混凝土品种	平均值		正应力 3MPa 下各样本剪应力相对 $C_{90}25$ 的比值/%
		f'	c'/MPa	
90d	$C_{90}25$	1.37	1.93	100
	$C_{90}20$	1.22	1.80	91
	$C_{90}15$	1.07	1.94	85
180d	$C_{90}25$	1.44	2.36	100
	$C_{90}20$	1.38	2.36	98
	$C_{90}15$	1.40	1.73	89

表 3.30　　各品种混凝土抗剪断强度与龄期的关系对照表

混凝土品种	龄期/d	平均值		正应力 3MPa 下 90d 龄期剪应力相对 180d 龄期的比值/%
		f'	c'/MPa	
$C_{90}25$	90	1.37	1.93	90
	180	1.44	2.36	100
$C_{90}20$	90	1.22	1.80	84
	180	1.38	2.36	100
$C_{90}15$	90	1.07	1.94	87
	180	1.40	1.73	100

由表 3.29 和表 3.30 可知：

（1）随着胶凝材料用量的增加，碾压混凝土抗剪断强度呈增长趋势。

（2）胶凝材料用量从 160kg/m^3 增加到 170kg/m^3 时，抗剪断强度明显增大。

（3）胶凝材料用量达到一定程度后，碾压混凝土抗剪断强度增长趋势放缓。

（4）高碾压混凝土重力坝中，采用高胶凝材料用量是必要的，但由于胶凝材料用量到一定程度后所带来的抗剪断强度的增长有限，而相应的工程成本和温控难度增加，因此，采用高胶凝材料碾压混凝土筑坝时应存在一个相对经济的胶凝材料用量。

（5）胶凝材料用量越高其后期抗剪断强度增长相对较小。

3.6.4 抗剪断残余强度和摩擦强度统计分析

将180d试验成果剔除冷缝铺小骨料工况，3种混凝土强度形成3个样本按照方法1分别统计残余强度和摩擦强度，统计结果见表3.31。3种混凝土的残余强度和摩擦强度与峰值强度按3MPa正应力情况下的抗剪强度对比分析见表3.32。

表3.31 残余强度和摩擦强度统计分析结果汇总表

混凝土类别	样本容量/组	项目	平均值		标准值		小值平均值	
			f'	c'/MPa	f'	c'/MPa	f'	c'/MPa
$C_{90}25$	26	残余强度	0.85	0.98	0.71	0.69	0.72	0.67
		摩擦强度	0.79	0.73	0.66	0.52	0.67	0.53
$C_{90}20$	12	残余强度	1.06	0.72	0.88	0.51	0.90	0.46
		摩擦强度	1.00	0.49	0.83	0.34	0.95	0.35
$C_{90}15$	6	残余强度	1.04	0.55	0.86	0.39	—	—
		摩擦强度	0.95	0.43	0.79	0.30	—	—

表3.32 残余强度、摩擦强度与峰值强度对比分析表

项　目	正应力3MPa下残余剪应力和摩擦剪应力相对峰值剪应力的比值/%		
	$C_{90}25$	$C_{90}20$	$C_{90}15$
峰值强度	100	100	100
残余强度	53	61	62
摩擦强度	47	55	56

3.6.5 峰值抗剪断强度敏感性分析

为进一步分析施工过程中个别结合不良的层面的抗剪断性能，了解正常施工中抗剪断强度可能达到的低值，根据原位抗剪断断试验中关于剪断面的描述，分不同混凝土品种在180d龄期的抗剪断试验中进行试件选择，组成3个样本进行统计分析。

试件选择的原则为剪断面具备以下条件之一者：

（1）层面占剪切面面积的1/2以上（不包括冷缝铺砂浆或小骨料混凝土）。

（2）剪切面起伏差一般在1cm以下或剪切面光滑。

整理分析采用2种方法，方法1为综合值分析法；方法2为：选择试件后，按试件对应的正应力进行排列，求出各正应力级下的平均剪应力，采用线性回归分析（最小二乘法）分别求出样本的抗剪断强度参数平均值f'、c'，按规范方法取离差系数，按正态分布求出80%保证率的标准值。

根据上述原则选取的试件数$C_{90}25$碾压混凝土为18块，$C_{90}20$碾压混凝土4块，$C_{90}15$碾压混凝土3块，由于$C_{90}20$和$C_{90}15$混凝土的样本容量太小，因此，最终只对$C_{90}25$混凝土进行统计分析，分析结果见表3.33。

表 3.33 $C_{90}25$ 混凝土峰值抗剪断强度敏感性分析成果汇总表

项 目	方法1（综合值分析法）		方法2（规范建议方法）	
	f'	c'/MPa	f'	c'/MPa
平均值	1.35	1.93	1.37	1.91
80%保证率的标准值	1.25 ($C_{cf'}=0.08$)	1.66 ($C_{Vc'}=0.17$)	1.14 ($C_{cf'}=0.20$)	1.35 ($C_{Vc'}=0.35$)
正应力3MPa下相对各工况综合统计平均值剪应力的比值/%	90		90	
正应力3MPa下相对各工况综合统计标准值剪应力的比值/%	91		84	

由表3.33可知：层间结合不良试件的抗剪断强度与各工况综合统计的抗剪断强度相比，方法1（综合值分析法）和方法2（规范建议方法）f'的平均值降低约5%，c'的平均值降低约20%，3MPa正应力下的剪应力的平均值降低约10%；方法1的f'的标准值降低约5%，c'的标准值降低约19%，3MPa正应力下的剪应力的标准值降低约9%；方法2的f'的标准值降低约11%，c'的标准值降低约26%，3MPa正应力下的剪应力的标准值降低约16%；总体上看，摩擦系数f'值比较稳定，降低的幅度远小于黏聚力c'。采用方法1求得标准值降低幅度大于方法2。主要是因为综合值分析法计算出的两个样本的离差系数不同造成的，层间结合不良试件形成的样本的离差系数远大于各工况综合统计的样本。由于层间结合不良试件的样本是经过选择的，该样本的离差系数应小于规范建议值。而目前采用方法2计算标准值仍按规范方法取离差系数$C_{Vf'}=0.2$、$C_{Vc'}=0.35$，所取的离差系数应偏大，实际的层间结合不良试件80%保证率的抗剪断参数应大于目前表3.33方法2的统计值。

3.6.6 与"八五"试验成果的比较

"八五"试验的成果与本次试验成果对比见表3.34，对比本次试验和"八五"期间试验的成果发现，本次试验f'比"八五"成果大约10%，而c'比"八五"成果小约10%，试验成果基本相当，可以满足建设龙滩200m级高碾压混凝土重力坝的坝体层间抗滑稳定要求。

表 3.34 "八五"期间试验和本次试验成果对照表

混凝土分区	项目	胶凝材料用量/(kg/m³)	龄期/d	方法1		方法2			
				80%保证率		80%保证率		离差系数	
				f'	c'/MPa	f'	c'/MPa	$C_{Vf'}$	$C_{Vc'}$
R_{I}	"八五"成果	200	180	1.07	1.97	1.19	2.59	0.09	0.09
	本次成果	190～200		1.20	1.67	1.40	2.30	0.04	0.07
R_{II}	"八五"成果	180		0.97	1.48	1.08	1.93	0.09	0.10
	本次成果	170		1.15	1.66	1.30	2.20	0.07	0.08

此次试验研究成果反映出的规律性如下：

(1) 随着胶凝材料用量的增加，碾压混凝土抗剪断强度呈增长趋势，胶凝材料用量从160kg/m³ 增加到170kg/m³ 时，抗剪断强度明显增大，胶凝材料用量达到一定程度后，碾压混凝土抗剪断强度增长趋势放缓。

(2) 试验所采取的层面处理措施是适当的，各层面处理措施其抗剪断强度相当，无明显起控制作用的工况。

(3) 层面抗剪断强度受层间间歇时间影响较大，为保证在施工过程中达到设计指标要求，低温季节层间间歇时间应控制不超过8h，常温季节层间间歇时间应控制不超过6h，高温季节层间间歇时间应控制不超过4h。

(4) 高碾压混凝土重力坝中，采用高胶凝材料用量是必要的，但由于胶凝材料用量到一定程度后所带来的抗剪断强度的增长有限，而相应的工程成本和温控难度增加，因此，采用高胶凝材料碾压混凝土筑坝时应存在一个相对经济的胶凝材料用量。

(5) 碾压混凝土层面抗剪断强度参数中，不同施工工况或较好和较差的试件之间比较，摩擦系数 f' 值比较稳定，而黏聚力 c' 波动较大，较差的试件黏聚力 c' 降低的幅度远大于摩擦系数 f' 值降低的幅度。

3.7 研究小结

综合分析大量的现场和室内试验，对碾压混凝土层面抗剪断强度特性和龙滩碾压混凝土重力坝层面抗剪断强度参数的选取可得出以下几点认识：

(1) 龙滩碾压混凝土配合比工作性能良好，各项物理力学指标均能达到设计要求。采用富胶凝材料建造龙滩碾压混凝土高坝是合适的和必要的，碾压工艺和碾压制度可行。试验论证表明，龙滩碾压混凝土抗剪断强度参数可满足200m级龙滩水电站大坝全高度采用碾压混凝土的要求。

(2) 碾压混凝土层面为碾压混凝土中的弱面，碾压混凝土层面胶结强度常用抗剪断强度指标来衡量，影响碾压混凝土层面胶结强度的主要因素有水泥砂浆结石与骨料间的胶结强度、水泥砂浆结石本身的强度、岩石骨料本身的抗剪断强度、层间上下层碾压混凝土骨料间的咬合程度、剪切过程中所施加的正应力水平等。碾压混凝土层面抗剪断强度参数中，不同施工工况之间比较，摩擦系数 f' 值比较稳定，而黏聚力 c' 波动较大，碾压混凝土压剪破坏主要是黏聚力 c 的丧失，而且大部分是在剪切断裂的前期失去的。

(3) 随着胶凝材料用量的增加，碾压混凝土抗剪断强度呈增长趋势，胶凝材料用量从160kg/m³ 增加到170kg/m³ 时，抗剪断强度明显增大，胶凝材料用量达到一定程度后，碾压混凝土抗剪断强度增长趋势放缓；胶凝材料用量到一定程度后所带来的抗剪断强度的增长有限，而相应的工程成本和温控难度增加，因此，采用高胶凝材料碾压混凝土筑坝时应存在一个相对经济的胶凝材料用量。对胶凝材料用量较少情况的碾压混凝土，水胶比的变化可能会引起力学性能指标的巨大波动，而对富胶凝材料情况，水胶比的变化并不会引起力学性能指标的太大差异。

(4) 层面抗剪断强度受层间间歇时间影响较大，层面间隔时间越长，其层面黏结强度越低。大坝施工应以层面不处理的连续薄层浇筑为主，碾压混凝土直接铺筑必须在规定的时间内完成，以使层间胶结良好。超过规定间歇时间的层面必须进行处理，层面铺水泥和粉煤灰的砂浆、胶凝材料净浆或铺细骨料混凝土3种处理方式其抗剪断强度相当，无明显起控制作用的工况。在铺浆以前对层面作刷毛和冲毛处理的情况，较之未作刷毛处理的层面结合强度有明显的提高。龙滩碾压混凝土直接铺筑层间间歇时间，低温季节层间间歇时间应控制不超过8h，常温季节层间间歇时间应控制不超过6h，高温季节层间间歇时间应控制不超过4h。

(5) 层面上摊铺水泥和粉煤灰胶浆（砂浆）的强度等级和配合比，是层面结合强度的重要影响因素，含层面碾压混凝土的抗剪断峰值强度随胶凝材料净浆（砂浆）中水胶比的减小、胶凝材料用量的增大、粉煤灰掺量的降低而增大，从提高层面的抗剪断强度方面考虑，宜将层面上摊铺胶凝材料净浆（砂浆）的强度等级提高一级，同时，施工过程中应该对层面处理胶凝材料净浆（砂浆）配合比（主要是水胶比）作适当的调整，以适应气温、降雨、大气相对湿度、风速及太阳辐射等环境因素的变化。

(6) 常规的、规范中规定的"取小值平均值"的方法不能反映试验数据的离散性，分组有人为性，解答不确定。因此，推荐采用综合值分析法和随机组合法进行抗剪参数的统计分析，它的优点是建立在数理统计理论的基础上，数据一次全部利用，解答唯一。层面抗剪断设计参数宜按80%保证率计算选取，考虑实际施工过程的各种因素的影响，离差系数按$C_{Vf'}=0.2$，$C_{Vc'}=0.3$或$C_{Vc'}=0.35$选取。

(7) 随试件尺寸增大，试件可以承受的剪切荷载降低，相应的f'、c'也相应降低；随试验龄期延长，碾压混凝土层面抗剪断峰值强度增大。150mm×150mm芯样试件与500mm×500mm原位抗剪试验试件在3MPa正应力下剪应力比值约为1.3，进行芯样抗剪断强度与原位抗剪断强度换算时，可取f'芯样与原位抗剪断参数换算系数为1.1，c'芯样与原位抗剪断参数换算系数为1.75。

(8) 层面上的养护条件、上层混凝土碾压、汽车轮碾以及层面上骨料分离、仓面污染等因素都可能影响层面结合质量。在碾压混凝土的连续施工中，上层混凝土碾压对层面结合质量的可能影响主要集中在新铺筑层的下层的层面上。

◎第4章

枢纽布置和坝体断面

4.1 枢纽布置方案研究

4.1.1 初步设计枢纽布置方案

根据发电、防洪、航运等综合利用要求，龙滩水电站枢纽主要由大坝、泄洪建筑物、发电厂房和通航建筑物等组成。

龙滩水电站最大坝高超过200m，最大泄洪功率达3000万kW。按照安全第一的原则来选择最恰当的坝址和坝型是工程研究的第一步。龙滩水电站坝址是龙滩河段自布柳河口至天峨县城13km峡谷间最好的坝址；混凝土重力坝是龙滩坝址适应性最好的坝型，这已经是经过多年研究、比较和审查而明确的结论。

对龙滩水电站混凝土重力坝而言，首先要根据坝址地形、地质条件选择最适宜的坝轴线，这是混凝土重力坝枢纽布置研究的起点。选定的混凝土重力坝坝轴线，河床部位位于强度较高的以砂岩为主的岩层，相对较弱的以泥板岩为主的岩层（板纳组18层）只在建基面较高的左岸山坡通过，两岸坝轴线为避开左岸上游的蠕变岩体和右岸冲沟的影响分别向上游折转27°和30°，最后形成了一个双折线型重力坝坝轴线。

泄洪建筑物和坝体结合是重力坝突出的优点之一。红水河是一条径流量大的河流，高坝形成的下泄水头高，泄洪功率大，冲刷力强，需要在原河道主河槽布置泄洪建筑物，以使下泄洪水沿原河道主流方向平顺地与下游衔接。由于龙滩水电站河谷较窄，泄洪建筑物需全部占用主河床宽度。在初步设计中，泄洪建筑物布置采用以坝上表孔溢洪道为主，坝身底孔联合泄洪的方案，泄洪建筑物由6个表孔和2个大断面底孔构成。表孔和底孔均采用鼻坎挑流的消能方式。

发电厂房最终装机9台，9台机组要求的厂房长度超过300m，不可能全部布置在坝后。因此在初步设计中，发电厂房的布置研究比较过多种方案，包括河床厂房与岸边厂房方案，河床厂房与窑洞式厂房方案，河床厂房与地下厂房方案。前两种方案不仅有高边坡问题，而且由于施工干扰和施工程序限制，发电工期拖后一年，故未予采用。后一种方案，因坝后厂房与地下厂房装机台数不同又派生出“5＋4”方案、“4＋5”方案、“3＋6”方案、“2＋7”方案、“0＋9”方案等。在初步设计报告中，推荐采用“5＋4”方案。

“5＋4”方案厂房布置的特点是充分利用河谷宽度布置5台机组坝后厂房，泄洪建筑物的溢流表孔与坝后厂房引水系统重叠布置，引水系统短，水能利用率高，且可节省工程量，设计和施工已有成熟经验，左岸地下厂房布置4台机组，进水口坝段轴线向上游转15°，进水口开挖基本上不触及坝肩蠕变岩体，涉及边坡的困难较少，地下厂房轴线方位角30°，引水洞较短且出流顺畅。

通航建筑物，根据综合利用要求，设计过船标准是单驳500t。考虑到水库水位变幅达60.0m，船只过坝升程达181.0m，又地处高山峡谷之中，经方案比较，确定采用带中间明渠的两级垂直升船机方案。整个通航建筑物包括5部分：上游引航道、第一级垂直升船机、中间明渠、第二级垂直升船机、下游引航道，全长1800余米。

山区河道上的通航建筑物通常顺山坡一侧布置。为协调枢纽各建筑物之间的关系，避免施工及运行上的干扰，通航建筑物应布置在右岸，使上、下游引航道与水库和下游河道能够平顺连接。

施工导流采用隧洞导流方案，上、下游围堰一次拦断河床，坝址左右岸各布置一条大断面的导流隧洞。

1990年8月初步设计审查会议基本同意上述方案，但也指出：为减少施工干扰，便于采用碾压混凝土，缩短工期，降低造价及有利于后期提高正常蓄水位，下阶段应对枢纽布置进一步优化。

4.1.2　枢纽布置方案优化

调整和进一步优化枢纽布置需要研究两个方面问题：第一是适应碾压混凝土坝施工的枢纽布置，这是所有碾压混凝土坝设计面对的共性的问题；第二是左坝蠕变岩体的处理方法，这是龙滩水电站碾压混凝土坝需面临的、与适应碾压混凝土坝施工相关的特性问题。

枢纽布置要充分发挥碾压混凝土快速施工的优势，必须将碾压混凝土坝与发电厂房的进水口和引水管分开布置，坝体可碾压混凝土的部位应相对集中，减少坝内孔洞，简化坝体结构，减少施工干扰，尽量扩大坝体采用碾压混凝土的范围，只有这样才能达到简化施工工艺、加快施工进度、减少工程投资的目的，在枢纽布置上达到上述目的最有效最根本的方法就是取消坝后厂房或减少坝后厂房的装机台数，尽可能全部采用地下厂房方案。

对龙滩水电站地下厂房进水口布置有重大影响的倾倒蠕变岩体（A区），经进一步勘测和专题研究，认为总体上是稳定的，其中A_1区潜在滑体（约120万m^3）处于极限平衡状态。针对A_1区的处理，曾比较过部分挖除方案和全挖除方案，也考虑过不干扰不挖除。鉴于A_1区潜在滑体已近临界稳定状态，当水库蓄水或出现地震时，滑体失稳将对电站运行造成灾难性危害。因此，无论对于全地下厂房方案或是部分地下厂房方案，均应采用全挖除综合治理。经充分研究和比较，蠕变岩体A_1区全挖除综合治理后，全地下厂房方案和部分地下厂房方案的进水口布置和边坡开挖无实质性差别，施工中只要坚持分层开挖，逐层处理的正常施工程序，辅以常规加固处理措施，进水口边坡稳定及变形均可满足设计要求。

根据碾压混凝土重力坝坝型和枢纽布置优化的要求，结合考虑左坝头蠕变岩体处理，改善泄洪消能和后期导流条件，扩大坝体采用碾压混凝土范围，重点分析研究了“4+5”方案和“0+9”方案，最后推荐采用“0+9”方案。

“4+5”方案的枢纽布置是河床坝段设泄洪建筑物（5表孔+2底孔+1中孔），溢流坝后布置4台机组坝后厂房；左岸设置5台机组地下厂房。“0+9”方案的枢纽布置是河床坝段设泄水建筑物（7表孔+2底孔），左岸设全部9台机组地下厂房。两方案的通航建筑物和导流建筑物布置均与原方案相同。

推荐采用“0+9”方案的主要理由如下：

（1）大坝施工是直线工期上的关键项目，河床坝段尤其控制发电工期，因此简化坝体结构，减少施工干扰，加快大坝上升速度是工程提前发挥效益的主要途径。“0+9”方案因坝后无厂房，坝上无进水口，坝内无钢管，减少了厂坝施工干扰，扩大了坝体碾压混凝土采用范围，有利于碾压混凝土的快速施工，第一台机组发电工期较原常态混凝土的“5+4”方案可提前一年，整个工程土建也可提前一年完成，经济效益巨大。

（2）红水河汛期长、流量大，施工度汛和泄洪消能问题存在一定风险。取消坝后厂房，不仅可以简化导流措施，而且可使永久泄水建筑物的布置更灵活，消能设施调整优化的余地更大。

（3）“0+9”方案，因无坝后厂房，坝内无引水钢管，增强了上部坝体刚度，有助于改善坝体应力，增强坝体抗震能力。

（4）“0+9”方案只有一个厂房，便于运行管理与维护；后期提高正常蓄水位时，坝体加高对电站的正常运行影响较小。

1992年12月，能源部委托水电水利规划设计总院对龙滩水电站枢纽布置方案的优化进行了专题审查。最终审定龙滩水电站碾压混凝土重力坝总体布置采用全地下厂房布置方案（“0+9”方案）。

1993年5月，世界银行特咨团专家到龙滩坝址查勘并做咨询，同年6月加拿大CCEPC-RSW公司和美国HARZA公司的专家也到了坝址查勘，世行特咨团的咨询报告和国外咨询公司的咨询建议书均充分肯定了全地下厂房布置方案的合理性。

“0+9”方案确定之后，根据厂房布置专题审查会议意见和世界银行特咨团建议，对“0+9”方案地下厂房系统布置又作了进一步改进和优化，优化的重点是尽量减少进水口坝段深切蠕变岩体的长度和减少垂直高边坡的高度。

主要的改进措施包括变动了进水口坝段的位置，优化了进水口的结构型式，压缩了进水口坝段间距，调整了进水口底板高程。通过对进水口布置的调整，减少了进水口坝段切入山体的深度，极大地改善了进水口边坡状况，提高了边坡的整体稳定性，减少了开挖及混凝土回填工程量。为了适应进水口坝段的调整，优化输水系统水力学条件，厂房轴线方位由原来的30°改变为310°。厂房轴线与岩层走向的夹角仍保持在40°以上，地下厂房围岩稳定不受厂房轴线改变的影响。

经优化后的全地下厂房方案枢纽布置见图4.1～图4.3。“0+9”方案溢流坝段与“5+4”方案相比，坝体混凝土与引水系统及坝后厂房间的施工干扰不复存在，坝体施工受洪水期度汛的影响也大大减少，扩大了坝体采用碾压混凝土范围，为大坝提前一年蓄水发电创造了有利条件。

4.1.3 碾压混凝土重力坝坝体布置优化

枢纽布置确定之后，坝体布置研究的任务是确定坝体与两岸或其他建筑物的连接方式，确定坝上溢洪道、电梯井、通航坝段等附属建筑物的布置和结构型式。

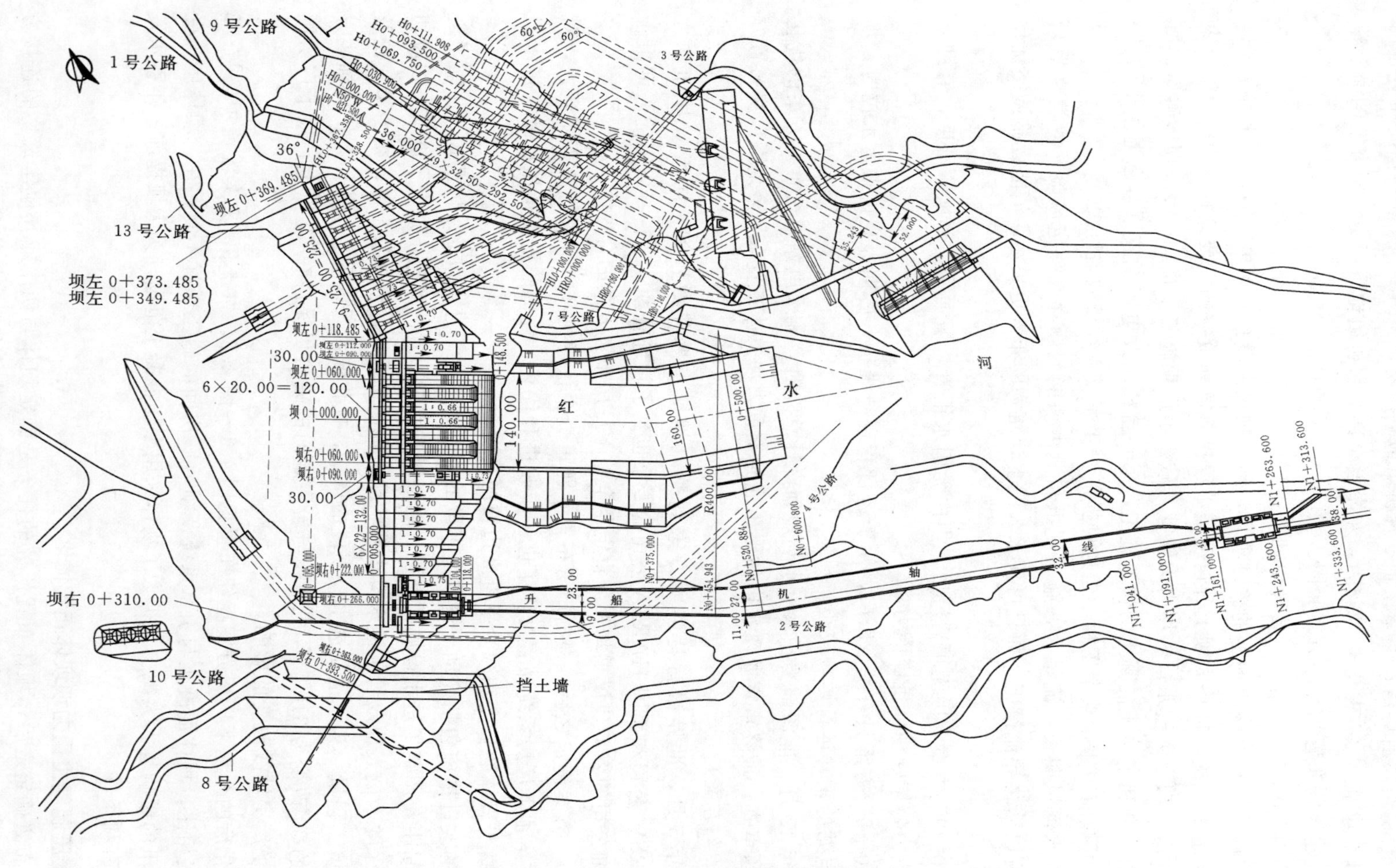

图 4.1　全地下厂房（“0＋9”）方案枢纽平面布置图

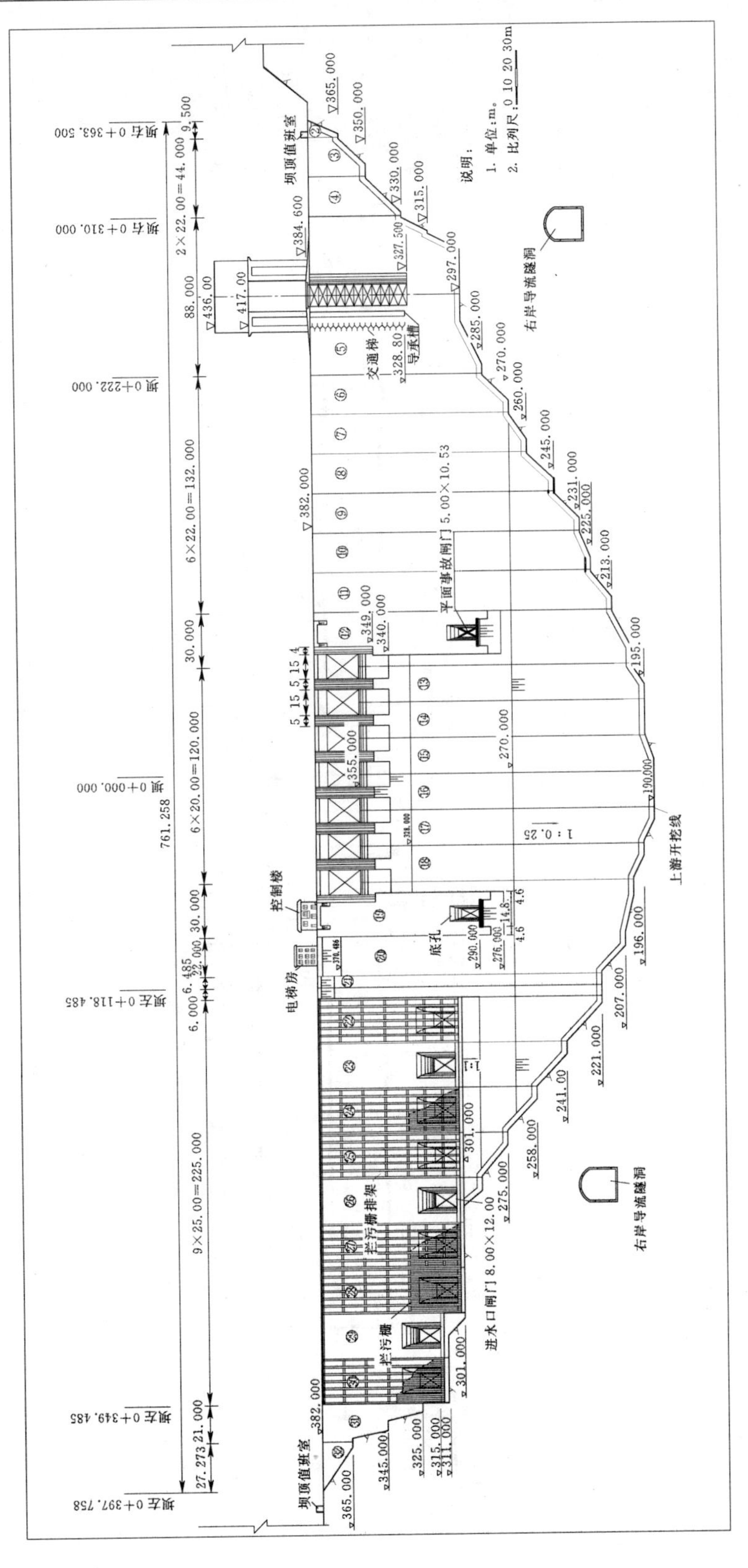

图 4.2 全地下厂房（“0+9”）方案枢纽布置上游立面图

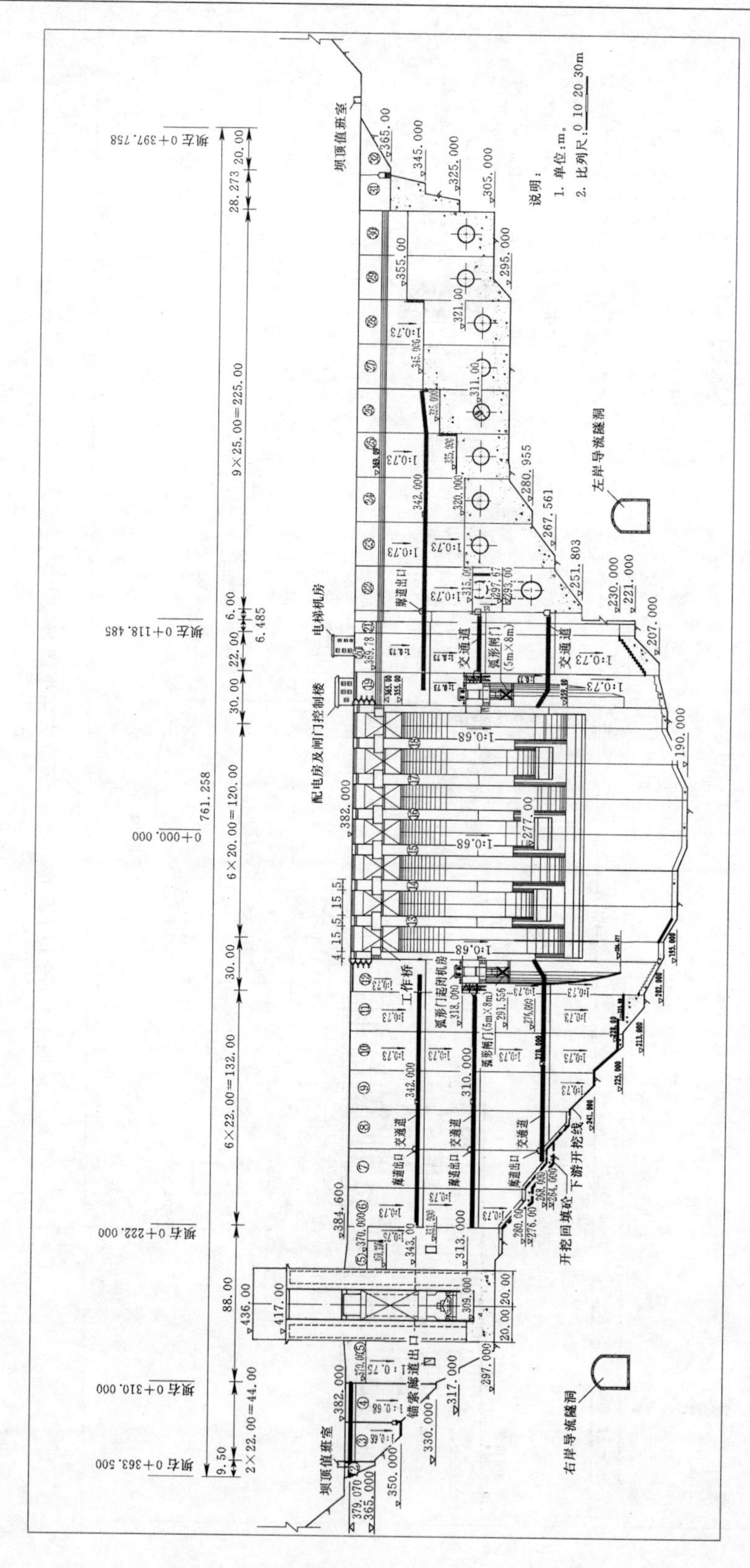

图 4.3　全地下厂房（“0+9”）方案枢纽布置下游立面图

坝体布置首先要服从枢纽布置所明确的格局，坝体布置对枢纽各建筑物位置的优化调整只能是小幅度的或者局部的，其次在确定坝上各建筑物位置和结构型式时，既要考虑到满足各建筑物规模和功能上的要求，又要考虑到尽量减少工程量，节省投资，还要考虑扩大坝体采用碾压混凝土的范围，简化坝体结构，减少坝内孔洞，减少施工干扰，方便施工和缩短工期。

坝体与左岸的连接是通过进水口坝段和左岸连接坝段，左岸进水口坝段轴线向上游转27°。右岸通航坝段以右的右岸连接坝段，为使右坝肩避开一条小冲沟，其轴线向上游转动了30°，提高了建基面高程，减少了基岩开挖和混凝土工程量。

泄洪建筑物由表孔和底孔联合泄洪方案修改为表孔泄洪方案，不论在正常蓄水位375.0m时，还是在400.0m时，表孔都能承担全部泄洪任务，因此表孔数目由原方案6孔增加到7孔，孔口尺寸仍为15m×20m（宽×高）。保留了溢洪道两侧布置的底孔，但底孔不担负泄洪任务，主要用于后期导流，水库放空和冲排沙任务。表孔、底孔均采用鼻坎挑流消能。经水工模型试验证实，泄流消能满足设计要求，运行期和施工期下游流态的冲淤不影响大坝、两岸边坡的稳定及电厂的正常运行。

泄洪建筑物和底孔布置的优化表现在以下几个方面：就表孔而言，溢流坝段前沿长度，缩窄为112.0m（原方案为168.0m），孔口尺寸未变，闸墩厚度由原来的14.0m，缩窄为5.0m。就底孔而言，原方案孔口控制断面尺寸为7.0m×9.0m，采用无压泄流，工作闸门布置在坝体内部，孔口体型十分复杂，现方案孔口控制断面尺寸为5.0m×8.0m，采用有压泄流，工作闸门布置在坝体下游，除孔洞周围需用常态混凝土包裹外，该坝段孔口上部坝体可采用碾压混凝土。

曾研究左右岸导流洞改建作为永久泄水底孔方案（取消坝身底孔），并与坝身底孔方案进行过比较。导流洞改建方案因结构复杂，水力学条件差，施工较困难，投资较大而未予采用，尽管坝身底孔对坝体混凝土施工有影响，但结构上采取了一系列措施，最大限度地减少了孔洞布置对坝体碾压混凝土施工的不利影响，结合考虑合理的施工组织措施，底孔坝段的上升速度不会影响整个坝体上升，比起导流洞改造方案仍然是经济、合理的。

坝体内连接各高层廊道的电梯井，由原方案的2个减少为1个，电梯井截面调整为2.4m×11.5m。坝身其他附属建筑物如门库、泵房、控制室等均从原坝内布置修改为坝顶和坝体下游面布置，总的来看，这些措施减少了坝内孔洞，简化了坝体结构，有助于扩大坝体采用碾压混凝土的范围，减少施工干扰，加快施工进度。

正常蓄水位375.00m时，坝顶高程382.00m，最大坝高192.00m，共分32个坝段；蓄水位400.00m时，坝顶高程406.50m，最大坝高216.50m，共分35个坝段。从右至左，1～4号坝段为右岸接头坝段，5号为升船机坝段，6～11号为右岸非溢流坝段，12～19号为泄水建筑物坝段，其中12号、19号坝段为底孔坝段，20～21号为左岸非溢流坝段，其中20号坝段布置电梯井，21号坝段为三角转折坝段，22～30号坝段为发电进水口坝段，31～35号坝段为左岸接头坝段。一期建设只包括2～32号坝段，其余坝段在二期加高时修建。坝体布置见图4.4。

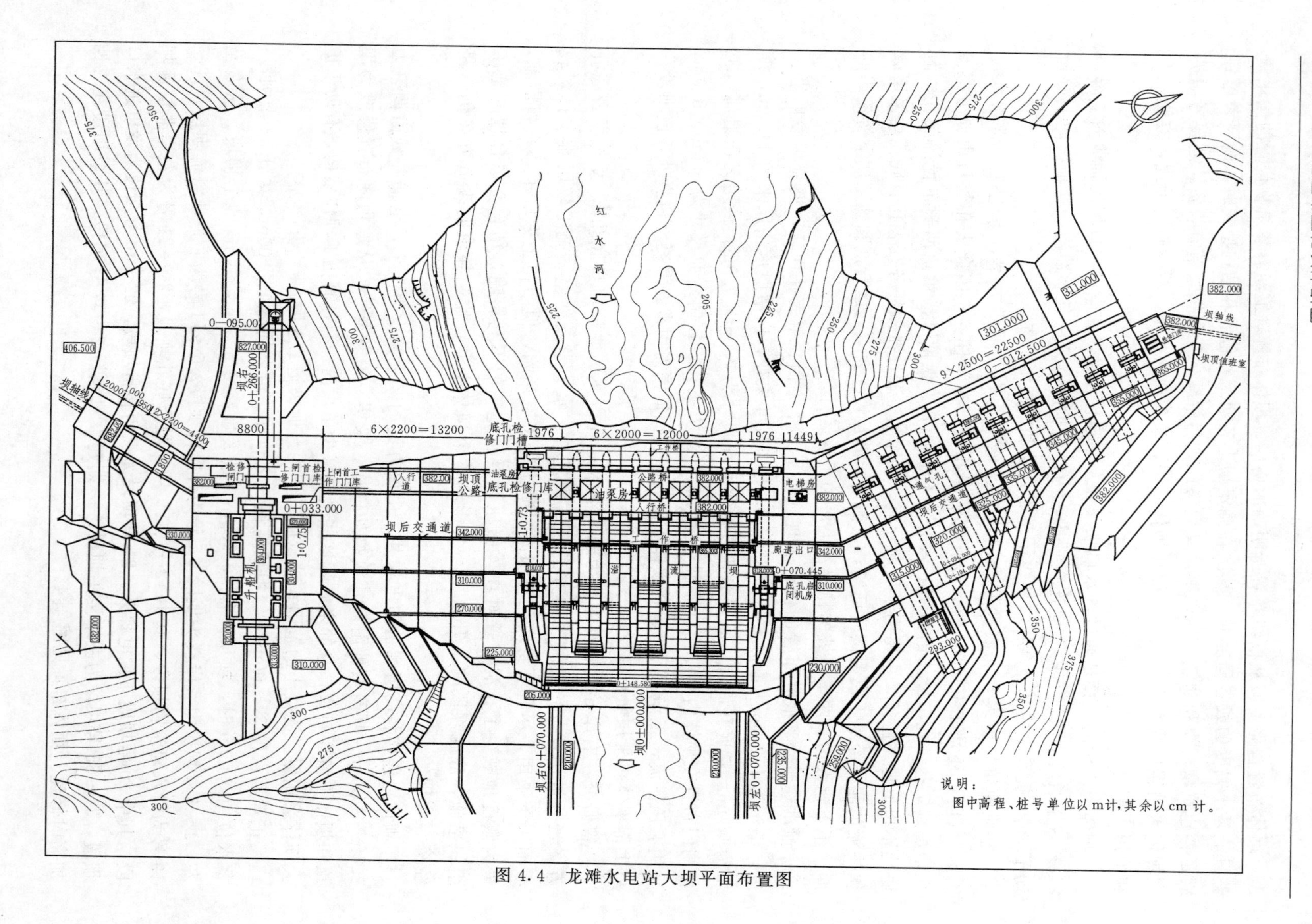

图 4.4　龙滩水电站大坝平面布置图

4.2　坝体断面优化

碾压混凝土坝的设计，按照碾压混凝土中胶凝材料的用量，存在着两种主要的设计方法，即基于土工原理或混凝土原理上的两种不同方法。前者设计的坝断面大，下游坝坡缓，混凝土工程量大，但对坝体混凝土的强度指标和施工质量标准的要求低；后者设计的坝断面小，坝坡与同等坝高的常态混凝土坝相当，工程量省，但对坝体混凝土的强度指标和施工质量控制标准提出较高的要求。我国已经建成的碾压混凝土坝均采用混凝土原理设计。龙滩水电站碾压混凝土坝坝高达200m级，坝体混凝土工程量很大，只有采用富胶凝材料碾压混凝土按混凝土原理设计大坝断面，才能达到利用碾压混凝土筑坝技术加快大坝施工进度，节省工程造价的目的。

4.2.1　坝体断面优化

龙滩水电站大坝不存在沿坝基础深部的滑动失稳条件，因此，取坝基面和大坝水平层面的抗滑稳定及坝上、下游边缘应力作为坝基面和坝体的稳定与应力约束条件，坝体应力采用材料力学法计算，抗滑稳定安全系数采用抗剪断公式计算，约束条件见表4.1和表4.2。

表 4.1　　**坝基面稳定、应力约束条件**

荷载组合			抗滑稳定安全系数	坝踵正应力	坝趾正应力	
				计扬压力	计扬压力	不计扬压力
基本组合		正常蓄水情况	$K'\geqslant3.0$	$\sigma_{y\mu}\geqslant0.0$	$\sigma_{yd}\leqslant[\sigma_c b]$	
特殊组合	(1)	校核洪水情况	$K'\geqslant2.5$	$\sigma_{y\mu}\geqslant0.0$		
	(2)	正常＋地震情况	$K'\geqslant2.3$			

注　表中应力单位为MPa；基岩允许压应力 $[\sigma_c^b]=6$MPa。

表 4.2　　**坝体计算截面稳定、应力约束条件**

荷载组合			抗滑稳定安全系数	上游面最小主应力		下游面最大主应力	
				计扬压力	不计扬压力	计扬压力	不计扬压力
基本组合		正常蓄水情况	$K'\geqslant3.0$	$\sigma_{1\mu}\geqslant0.0$	$\sigma_{1\mu}\geqslant0.25\gamma H$	$\sigma_{2d}\leqslant[\sigma_c b]$	
特殊组合	(1)	校核洪水情况	$K'\geqslant2.5$	$\sigma_{1\mu}\geqslant0.0$	$\sigma_{1\mu}\geqslant0.25\gamma H$		
	(2)	正常＋地震情况	$K'\geqslant2.3$				
	(3)	仅考虑地震情况			$\sigma_{1\mu}\geqslant[\sigma_t]$		

注　表中应力单位为MPa；H 为坝面计算点的静水头，m。

根据龙滩水电站大坝的布置情况，大坝体型优化以坝体总工程量最小为目标，选取河床最高溢流坝段、最高挡水坝段和右岸岸边接头最高挡水坝段为典型坝段，分别按正常蓄水位375.00m和400.00m进行。

优化后大坝各典型断面示意见图4.5，相关几何参数见表4.3。

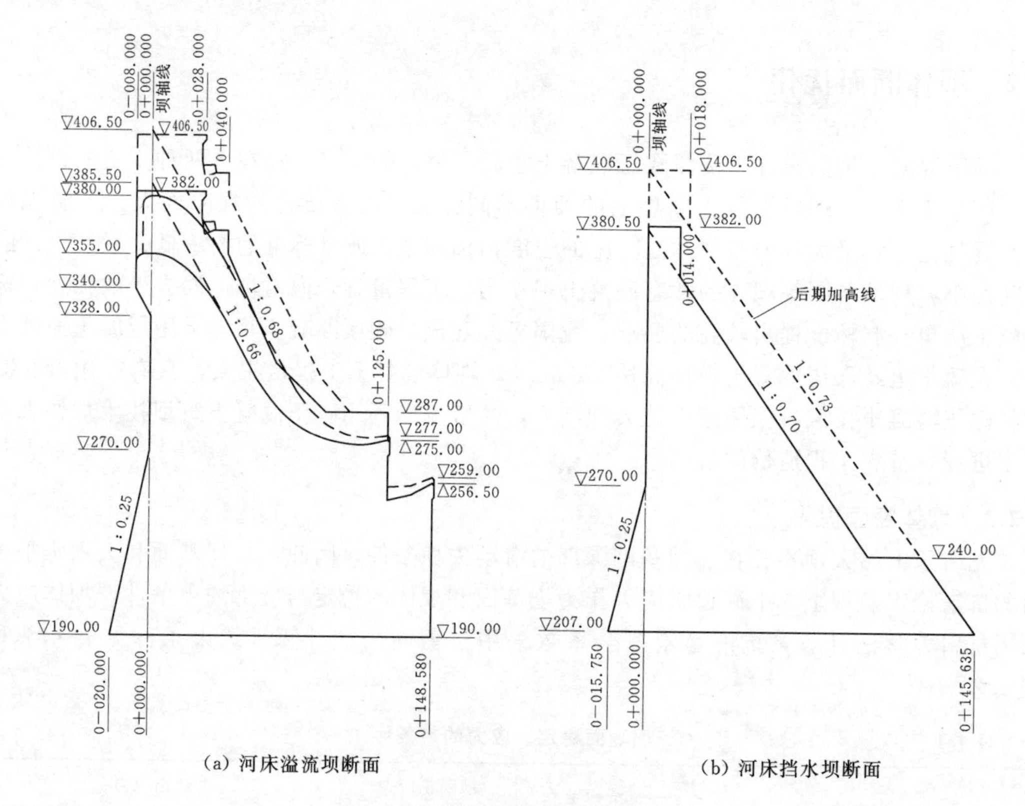

图 4.5　河床坝段优化断面示意图

表 4.3　　**坝体典型断面几何参数**

断面名称		坝基面高程/m	上游起坡点高程/m	上游坝坡 1：n	下游起坡点高程/m	下游坝坡 1：m
前期	溢流坝段	190.0	270.0	0.25	385.5	0.66
	河床挡水坝段	210.0	270.0	0.25	380.5	0.70
	接头坝段	300.0	—	铅直	380.5	0.66
后期	溢流坝段	190.0	270.0	0.25	408.5	0.68
	河床挡水坝段	210.0	270.0	0.25	406.5	0.73
	接头坝段	300.0	—	铅直	404.0	0.68

4.2.2　与其他典型高重力坝的比较

几座有代表性的已建高重力坝的体型参数见表 4.4。20 世纪 30—40 年代修建的混凝土重力坝，其坝底宽和坝高比值多在 0.9 左右，60 年代降到 0.8 左右，到 70 年代已减小到 0.7 左右，比值的减少意味着坝体工程量的减少。高混凝土重力坝设计中，坝基整体抗滑稳定是影响大坝体型的主要因素。抗滑稳定计算方法和相应的安全标准一直是半经验半理论的性质，随着工程实践经验的丰富和理论分析总结的不断完善，大坝安全性与经济性的关系日趋合理和平衡。

表 4.4　　几座高重力坝体型设计的比较

工程名称	美国 Grand Coulee	美国 Shasta	日本 佐久间	瑞士 Grand Dixence	印度 Bhakra	意大利 AlpeCera	中国 刘家峡	美国 Dworshak	龙滩	
									375m 方案	400m 方案
建成年份	1942	1944	1956	1961	1963	1965	1969	1974		
最大坝高/m	168.0	185.0	156.0	285.0	226.0	175.0	147.0	219.0	192.0	216.5
坝顶长度/m	1270.0	1000.0	294.0	695.0	518.0	530.0	204.0	1000.0	735.5	830.5
坝基岩石	花岗岩	安山岩	花岗岩	花岗片麻岩	砂岩夹板岩		云母石英片岩	花岗片麻岩	砂岩夹泥板岩	
上游坝坡	1∶0.15	1∶0.4	1∶0.3	倒悬	1∶0.25	1∶0.03	1∶0.1	垂直	1∶0.25	1∶0.25
下游坝坡	1∶0.8	1∶0.8	1∶0.82	1∶0.81	1∶0.8	1∶0.7	1∶0.65	1∶0.8	1∶0.66	1∶0.68
坝底宽度/m	158.5	180.0	141.0	216.0	190.0	128.5	118.0	152.0	168.58	168.58
坝底宽/坝高	0.943	0.973	0.904	0.76	0.841	0.734	0.803	0.694	0.878	0.779
坝体混凝土量/万 m^3	800	476	143	600	392	175	82	512	532	970

龙滩水电站大坝优化后的坝体断面由坝基面抗滑稳定控制，宽高比在 0.8 左右，与世界上已建的 200m 级常态混凝土重力坝相比其比值居中，从高坝类比的角度来看，龙滩水电站大坝的断面体型已与常态混凝土重力坝体型相当。

4.3　碾压混凝土坝坝高研究

4.3.1　碾压混凝土利用高度研究

在大坝断面的几何参数确定的条件下，能否全断面采用碾压混凝土碾压混凝土主要取决于层面抗剪断强度是否满足大坝抗滑稳定安全要求。根据层面抗滑稳定安全标准，按照优化确定的大坝典型断面，计算大坝各高程碾压混凝土层面需要达到的抗剪断强度，计算结果见表 4.5。

表 4.5　　层面抗剪断强度参数的设计要求值　　单位：MPa

层面高程/m	溢流坝断面		挡水坝断面		备　注
	$f'=1.0$	$f'=1.1$	$f'=1.0$	$f'=1.1$	
340.00	0.39	0.31	0.33	0.25	
320.00	0.63	0.54	0.56	0.46	
310.00	0.65	0.53	0.67	0.56	
300.00	0.78	0.65	0.78	0.67	
290.00	0.91	0.78	0.89	0.77	
270.00	1.20	1.04	1.13	0.99	
250.00	0.97	0.85	1.29	1.12	
230.00	1.15	0.98	1.45	1.27	
225.00	1.21	1.03	1.50	1.31	
220.00	1.31	1.12	1.58	1.39	
215.00	1.41	1.20	1.66	1.46	对应 RCC 坝高 191.50m
196.00	1.78	1.55			对应 RCC 坝高 210.50m

将优化后的大坝典型断面的碾压混凝土层面要求的抗剪断强度和现场试验成果统计值比较可见，可以利用不同胶凝材料含量的碾压混凝土满足大坝沿高程不同部位对碾压混凝土层面抗剪强度的要求，龙滩水电站大坝可以全高度采用碾压混凝土施工。

4.3.2　层面抗滑稳定复核

4.3.2.1　基本参数

（1）计算荷载。计算荷载包括坝体自重、静水压力、淤沙压力、扬压力等。扬压力计算按规范计算图形并考虑每一点受到的扬压力与垂直向应力叠加，扬压力分项系数在排水管之前为1.1，排水管之后为1.2。

（2）物理力学参数。各材料分区的主要物理力学参数标准值见表4.6，强度保证率取80%，摩擦系数变异系数取0.20、黏聚力变异系数取0.35、抗拉抗压强度变异系数取0.20。

表4.6　各区材料主要物理力学参数标准值

材料分区	弹(变)模/($\times10^4$ MPa)	泊松比	容重/(kN/m^3)	抗剪断峰值强度		抗剪断残余强度		抗拉强度/MPa	抗压强度/MPa
				f'	c'/MPa	f	c/MPa		
常态CC	1.96	0.167	24.0	1.20	2.50	0.95	0.80	1.57	18.5
R_{I}本体	1.96	0.163	24.0	1.17	2.16	0.90	0.70	1.57	18.5
R_{II}本体	1.79	0.163	24.0	1.07	2.10	0.90	0.60	1.29	14.3
R_{III}本体	1.54	0.163	24.0	1.00	1.97	0.85	0.50	0.97	9.8
R_{IV}本体	1.96	0.163	24.0	1.17	2.16	0.90	0.70	1.57	18.5
建基面1（挡水坝段）				1.12	1.14	0.80	0.40	1.4	18.5
建基面2（溢流坝段）	—	—	—	1.12	1.18	0.80	0.40	1.4	18.5
R_{I}层面	1.5	0.3	24.0	1.05	1.70	0.80	0.50	1.2	18.5
R_{II}层面	1.3	0.3	24.0	0.95	1.50	0.75	0.45	1.0	14.3
R_{III}层面	1.2	0.3	24.0	0.90	1.00	0.70	0.35	0.7	9.8
R_{IV}层面	1.5	0.3	24.0	1.05	1.70	0.80	0.50	1.2	18.5
基础①	1.2	0.27	0					0.6	9
基础②	1.1	0.27	0					0.5	9
基础③	1.6	0.27	0					1.2	23
基础④	1.5	0.27	0					0.7	18

4.3.2.2　有限元计算模型

按照后期断面建立有限元模型，采用平面四节点等参单元进行离散。坝基分别从坝踵和坝趾向上、下游延伸340.0m，基础深度也取340.0m。其中溢流坝段离散为23608个单元，24669个节点，挡水坝段离散为16963个单元，18032个节点。为了反映碾压混凝土坝坝体特性，分别模拟了坝体混凝土本体和坝身不同高程的代表性水平层面的几何特性和材料特性，见图 4.6 和图 4.7。坝体混凝土结构单元和坝基面附近基岩单元长短边尺寸不超过 2.0m，相邻单元长边之比不大于 2，在坝基、廊道等应力集中部位进行了单元加密。其中溢流坝段考虑上部导墙结构宽度为 5.0m，坝段宽度为 20.0m，采用广义接触面单元模拟层面。

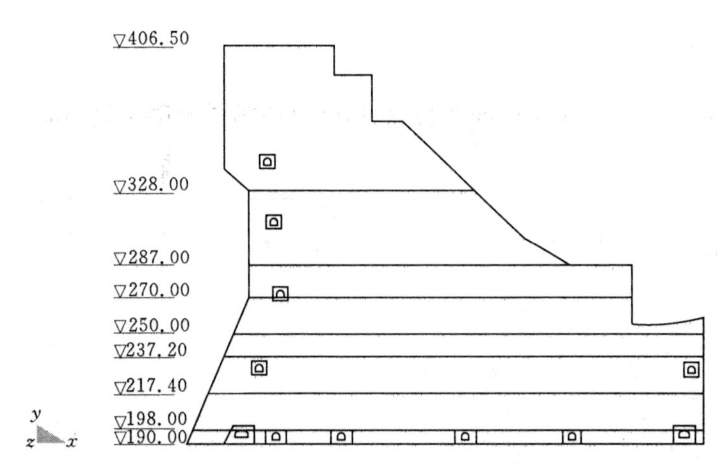

图 4.6 溢流坝段水平层面布置图

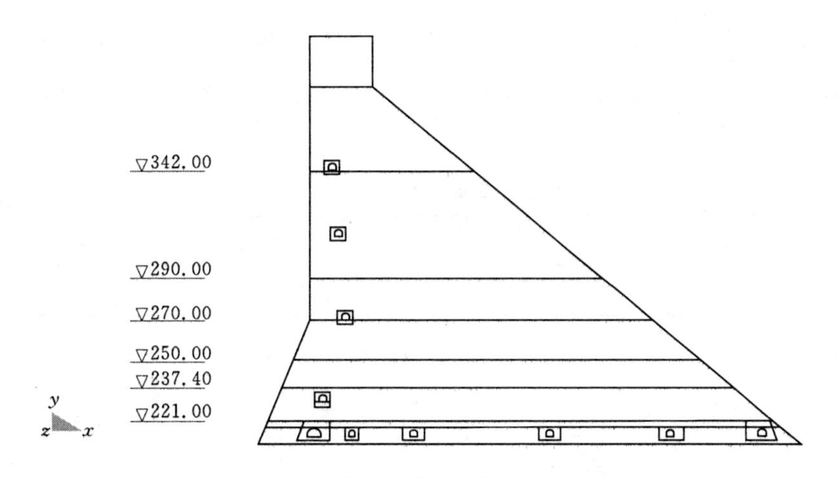

图 4.7 挡水坝段水平层面布置图

4.3.2.3 抗滑稳定安全度计算结果

根据有限元计算结果，采用应力成果整理法计算抗滑稳定安全度。

(1)《混凝土重力坝设计规范》(DL 5108—1999) 算法。按照 DL 5108—1999 中的规定，采用极限状态设计表达式：

$$\gamma_0 \phi S(\gamma_G G_K, \gamma_Q Q_K, a_K) \leqslant \frac{1}{\gamma_{d1}} R\left(\frac{f_K}{\gamma_m}, a_K\right) \tag{4.1}$$

式中：γ_0 为结构重要性系数，此处对应结构安全级别为 I 级的结构，取 1.1；ϕ 为设计状况系数，对应持久状况取 1.0；$S(\cdot)$ 为作用效应函数；$R(\cdot)$ 为结构抗力函数；γ_G 为永久作用分项系数见表 4.7；γ_Q 为可变作用分项系数；G_K 为永久作用标准值；Q_K 为可变作用标准值；a_K 为几何参数的标准值；f_K 为材料性能的标准值；γ_m 为材料性能分项系数，见表 4.8；γ_{d1} 为基本组合结构系数，取 1.2。

表 4.7　　作用分项系数

序号	作用类别	分项系数
1	自重	1.0
2	静水压力	1.0
3	扬压力	1.1（主排水孔之前）、1.2（主排水孔之后）
4	淤沙压力	1.2
5	浪压力	1.2

表 4.8　　材料性能分项系数

材料性能		分项系数	备注
混凝土/基岩	摩擦系数	1.3	
	黏聚力	3.0	
混凝土/混凝土	摩擦系数	1.3	包括常态混凝土和碾压混凝土层面
	黏聚力	3.0	

定义 $k=\dfrac{R(\cdot)}{\gamma_{d1}\cdot\gamma_0\cdot\phi\cdot S(\cdot)}$，即当 $k\geqslant 1$ 时，结构满足抗滑稳定安全要求，各区材料抗剪断参数见表 4.5，考虑材料性能分项系数，溢流坝段和挡水坝段各层面的抗滑稳定安全系数见表 4.9 和表 4.10。

表 4.9　　溢流坝段层面抗滑稳定安全系数

层面高程/m	190.00	198.00	217.00	237.00	250.00	270.00	287.00	328.00
安全系数	1.05	1.09	1.09	1.20	1.10	1.05	1.09	1.51

表 4.10　　挡水坝段层面抗滑稳定安全系数

层面高程/m	210.00	221.00	237.00	250.00	270.00	290.00	342.00
安全系数	1.10	1.08	1.11	1.15	1.09	1.20	1.68

从上可知，所有层面的抗滑稳定安全系数均满足规范要求，抗滑稳定基本由建基面控制，随着层面高程的增加，抗滑稳定安全系数增加。

(2)《混凝土重力坝设计规范》(SDJ 21—78) 算法。根据 SDJ 21—78 中的规定对各种情况分别进行了计算，其抗滑稳定安全系数由下式确定，其中 k' 的临界值为 3.0：

$$k'=\frac{f'(\sum W-U)+c'A}{\sum P} \tag{4.2}$$

式中：f' 为连接面的抗剪断摩擦系数；c' 为连接面的抗剪断黏聚力；A 为连接面的面积；$\sum W$ 为作用在滑动面以上的力在铅直方向投影的代数和；$\sum P$ 为作用在滑动面以上的力在水平方向投影的代数和。

计算得到各种情况的安全系数见表 4.11 和表 4.12。

表 4.11 溢流坝段典型层面抗滑稳定安全系数汇总表

层面高程/m	190.00	198.00	217.00	237.00	250.00	270.00	287.00	328.00
安全系数	3.00	3.46	3.35	3.79	3.64	3.28	3.48	5.29

表 4.12 挡水坝段典型层面抗滑稳定安全系数汇总表

层面高程/m	210.00	221.00	237.00	250.00	270.00	290.00	342.00
安全系数	2.95	3.08	3.37	3.54	3.39	3.93	6.02

4.3.2.4 可靠度分析

层面抗滑稳定的极限状态方程为：

$$g=\sum_{i=1}^{n}(N_i f_i + A_i c_i - T_i) \tag{4.3}$$

式中：N_i 为法向应力；f_i 为摩擦系数；A_i 为面积；c_i 为黏聚力；T_i 为切向力。

其中，f_i 和 c_i 是变量，其他均为常量。f_i 和 c_i 的均值和标准差见表 4.13。

表 4.13 f_i 和 c_i 的均值和标准差

材料分区	f_i		c_i	
	均值	标准差	均值/MPa	标准差/MPa
建基面 1（挡水坝段）	1.34	0.26	1.61	0.55
建基面 2（溢流坝段）	1.34	0.26	1.67	0.57
RCCⅠ层面	1.26	0.25	2.41	0.84
RCCⅡ层面	1.14	0.23	2.12	0.74
RCCⅢ层面	1.08	0.22	1.42	0.50
RCCⅣ层面	1.26	0.25	2.41	0.84

可靠指标计算过程如下：

设 f_i 和 c_i 为一组随机变量 $X=(X_1,X_2,\cdots,X_n)$，其均值为 $m_x=(m_{x1},m_{x2},\cdots,m_{xn})$，标准差为 $\sigma_x=(\sigma_{x1},\sigma_{x2},\cdots,\sigma_{xn})$，相关系数矩阵 ρ_x 为：

$$\rho_x=\begin{pmatrix}\rho_{11} & \rho_{12} & \cdots & \rho_{1n}\\ \rho_{21} & \rho_{22} & \cdots & \rho_{2n}\\ \cdots & \cdots & \cdots & \cdots\\ \rho_{n1} & \rho_{n2} & \cdots & \rho_{nn}\end{pmatrix} \tag{4.4}$$

式中：ρ_{ij} 为变量 x_i 与 x_j 的相关系数。

基本思路是采用迭代的方法来确定极限状态面 $g(x)=0$ 上距原点最近的点 x^*，具体迭代格式如下：

$$x_i^*=\left[x_i^{\mathrm{T}}\alpha_i+\frac{g(x_i)}{\|\nabla g(x_i)\|}\right]\alpha_i \tag{4.5}$$

其中

$$\nabla g(x)=\left[\frac{\partial g(x)}{\partial x_1},\frac{\partial g(x)}{\partial x_2},\cdots,\frac{\partial g(x)}{\partial x_n}\right] \tag{4.6}$$

为梯度向量，而 $\alpha=-\frac{\nabla g(x)}{\|\nabla g(x)\|}$ 是沿着负梯度方向的单位向量，它垂直于极限状态面，其指向背离坐标点。

$$\beta=\frac{m_g}{\sigma_g}=\frac{\sum_{i=1}^{n}\frac{\partial g}{\partial X_i}\Big|_{p^*}(m_{x_i'}-x_i^*)}{\left(\sum_{i=1}^{n}\sum_{j=1}^{n}\rho'_{ij}\frac{\partial g}{\partial x_i}\frac{\partial g}{\partial x_j}\Big|_{p^*}\sigma_{x_i'}\sigma_{x_j'}\right)^{1/2}} \tag{4.7}$$

式（4.7）中，$\frac{\partial g}{\partial x_i}\Big|_{p^*}$ 表示导数在验算点 $x^*=(x_1^*,x_2^*,\cdots,x_n^*)$ 处取值，可靠指标具体计算步骤如下：

（1）确定迭代初值 $X^0=(m_{x_1},m_{x_2},\cdots,m_{x_n})$。

（2）求单位向量 α。

（3）求新的验算点值 x^*。

（4）求可靠指标 β。

（5）判别 $g(x)$ 是否满足精度要求，否则重复步骤（2）～（5）。

计算得到的挡水坝段和溢流坝段在各情况下的可靠度见表4.14和表4.15。

表4.14　　挡水坝段典型层面抗滑稳定的可靠指标表

高程/m	210.00	221.00	237.00	250.00	270.00	290.00	342.00
可靠指标 β	4.23	5.06	5.21	5.34	5.08	5.53	5.74

表4.15　　溢流坝段典型层面抗滑稳定的可靠指标表

高程/m	190.00	198.00	217.00	237.00	250.00	270.00	287.00
可靠指标 β	4.50	5.00	4.56	4.77	6.10	4.96	6.15

4.3.3　提高碾压混凝土层面抗滑稳定的措施

高碾压混凝土坝层面抗滑稳定是设计中的关键问题，特别是坝体下部坝高超过150.00m的层面，其要求的碾压混凝土层面的抗剪断强度参数值较高，尽管通过现场和室内大量的试验研究证明，只要合理地选择碾压混凝土的配合比和加强施工质量的控制，碾压混凝土层面抗剪断强度参数可以满足设计要求，但考虑到大规模的施工与小规模的试验总存在一定的差别。因此，有必要研究提高碾压混凝土层面抗滑稳定安全系数的措施。

4.3.3.1　减小层面扬压力

层面扬压力是直接影响层面抗滑稳定的重要因素，而扬压力可以通过设置适当的防渗排水措施予以控制。龙滩大坝下游水深较大，坝基面扬压力控制考虑了抽排减压措施，事实上，通过加强上游坝面防渗和设置坝内辅助排水系统这样的结构措施同样适用于控制坝体碾压混凝土层面上的扬压力。

表4.16列出了不同扬压力假定条件下，溢流坝段和挡水坝段最低碾压混凝土层面当抗滑稳定安全系数 $k'=3.0$ 时，要求的抗剪断强度参数。由表可知，采取对碾压混凝土层面强迫减压措施，与无抽排措施相比 c' 值的要求可降低0.3～0.4MPa。达到这种强迫减

压效果的结构措施，除大坝上、下游面的防渗与排水外，只需在坝内部 230.00m 高程以下布置 2～3 排竖向排水孔，串联各碾压混凝土层面，使坝体下部碾压混凝土层面与坝基底部的排水廊道贯通即可。

表 4.16　不同扬压力计算假定下的抗剪断强度 c' 要求值　单位：MPa

编号	层面扬压力图形及参数	溢流坝（196.00m 层面）		河床挡水坝（215.00m 层面）	
		$f'=1.0$	$f'=1.1$	$f'=1.0$	$f'=1.1$
1	无抽排扬压力图形 $\alpha_3=0.3$	1.78	1.55	1.66	1.46
2	无抽排扬压力图形 $\alpha_3=0.2$	1.69	1.46	1.57	1.37
3	抽排扬压力图形 $\alpha_1=0.3$、$\alpha_2=0.6$	1.407	1.144	1.40	1.19
4	抽排扬压力图形 $\alpha_1=0.3$、$\alpha_2=0.4$	1.40	1.14	1.385	1.164
5	抽排扬压力图形 $\alpha_1=0.25$、$\alpha_2=0.4$	1.39	1.13	1.377	1.155

4.3.3.2　层面倾向上游

为了进一步提高碾压混凝土层面的抗滑稳定性，坝体碾压混凝土层面也可以做成倾向上游的斜面。

正常蓄水位 400.0m 基本荷载组合时，溢流坝段高程 196.00m 层面、河床挡水坝段高程 215.00m 层面，对于不同层面倾角时的抗滑稳定安全系数见表 4.17。计算成果表明：采用倾斜的层面可以有效增加大坝的抗滑稳定安全系数，龙滩大仓面碾压混凝土采用 2°～3°的层面倾角也不失为一种可行的措施。

表 4.17　倾斜滑动面倾角与抗剪断安全系数 K' 之关系

RCC 层面倾角/(°)	0	1	2	3	4	5
溢流坝段高程 196.00m 层面	3.00	3.13	3.26	3.41	3.57	3.73
河床挡水坝段高程 215.00m 层面	3.00	3.10	3.20	3.30	3.42	3.54

4.4　稳定应力和承载能力研究

4.4.1　碾压混凝土横观各向同性性质对坝体静动力特性的影响研究

4.4.1.1　对坝体静应力的影响

选取龙滩最高挡水坝段剖面，考虑坝体碾压混凝土的竖向弹模 E_y，分别为水平向弹模 E_x 的 0.5、0.6、0.7、0.8、0.9、1.0（各向同性）倍等 6 种情况，研究坝体材料横观各向同性特性对龙滩碾压混凝土重力坝应力分布的影响。计算荷载分别考虑了水压、自重和两者组合 3 种情况，并选择 4 个高程截面 $A-A$（高程 342.00m）、$B-B$（高程 270.00m）、$C-C$（高程 224.00m）、$D-D$（高程 210.00m）研究应力变化规律。图 4.8 示出的是在水压荷载作用下，$C-C$ 截面，当 $E_y=E_x$ 和 $E_y=0.5E_x$ 时的 3 个应力分量的分布图。表 4.18 列出了坝基面 210.00m 高程处，在水压和自重荷载作用下，当 $E_y=0.5E_x$ 和 $E_y=E_x$ 时的应力值比较。

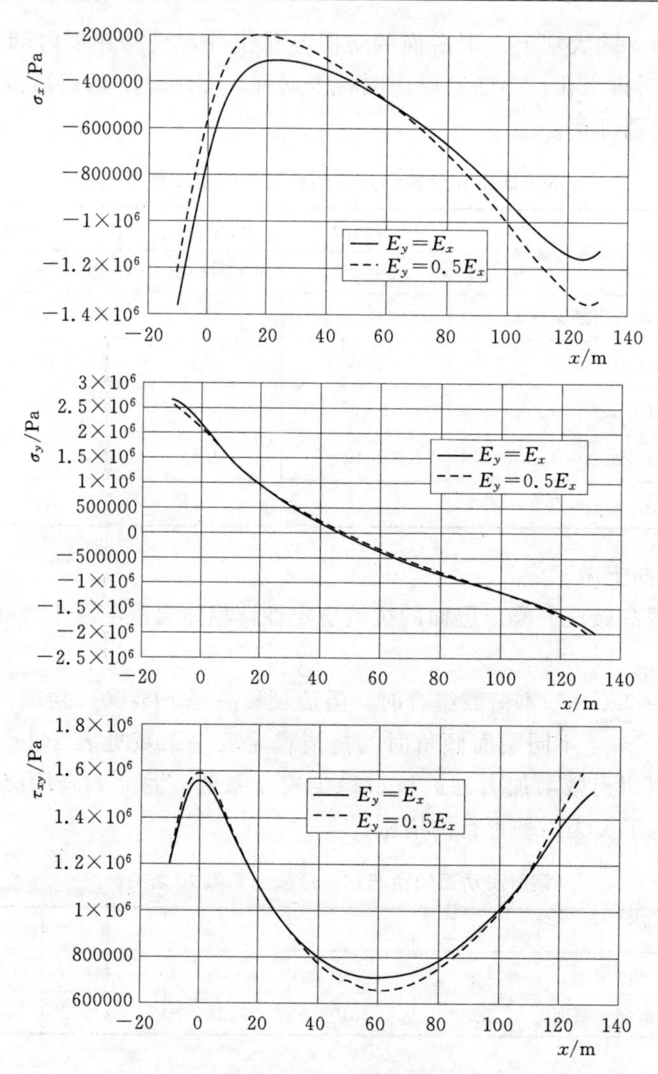

图 4.8 C-C 截面上应力分布图（水压作用）

表 4.18　E_y 变化时，坝踵和坝趾处的应力值比较（D-D 截面）

项　目		坝　踵/MPa			坝　趾/MPa		
		σ_x	σ_y	τ_{xy}	σ_x	σ_y	τ_{xy}
自重	$E_y=E_x$	−2.941	−6.676	−3.230	−1.142	−1.200	1.034
	$E_y=0.5E_x$	−3.041	−6.918	−3.325	−1.220	−1.227	1.101
	变幅/%	(−) 增 3.4	(−) 增 3.5	增 3.3	(−) 增 6.8	(−) 增 2.3	增 6.5
水压	$E_y=E_x$	3.453	7.057	5.080	−3.746	−3.311	3.102
	$E_y=0.5E_x$	3.438	7.047	5.063	−3.833	−3.425	3.190
	变幅/%	(+) 减 0.4	(+) 减 0.14	减 0.3	(−) 增 2.3	(−) 增 3.4	增 2.8
自重＋水压	$E_y=E_x$	0.511	0.380	1.859	−4.888	−4.511	4.136
	$E_y=0.5E_x$	0.398	0.130	1.739	−5.054	−4.653	4.292
	变幅/%	(+) 减 22.1	(+) 减 65.8	减 6.5	(−) 增 3.4	(−) 增 3.1	增 3.8

对于上述4个截面，在自重和水压荷载工况下，当 E_y 从 $1.0E_x$，变化到 $0.5E_x$ 时，各截面上的应力分布规律（包括 σ_x、σ_y、τ_{xy}）变化不大。

4.4.1.2 对坝体自振特性的影响

在计算中考虑了坝体RCC部分的竖向弹模由 $1.1E_x$ 变到 $0.5E_x$ 7种情况，图4.9中比较了计算所得的坝体前三阶自振频率。

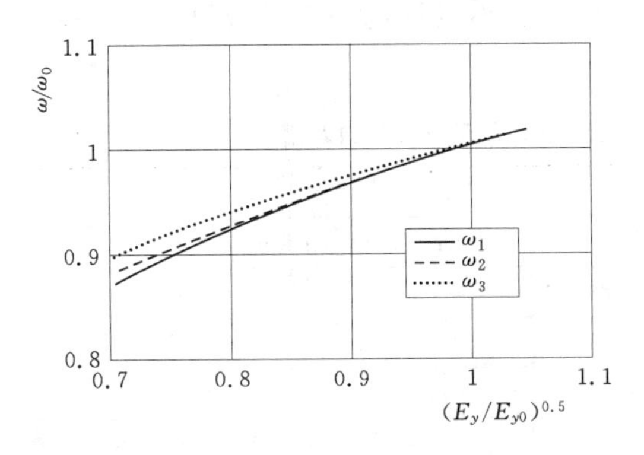

图4.9 ω_0、E_{y0} 分别为各向同性时的频率和弹模

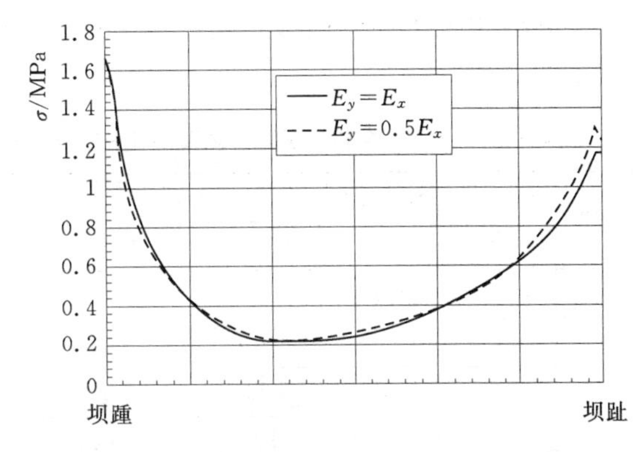

图4.10 D-D截面最大动应力包络图

4.4.1.3 对坝体地震反应的影响

龙滩水电站坝址地震基本烈度为7度。根据地震危险性分析结果，大坝设计地震加速度按坝址100年超越概率2%的基岩水平峰值加速度取为 $0.2g$。

地震荷载仅考虑了水平向地震动，并按坝址设计地震反应谱生成了一条适合龙滩坝址条件的人工地震时程曲线。对龙滩水电站大坝以人工地震时程曲线作为设计地震进行了线弹性动力分析，在分析计算中考虑了 $E_y=E_x$ 和 $E_y=0.5E_x$ 两种情况，图4.10为 $D-D$ 截面主应力包线图，即动应力最大值的包络线图。

通过将龙滩水电站碾压混凝土重力坝RCC部分混凝土视为横观各向同性体，研究了当RCC竖向弹模（E_y）从1.0(1.1)倍水平向弹模（E_x）变化到0.5倍水平向弹模时，对坝体静应力和动力特性的影响，得出了以下结论：

碾压混凝土的横观各向同性对坝体上部静应力的影响较小，应力分布规律基本不变；对于坝体与地基交界面处，E_y 的降低使压应力集中程度增大，拉应力集中程度减小，对水压和自重合成应力而言，这种影响将有利于坝踵拉应力条件的改善，而对坝趾压应力集中区则使其压应力值增大，对龙滩坝具体情况来说，当RCC的 E_y 从 $1.0E_x$ 降低到 $0.5E_x$ 时，使坝踵主拉应力减小了约13%，使坝趾主压应力约增大了4%。

碾压混凝土的横观各向同性对坝体的振型特性影响不大，但对坝体的自振频率值有较明显的影响，E_y 的减小将使坝体自振频率降低，前3阶频率降低的幅度不超过15%；自振频率的变化对地震动力反应也产生一定的影响，如果以龙滩坝址人工地震时程作为输入地震，则在龙滩大坝的条件下，E_y 由 $1.0E_x$ 降至 $0.5E_x$，坝体动力反应的频率明显地随坝体基频的减小而减小，动位移值因 E_y 的降低而显著增加，动应力值则只是略有变化，且有利于改善坝踵区的拉应力集中。

4.4.2 坝体稳定应力分析

考虑碾压混凝土的成层特性，在控制坝体应力和稳定的某些特殊层面（如建基面、不同材料分区界面、几何轮廓突变部位等）布设节理单元或在其间适当加密，上部用块体单元宏观静力等效变换，分别采用线性和非线性有限单元法进行分析，坝体抗滑稳定安全系数采用应力成果整理法。计算荷载主要有自重、水荷载、温度荷载和泥沙压力等。

分析的部分结果如各层面抗滑稳定安全系数及最小点抗剪安全系数见表4.19和表4.20。

表4.19　溢流坝段层面抗滑稳定安全系数 K_s 及最小点抗剪安全系数 K_{imin}

工况	典型层面编号	所在高程/m	K_s		K_{imin}			层面属性
			线弹性	非线性	线弹性	非线性	X坐标/m	
前期	1	190.0	3.451	3.429	1.804	1.767	144.3	建基面
	2	196.0	3.651	3.634	2.370	2.288	132.0	R_I/CC
	3	225.0	4.360	4.370	2.791	2.696	96.0	R_I
	4	250.0	4.037	4.052	2.480	2.463	89.0	R_{II}/R_I
	5	270.0	4.800	4.804	2.581	2.575	89.5	R_{II}
	6	285.0	4.808	4.822	1.854	1.880	68.7	R_{II}
	7	300.0	4.189	4.183	2.574	2.579	52.5	R_{III}/R_{II}
	8	328.0	6.740	6.764	4.587	4.651	33.0	R_{III}
后期	1	190.0	3.018	3.002	1.766	1.728	144.3	建基面
	2	196.0	3.145	3.148	2.176	2.090	132.0	R_I/CC
	3	225.0	3.636	3.645	2.507	2.395	96.0	R_I
	4	250.0	3.365	3.378	2.192	2.160	89.0	R_{II}/R_I
	5	270.0	3.836	3.842	2.197	2.203	99.0	R_{II}
	6	285.0	4.228	4.244	2.760	2.777	62.5	R_{II}
	7	300.0	3.987	3.992	2.516	2.533	52.5	R_{III}/R_{II}
	8	328.0	5.508	5.509	3.574	3.613	33.0	R_{III}

表4.20　挡水坝段层面抗滑稳定安全系数 K_s 及最小点抗剪安全系数 K_{imin}

工况	典型层面编号	所在高程/m	K_s		K_{imin}			层面属性
			线弹性	非线性	线弹性	非线性	X坐标/m	
前期	1	210.0	3.293	3.262	1.500	1.445	137.0	建基面
	2	216.0	3.544	3.544	1.970	1.860	125.0	R_I/CC
	3	240.0	3.559	3.557	1.845	1.783	96.0	R_I
	4	250.0	3.299	3.301	2.006	1.968	88.5	R_{II}/R_I
	5	270.0	3.641	3.640	2.451	2.441	73.0	R_{II}/R_{II}
	6	300.0	3.542	3.545	2.430	2.446	53.6	R_{II}/R_{II}
	7	350.0	10.321	10.302	5.455	5.436	18.5	R_{III}/R_{II}

续表

工况	典型层面编号	所在高程/m	K_s		K_{imin}			层面属性
			线弹性	非线性	线弹性	非线性	X坐标/m	
后期	1	210.0	3.072	3.056	1.496	1.459	137.0	建基面
	2	216.0	3.339	3.341	1.892	1.892	125.0	$R_{Ⅰ}$/CC
	3	240.0	3.486	3.499	1.946	1.886	96.0	$R_{Ⅰ}/R_{Ⅰ}$
	4	250.0	3.223	3.239	1.998	1.944	88.5	$R_{Ⅱ}/R_{Ⅰ}$
	5	270.0	3.687	3.706	2.501	2.417	73.0	$R_{Ⅱ}/R_{Ⅱ}$
	6	300.0	3.834	3.857	2.400	2.415	52.6	$R_{Ⅱ}/R_{Ⅰ}$
	7	350.0	7.977	7.990	4.255	4.316	18.5	$R_{Ⅲ}/R_{Ⅱ}$

分析表明：

(1) 线弹性计算由于没有考虑基岩中节理裂隙的张拉松弛作用，计算出的坝踵处主拉应力很大，远超出材料的抗拉强度；非线性计算考虑坝基拉裂破坏导致应力转移，坝踵处坝体拉应力大大降低，甚至消失，其计算结果较为合理；挡水坝段和溢流坝段坝踵、坝趾角点抗拉、抗压安全系数值小于4.0的区域不超过坝底宽的10%，坝趾处最小点抗压安全系数仍大于2.0，且上游坝踵部位线弹性拉应力超过抗拉强度的范围不超过坝底宽的3%，远未触及到防渗帷幕，故可认为坝体应力满足设计要求。

(2) 由应力成果整理法计算得到的坝体沿坝基面及各高程RCC层面抗滑稳定安全系数均不小于3.0。

4.4.3 承载能力的非线性有限元法分析

4.4.3.1 承载能力分析的稳定性理论

坝体沿坝基面或碾压混凝土及其层面的滑动破坏，实际上是接触面的剪力破坏。根据国内外设计重力坝的实践经验，通常采用强度分析方法，把接触面上抗滑力与滑动力之比，定义为抗滑稳定安全系数。计算公式中的荷载计算方法、抗剪断强度参数的选用以及要求的安全系数互相配套。上述的安全系数实际只是一个抗滑稳定的安全指标，并不是真正的抗滑稳定安全系数，是一种整体宏观的半经验方法。

根据工程现场和室内实验研究得到的碾压混凝土层面从峰值强度到残余强度的剪切变形过程及材料强度的软化塑性特性，可进行坝体的渐进破坏过程分析。分析方法有强度分析方法和稳定性分析方法两种。

重力坝和坝基岩体组成的系统的承载能力，采用强度理论时把即将贯穿上、下游坝面的屈服破坏状态，作为坝体承载能力的最终极限状态，该极限状态对原始的平衡位形是不稳定的平衡状态，坝体失稳前的临界状态需要进一步的分析和论证。考虑碾压混凝土的应变软化塑性性质，采用稳定性理论研究坝体承载能力，把重力坝系统从稳定的平衡状态到失稳前的临界状态看做是一个准静态的过程，可根据能量原理建立失稳准则。

(1) 强度分析失稳临界状态判别准则。重力坝承载能力研究的传统方法是采用强度分析方法，即是对坝体渐进破坏的过程进行分析以确定失稳的临界状态。随着材料强度的逐渐降低，首先在局部小范围内出现压剪屈服破坏，随后这一屈服破坏区范围逐步扩展，直到最后坝体内的屈服破坏区贯通上下游坝面，导致重力坝的整体强度破坏。在起始阶段，由于材料强度计算值的下降，即安全储备数值的逐步增大，屈服破坏区范围的扩展速率很慢；第二阶段，随着材料强度计算值的继续下降，屈服区扩展速率明显增大；最后阶段，屈服破坏区范围的扩展速率急剧增加，最终贯穿上下游坝面，导致重力坝出现强度破坏。我们可以把第二阶段出现之后，屈服破坏区扩展速率明显增大，但尚未急剧增加的状态，与稳定性分析的承载力临界状态相对应，作为坝体失稳临界状态的标准，同时研究重力坝最终出现贯穿上下游坝面的强度破坏状态，分析极限状态的安全储备系数。

(2) 稳定性分析临界状态判别准则。在建立失稳准则时，直接采用在外部荷载增量作用下，增量步长实际计算得到的位移增量 Δu 和应变增量 $\Delta\varepsilon$，作为扰动 δ_u 和 $\delta\varepsilon$。采用系统的总势能的变化 $\Delta\Pi$ 来考察系统的稳定性，这时 $\Delta\Pi$ 代表在外部荷载增量作用下，增量步长计算前后两状态总势能之差。判别重力坝系统稳定性的能量准则为：

$$\Delta\Pi=\delta^2\Pi\begin{cases}>0 & \text{稳定平衡}\\ <0 & \text{不稳定平衡}\\ =0 & \text{临界平衡}\end{cases}\tag{4.8}$$

进一步分析表明，重力坝系统的平衡稳定性与筑坝材料的特性直接相关。当所有的筑坝材料处于弹性状态或者强化塑性阶段时，所考察的状态必定是一个稳定的平衡状态。如果这时出现结构破坏，只能是结构强度破坏。由此可见，碾压混凝土和岩体材料具有的应变软化特性（或者称为强度丧失性质），是重力坝系统丧失稳定性的必要条件。

4.4.3.2　龙滩水电站碾压混凝土重力坝承载能力研究

重力坝非线性有限元法承载能力分析，宜采用逐步降低材料强度计算值的安全储备法。通常惯用的重力坝承载能力分析安全储备法，一般是将抗剪强度参数中的黏聚力 c'、c_r 和内摩擦系数 f' 和 f_r 按照相同的比例折减，分析研究重力坝的强度储备系数。由于混凝土和岩体材料各种强度的变异性不相同，对于变异性大的 c' 值应有较大的安全储备，变异性较小的 f' 值宜采用较小的安全储备，不等比例降低材料强度的方法可通过逐渐增加材料强度计算值保证率来实现。在龙滩重力坝承载能力研究工作中，即按照这一原则进行分析，同时也采用 f' 和 c' 按照相同比例折减的方法，进行对比分析。

1. 非线性弹性有限元法研究

以龙滩水电站碾压混凝土重力坝为典型剖面进行计算分析，同时采用强度理论和稳定性理论两种方法。强度理论分析方法把即将贯穿上、下游坝面的屈服破坏状态，作为坝体承载能力的最终极限状态；稳定性理论分析方法将重力坝系统在扰动位移作用下，系统的能量增量为零的状态，作为重力坝失稳的临界状态。

分析研究成果见表 4.21。对于典型剖面，用强度理论求得的坝体极限承载状态下，摩擦系数的安全储备系数 $k_{lf}=1.373$，黏聚力的安全储备系数 $k_{lc}=2.511$；用稳定性理论得到承载能力临界状态的安全储备系数，$k_{cf}=1.307$，$k_{cc}=2.021$。重力坝的承载能力由稳定性理论分析结果控制。

表 4.21　　龙滩水电站碾压混凝土重力坝承载能力安全储备系数表

工况 \ 类别		强度分析方法提高保证率不等比例折减强度参数			稳定性分析方法提高保证率不等比例折减强度参数		
		极限状态			临界状态		
		k_{lf}	k_{lc}	保证率 $P/\%$	k_{lf}	k_{lc}	保证率 $P/\%$
挡水坝段	前期	1.388	2.652	97.9	1.322	2.103	96.8
	后期	1.365	2.440	97.4	1.312	2.048	96.6
溢流坝段	前期	1.441	3.148	98.2	1.396	2.723	97.8
	后期	1.296	1.966	96.3	1.317	2.076	96.7
典型剖面		1.373	2.511	97.5	1.307	2.021	96.5

2. 弹塑性有限元法研究

碾压混凝土重力坝的坝体应力和稳定性，往往控制在坝体下部层间软弱界面或块体上，所以在坝基面、坝体混凝土材料分区的界面和坝体下部适当的位置，布设节理单元，同时合理布设块体单元，以便反映坝体下部及坝基面附近应力梯度较大的特点。块体单元采用可以反映等向强化-软化塑性性质的弹塑性德鲁克-普拉格（Drucker - Prager）模型；节理单元采用可以反映等向强化-软化塑性性质的弹塑性层状模型。本构关系采用应变空间理论表述。

对最高挡水坝段建设后期剖面，在正常水位的静水压力、泥沙压力、坝体自重和扬压力等荷载作用下，进行坝体线弹性应力、弹塑性应力和稳定性有限元分析。坝体承载能力研究同时采用了结构稳定性分析和强度分析方法。

在坝体高程 210.00m、216.20m、222.00m、228.00m、234.00m、250.00m 处设置 0.02m 厚的夹层，用以模拟坝基面以及碾压混凝土的薄弱层面。用抗滑力和滑动力之比的强度分析方法求得的坝基面及其临近的碾压混凝土和层面的抗滑稳定安全系数见表 4.22，根据稳定性理论的失稳准则得到的临界状态安全储备系数见表 4.23。

表 4.22　　龙滩水电站碾压混凝土重力坝峰值和残余值抗滑稳定安全系数

强度取值 \ 计算位置	坝基面 k_{dp} 和 k_{dr}	RCC1 层面 k_{rsp} 和 k_{rsr}	RCC1 本体 k_{rbp} 和 k_{rbr}
峰值抗剪断强度 f' 和 c' 标准值	3.048	3.301	3.897
残余抗剪强度参数 f_r 和 c_r 标准值	2.094	2.108	2.296

表 4.23　　龙滩水电站碾压混凝土重力坝承载能力安全储备系数

计算参数取值方法和保证率 \ 坝体状态	临　界　状　态	极　限　状　态
同比例折减抗剪强度参数标准值的方法	安全储备系数 K_c	安全储备系数 K_l
	1.92	2.50

续表

计算参数 取值方法和保证率 \ 坝体状态	临界状态		极限状态	
提高抗剪强度参数计算值保证率的方法	摩擦系数安全储备系数 K_{cf}	黏聚力安全储备系数 K_{cc}	摩擦系数安全储备系数 K_{lf}	黏聚力安全储备系数 K_{lc}
	1.330	2.158	1.391	2.522
	抗剪强度参数计算值保证率 P/%		抗剪强度参数计算值保证率 P/%	
	97.0		97.8	

表4.22和表4.23结果表明：

(1) 在正常荷载作用下，除坝踵和坝址局部应力集中区域出现塑性屈服以外，坝体处于弹性状态，坝基面和碾压混凝土层面都有足够的抗滑稳定安全系数，坝基面为坝体抗滑稳定的控制面，说明重力坝的剖面设计合理，安全系数符合现行规范规定的要求。

(2) 采用同比例折减方法，根据稳定性理论的失稳准则，求得坝体失稳临界状态安全储备系数 K_c 为1.92。出现失稳临界状态时，强度分析的屈服区扩展速率已经明显增大，但尚未急剧增加。相应的屈服破坏区的范围约占坝体宽度的40%。坝体稳定性达到临界状态以后，屈服破坏区的范围扩展速率急剧增加，用强度分析给出的，即将贯穿上下游坝面的屈服破坏状态，作为坝体最终极限状态，此时极限安全储备系数 K_l 为2.50。从稳定性分析可知，极限状态已永久地改变了原有的平衡位形。

(3) 采用等保证率方法，根据稳定性理论的失稳准则，得到临界状态摩擦系数安全储备系数 $K_{cf}=1.33$，临界状态黏聚力安全储备系数 $K_{cc}=2.16$；在强度分析失稳临界状态的对比研究中，可以看出坝基面处相应的坝体屈服破坏范围约为坝体宽度的50%。坝体稳定性达到临界状态以后，屈服破坏区沿着坝基面和碾压混凝土层面的扩展速率急剧增加。这样的现象说明，在 c' 和 c_r 值大幅度折减以后，坝基面和层面的抗剪强度有更为明显的降低，沿着坝基面和碾压混凝土层面的屈服破坏区加大，坝体其他部位的屈服范围相应有所减小，最终极限状态屈服破坏的危险性加大。最终的极限承载能力与等比例降低参数的方法相比有所降低，最后得到极限状态摩擦系数的安全储备系数 $K_{lf}=1.39$，极限状态黏聚力安全储备系数 $K_{lc}=2.52$。

(4) 等比例降低抗剪强度参数的方法与常规计算方法有较强的可比性，但不等比例降低抗剪强度参数的方法，由于临界状态和极限屈服破坏状态出现的危险性加大，更应关注。从重力坝承载能力的研究结果来看，根据现行规范设计的重力坝，虽然失稳临界状态的安全储备系数，低于传统强度分析方法的残余值抗滑稳定安全系数，但坝体仍有一定的安全储备；极限状态安全储备系数，虽然高于上述残余值抗滑稳定安全系数，但这时坝体变形过大，对于原始的平衡位形已经属于不稳定的平衡状态。

4.4.4 非线性断裂力学分析

4.4.4.1 虚裂纹模型分析

根据龙滩碾压混凝土现场剪切试验成果（E、F工况）进行抗剪断实验反分析确定压剪断裂参数，计算荷载包括自重、正常蓄水位水压力、泥沙压力及扬压力。采用虚裂纹断裂数值模型，对龙滩碾压混凝土重力坝初期最高溢流坝断面进行压剪断裂分析，得到的坝基开裂过程与强度储备系数的关系见表 4.24。

表 4.24 建基面断裂过程与强度储备系数

强度储备系数 ζ	上游		下游	
	主裂纹深度 /m	虚裂纹深度 /m	主裂纹深度 /m	虚裂纹深度 /m
1.0	5.5	9.5	0.0	0.0
1.3	8.5	13.5	0.0	0.0
1.5	13.0	19.0	0.0	1.0
1.74	16.5	23.0	0.0	4.0
2.00	23.0	28.0	1.0	8.0
2.25	30.0	36.0	4.0	11.0
2.50	44.0	51.0	35.0	42.0
2.54	60.0	67.0	66.0	72.0
2.40 （上、下游裂纹汇合）	82.0		87.0	

正常蓄水位工况下，坝踵坝基面主裂缝深度 5.5m；强度储备系数为 1.5 时，主裂缝深度 13.0m，虚裂缝刚刚超过帷幕；强度储备系数为 1.74 时，主裂缝穿过帷幕；强度储备系数为 2.4 时，整个坝基被剪断。

上述过程没有考虑帷幕被剪断所引起的扬压力变化影响，实际上，帷幕一旦被剪断，整个坝体就难以正常工作，可视为失效或失事。因此，坝体的实际安全度应根据帷幕失效而确定。可相应给出帷幕破坏的两个特征点：第一个特征点为虚裂纹刚到达帷幕，这时的强度储备系数为 $\zeta_1=1.41$；第二个点为虚裂纹已完全穿过帷幕，此时帷幕完全被剪断，相应的强度储备系数为 $\zeta_2=1.74$。即虚裂纹在上游开裂 23.0m 后，帷幕就完全被剪断，此时裂纹主要在上游开展，下游主裂纹尚未出现。

如果以剪断帷幕为坝体失效标志，则上游 30.0m 范围内的碾压混凝土是稳定的关键部位，分析表明层面内渗压大小对稳定性非常敏感；上游 30.0m 范围内倾向上游碾压能显著地提高稳定性，并且改变断裂破坏的进程，使得帷幕后于坝址和坝中部剪断，此外，帷幕过于前移对整体稳定非但无益，反而有害。

4.4.4.2 断裂带模型分析

根据钝裂纹带模型，对龙滩碾压混凝土重力坝最高挡水坝断面的建基面及层间进行压剪断裂过程分析。荷载组合考虑坝体自重、水压力、泥沙压力及扬压力。计算过程中考虑了渗水的作用。按照材料强度储备系数方法，研究裂纹的发展状况和相应的应力、应变场。计算层面选择在坝体的下部区域，分别取建基面高程 205.00m，底部 RCC 层面高程 211.00m 以及 220.00m 高程层面进行计算。

表 4.25、表 4.26 列出了正常水位下一期剖面高程 205.00m（建基面）、220.00m 高程层面的断裂过程及强度储备系数；表 4.27、表 4.28 列出了正常水位下二期剖面高程

205.00m（建基面）、211.00m高程层面的断裂过程及强度储备系数。

表4.25　正常水位一期剖面高程205.00m建基面裂纹开裂过程与强度储备系数的关系

步数	强度储备系数 ξ	上游区				下游区		
		主裂纹长 /m	虚裂纹长 /m	拉剪区长度 /m	裂纹总长 /m	主裂纹长 /m	虚裂纹长 /m	裂纹总长 /m
1	1.0	6.7	3.3	7.9	11.3	0	0	0
2	1.5	12.4	7.9	7.9	15.8	0	2.2	2.2
3	1.65	13.5	9.0	7.9	16.9	0	5.6	5.6
4	1.8	15.8	12.4	7.9	20.3	3.3	11.3	11.3
5	2.0	18.1	15.8	7.9	23.7	13.5	7.9	21.5
6	2.3	23.7	21.5	7.9	29.4	40.7	6.7	47.5
7	2.5	31.6	29.4	7.9	37.3	65.6	5.6	71.3
8	2.7				63			97

表4.26　正常水位一期剖面高程220.00m层面裂纹开裂过程与强度储备系数的关系

步数	强度储备系数 ξ	上游区				下游区		
		主裂纹长 /m	虚裂纹长 /m	拉剪区长度 /m	裂纹总长 /m	主裂纹长 /m	虚裂纹长 /m	裂纹总长 /m
1	2.3							
2	2.5							20.3
3	2.7					49.8	6.7	56.6
4	2.9					73.5	9.0	82.6
5	3.1					108.8	9.0	110.9
6	3.2							163.0

表4.27　正常水位二期剖面高程205.00m层面裂纹开裂过程与强度储备系数的关系

步数	强度储备系数 ξ	上游区				下游区		
		主裂纹长 /m	虚裂纹长 /m	拉剪区长度 /m	裂纹总长 /m	主裂纹长 /m	虚裂纹长 /m	裂纹总长 /m
1	1.0	13.5	6.7	9.0	15.8			
2	1.1	14.7	7.9	9.0	16.9			
3	1.3	15.6	9.0	10.1	19.2			2.2
4	1.4	15.8	10.1	10.1	20.3			3.3
5	1.5	18.1	11.3	10.1	21.5	2.2	4.5	6.7
6	1.6	19.2	13.5	10.1	23.7	4.5	4.5	9.0
7	1.8	22.6	16.9	10.1	27.1	13.5	5.6	19.2
8	2.0	27.1	22.6	10.1	32.8	26.0	5.6	31.6
9	2.3	38.4	35.0	10.1	45.2	48.6	6.7	55.4
10	2.5	55.4	16.9		72.4			90.5

表 4.28　正常水位二期剖面高程 211.00m 层面裂纹开裂过程与强度储备系数的关系

步数	强度储备系数 ξ	上游区				下游区		
		主裂纹长/m	虚裂纹长/m	拉剪区长度/m	裂纹总长/m	主裂纹长/m	虚裂纹长/m	裂纹总长/m
1	1.0	11.3	3.3	9.0	12.4			
2	1.3	12.4	6.7	9.0	15.8			
3	1.4	13.5	7.9	9.0	16.9			
4	1.7	15.8	10.1	9.0	19.2			
5	1.8	15.8	12.4	9.0	21.5			
6	2.0	19.2	14.7	9.0	23.7			
7	2.3	24.9	21.5	9.0	30.5	20.3	5.6	26.0
8	2.6	38.4	36.2	9.0	45.2	54.3	6.7	61.1
9	2.8				67.9			95.0

分析表明，最危险的面是建基面，其次是最低的 RCC 层面，它们均从上游初裂，并且帷幕在初期被剪断，高程 220.00m 以上层面稳定安全度较大，且从下游初裂和扩展，故抗滑稳定性问题不大。

4.4.4.3　断裂损伤的极限承载能力分析

采用龙滩水电站碾压混凝土重力坝挡水坝段后期加高的最大坝剖面，进行自重与水沙压力以及扬压力作用下坝体层面上的非线性断裂分析。采用同比例折减材料强度参数的方法，进行大坝断裂损伤的极限承载能力分析，研究大坝的抗滑稳定安全度。

在高程 270.00m 以下 60.0m 坝身高度范围的 13 个水平面布设夹层单元。重点分析高程 210.00m 建基面、高程 216.00m 常态混凝土基础垫层与工况 *I* 碾压混凝土交界层面、高程 250.50m 工况 *I* 碾压混凝土与工况 *G* 碾压混凝土交界层面等 3 个关键层面应力分布和抗剪断能力。

正常运用状态坝体抗滑稳定安全系数列于表 4.29，不同强度参数比条件下的坝基面断裂损伤统计见表 4.30，在正常运用和极限承载状态下坝体、坝基面和坝基的拉伸断裂损伤状况列于表 4.31。

表 4.29　沿不同层面的抗滑稳定安全系数和安全储备值

标　准	层　面	按抗剪残余强度计算安全系数 K	按抗剪断强度计算安全系数 K'	安全储备值 ξ_{max}
层面强度	高程 210.00m	1.71	3.11	2.93
	高程 216.00m	1.53	3.78	—
	高程 250.50m	1.20	3.49	—

表 4.30　　不同强度参数比条件下的坝基面断裂损伤统计

材料强度参数比 ξ	上游部位损伤长度					下游部位损伤长度				
	L_3/m	L_2/m	L_1/m	L/m	X/m	L_3/m	L_2/m	L_1/m	L/m	X/m
1.000	12.5	0.0	5.0	17.5	2.0	0.0	0.0	0.00	0.00	143.45
1.500	12.5	0.0	10.0	22.5	7.5	0.0	0.0	5.95	5.95	137.50
2.000	12.5	0.0	15.0	27.5	12.5	0.0	0.0	20.95	20.95	122.50
2.500	12.5	0.0	25.0	37.5	22.5	0.0	0.0	45.95	45.95	97.50
2.930	12.5	0.0	60.0	72.5	57.5	0.0	0.0	85.95	85.95	57.50

注　$\xi_{max}=2.930$（极限承载能力）；L_3：拉剪断裂长度；L_2：压剪断裂长度；L_1：压剪裂纹长度；$L=L_1+L_2+L_3$；X=裂纹顶端坐标。

表 4.31　　重力坝本体、坝基面和坝基部位的拉伸断裂损伤范围（$L\times H$）

标　准	部位 状态	重力坝本体	坝基面	基础
层面强度	正常运用	5.0m×3.0m	12.5m×0.0m	0.0m×0.0m
	极限承载	7.5m×6.0m	12.5m×0.0m	5.0m×2.5m

注　L 为自坝踵起始向下游方向延伸的拉伸断裂长度，H 为坝体内，坝基面以上拉伸断裂高度和坝基内坝基面以下拉伸断裂高度。

上述成果表明，在正常运用状况，在高程 210.00m 坝基面，裂纹顶端深入坝体内 17.5m，坝基面靠近上游部位的最大剪应力为 2.27MPa，坝基面坝趾部位的压剪应力分别为−5.27MPa 和 5.24MPa。重力坝沿坝基面按抗剪残余强度计算的抗滑稳定安全系数 $K=1.71$。按抗剪断强度计算的抗滑稳定安全系数 $K'=3.11$，在计算中扣除了因拉伸或拉剪断裂而丧失抗剪断能力的区域面积。高程 216.00m 层面裂缝自上游坝面深入坝体内 1.75m，层面下游坝面部位的压剪应力分别为 3.02MPa 和 2.53MPa。重力坝沿高程 216.00m 层面按抗剪残余强度计算的抗滑稳定安全系数 $K=1.53$，按抗剪断强度计算的抗滑稳定安全系数 $K'=3.79$。高程 250.50m 层面全部处于连续弹性变形区域，重力坝沿高程 250.00m 层面按抗剪残余强度计算的抗滑稳定安全系数 $K=1.20$，按抗剪断强度计算的抗滑稳定安全系数 $K'=3.49$。重力坝本体靠近坝踵 1 个三角形单元拉伸断裂，即自坝踵向坝内扩展 5.0m 长度和自坝基面向上方扩展 3.0m 高度范围的常态混凝土垫层内，为重力坝的拉伸断裂区域。在正常运用状况，重力坝处于安全状态。

采用同比例逐步降低坝体材料强度参数的原则研究重力坝的渐进断裂破坏过程。材料强度参数比 $\xi=1.00$ 为前述的正常运用状态。随着材料强度参数比的提高（$\xi>1$），坝体材料强度参数为标准值的 $1/\xi$，重力坝断裂损伤逐步扩展，$\xi_{max}=2.93$ 时，坝体达到极限承载状态，高程 210.00m 坝基面上，拉伸和拉剪断裂裂断长度为 12.5m，其余部位处于压剪裂纹软化状态，相应裂纹长度为 145.95m；坝基面上游部位损伤深度 $L=72.5$m，坝基面下游部位损伤深度 85.95m，全长 158.45m 的坝基面分别自上下游坝面向坝内扩展的裂断和裂纹损伤形成全损伤层面。高程 216.00m 层面上游部位裂纹顶端自上游坝面深入坝内 17.5m；层面下游部位裂纹顶端自下游坝面深入坝内 26.57；层面中间部位处于没有损伤的连续弹性状态。高程 250.50m 层面在层面上游部位 67.38m 范围内没有损伤；靠近下游坝面部位处于压剪裂纹软化状态，裂纹顶端自下游坝面深入坝内 51.38m。自坝踵向坝内扩展 7.5m 长度和自坝基面向上方扩展 6.0m 高度范围的常态混凝土垫层内为重力坝的拉伸断裂区域，与重力坝正常运用状态比较，坝体拉伸断裂损伤长度增加 2.5m，拉伸断裂损伤高度增加 3.0m。坝基面自坝踵向下游方向扩展 5.0m 长度和自坝基面向下方扩展 2.5m 高度范围内，为坝基的拉伸断裂区域，重力坝正常运用状态坝基内未出现拉伸断裂损伤部位。

4.4.5 抗震设计研究

考虑碾压混凝土水平弱面和横观各向同性的特性，研究高碾压混凝土重力坝动力反应。

4.4.5.1 反应谱法分析

采用反应谱法计算地震荷载，坝体应力分析采用线弹性和非线性有限元，在各混凝土分区界面，碾压混凝土层面分别设置节理单元和低强度单元来模拟碾压混凝土层面和其他弱面，计算溢流坝及挡水坝剖面一期和二期坝体应力。采用规范中标准加速度反应谱曲线，水平加速度为 0.2g，竖向加速度为水平向的 2/3，取 0.133g，阻尼比取 5%，材料动态的弹性常数和强度按规范规定取值。最大地震位移和应力见表 4.32，在静力和动力荷载共同作用下，各层面的稳定系数 K'见表 4.33 和表 4.34。

表 4.32　　控制部位的最大地震位移和最大地震应力

方案		375m 方案	400m 方案
位移/cm	y	4.16	4.19
	z	1.22	1.34
坝踵应力/MPa	σ_y	0.81	0.88
	σ_z	1.10	1.20
	τ_{yz}	0.56	0.60
坝趾应力/MPa	σ_y	0.48	0.63
	σ_z	0.20	0.30
	τ_{yz}	0.25	0.40

表 4.33　　400m 方案静+动安全系数

节理位置	L/m	τ_{max}/MPa	τ_n/MPa	σ_n/MPa	K'
建基面（CC）	158.4	3.87	1.28	−2.43	3.03
$R_{Ⅰ}$	152.6	3.79	1.23	−2.29	3.08
$R_{Ⅱ}$	148.6	3.73	1.20	−2.23	3.10
$R_{Ⅲ}$	144.7	3.42	1.18	−2.17	2.90

表 4.34　　400m 方案残余强度下的静+动安全系数

节理位置	L/m	τ_{max}/MPa	τ_n/MPa	σ_n/MPa	K'
建基面（CC）	158.4	2.68	1.28	−2.43	2.10
$R_{Ⅰ}$	152.6	2.59	1.23	−2.29	2.11
$R_{Ⅱ}$	148.6	2.53	1.20	−2.23	2.10
$R_{Ⅲ}$	144.7	2.20	1.18	−2.17	1.87

以抗剪断强度参数计算，各层 K' 均不小于 2.3，以残余强度计算，各层 K' 也不小于 1.90，因此，大坝有足够的稳定安全储备。

4.4.5.2　碾压混凝重力坝开裂分析研究

采用断裂带分析模型，用时程法对龙滩碾压混凝土重力坝二期最高挡水坝剖面进行了动荷载作用下的断裂分析，并对龙滩大坝在主要控制工况下的安全度进行评价。

考虑死水位下（330.00m 水位）和满库（400.00m 水位）情况下的动荷载工况，考虑的荷载包括自重、水压和设计地震荷载。

采用以设计反应谱为目标反应谱的人工地震时程曲线作为设计地震时程，最大峰值加速度 $a=0.2$g。

在动荷载开裂分析中，以增大地震荷载的幅值作为超载系数，即按幅值增大的比例放大设计地震时程作为超载下的输入地震。在坝体上部以开裂长度超过 1/2 相应坝截面宽度作为安全判别标准；在坝踵部位，以开裂、滑移不穿透防渗帷幕为判别标准。

低水位、动荷载工况的断裂分析结果：在设计地震（峰值加速度 $a=0.2g$）作用下，整个坝体没有应力（包括竖向和非竖向的应力）超过抗拉强度的单元，亦即没有开裂单元；当 $a=0.28g$ 时，在坝体中上部高程 335.00m 附近，下游坝面开始起裂，且随着地震荷载的持续作用，裂缝逐步向上游、向下扩展，到地震终了时裂缝端停止在高程 307.00m 距上游面 25.0m 左右处，不再发展，裂缝形式见图 4.11。虽然在地震过程中没有发生坝体上游面的开裂，裂缝也没有贯穿整个截面，但在高程 307.00m 截面，裂缝水平投影长度（约 48.0m）已大于截面宽度（约 73.0m）的 1/2，超过了上述安全标准，故在低水位的动荷载工况下龙滩大坝开裂分析的超载安全储备为 1.4。

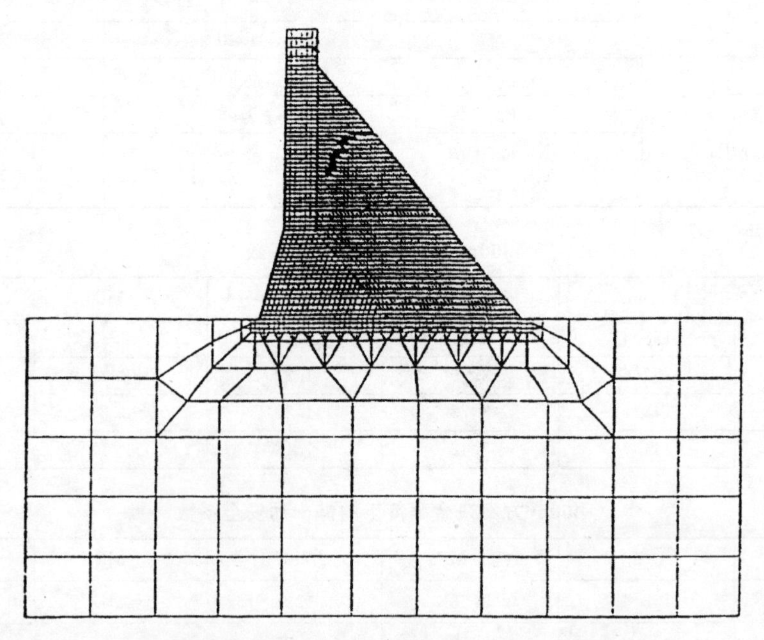

图 4.11　龙滩水电站重力坝在低水位，动荷载工况下的裂缝图（$a=0.28g$）

满库、动荷载工况的断裂分析结果：在设计地震荷载作用下，由于坝踵部位在静荷载工况下已产生较大的拉应力，故在静载基础上再施加动荷载时，坝踵将开裂，计算结果表明，到地震终了时从上游坝踵起裂缝向下游水平扩展了 3 个单元，且缝端在地震终了时能保持稳定，不再扩展，不致使防渗帷幕裂穿。坝体上部组合后的拉应力值小于混凝土的抗拉强度，在满库、设计地震作用下坝体上部未产生开裂。当 $a=0.25g$ 时，在坝踵处沿水平方向开裂的单元增加到 5 个，地震终了时缝端处于稳定状态，依据安全判别标准，此时大坝已处于临界安全状态，故在满库动荷载工况下龙滩大坝开裂分析的超载安全储备为 1.25。

如假定在满库、地震荷载条件下坝踵不开裂，计算中人为地加大坝踵单元材料的抗拉强度，使其不致小于静、动叠加的主拉应力。然后增大 a，当 $a=0.37g$ 时，坝体上部在变截面高程附近，即高程 373.0m 的下游坝面开始起裂，并上、下游相互贯穿，见图 4.12。从 $a=0.37g$ 上部结构才开始起裂的分析结果看，龙滩水电站大坝上部结构的抗震性能较好。

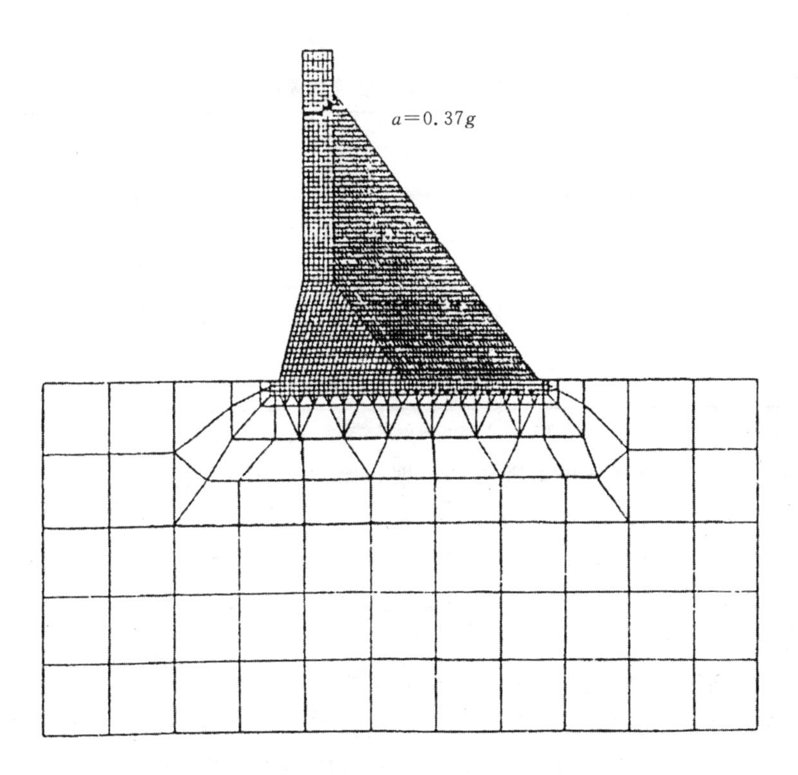

图 4.12 龙滩水电站重力坝在满库、动荷载工况下的裂缝图（坝踵加固）

4.4.5.3 动力模型破坏试验及抗震安全评价

龙滩水电站大坝挡水坝段在振动台上共进行了 5 个模型的动力破坏试验，包括一期和二期挡水坝段，动力破坏模型试验获得了大坝抗震薄弱环节以及地震破坏发展过程的比较清晰的图像。挡水坝段的破坏首先发生于头部转折部位，此处是应力集中部位，也是大坝的抗震薄弱部位，破坏的发展过程见图 4.13。根据模型坝的动力破坏试验结果换算出的实际大坝的起裂加速度值 A_{α} 见表 4.35。

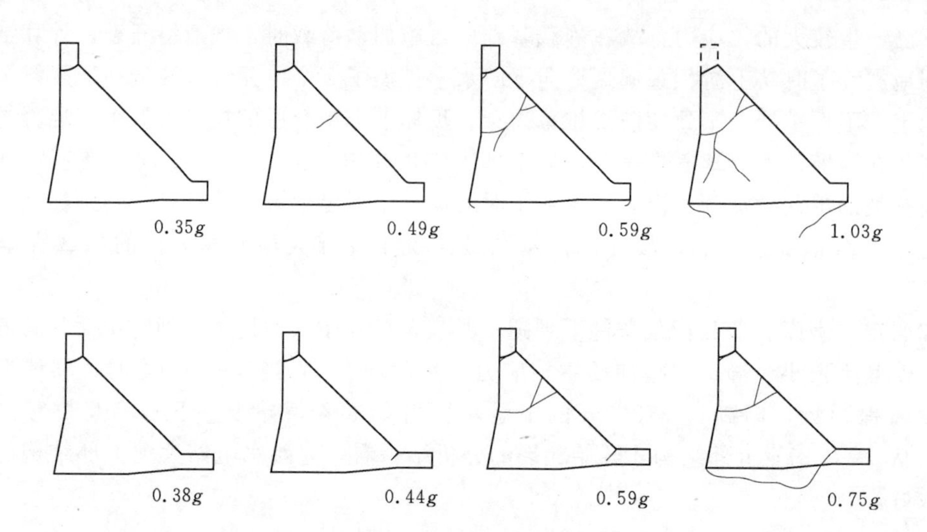

图 4.13　裂缝发展过程

表 4.35　　挡水坝段的起裂地震加速度

序号	剖面	γ_m /(t/m³)	R_{tk} /MPa	R_{tm} /MPa	a_c	A_c	A_{cc}
1	Ⅱ_n	2.37	0.624	0.0851	0.311g	0.791g	0.541g
2	Ⅱ_n	2.47	0.696	0.1060	0.346g	0.736g	0.503g
3	Ⅰ_n	2.43	1.004	0.1356	0.421g	0.605g	0.414g
4	Ⅰ_n	2.48	0.670	0.0960	0.386g	0.794g	0.543g

注　表中Ⅰ和Ⅱ分别代表一期和二期剖面，其下标 n 为正常剖面。

考虑到地震的发生及其强度的随机性，坝和模型材料的强度的离散性，目前对材料断裂强度的研究特别是动态断裂强度的研究不够深入，以及碾压混凝土层面的强度有可能降低这一事实，需要采用比较大的安全系数。根据计算，龙滩水电站大坝正常剖面的安全系数为3～4，基本上满足这一要求。根据试验结果可以看出，龙滩水电站大坝原设计剖面具有一定的抗震安全储备。

溢流坝段结构模型试验共2个模型，试验表明：

(1) 坝体滑动面形状。由于碾压混凝土采用薄层填筑和碾压，层面是一个薄弱环节，层面结合是不均匀的。因此，坝体沿层面结合较差的部位滑动，常从一个层面跨到另一个层面。2号模型滑动面是沿层面破坏，且有跨越层面滑动的现象，见图 4.14。

(2) 发生滑动的荷载条件。1号模型当水压力从3.0倍设计水压力升到3.5倍设计水压力时，坝踵拉应力消失，模型发生肉眼能看见的裂缝，从坝踵开始，大约沿45°方向深入地基（受静力台限制，未能深入下去）。2号模型水压力从3.0倍设计水压力升到3.15倍设计水压力时，坝体沿高程200.00m和210.00m层面滑动，两个模型虽然地基条件不同，但承载能力基本接近。

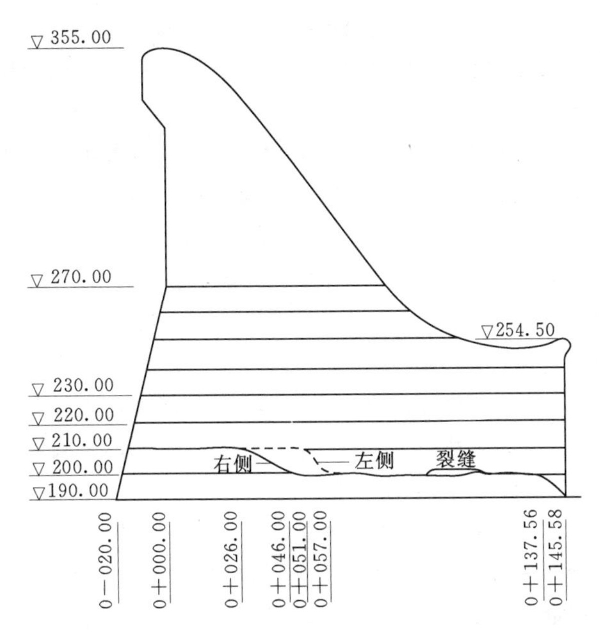

图 4.14 2 号模型裂缝开展图

4.4.5.4 基于率性混凝土本构的非线性有限元动力分析

大坝在坝踵、坝趾等部位由于高应力与应力集中的影响，材料进入非线性阶段，某些高应力部位可能开裂，导致应力重分布。同时，在地震作用下，大坝各部位处于不同的应变速率与应变历史条件下，各部位的强度与刚度均发生相应变化。因此，采用线弹性模型所作的抗震分析不足以全面反映大坝的抗震安全性，在大坝抗震分析中考虑材料动力特性的影响是十分必要的。对龙滩水电站典型溢流坝段进行了基于率性混凝土本构关系的非线性有限元动力分析。

(1) 计算按加载后混凝土所处工作状态，对混凝土的变形特性进行分阶段处理。

1) 应力较小以及卸载时，按弹性处理。材料具有连续、均匀、各向同性特性。

2) 应力增大，超过一定程度时，材料表现各向同性非线性特性。

3) 应力继续增大，达到抗压起强度的 70%以后，由于混凝土内部微裂缝的发展，材料表现为正交各向异性非线性特征。

4) 压应力超过抗压强度时，进入软化阶段。

5) 拉应力超过抗拉强度时，在主应力的正交方向出现裂缝，材料表现正交各向异性特性。

(2) 混凝土的非线性模型采用率性相关混凝土弹塑性正交异性损伤模型。计算中考虑以下因素：

1) 应变速率对混凝土应力应变曲线（强度、刚度）的影响。

2) 加载、卸载的影响。

3) 受拉、受压的差别。

不同荷载强度作用时，由于混凝土中微裂纹的发展状态不同，可由各向同性发展为各向异性。

计算考虑荷载有自重、静水压力、泥沙压力、地震荷载，施加的地震波为印度的Koyna实测地震波。计算中考虑坝体-库水-地基的影响。其中，动水压力对坝体结构的影响用动水附加质量表示。

计算针对前期和一次建成断面进行。成果如下（括号内数据指一次建成计算结果）：

位移：在静力及地震荷载作用下，前期（一次建成）断面最大水平位移发生在坝顶位置，约10(13.7)cm，其中纯地震荷载产生的位移为6.5(6.8)cm，坝顶相对于坝底的相对位移为5.7(6.0)cm左右。坝体最大竖向位移为4.9(6.0)cm，坝顶相对于坝底位移约2(3)cm。高坎、导墙和低坎各截面的位移分布差别不大。

应力：坝体水平应力以压应力为主，地震过程中，前期（一次建成）坝体最大水平拉应力发生在坝踵，约0.1(0.2)MPa；坝踵附近最大拉应力发生在坝踵附近库底岩面上，不到1MPa；坝体最大压应力发生在坝趾，约4.3(4.8)MPa，导墙中下部折角处应力也较大，但应力梯度较大，向坝体内部减小较快。

静、动力荷载组合作用下，前期（一次建成）竖向最大拉应力发生在上游面中部，约1.1(0.6)MPa左右，导墙中上部斜面上也有0.5(0.47)MPa左右的拉应力；垂直方向最大压应力主要发生在坝址，约有6.8(8.9)MPa左右。

地震作用下应变的变化速率主要以坝踵及坝体下游面中部量级较大，为10^{-3}量级，而坝内部、上游面及坝趾处应变率较小，为10^{-4}量级。这表明，这些部位的动态混凝土强度及模量提高较小。

从损伤来看，整个坝体的压应力损伤不大，约2%～3%(3%～4%)，只有坝趾处压应力损伤最大，达到6.8%(10%)，导墙中部压应力损伤约有3.0%(5.0%)，见图4.15。在0.2g地震波作用下，整个坝体几乎没有拉应力损伤；只有坝踵部位有轻微开裂，拉应力损伤主要向地基发展，从而在坝踵附近库底最大。正是由于坝踵附近库底岩石的裂隙发展开裂，释放了坝踵的拉应力。

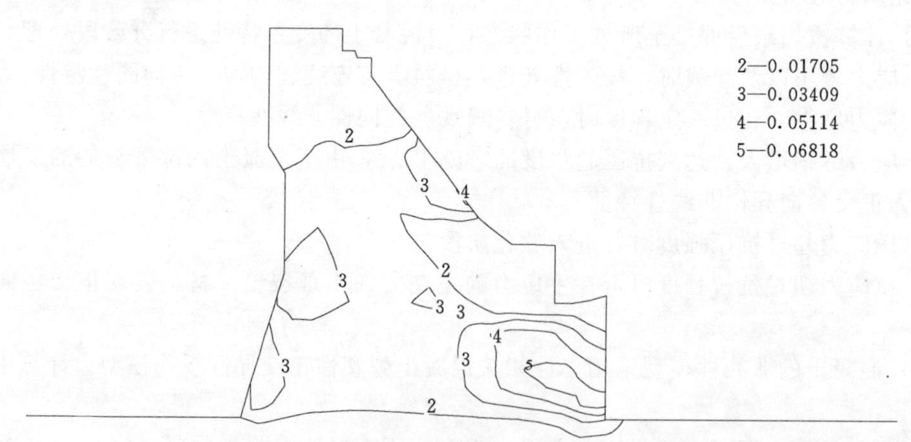

图4.15 导墙中截面压应力损伤分布图（一次建成）示意图（单位：MPa）

在0.2g地震作用下，碾压混凝土层面在坝体中下部，主要是向下游面的剪应力较大，但同时法向正应力始终为压应力，可以满足抗剪强度要求，不会发生剪切屈服。坝体中上部层面法向正应力存在拉应力，但是幅值较小，同时层面剪应力很小，因此，所有层面均可保证不发生剪切屈服。

4.4.5.5 基于非连续变形方法的抗震安全性分析

碾压混凝土重力坝可能在碾压混凝土层面和材料的不同分区之间可能出现坝体的变形不连续。计算采用非连续变形分析（discontinuous deformation analysis，DDA）和有限元（finite element method，FEM）的耦合法对龙滩大坝溢流坝段坝体的变形和稳定性进行了动力计算，验证龙滩溢流坝在设计地震动作用下将碾压混凝土作为连续介质进行线弹性有限元分析的合理性，同时对大坝的抗震安全性和超载潜力进行了初步分析。

DDA 与 FEM 耦合法是将 DDA 中的块体通过有限元网格划分，用有限元描述块体内部的位移场和应力场，而块体的运动和块体之间的接触仍采用 DDA 方法来模拟。耦合法既能很好地模拟块体的复杂变形、提高了块体内应力场的精度，又可以模拟块体之间的不连续变形问题，从而结合了 DDA 与 FEM 两者的优点。

计算考虑的荷载为自重、静水压力、地震作用（峰值加速度分别为 0.2g、0.4g、0.6g、0.8g）。计算针对前期断面进行，计算水位取上游正常蓄水位，4 种输入地震波分别为龙滩人工波、溪洛渡人工波、Koyna 和 El－Centro 实测波，计算时间步长取为 0.01s。混凝土的动弹模和动态抗压强度取为静态标准值的 130%，动态抗拉强度取为动态抗压强度标准值的 10%，刚度阻尼为 0.0016，质量阻尼为 2.2，上游坝面的库水附加质量按规范给出的公式计算。

峰值加速度为 0.2g 的计算结果：在设计加速度作用下，建基面、高程 270.00m 等各层面上的点在整个计算时间内均处于粘着状态，大坝 RCC 层面没有出现层间滑移现象；在高程 326.00m 处的上游面出现了拉应力区，最大拉应力值约有 2～3MPa，但拉应力区范围不大，而且作用时间很短，整个层面仍然处于稳定状态。因此，在设计地震动下，采用连续介质模型可以合理反映地震响应。

大坝的超载能力和破坏形态：在地震动峰值加速度分别为 0.4g、0.6g 和 0.8g 的地震波作用下，坝顶点和 270.00m 高程处的位移时程曲线，见图 4.16。

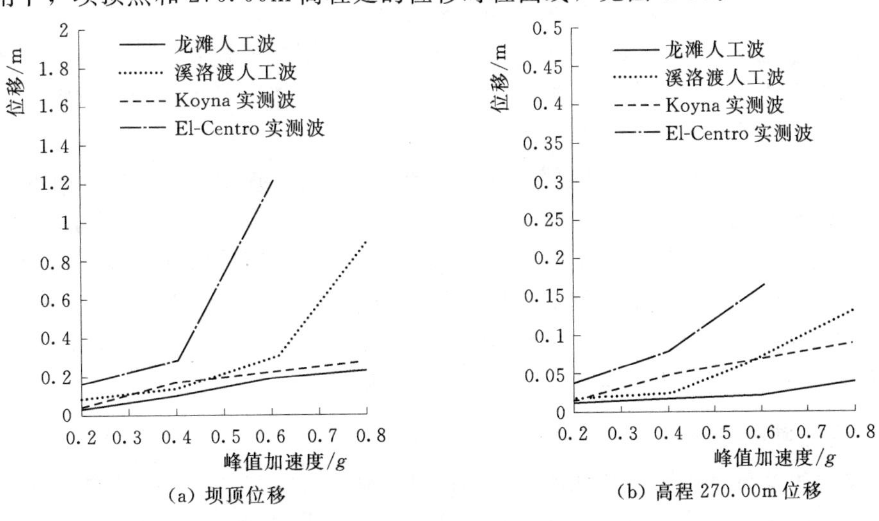

图 4.16 不同输入地震动下坝体位移的比较

在设计地震动（峰值加速度为0.2g）作用下，坝体的动力反应基本上呈现线弹性的行为，RCC层面没有出现大的滑动；在峰值加速度为0.4g和0.6g的情况下，大坝上部有些RCC层面出现轻微的滑动，滑动层面的黏聚力丧失，从而导致RCC层面的抗滑能力下降。坝顶的最大水平位移分别达到10cm和19cm，但总的看来，大坝的整体性仍然保持，能够保证大坝的基本功能。

4.5　坝体构造研究

4.5.1　大坝混凝土材料分区

坝体混凝土材料分为常态混凝土、碾压混凝土和变态混凝土三大部分。除基础垫层、坝顶和结构要求采用常态混凝土的部位，以及大坝上、下游面，孔口周边和其他不便碾压施工部位采用变态混凝土之外，坝体内凡具备碾压条件的部位均采用碾压混凝土。为了充分发挥碾压混凝土大仓面连续薄层浇筑快速施工的优势，应尽量避免因材料分区造成施工干扰。

坝体材料的分区按以下原则进行设计：

（1）在考虑坝体各部位工作条件和应力状态，合理利用混凝土性能的同时，尽量减少混凝土分区的数量，同一浇筑仓面上的混凝土强度等级最好是一种，必要时一般也不得超过3种。

（2）河床坝段基础垫层，考虑坝踵、坝趾部位以及基础上下游灌浆廊道周边混凝土有较高的强度要求且拟采用通仓浇筑法施工，整个区域混凝土仅用一种混凝土强度等级。

（3）大坝内部碾压混凝土，除上、下游防渗结构外，由于不同高程层面所要求的抗剪断强度参数不同，施工时的气温环境也不相同，应按高程分区，不同区域用不同的混凝土配合比。

（4）具有相同和相近工作条件的混凝土尽量用同一种混凝土，如溢洪道表层、泄水底孔周边以及发电进水口周边等均可采用同一种混凝土。

（5）除坝基上下游灌浆廊道及主排水廊道采用常规混凝土包裹外，坝内其他廊道周边采用“变态混凝土”工艺，由碾压混凝土现场掺浆振捣施工，尽量减少因材料分区带来的施工干扰。

根据上述原则，分析坝体不同部位混凝土的工作条件、应力状态和施工时的气温环境等因素，坝体常态混凝土分为$C_{Ⅰ}$、$C_{Ⅱ}$、$C_{Ⅲ}$、$C_{Ⅳ}$、$C_{Ⅴ}$、$C_{Ⅵ}$ 6个分区，碾压混凝土分为$R_{Ⅰ}$、$R_{Ⅱ}$、$R_{Ⅲ}$、$R_{Ⅳ}$ 4个分区。各分区的混凝土量及所占坝体混凝土量的比例列于表4.36，各分区混凝土的性能要求及所应用的部位列于表4.37，大坝混凝土总量为658.75万m^3，碾压混凝土在大坝混凝土中所占比重为69.2%。其中，三级配碾压混凝土、二级配碾压混凝土和变态混凝土各占62.94%、4.49%和1.77%。

4.5.2　坝内廊道及交通

坝内廊道主要分基础廊道和坝体廊道两部分。基础廊道包括帷幕灌浆廊道和坝基排水廊道，坝体廊道主要包括坝体排水廊道和交通廊道。灌浆廊道和排水廊道兼作交通廊道。整个坝内廊道系统根据需要适当补充后兼作坝体观测廊道。

表 4.36　坝体混凝土分区及工程量

混凝土类别	分区编号	混凝土方量/万 m^3	比例/%
常态混凝土	$C_Ⅰ$	44.7	6.79
	$C_Ⅱ$	22.56	3.42
	$C_Ⅲ$	58.11	8.82
	$C_Ⅳ$	59.28	9.00
	$C_Ⅴ$	15.06	2.29
	$C_Ⅵ$	3.21	0.49
碾压混凝土	$R_Ⅰ$	146.14	22.19
	$R_Ⅱ$	242.05	36.74
	$R_Ⅲ$	26.41	4.01
	$R_Ⅳ$	29.56	4.49
变态混凝土	$Cb_Ⅰ$	6.2	0.94
	$Cb_Ⅱ$	5.47	0.83

注　本表混凝土工程量不包括各闸门槽二期混凝土、坝顶防浪墙、栏杆等细部结构及各类预制混凝土。

表 4.37　大坝碾压混凝土主要性能设计指标

混凝土分区	碾压混凝土				变态混凝土	
	高程 250.00m 以下坝体	高程 250.00～342.00m 坝体	高程 342.00m 以上坝体	坝体上游排水幕之前和下游高程 233.00m 以下外部	坝体上游面	坝体下游面、廊道、孔洞周边及其他不便碾压施工部位
分区编号	$R_Ⅰ$	$R_Ⅱ$	$R_Ⅲ$	$R_Ⅳ$	$Cb_Ⅰ$	$Cb_Ⅱ$
工作条件	渗透水头高、面层剪切应力值大	渗透水头较高、面层剪切应力值较大	渗透水头低、面层剪切应力不大	防渗要求高	防渗要求高	不便于碾压施工部位
设计强度等级	$C_{90}25$	$C_{90}20$	$C_{90}15$	$C_{90}25$	$C_{90}25$	—
抗压强度设计值①/MPa	18.5	14.3	9.8	18.5	18.5	—
抗渗等级	W6	W6	W4	W12	W12	—
抗冻等级	F100	F100	F50	F150	F150	—
极限拉伸值/10^{-4}	0.8	0.75	0.7	0.8	0.85	—

① 抗压强度设计采用值 90d 龄期，80%保证率。

基础廊道包括上、下游帷幕灌浆廊道、坝基主排水廊道和辅助排水廊道。上、下游帷幕灌浆廊道的布置按帷幕设计要求，布置在坝踵和坝趾部位，控制廊道外边墙距坝面不小于 0.07H（H 为廊道底板到后期设计水位的水头）或 0.1 倍坝底宽，且最小不小于 3.0m，并尽可能使廊道纵轴线平顺，纵向坡度不超过 45°。廊道断面为城门洞型，上游帷幕灌浆廊道宽 4.0m，高 4.0m；下游帷幕灌浆廊道宽 3.0m，高 4.0m。两岸横向灌浆廊道跨坝段横缝布置，宽3.0m，高4.0m，断面为尖顶形。

坝基排水廊道按照坝基采用抽排措施的要求布置，在河床坝段范围布置3～4排辅助排水廊道，坝基面高于下游最高水位的坝段原则上不设辅助排水。排水廊道布置考虑尽可能利用灌浆廊道兼设排水幕，但上游灌浆廊道在布有3排灌浆孔的范围内考虑到主排水孔的降压效果不宜再设排水孔，因此需要在其下游侧另设主排水廊道。坝基抽排范围内排水廊道由纵向和横向网格状廊道组成，纵横向间距均约40m，纵向廊道断面为城门洞型，横向廊道跨坝段横缝布置，采用尖顶形断面，廊道宽2.0m，高3.0m。

此外，由于左岸大部分进水口坝段与坝后边坡直接接触，为了将坝与边坡接触部位边坡内的渗水及时排出，减小左岸坝后高边坡的渗水对大坝稳定和应力的影响，满足坝基扬压力设计要求，在进水口坝段坝址部位布置一排纵向基础辅助排水廊道，可通过该廊道直接向边坡内钻设排水孔。

坝体廊道主要包括坝体排水廊道和交通廊道，考虑大坝采用碾压混凝土施工，坝体廊道的布置应尽量减少，并满足坝体排水、检查、交通及观测要求。坝体排水廊道布置于大坝上、下游面附近，距坝面的距离控制与基础廊道布置要求相同，廊道间高差按40m左右控制，水平布置。上游排水廊道共布置4层，高程分别为230.00m、270.00m、310.00m和342.00m。在溢流坝段下游侧高程230.00m布置了一层排水廊道，在4号表孔挑流鼻坎下面布置抽排水泵房，布置高程为263.00m。坝体排水廊道断面为城门洞型，廊道宽2.0m，高3.0m。

坝体交通布置应满足施工、运行、检修、监测的交通和操作要求，力求方便、安全、快捷，大坝内的竖向交通主要电梯井内电梯及楼梯将各层廊道与坝顶连接。各层廊道还在两岸与上游帷幕灌浆廊道连接，以及布置在通航坝段和31号坝段内的3道竖井连接形成上、下层交通。在高程270.00m、310.00m、342.00m各层廊道还布置了2～4道横向交通廊道，与坝后高程270.00m、310.00m、342.00m交通道相连接，以满足下游坝面的巡视、检修的交通要求以及廊道通风和紧急情况时人员安全撤离的要求。

考虑到大坝与岸坡交通的连接，右岸通航坝段以右的坝内各层廊道通过通航坝段内竖井连接，在右岸3号坝段高程360.00m设横向交通廊道，与坝后高程365.00m马道相接。左岸通过竖井连接高程342.00m和365.00m水平廊道，在左岸31号、32号坝段之间、高程365.00m设横向交通廊道，与坝后高程365.00m马道相接。左岸高程310.00m、342.00m坝后交通道分别通至高程315.00m、345.00m坝后平台，与坝后相应马道连接。形成一个坝内坝外的完整的交通体系。交通廊道不跨缝断面为城门洞型，跨缝断面采用尖顶形，廊道宽2.0m，高3.0m。

4.5.3　横缝止水

坝体横缝上游侧高程342.00m以上和以下分别设2道和3道铜片止水片；止水片后接ϕ300mm的排水管，第一道止水距上游面1000mm，止水片间距为900mm。止水片厚度，河床挡水坝段、溢流坝段和进水口坝段高程310.00m以下为1.8mm，以上为1.6mm。

坝体横缝下游侧高程265.00m以下布置2道厚度1.2mm的铜片止水和ϕ300mm的排水管。溢流面面层混凝土内布置2道厚度1.2mm的铜片止水，其上、下游两端分别与上下游横缝止水焊接。挡水坝段和进水口坝段上游铜片止水直通坝顶与防浪墙止水连接。下游第一道止水距下游面500mm，止水间距为500mm。

碾压混凝土内的止水周边采用变态混凝土，上、下游表面与横缝排水管之间横缝内填充10mm沥青松木板。横缝止水下部均埋设在坝踵和坝趾的止水基座内，止水基座深度500mm，采用微膨胀混凝土回填。

对坐落在两岸陡坡上的2～5号坝段、8～9号坝段、22～25号坝段、30～32号坝段，在上游坝踵部位沿坝轴线方向布置1道基础止水，一侧埋设在基础止水基座内，另一侧埋设在坝体混凝土内，横缝处与第一道横缝止水焊接。坝体廊道穿越横缝处的廊道周边和跨横缝布置的廊道顶部均布置1道橡胶止水。

4.6 研究小结

4.6.1 枢纽布置

（1）扩大了坝体碾压混凝土使用的范围。在原常态混凝土重力坝枢纽布置研究的基础上，经过分析论证提出了碾压混凝土重力坝枢纽布置方案——“0+9”全地下厂房方案。该方案的坝体布置和坝体结构简单、施工干扰少，有利于坝体大规模采用碾压混凝土，加快大坝施工进度，同时还十分有利于施工度汛、泄洪消能、电站的运行管理和后期提高正常蓄水位，比坝后厂房加地下厂房方案可提前一年工期。

（2）优化了坝上泄水建筑物及其他附属建筑物的布置和结构型式，减少了坝内孔洞，简化坝体结构，进一步扩大了坝体碾压混凝土范围。

（3）全地下厂房系统布置的优化，特别是对进水口布置的调整，较大地改善了进水口边坡的稳定状况，消除了人们对“0+9”方案的忧虑和担心，而且经施工规划研究并参照国内外类似大型工程的施工实践，大坝混凝土施工仍然是发电工期上的关键项目，左岸蠕变岩体处理及全地下厂房工程施工不会控制发电工期。

4.6.2 坝体断面和碾压混凝土利用高度

（1）龙滩大坝优化后的坝体断面由坝基面抗滑稳定控制，宽高比在0.8左右，与世界上已建的200m级常态混凝土重力坝类比，龙滩大坝的断面体型已与常态混凝土重力坝体型相当。

（2）将优化后的大坝典型断面的碾压混凝土层面要求的抗剪断强度与现场碾压试验得到的层面抗剪断指标比较可见，可以利用不同胶凝材料含量的碾压混凝土满足大坝沿高程不同部位对碾压混凝土层面抗剪强度的要求，龙滩水电站大坝可以全高度采用碾压混凝土。

4.6.3 坝体稳定应力和承载能力

（1）碾压混凝土横观各向同性性质对坝体结构应力的不利影响总体较小，工程结构应力分析时，可不考虑施工质量受控的碾压混凝土的横观各向同性性质。

（2）典型坝段坝踵、坝趾角点抗拉、抗压安全系数值小于4.0的区域不超过坝底宽的10%，坝趾处最小点抗压安全系数仍大于2.0，且上游坝踵部位线弹性拉应力超过抗拉强度的范围不超过坝底宽的3%，远未触及到防渗帷幕，坝体应力满足设计要求。由应力成果整理法计算得到的坝体沿坝基面及各高程RCC层面抗滑稳定安全系数均不小于3.0。

(3) 采用基于稳定性理论的非线性有限元法分析方法对承载能力的研究表明：在正常荷载作用下，除坝踵和坝址局部应力集中区域出现塑性屈服以外，坝体处于弹性状态，坝基面和碾压混凝土层面都有足够的抗滑稳定安全系数，坝基面为坝体抗滑稳定的控制面，安全系数符合现行规范规定的要求；用同比例折减降强法，求得坝体典型断面最终失稳极限状态的安全储备系数 K_l 为2.50。采用等保证率降强法，得到极限状态摩擦系数的安全储备系数 K_{lf} 为1.39，极限状态黏聚力的安全储备系数 $K_{lc}=2.52$。

(4) 采用虚裂纹断裂模型、钝裂纹带模型对坝体典型断面进行了压剪断裂分析，考虑断裂损伤对大坝的极限承载能力进行了研究，论证了坝体断面设计的合理性。

(5) 采用反应谱法分析，并考虑碾压混凝土水平弱面和横观各向同性的特性，研究了坝体动力反应；采用断裂带分析模型的时程法、动力模型破坏试验，基于率性混凝土本构关系的非线性有限元动力分析方法和非连续变形分析和有限元耦合法，对大坝的抗震安全性进行了分析和评价，研究结果表明大坝抗震安全性满足设计要求。

◎第 5 章

碾压混凝土渗流特性和坝体防渗结构

5.1 混凝土渗流特性研究

5.1.1 碾压混凝土渗流特性

评价碾压混凝土渗透性能的指标有抗渗等级、渗透系数和透水率等指标。工程设计中多采用抗渗等级，而渗流分析中一般使用渗透系数，而透水率则可在检查坝体混凝土质量时被应用。

5.1.1.1 早期碾压混凝土渗流试验成果

早期由于碾压混凝土工程较少，资料来源有限，主要试验成果集中于反映碾压混凝土本体的渗透性研究和层面对渗透性影响的研究。

反映碾压混凝土本体渗透性的试验有：实验室制作圆柱体试件进行渗流试验，和现场钻孔取芯制作试件进行垂直层面方向渗流试验。表 5.1 和表 5.2 是反映碾压混凝土本体渗透性的一些试验资料。

表 5.1　　柳溪坝室内圆柱体试件试验成果

水　泥 /(kg/m³)	粉煤灰 /(kg/m³)	最大骨料粒径 /mm	水　压 /MPa	渗透系数 /(cm/s)
47	19	80	0.45	6.58×10^{-9}
47	19	80	0.9	6.92×10^{-9}
104	47	80	0.45	1.80×10^{-10}
104	47	80	0.9	1.50×10^{-10}
186	80	40	0.45	4.00×10^{-10}
186	80	40	0.9	9.00×10^{-10}

表 5.2　　国内外几座 RCC 坝垂直层面芯样试验渗透系数统计表

工程名称	渗透系数/(cm/s)
柳溪坝	$1.03\times10^{-8}\sim1.7\times10^{-9}$
洛斯特溪	$1.13\times10^{-8}\sim4.0\times10^{-10}$
铜街子	$4.3\times10^{-9}\sim5.0\times10^{-9}$
岩滩	$1.3\times10^{-8}\sim8.6\times10^{-10}$
欧利维特斯	1.0×10^{-9}

研究碾压混凝土层面的渗流特性主要有两种方法：一种是在碾压混凝土中取出含层面的芯样作成试件，沿平行层面方向进行渗流试验；另一种是在现场钻孔做压水试验。这两种试验方法主要反映碾压混凝土平行层面方向的渗流特点，也可以反映出层面对该方向渗流的影响。表5.3是国外几个工程碾压混凝土芯样的渗流试验成果，表5.4和表5.5是国内外几座大坝的现场压水试验成果。

表5.3　碾压混凝土芯样平行层面渗流试验成果

名　称	水泥用量/(kg/m³)	粉煤灰用量/(kg/m³)	渗透系数/(cm/s)
洛斯特溪测试断面	56	44	1.11×10^{-8}
	71	83	1.26×10^{-9}
	139	0	3.84×10^{-9}
水道试验站试验	305	0	3.00×10^{-10}

表5.4　天生桥二级大坝压水试验成果表

配合比编号	级配	胶凝材料/(kg/m³)		孔号	单位吸水率/[L/(min·m·m)]	渗透系数/(cm/s)
		水泥	粉煤灰			
天-8	3	55	85	1	0.0059	6.66×10^{-6}
					0.004	4.35×10^{-6}
				2	0.046	5.00×10^{-5}
					0.0035	3.95×10^{-6}
				3	0.036	4.60×10^{-5}

表5.5　柳溪坝、观音阁及铜街子坝的压水试验结果

坝　名		平均渗透系数/(cm/s)	层面间歇时间/h	备　注
Willow Creek		3.00×10^{-3}		坝体曾严重渗水
观音阁		7.64×10^{-4}		为日本RCD式施工的重力坝
铜街子	孔RB-1	1.35×10^{-8}	<1	层面未处理
	孔RB-2	1.96×10^{-8}	168	层面刷毛铺富胶质砂浆层
	孔RB-3	1.96×10^{-8}	672	层面刷毛铺富胶质砂浆层
	孔RB-4	4.20×10^{-9}	672	层面刷毛铺纯水泥浆层

早期的碾压混凝土渗透性试验成果显示：碾压混凝土本体的渗透性基本上与常态混凝土相当，不成为控制渗流的薄弱环节，但由于碾压工艺形成的层面抗渗性急剧降低，层面成为碾压混凝土坝渗流的薄弱面，众多层面的存在导致碾压混凝土坝的渗流不同于常态混凝土坝，同时，胶凝材料用量的增加将有助于提高层面抗渗性，施工间歇时间较长、进行刷毛铺设砂浆垫层处理的层面的抗渗性不及层面不处理、在混凝土初凝时间以内连续碾压施工的层面。

5.1.1.2　普定、江垭、大朝山、汾河二库等工程碾压混凝土渗流试验成果

20世纪90年代初开始，随着我国一批具有代表性的碾压混凝土工程的建成，提供了更多的反映碾压混凝土的渗流特性的试验成果进行研究，这些成果主要是反映层面渗流特

性的芯样试验和现场压水试验成果，重点是二级配碾压混凝土的试验成果，这些成果对于分析和评价二级配碾压混凝土的渗流特性和层面在大坝渗流中的影响提供了丰富的素材，为此，收集、整理、分析了代表性工程的碾压混凝土渗流试验成果。

（1）普定、大朝山、汾河二库等工程压水试验成果。表5.6～表5.11列出了普定、大朝山、汾河二库等工程压水试验统计分析成果。

表5.6　　普定碾压混凝土拱坝的现场压水试验结果

级配区	孔　　号	单位吸水率/[L/(mim・m・m)]		渗透系数/(cm/s)
		范　　围	平　　均	
二级配区	YS1	0.0017～0.0030	0.0023	1.99×10^{-6}
	YS2	0.0006～0.0009	0.0007	6.07×10^{-7}
	YS3	0.0009～0.0011	0.0010	8.67×10^{-7}
	YS4	0～0.0003	0.0002	1.73×10^{-7}
	YS5	0.0006～0.0009	0.0007	6.07×10^{-7}
	平均	0.00076～0.0012	0.00098	8.49×10^{-7}
三级配区	YS6	0～0.0067	0.0019	1.65×10^{-6}
	YS7	0～0.0033	0.0015	1.30×10^{-6}
	YS7-2	0～0.0094	0.0094	8.15×10^{-6}
	YS8	0～0.0110	0.0030	2.60×10^{-6}
	YS8-1	0.0011	0.0011	9.54×10^{-6}
	YS8-2	0.0063	0.0063	5.46×10^{-6}
	平均	0.0028～0.0063	0.00386	3.35×10^{-6}

表5.7　　汾河二库压水试验各孔段透水率特征值统计表

种类	孔号	段数	最大值/($\times10^{-2}$Lu)	最小值/($\times10^{-2}$Lu)	平均值/($\times10^{-2}$Lu)	二级配间歇层/($\times10^{-2}$Lu)			二级配碾压层/($\times10^{-2}$Lu)			极端最大/($\times10^{-2}$Lu)	极端最小/($\times10^{-2}$Lu)	加权平均/($\times10^{-2}$Lu)
						最大值	最小值	平均值	最大值	最小值	平均值			
二级配	1	23	2.844	0.071	0.546	2.844	0.16	0.624	0.924	0.071	0.446	5.041	0.071	0.575
	2	28	0.996	0.142	0.351	0.996	0.166	0.4	0.853	0.142	0.294			
	3	26	2.111	0.213	0.643	2.111	0.313	0.75	1.707	0.21	0.529			
三级配	4	33	5.041	0.071	0.575	—	—	—	—	—	—			

表5.8　　汾河二库碾压混凝土现场压水试验统计表

项　　目	透　水　率					合　计
	0～0.0009Lu	0.001～0.009Lu	0.01～0.09Lu	0.1～0.9Lu	>1Lu	
段次	1	102	7	0	0	110
百分率/%	0.9	92.7	6.4	0	0	100

表 5.9　　大朝山碾压混凝土坝现场压水试验透水率统计表

部　位	压水段数	统计项目	透水率						最大值/Lu	最小值/Lu	平均值/Lu
			<0.1Lu	0.1～0.3Lu	0.3～0.5Lu	0.5～1Lu	1～3Lu	>3Lu			
11 号、12 号、15 号坝段	41	段数	16	10	4	4	5	2	4.545	0	0.5386
		百分率/%	39	24	10	10	12	5			
16 号、17 号坝段	46	段数	6	14	9	14	1	2	3.898	0	0.5456
		百分率/%	13	30	20	30	2	4.3			
合计	87	段数	22	24	13	18	6	4	4.545	0	0.5421
		百分率/%	25	28	15	21	6	4.6			

表 5.10　　大朝山碾压混凝土现场压水试验统计表

项　目	透　水　率						合计
	0～0.0001Lu	0.0001～0.001Lu	0.001～0.01Lu	0.01～0.1Lu	0.1～1Lu	>1Lu	
段次	4	3	27	26	13	1	110
百分率/%	5.41	4.05	36.49	35.13	17.57	1.35	100

表 5.11　　汾河二库和大朝山碾压混凝土压水试验统计分析表

项　目		二级配 RCC				三级配 RCC
		汾河二库			大朝山	汾河二库
		连续层	间歇层	全部		
样本容量/个		38	39	77	74	33
最大值/Lu		0.017	0.0284	0.0284	3.524	0.05041
最小值/Lu		0.00071	0.0017	0.00071	0.000005	0.00213
均方差 σ		0.304	0.285	0.3	1.148	0.285
变异系数 C_v		0.123	0.122	0.125	0.586	0.126
各保证率下的透水率/Lu	50.0%	0.0034	0.0046	0.004	0.011	0.0054
	60.0%	0.0041	0.0055	0.0047	0.021	0.0064
	66.7%	0.0046	0.0062	0.0054	0.034	0.0071
	70.0%	0.0049	0.0065	0.0057	0.044	0.0076
	80.0%	0.0061	0.0081	0.0071	0.101	0.0093
	90.0%	0.0084	0.0107	0.0097	0.325	0.0125

(2) 江垭工程芯样和压水试验成果。表 5.12～表 5.14 列出了江垭工程芯样渗流试验和现场压水试验统计分析成果。

江垭碾压混凝土坝现场压水试验既包含现场碾压试验块上进行的，也包含坝体上进行的，既包含二级配碾压混凝土，也包含三级配碾压混凝土，既包含平层碾压，也包含斜层碾压，试验段次多，试验条件也不尽相同，为便于进行整理分析，按如下情况进行样本划分：

表 5.12　　江垭工程碾压混凝土室内芯样渗流试验统计成果表

项目		二级配碾压混凝土				三级配碾压混凝土			
		总体	含层面	含缝面	本体	总体	含层面	含缝面	本体
样本容量		62	27	31	4	21	12	4	5
渗透系数最大值/(cm/s)		3.9×10^{-6}	1.3×10^{-7}	3.9×10^{-6}	1.1×10^{-9}	1.75×10^{-6}	5.5×10^{-7}	1.5×10^{-7}	1.75×10^{-6}
渗透系数最小值/(cm/s)		9×10^{-12}	9×10^{-12}	9×10^{-12}	9×10^{-12}	2.3×10^{-10}	2.6×10^{-10}	4.2×10^{-10}	2.3×10^{-10}
倍差		4.3×10^{5}	1.4×10^{4}	4.3×10^{5}	1.2×10^{2}	7.6×10^{3}	2.1×10^{3}	3.6×10^{2}	6×10^{3}
均方差 σ/(cm/s)		1.426	1.176	1.567	1.166	1.178	1.144	1.099	1.525
变异系数 C_v		0.159	0.127	0.182	0.116	0.146	0.144	0.131	0.188
各保证率下的渗透系数/(cm/s)	50.0%	1.02×10^{-9}	5.6×10^{-10}	2.35×10^{-9}	9.2×10^{-11}	8.4×10^{-9}	1.06×10^{-8}	4.38×10^{-9}	7.99×10^{-9}
	60.0%	2.34×10^{-9}	—	—	—	1.67×10^{-8}	—	—	—
	66.7%	4.21×10^{-9}	—	—	—	2.71×10^{-8}	—	—	—
	70.0%	5.71×10^{-9}	—	—	—	3.48×10^{-8}	—	—	—
	80.0%	1.62×10^{-8}	—	—	—	8.24×10^{-8}	—	—	—
	90.0%	6.85×10^{-8}	—	—	—	2.72×10^{-7}	—	—	—

注　均方差 σ 为对数正态分布的均方差。

表 5.13　　江垭碾压混凝土现场压水试验透水率统计表

项目		透水率											
		<0.0001Lu	0.0001～0.001Lu	0.001～0.005Lu	0.005～0.01Lu	0.01～0.05Lu	0.05～0.1Lu	0.1～0.5Lu	0.5～1Lu	1～5Lu	5～10Lu	>10Lu	合计
二级配	样本 1	0	0	0	0	6.67	22.22	46.67	4.44	11.11	4.44	4.44	100
	样本 2	0	0	0	0	8.33	27.78	58.33	2.78	2.78	0	0	100
	样本 3	5.63	5.63	14.08	8.45	25.35	7.04	14.08	5.63	5.63	7.04	1.41	100
	样本 4	5.21	9.38	26.04	8.33	26.04	6.25	12.5	3.13	2.08	1.04	0	100
	样本 5	2.5	10	17.5	7.5	27.5	10	15	7.5	2.5	0	0	100
	样本 6	9.09	10.91	30.91	10.91	20	5.45	9.09	0	1.82	1.82	0	100
	样本 7	0	0	8.6	11.83	22.58	8.6	19.35	9.68	13.98	3.23	2.15	100
	样本 8	3.46	5	16.54	9.62	24.62	7.31	15.38	6.15	7.31	3.46	1.15	100
	样本 9	5.39	7.78	20.96	8.38	25.75	6.59	13.17	4.19	3.59	3.59	0.6	100
三级配	样本 10	0	0	0	0	8.33	8.33	50	0	8.33	8.33	16.67	100
	样本 14	1.87	1.87	9.43	7.55	22.64	13.21	18.87	1.89	18.87	3.77	0	100
	样本 15	2.22	2.22	8.89	6.67	15.56	15.56	20	2.22	22.22	4.44	0	100

样本 1：碾压试验块上进行的二级配碾压混凝土压水试验成果。

表 5.14　江垭大坝碾压混凝土现场压水试验统计成果表

项目		二级配碾压混凝土									三级配碾压混凝土					
		样本1	样本2	样本3	样本4	样本5	样本6	样本7	样本8	样本9	样本10	样本11	样本12	样本13	样本14	样本15
样本容量/个		45	36	71	96	40	56	93	260	167	12	14	31	8	53	45
透水率最大值/Lu		25.26	1.68	13.8	7.464	1.067	7.464	15.56	15.56	13.8	83.56	5.35	6.141	0.129	6.141	6.14
透水率最小值/Lu		0.019	0.019	1×10^{-5}	1×10^{-5}	1×10^{-5}	1×10^{-5}	0.002	1×10^{-5}	1×10^{-5}	0.044	0.01	1×10^{-5}	0.003	1×10^{-5}	1×10^{-5}
倍差		1.3×10^{3}	8.8	1.4×10^{6}	7.5×10^{5}	1.1×10^{5}	7.5×10^{5}	7.8×10^{3}	1.6×10^{6}	1.4×10^{6}	1.9×10^{3}	5.4×10^{2}	6.1×10^{5}	38	6.1×10^{5}	6.1×10^{5}
均方差 σ/Lu		0.709	0.394	1.404	1.173	1.085	1.262	1.029	1.264	1.291	1.067	0.865	1.310	0.503	1.219	1.277
变异系数 C_v		1.332	0.482	0.904	0.590	0.63	0.55	1.043	0.836	0.716	6.452	2.761	0.963	0.283	1.064	1.235
各保证率下的透水率/Lu	50.0%	0.294	0.152	0.028	0.010	0.019	0.005	0.103	0.031	0.016	0.683	0.486	0.044	0.017	0.071	0.092
	60.0%	0.444	0.192	0.064	0.020	0.036	0.011	0.188	0.064	0.033	—	—	—	—	0.146	0.195
	66.7%	0.594	0.225	0.113	0.033	0.056	0.018	0.287	0.108	0.057	—	—	—	—	0.24	0.329
	70.0%	0.691	0.245	0.153	0.042	0.07	0.023	0.357	0.142	0.075	—	—	—	—	0.311	0.432
	80.0%	1.160	0.327	0.426	0.1	0.156	0.058	0.757	0.357	0.192	—	—	—	—	0.759	1.098
	0%	0.377	0.487	0.766	0.327	0.467	0.21	0.147	0.284	0.709	—	—	—	—	2.608	4.005

样本 2：在样本 1 基础上剔除部分外逸孔段的成果。

样本 3：第一次现场压水试验二级配碾压混凝土试验成果。

样本 4：第二次现场压水试验二级配碾压混凝土试验成果。

样本 5：第二次现场压水试验二级配碾压混凝土平层试验成果。

样本 6：第二次现场压水试验二级配碾压混凝土斜层试验成果。

样本 7：第三次现场压水试验二级配碾压混凝土试验成果。

样本 8：第一、第二、第三次现场压水试验二级配碾压混凝土试验成果。

样本 9：第一、第二次现场压水试验二级配碾压混凝土试验成果。

样本 10：碾压试验块上进行的三级配碾压混凝土压水试验成果。

样本 11：第一次现场压水试验三级配碾压混凝土压水试验成果。

样本 12：第二次现场压水试验三级配碾压混凝土压水试验成果。

样本 13：第三次现场压水试验三级配碾压混凝土压水试验成果。

样本 14：第一、第二、第三次现场压水试验三级配碾压混凝土压水试验成果。

样本 15：第一、第二次现场压水试验三级配碾压混凝土压水试验成果。

上述样本中，样本 1、样本 2 和样本 10 与其他样本的差别主要是压水试验工艺的不同；样本 5 和样本 6 主要是施工工艺的不同；样本 3、样本 4、样本 7 主要是反映大坝施工各阶段施工质量情况；样本 8 反映在大坝施工全过程中总体的施工质量情况；样本 7 和样本 13 是第三次现场压水试验成果，试验部位为大坝上部，据现场情况反馈，施工中出现了质量控制放松的情况，在设计上对上部混凝土的各项性能要求也有所降低；样本 9 和样本 15 剔除了第三次现场压水试验成果，更能反映目前碾压混凝土的施工水平和所能达到的品质。

(3) 成果分析。从上述若干工程的实际资料分析，可以得到以下结论：

1) 二级配碾压混凝土的抗渗性好于三级配碾压混凝土，但两者渗透系数上的差异不如室内芯样试验反映的那样明显。

2) 只要施工工艺得当，对各种影响因素处置较周全，作为坝体主要组成部分的三级配碾压混凝土及其层面也可获得较好的渗透性能，即使众多层面的存在也可以做到坝体抗渗性能匀质性非常好。

3) 现场压水试验成果离散性较室内芯样试验更明显。

4) 目前施工的碾压坝的层间结合性能和整体的抗渗性已达到较高的水平，二级配碾压混凝土 90%保证率的透水率可小于 1Lu。

5) 斜层浇筑作为一种施工工艺有助于提高层间结合性能，增强坝体抗渗性。

6) 随着层面施工质量的提高，施工缝面的抗渗性反而有可能较层面弱，应进一步加强缝面处理措施的研究。

7) 适量的石粉等惰性材料的含量有助于提高碾压混凝土的抗渗性、密实性和均匀性。

5.1.1.3 龙滩水电站碾压混凝土渗流试验成果研究

设计阶段为了研究龙滩大坝推荐配合比的渗透特性，龙滩工程在现场碾压试验块上取芯进行了室内芯样渗流试验，并在试验块上进行了现场压水试验，试验成果见表 5.15～表 5.17。

表 5.15　　龙滩水电站现场碾压试验块的芯样垂直层面渗流试验统计表

工况	胶凝材料/(kg/m³)		骨料级配	层面施工条件		试件编号	渗透系数/(cm/s)		
	水泥	粉煤灰		间歇时间/h	层面处理		试验值	最大值	最小值
C	70	150	三	7.5	铺3cm厚水泥砂浆	C8-8-1	2.4×10^{-10}	3.1×10^{-10}	1.0×10^{-10}
						C8-8-2	1.0×10^{-10}		
						C8-8-3	3.1×10^{-10}		
E	70	150	二级半	4	不处理	E8-15-2	1.4×10^{-8}	1.5×10^{-8}	1.5×10^{-10}
						E8-15-3	1.3×10^{-8}		
						E8-25-1	1.5×10^{-8}		
						E5-4-3(a)	6.4×10^{-10}		
						E5-5-3(a)	4.4×10^{-9}		
						E5-1-2(a)	7.7×10^{-10}		
						E5-1-3(a)	1.5×10^{-10}		
F	75	105	三	7	铺3cm厚小石子混凝土	F8-16-6	1.4×10^{-10}	4.0×10^{-9}	1.4×10^{-10}
						F8-17-3	8.6×10^{-10}		
						F5-1-1(a)	4.0×10^{-9}		
						F5-1-3(a)	5.8×10^{-10}		

表 5.16　　龙滩水电站现场碾压试验块的芯样平行层面渗流试验成果

工况	胶凝材料/(kg/m³)		骨料级配	施工条件		试件编号	渗透系数/(cm/s)		
	水泥	粉煤灰		间歇时间/h	层面处理		试验值	最大值	最小值
C	70	150	三	7.5	铺3cm厚水泥砂浆	C5-1-1(b)	2.5×10^{-9}	7.8×10^{-9}	1.8×10^{-9}
						C5-1-3(b)	1.8×10^{-9}		
						C5-4-3(b)	7.8×10^{-9}		
D	70	150	三	3	不处理			2.8×10^{-7}	6×10^{-10}
E	70	150	二级半	4	不处理	E7-16-2	3.1×10^{-9}	3.9×10^{-9}	5.7×10^{-10}
						E7-16-3	1.3×10^{-9}		
						E5-1-3(b)	2.9×10^{-9}		
						E5-4-3(b)	3.9×10^{-9}		
						E5-5-3(b)	5.7×10^{-10}		
F	75	105	三	7	铺3cm厚小石子混凝土	F5-1-1(b)	4.0×10^{-10}	6.8×10^{-9}	4.0×10^{-10}
						F5-1-3(b)	6.8×10^{-9}		
						E5-2-1(b)	8.5×10^{-10}		
						E5-3-2(b)	2.1×10^{-9}		
G	75	105	三	4.5	不处理			9.1×10^{-8}	1.6×10^{-8}

续表

工况	胶凝材料/(kg/m³)		骨料级配	施工条件		试件编号	渗透系数/(cm/s)		
	水泥	粉煤灰		间歇时间/h	层面处理		试验值	最大值	最小值
H	75	105	三	5.5	铺1cm厚水泥砂浆	H10-2	3.2×10^{-10}	5.6×10^{-9}	1.9×10^{-11}
						H10-3	1.9×10^{-11}		
						H10-4	5.6×10^{-9}		
I	90	110	三	5	不处理			8.8×10^{-8}	9.8×10^{-11}
J	90	60	三	72	凿毛、冲洗铺砂浆	J10-2	3.3×10^{-8}	2.0×10^{-7}	1.3×10^{-9}
						J10-3	2.0×10^{-7}		
						J10-4	2.0×10^{-8}		
						J10-6	1.3×10^{-9}		

表 5.17　龙滩现场碾压试验块压水试验统计成果表

样本容量	透水率最大值/Lu	透水率最小值/Lu	均方差 σ	变异系数 C_v	各保证率下的透水率/Lu					
					50%	60%	66.7%	70%	80%	90%
56	7.33	0.02	0.565	1.284	0.363	0.505	0.636	0.718	1.085	1.923

将龙滩水电站工程的渗流试验成果与其他工程对比分析后可知：随着胶凝材料用量的增加，龙滩水电站大坝推荐配合比的三级配碾压混凝土的渗透性明显提高，无论层面处理与否其芯样的渗透系数接近常态混凝土的水平，现场压水试验成果比江垭样本10的成果要好，接近于江垭工程样本1的水平，即龙滩三级配碾压混凝土的抗渗性比江垭三级配碾压混凝土要好，接近于江垭二级配碾压混凝土的水平，因此，可以预见龙滩二级配碾压混凝土由于胶凝材料用量的进一步提高，其渗透性将好于江垭工程的二级配碾压混凝土，大坝防渗的重点应是充分利用碾压混凝土本体抗渗性的基础上采取妥善措施提高层面等局部薄弱环节的抗渗性。

5.1.1.4　碾压混凝土渗透性影响因素分析

碾压混凝土的抗渗性主要取决于水胶比、胶凝材料用量和压实程度。此外，碾压混凝土骨料中，粒径小于0.15mm微粒的含量也影响抗渗性，微粒起到填充空隙的作用，所以适量的微粒含量可以改善碾压混凝土的抗渗性。

1. 胶凝材料用量对碾压混凝土渗透性的影响分析

碾压混凝土坝的抗渗性，主要取决于碾压混凝土施工层面和坝体裂缝的渗透性。坝体碾压混凝土层面产生冷缝造成渗水通道，这是坝体产生渗漏的主要原因。配合比中胶凝材料过少，无法碾压密实；或者碾压混凝土的灰浆量较少，难以适应运输与平仓时的骨料分离，留下松散的渗水层，是大坝抗渗性能差的重要原因。邓斯坦根据8个不同国家16个已建碾压混凝土坝坝体实测的渗透率见图5.1。坝体渗透率与胶凝材料之间存在着近似直线关系，增加碾压混凝土的胶凝材料用量，其抗渗性的改善是明显的。

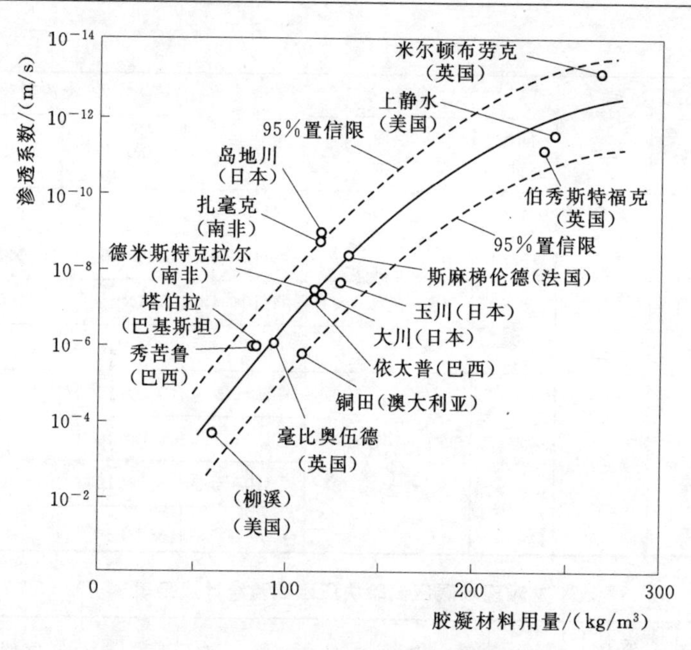

图5.1　现场实地测定渗透系数与胶凝材料用量

2. 养护龄期对碾压混凝土渗透性的影响及碾压混凝土的自愈性分析

碾压混凝土的密实度及其孔隙的构造是影响碾压混凝土渗透性能的重要因素，一方面决定于混凝土的原生孔隙及构造，更重要的方面是随着龄期的延长，混凝土原生孔隙的变化情况。高粉煤灰含量碾压混凝土中胶凝材料用量较多，水胶比相对较小，混凝土中原生孔隙较少，28d 龄期抗渗等级可达 W4～W6 或者更高，随着养护龄期的增加，由于水泥颗粒的水化过程长期不断地进行，使水泥石孔隙结构发生变化，其空隙率随之减小；粉煤灰的二次水化作用主要在 28d 龄期以后开始，碾压混凝土的孔隙率和孔隙构造，28d 以前和 90d 时有明显的差别；掺用足量的引气剂，可使混凝土中含有一定量的分散、细小的气泡，使混凝土中的孔隙绝大多数形成封闭孔隙，抗渗性得到明显提高。因此，碾压混凝土的抗渗性随着养护龄期的增长而增加，且后期抗渗性显著提高，试验结果见图5.2。该图

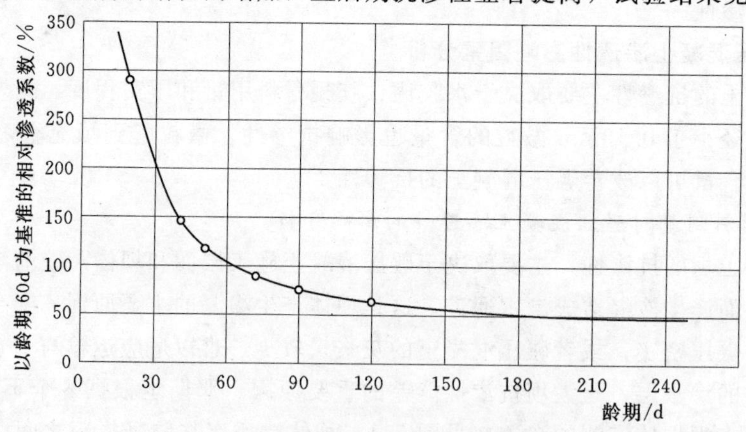

图5.2　养护龄期与渗透系数的关系

中 60d 龄期的渗透系数比 30d 龄期的减小一半，90d 龄期的渗透系数是 30d 龄期的 38%，90d 龄期抗渗等级一般可达 W8～W12 以上，或者渗透系数可达到 $10^{-9}\sim10^{-11}$cm/s。

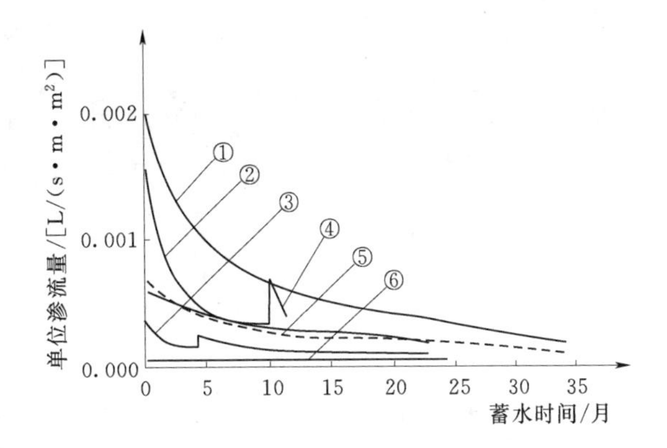

图 5.3 碾压混凝土坝蓄水后渗流变化曲线

①—柳溪坝；②—中叉坝；③—铜田坝；④—盖尔斯威尔；⑤—常态混凝土；⑥—温彻斯特

图 5.3 是几座碾压混凝土坝蓄水后渗流变化情况。图中碾压混凝土坝的渗流观测统计曲线说明，大坝蓄水初期渗流量较大，随着运行时间的延长，混凝土中的一些微小裂缝和孔隙逐步自密合，使混凝土的抗渗性不断改善，大坝的渗流量随时间减小。因此，只要碾压混凝土中不出现较大的裂缝，或承受可导致混凝土孔隙结构破坏的水力梯度，其抗渗性是稳定的，且在渗水作用下不断得到改善。

3. 层面对碾压混凝土渗透性的影响分析

碾压混凝土坝是由碾压混凝土本体和其间的层面所构成的层状结构体系，这种结构的渗流特性，分别由碾压混凝土本体和层面的渗流特性所决定，宏观上是一种典型的横观各向同性渗流介质。碾压混凝土本体是一种均质各向同性材料，其渗流特性服从达西（Darcy）定律，用渗透系数 k_R 表示。若在试验室内采用中空的圆柱体试件，按照径向渗流方式进行渗透试验，渗透系数 k_R 的计算公式可以用式（5.1）。对于边长为 B 的立方体试件，从顶面施加水压力，其压水力头为 H，渗透经过碾压混凝土材料孔隙的渗流量 Q，由试件底部流出。根据达西定律，有

$$k_R=\frac{Q}{B^2J} \tag{5.1}$$

式中：J 为水力坡降，$J=\frac{H}{B}$。

层面是由施工程序造成的界面缝隙，其渗流行为属于缝隙性水流，它与层面的水力隙宽、裂隙粗糙度、连通率、层面的应力状况有关。通常可以设缝隙由两片光滑的平行板构成，隙宽 d_f 为常数，缝隙中水流运动符合黏滞性液体的运动方程——纳维埃-司托克斯（Navier-Stokes）方程，可以导出缝隙的水力等效渗透系数 k_f 与隙宽 d_f、水的运动黏滞系数 μ 的关系

$$k_f=\frac{gd_f^2}{12\mu} \tag{5.2}$$

式中：g 为重力加速度；当水温 0℃时，$\mu=0.0131\text{cm}^2/\text{s}$。

根据以往的研究工作，当隙宽 d_f 在 μm 量级时，微裂隙中渗透水流仍然符合上述规律。

在含有层面的碾压混凝土渗透试验模型中，当渗透水流方向平行于层面时，称为并联模型，渗透水流方向垂直于层面时，称为串联模型。对于图 5.4 所示的长方体试件，并联

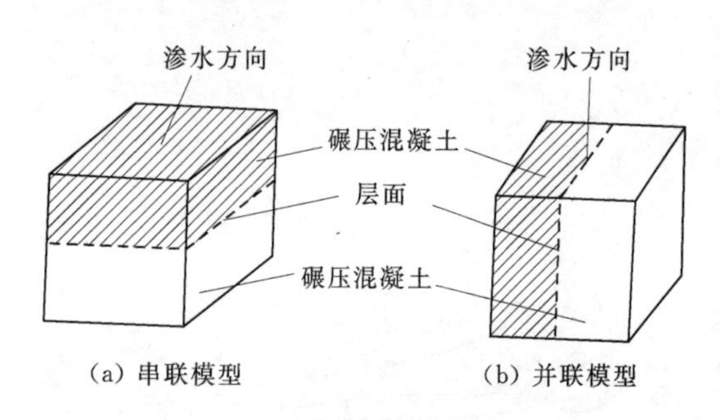

(a) 串联模型　　(b) 并联模型

图5.4　碾压混凝土长方块试件的并联及串联渗透试验模型

模型中的层面平行于渗水方向，试件渗水面的两个短边垂直于渗水方向，边长为 B_1，试件的渗水高度 B_2 为渗径长度。对于空心的圆柱体试件，并联模型的轴线平行于层面方向，且层面位于试件剖面的中面上，层面的短边长度为试件的直径尺寸，试件长度为渗水高度；进行串联模型试验时，圆柱体试件的轴线垂直于层面。根据达西定律及有关成层材料的渗流理论，可以设定碾压混凝土沿层面切向和法向的均化主渗透系数 k_t 和 k_n，当混凝土的碾压厚度为 B，在层面不进行处理，碾压混凝土连续浇筑时，B 包括碾压混凝土本体的碾压层厚度和层面的水力隙宽 d_f，对于正方体试件则有

$$k_t=\frac{1}{B}\left[(B-d_f)k_R+\frac{g}{12\mu}d_f^3\right] \tag{5.3}$$

$$k_n=\frac{Bk_R}{B-d_f} \tag{5.4}$$

当碾压混凝土的层面进行刷毛及铺设砂浆或者胶浆垫层处理时，已知垫层厚度 d_s，垫层渗透系数 k_s，则有

$$\overline{k}_t=\frac{1}{B}\left[(B-d_s-2d_f)k_R+\frac{g}{6\mu}d_f^3+d_sk_s\right] \tag{5.5}$$

$$\overline{k}_n=\frac{Bk_sk_R}{d_sk_R+(B-d_s-2d_f)k_s} \tag{5.6}$$

因 B 远大于 d_f 和 d_s，以及 k_s 和 k_R 都很小，从式（5.6）中可以看出，碾压混凝土沿层面法向的主渗透系数，主要取决于碾压混凝土本体及层面垫层体的透水性，层面缝隙的存在对它的影响可忽略不计；而沿层面切向的主渗透系数则主要取决于层面的隙宽。

若在六面体试件中先测得 k_t 和 k_n 以及已知层面垫层材料的渗透系数 k_s，则可求得层面水力等效隙宽 d_f 和碾压混凝土本体渗透系数 k_R。计算时先用解析法或数值法，解出式（5.7）或式（5.9）中的 d_f，再由式（5.8）或式（5.10）算得 k_R 的大小。

$$\frac{g}{12\mu}Bd_f^3+k_nd_f^2-2Bk_nd_f+B^2(k_n-k_t)=0 \tag{5.7}$$

$$k_R=\frac{B-d_f}{B}k_n \tag{5.8}$$

以及

$$C_1d_f^3+C_2d_f^2+C_3d_f+C_4=0 \tag{5.9}$$

$$k_R=\frac{k_sk_n(B-d_s-2d_f)}{k_s(B+d_s)-k_nd_s} \tag{5.10}$$

式（5.7）～式（5.10）中：

$$C_1=\frac{g}{6\mu}[k_s(B+d_s)-k_nd_s]$$

$$C_2=4k_sk_n$$

$$C_3=4k_sk_n(B-d_s)$$

$$C_4=k_sk_nB(B-2d_s)+(B+d_s)[k_s^2d_s+k_nk_td_s-k_sk_t(B+d_s)]$$

同理，对于长方体试件可得出式（5.11）～式（5.14），以便求解层面水力隙宽和碾压混凝土本体渗透系数。

$$\frac{g}{12\mu}B_2d_f^3+k_nd_f^2-(B_1+B_2)k_nd_f+B_1B_2(k_n-k_t)=0 \tag{5.11}$$

$$k_R=\frac{B_2-d_f}{B_2}k_n \tag{5.12}$$

以及

$$C_1d_f^3+C_2d_f^2+C_3d_f+C_4=0 \tag{5.13}$$

$$k_R=\frac{k_sk_n(B_2-d_s-2d_f)}{k_sB_2-k_nd_s} \tag{5.14}$$

式（5.11）～式（5.14）中：

$$C_1=\frac{g}{6\mu}(k_sB_2-k_nd_s)$$

$$C_2=4k_sk_n$$

$$C_3=2k_sk_n(2d_s-B_1-B_2)$$

$$C_4=B_1B_2k_s(k_n-k_t)+B_1d_sk_n(k_t-k_s)+B_2d_sk_s(k_s-k_n)$$

上述资料分析表明一定胶凝材料用量情况下碾压混凝土本体的抗渗性接近常态混凝土，层面是影响碾压混凝土抗渗性能的主要环节，采用龙滩水电站大坝碾压混凝土现场试验的浇筑块含有层面的碾压混凝土芯样进行渗透试验，发现渗透水流主要集中地从试件的层面或大骨料的周边渗出，说明层面是构成碾压混凝土的集中渗漏通道，目前的施工材料、技术和工艺，还无法消除碾压混凝土坝中这种渗透强各向异性的特性。

若取碾压混凝土的碾压层厚为30cm，根据龙滩水电站工程大坝碾压混凝土芯样渗透试验成果，碾压混凝土本体的渗透系数采用实测数据的平均值2.06×10^{-10}cm/s，层面砂浆质垫层的渗透系数为3.84×10^{-11}cm/s（实测），垫层厚为1.5cm，根据计算可得出龙滩碾压混凝土层面的水力隙宽均很小，是几个μm级的量，铺砂浆垫层或细骨料混凝土垫层的处理与层面未进行处理时的工况相比较表明，层面处理后垫层顶底面与碾压混凝土本体之间的层面水力隙宽，较层面未处理时连续上升浇筑的碾压混凝土、本体上下层之间的层面水力隙宽的大小差不多或更大。龙滩大坝现场碾压混凝土试验块现场压水试验的结果也显示，层面刷毛铺设砂浆层的抗渗效果，只能达到或不如间歇时间短的连续上升浇筑时所形成的层面的抗渗性。

表5.18给出了碾压混凝土沿层面切向的均化主渗透系数k_t与层面水力隙宽d_f之间的关系。因碾压混凝土本体的渗透系数很小（与常态混凝土的渗透系数大小基本相同），尽管层面的水力隙宽很小，但此时因层面的存在，碾压混凝土的渗透特性已在工程意义上

发生了根本性的变化，渗透各向异性比已达到两个数量级。当层面隙宽从4μm增加到200μm时，碾压混凝土沿层面切向的渗透系数大约从1.0×10^{-8}cm/s变化到1.0×10^{-3}cm/s，增大了5个数量级，碾压混凝土的渗透各向异性比约从2个变到7个数量级（碾压混凝土沿层面法向的主渗透系数通常为$1.0\times10^{-9}\sim1.0\times10^{-10}$cm/s）。

表5.18　碾压混凝土沿层面切向的主渗透系数与层面水力隙宽的关系

层面水力隙宽 d_f/μm	2	4	8	20	40	80	100	200
层面渗透系数/(cm/s)	2.52×10^{-4}	1.01×10^{-3}	4.03×10^{-3}	2.52×10^{-2}	1.01×10^{-1}	4.03×10^{-1}	6.29×10^{-1}	2.52
碾压混凝土沿层面切向的主渗透系数 k_t/(cm/s)	1.88×10^{-9}	1.36×10^{-8}	1.08×10^{-7}	1.68×10^{-6}	1.34×10^{-5}	1.07×10^{-4}	2.10×10^{-4}	1.68×10^{-3}

表5.19～表5.21分别给出了碾压混凝土的渗流特性与碾压混凝土本体的透水性（不为变量时取$k_R=2.06\times10^{-10}$cm/s），层面垫层的透水性（不为变量时，$k_s=3.84\times10^{-11}$cm/s）及垫层厚度d_s（不为变量时，$d_s=1.5$cm）之间的关系。可见，当层面的水力隙宽达到20μm时，碾压混凝土沿层面切向的主渗透系数，几乎只取决于混凝土中层面的隙宽，而碾压混凝土本体及层面垫层的透水性或抗渗性，只对碾压混凝土沿层面法向的主渗透系数有影响。

表5.19　碾压混凝土的渗流特性与碾压混凝土本体透水性的关系

本体渗透系数/(cm/s)	1.0×10^{-7}	1.0×10^{-8}	1.0×10^{-9}	1.0×10^{-10}	1.0×10^{-11}	0
层面切向渗透系数/(cm/s)	3.45×10^{-6}	3.36×10^{-6}	3.36×10^{-6}	3.35×10^{-6}	3.35×10^{-6}	3.35×10^{-6}
层面法向渗透系数/(cm/s)	7.62×10^{-10}	7.16×10^{-10}	4.44×10^{-10}	9.62×10^{-11}	1.04×10^{-11}	0
渗透各向异性比	4523	4699	7555	36225	322939	

表5.20　碾压混凝土的渗流特性与层面垫层的透水性的关系

垫层渗透系数/(cm/s)	1.0×10^{-9}	1.0×10^{-10}	1.0×10^{-11}	1.0×10^{-12}	1.0×10^{-13}	0
层面切向渗透系数/(cm/s)	3.35×10^{-6}	3.35×10^{-6}	3.35×10^{-6}	3.35×10^{-6}	3.35×10^{-6}	3.35×10^{-6}
层面法向渗透系数/(cm/s)	2.15×10^{-10}	1.96×10^{-10}	1.04×10^{-10}	1.83×10^{-11}	1.98×10^{-12}	0
渗透各向异性比	15633	17143	32236	183168	1692486	

表 5.21 碾压混凝土的渗流特性与层面垫层厚度的关系

垫层厚度/cm	0.5	1.0	1.5	2.0	2.5	3.0
层面切向渗透系数/(cm/s)	3.35×10^{-6}	3.35×10^{-6}	3.35×10^{-6}	3.35×10^{-6}	3.35×10^{-6}	3.35×10^{-6}
层面法向渗透系数/(cm/s)	1.92×10^{-10}	1.80×10^{-10}	1.69×10^{-10}	1.60×10^{-10}	1.51×10^{-10}	1.43×10^{-10}
渗透各向异性比	17464	18648	19833	21017	22201	23386

根据柳溪、观音阁、龙滩、普定及铜街子工程的现场压水试验结果，可以得到龙滩碾压混凝土坝试验浇筑块层面的水力隙宽约 20μm，此时坝体沿层面切向的主渗透系数已达 3.35×10^{-6}cm/s，沿层面切向与法向的主渗透系数的各向异性比达 3～4 个数量级；铜街子坝的层面水力隙宽达到了只有 3～4μm 这个水平；普定拱坝的二级配及三级配混凝土区，层面水力隙宽分别为 11.1μm 和 17.5μm，坝体的渗透各向异性比达 3～4 个数量级；观音阁及柳溪两坝中，层面的水力隙宽达到了 107μm 和 212μm，坝体的渗透各向异性比竟达到 6～7 个数量级，此时坝体中渗透水流沿层面的渗透，几乎不会产生有水头损失。

根据上述计算和分析，层面水力隙宽过大导致坝体在各层面通道产生强大的排水能力，若坝体排水设施不充分且上游面防渗体局部失效情况下，库水会沿水力阻力很小的水平向层面捷径，直接迅速渗至坝下游面并逸出，此时整个坝下游面上的逸出线位置，会高得几乎与库水位一样高，由此不难解释前期多座碾压混凝土坝下游逸出点很高的现象。因此，碾压混凝土及碾压混凝土坝沿层面切向的主渗透系数，主要取决于层面的水力隙宽，施工时设法减小层面的水力隙宽，是提高碾压混凝土及碾压混凝土坝自身抗渗能力的基本策略。

5.1.1.5 碾压混凝土渗透性的统计分布规律

由于所收集的江垭工程的渗流试验资料较丰富，所以采用这些资料通过数理统计的方法研究碾压混凝土渗透系数的分布规律。

每一个试件（压水段）所测定的渗透系数（透水率）x_1、x_2、…、x_n 作为样本观察值构成总体 X，X 的分布为未知，假定总体 X 服从对数正态分布，分别采用 χ^2 适度准则和柯尔莫哥洛夫检验对总体分布函数的假设进行检验。

将二级配碾压混凝土、三级配碾压混凝土的各类试件分别合并成两个相对较大的样本，检验结果表明：在显著性水平 0.05 条件下进行假定检验，两个芯样渗流试验样本均符合对数正态分布；在显著性水平 $\alpha=0.05$ 情况下，碾压混凝土现场压水试验的混凝土透水率同样服从对数正态分布。

5.1.1.6 碾压混凝土渗透性指标之间相互关系研究

1. 室内试件抗渗等级与渗透系数的对照关系

我国对有抗渗要求的水工混凝土，以抗渗等级作为渗透性的评定标准，它与混凝土渗透试验方法相适应，采用规定的抗渗仪，将经过标准养护 28d 或者 90d 的试件按照逐级加压法进行压水试验，当 6 个试件中有 3 个试件表面出现渗水时，该水压力值减 1 即为抗渗等级。对于抗渗性能较高的混凝土，在抗渗试验中给出了一次加压法，测定混凝土在恒定水压力作用下试件的渗水高度，计算相对渗透系数。按照一次加压法进行混凝土的抗渗试验，渗透系数 k 可按下式计算：

$$k=\frac{md^2}{2th} \tag{5.15}$$

式中：d 为平均渗水高度，cm；t 为恒压经过时间，s；h 为水压力，以水柱高度表示，cm；m 为混凝土的吸水率，一般为0.03。

国外的混凝土坝通常用渗透系数作为混凝土渗透性的评定标准，在试验室内测定施加压力水后渗透过碾压混凝土试件的渗水量，利用达西（Darcy）定律，求得该试件碾压混凝土的渗透系数。将式（5.1）用于逐级加压法，可得混凝土抗渗等级与渗透系数关系见表5.22。

表5.22　　混凝土室内试件抗渗等级与渗透系数的对照关系

抗渗等级	渗透系数 $k/(10^{-10}\text{cm/s})$	抗渗等级	渗透系数 $k/(10^{-10}\text{cm/s})$
W2	196	W8	26
W4	78	W10	18
W6	42	W12	13

2. 芯样室内试验抗渗等级与渗透系数的对照关系

采用江垭工程芯样室内渗流试验成果，并用回归分析方法建立芯样渗透系数 k 与抗渗等级 P 的相关关系。江垭二级配碾压混凝土初渗压力与渗透系数拟合关系见式（5.16），江垭全部碾压混凝土（包括二级配和三级配）初渗压力与渗透系数拟合关系见式（5.17）。

$$\ln k=-2.13\times\ln P-20.64\ (\text{相关系数}\ r=0.77) \tag{5.16}$$

$$\ln k=-2.08\times\ln P-20.32\ (\text{相关系数}\ r=0.73) \tag{5.17}$$

采用数理统计方法，建立芯样渗透系数与初渗压力的累计概率曲线，引入确定抗渗等级定义中隐含的保证率概念（66.7%），从而确定江垭碾压混凝土的抗渗等级为W8，对应的渗透系数为 10^{-9}cm/s。

3. 现场压水试验透水率与渗透系数的对照关系

现场压水试验评价碾压混凝土坝渗透性的方法为国际上普遍使用的吕荣试验法，压水试验结果给出介质的透水率 q(Lu)。通常用下述公式根据透水率计算渗透系数 k，前提是碾压混凝土处于饱和状态，渗流影响半径等于试段长度 l。

$$k=\frac{Q}{2\pi pL}\ln\frac{l}{\gamma_0} \tag{5.18}$$

式中：Q 为压入流量，m^3/s；p 为试验压力，m；l 为试段长度，m；γ_0 为钻孔半径，m。1Lu相当于渗透系数为 10^{-5}cm/s。

根据龙滩水电站碾压混凝土坝试验浇筑块现场压水试验结果，层面的水力隙宽约20μm，此时坝体沿层面切向的主渗透系数已达 3.35×10^{-6}cm/s，沿层面切向与法向的主渗透系数的各向异性比达3～4个数量级。与室内芯样试验结果相比较，压水试验所给出的层面水力隙宽约要大一个数量级，这与两种试验方法的差异性及不同的试验水力环境等条件有关，室内试验是先将试件充分浸水饱和及充分渗水后，再正式进行测试渗流量的准备工作，而现场压水试验在正式测试渗流量前，未进行足够长时间地预压注水，试验影响区未能充分吸水饱和。在原始记录资料中，明显地反映出开始低压力时的压水吸水率大于后期高压力时的吸水率这一“异常”现象。

5.1.1.7 碾压混凝土渗透溶蚀性研究

碾压混凝土在渗水的碱性环境下，不单存在“自愈（密）性”特性，实际上碾压混凝土中水泥一次水化作用生成大量的 $Ca(OH)_2$，也会溶于水中，在较大渗透梯度作用下，会随渗水流出，其中 $Ca(OH)_2$ 和空气中的 CO_2 作用生成 $CaCO_3$ 的白色沉淀物，为了探讨这一现象的量化概念，专门从经历不同渗透作用的芯样试件上取样，作元素、化合物成分检测。

此次检测对于 4 种芯样情况取样：①从未经过渗透试验的 7 号钻芯样上取样（为新样上取样）；②从经过一次渗透试验（渗透历时 15d，渗透压力从 0.1～2.8MPa）的芯样上取样；③从经过二次渗透试验（第一次渗透历时条件与②相同，第二次渗透试验经历 38 天，在 2.0～2.8MPa 压力作用下）的芯样上取样；④从一次渗透芯样初期渗出液沉淀物中取样。对上述各类试样分别在美国 Kevex 公司生产的 EDS Sigma X 射线能谱议上作了元素、化合物组成的定量分析，测试结果表明：未经历渗透试验的“新样”的 Ca 和 CaO 的含量最高，经历一次渗透试验和经历两次渗透试验取样检测出的 Ca 和 CaO 含量依次减小，显然是在渗水作用下产生了溶蚀作用；在渗透试验中，观察到首次渗出液有的为乳白色，随出渗时间的延长，渗水逐渐变清，碾压混凝土溶蚀作用随时间延长趋于稳定。

影响碾压混凝土渗透溶蚀性的因素，首先是渗透水的石灰浓度及水中其他影响 $Ca(OH)_2$ 溶解度的物质；其次是碾压混凝土中含极限石灰浓度高的水化产物［如 $Ca(OH)_2$］量的多少；第三是碾压混凝土的密实性及不透水性。对于粉煤灰掺量较少的碾压混凝土，渗透水从混凝土中主要溶解出 CaO，对于粉煤灰掺量较大的碾压混凝土，CaO 被吸收参与二次水化反应，从混凝土中主要溶解出 SiO_2。有关试验成果和分析表明，水对正常使用的碾压混凝土中 CaO［或 $Ca(OH)_2$］和 SiO_2 的渗透溶蚀量是有一定限度的，即随时间的延长而趋于稳定，能溶出的 CaO 和 SiO_2 的数量与碾压混凝土中水泥及粉煤灰的品种和含量有关，也与碾压混凝土的不透水性有关，掺用适量粉煤灰的密实、高抗渗性能的碾压混凝土，渗透溶蚀出的 CaO 和 SiO_2 均较少，掺粉煤灰较多且抗渗性能较高的碾压混凝土渗透溶蚀出的 CaO 极少。

采用从碾压混凝土中溶出 CaO 10%或溶出 SiO_2 5%作为允许限量，对碾压混凝土的使用寿命进行评价。

假定每立方米碾压混凝土使用的水泥中硅酸盐水泥熟料为 C(kg)，水泥水化后 $Ca(OH)_2$ 含量以 CaO 计算，占熟料重量 a(%)，碾压混凝土结构设计使用年限为 T，则在使用年限内厚度为 b_m 的碾压混凝土结构每平方米渗透面积允许带走 CaO 的量 G_{CaO} 为

$$G_{CaO}=0.1b_m a(\%) \tag{5.19}$$

在使用时间 t 内，渗透水实际能带走的 CaO 数量为 $G_{CaO}(t)$，其值可根据实测资料经拟合处理求得。当使用达到 T 年而 $G_{CaO}(t)$ 等于或小于 G_{CaO} 时，建筑物安全，或者说建筑物碾压混凝土结构使用寿命等于或大于设计使用年限。

在使用时间 t 内，通过单位面积碾压混凝土渗透出的水量 Q_t 可用下式表示

$$Q_t = \overline{k_t}\frac{H_t}{b} \tag{5.20}$$

式中：$\overline{k_t}$为在使用时间 t 内，碾压混凝土的平均渗透系数

$$\overline{k_t} = \int_{t_m}^{t} k(t)\mathrm{d}t/t \tag{5.21}$$

式中：$k(t)$ 为碾压混凝土渗透系数，其值随渗透时间而变化；H_t 为作用于碾压混凝土结构上的水头；b 为碾压混凝土结构的厚度。

由实测的渗透系数随渗透历时变化的资料获得 $k(t)$，按式（5.21）求得$\overline{k_t}$，代入式（5.20）可求得 Q_t。根据碾压混凝土结构使用年限 T 时的 G_{CaO}（t）及 Q_t 值，可获得渗透液的 CaO 平均浓度，从而可以求得碾压混凝土的允许平均渗透系数$\overline{k}$。

按以上原理取 5%作为 SiO_2 的溶出允许限量同样可推出碾压混凝土的平均渗透系数。以 100 年作为混凝土的安全使用寿命，根据实测的 $k(t)$，对龙滩水电站大坝 90d 龄期二级配碾压混凝土和三级配碾压混凝土（180d 龄期设计强度 15MPa）进行渗透溶蚀耐久性评价显示：当河水不具备侵蚀性且不存在裂缝等缺陷的前提下，龙滩水电站二级配和三级配碾压混凝土满足抗溶蚀耐久 100 年的 SiO_2 的溶出量仅分别为允许溶出量的 12.81%和 26.96%，均能保持长期耐久。随着龄期的延长，碾压混凝土的密实性提高，渗透系数降低，抗溶蚀性能会更好。龙滩大坝其他坝内碾压混凝土和变态混凝土的水泥和粉煤灰用量以及渗透系数均位于上述试验配合比之间，所以可推断龙滩其他坝内碾压混凝土和变态混凝土也能满足抗溶蚀耐久性要求。

5.1.2　变态混凝土渗流特性

变态混凝土是一种在碾压混凝土中现场掺入一定量的浆液，使之具有一定坍落度，并采用插入式振捣器施工的混凝土。变态混凝土最初的使用目的是解决靠近模板条带的碾压混凝土碾压操作不便的问题，以获得理想的外观，继而推广使用以提高拌和系统的生产效率，提高异种混凝土的结合性能。变态混凝土在施工工艺上已经决定了能有效地改善层间结合能力，因此，可采用变态混凝土构成碾压混凝土坝防渗结构的组成部分。

通过在江垭碾压混凝土坝上游面变态混凝土内取芯后进行室内芯样渗流试验，共完成试件 18 个，其中含层面和本体的试件各 4 个，含缝面的试件 10 个。由于在有效钻孔深度内，取芯情况很好，变态混凝土全部取出并加工成试件完成试验，故可认为变态混凝土室内芯样试验基本上反映了变态混凝土整体的渗透特性。

室内芯样试验的变态混凝土实际配合比和灰浆配合比见表 5.23，江垭变态混凝土室内芯样渗流试验统计成果见表 5.24，抗压强度试验成果见表 5.25。

表 5.23　　江垭变态混凝土配合比

种类	$\frac{W}{C+F}$	$\frac{F}{C+F}$/%	每立方米中材料用量/kg								
			C+F	C	F	W	S	G小	G中	木钙	DH4R
变态混凝土	0.95	35.2	273	177	96	162	705	572	689	0.44	0.39
水泥浆	0.7	—	986	986	—	690	—	—	—	—	3.94

表 5.24　　江垭变态混凝土室内芯样试验统计成果表

项　目	含层面试件	含缝面试件	本　体	总　体
样本容量	4	10	4	18
渗透系数最大值/(cm/s)	3.56×10^{-10}	9.42×10^{-9}	3.05×10^{-10}	9.42×10^{-9}
渗透系数最小值/(cm/s)	1×10^{-11}	1×10^{-11}	1×10^{-11}	1×10^{-11}
平均值/(cm/s)	9.58×10^{-11}	1.62×10^{-9}	7.92×10^{-10}	1.1×10^{-9}
均方差 σ	0.799	1.162	1.197	1.091
变异系数 C_v	0.075	0.118	0.118	0.108
50%保证率的渗透系数/(cm/s)	2.26×10^{-11}	1.44×10^{-10}	7.07×10^{-11}	8.13×10^{-11}

表 5.25　　江垭变态混凝土现场取样抗压强度测试成果

组　数	R_{90min}/MPa	R_{90max}/MPa	R_{90}平均/MPa	均方差 σ/MPa	变异系数 C_v
24	28.5	38.9	32.1	3.16	0.098

江垭变态混凝土室内芯样试验表明：

(1) 室内芯样试验基本上能反映变态混凝土整体的抗渗性能，变态混凝土本体和含层面芯样渗透系数可达到 10^{-11} cm/s，含缝面芯样渗透系数接近 10^{-11} cm/s，且初渗压力较二级配碾压混凝土明显提高，变态混凝土无论从抗渗性还是均匀性方面均已达到常态混凝土的水平，横观各向同性已不太明显，作为防渗结构其性能优于二级配碾压混凝土，能够满足 200m 级碾压混凝土坝的防渗要求。

(2) 变态混凝土施工中要求将振捣器插入下层 5～10cm，使层面结合质量提高，消除了层面的影响，渗流的相对薄弱环节可能出现在缝面，含缝面的试件试验中有两个典型的沿缝面渗漏的试件，且初渗压力低，水力梯度也相对较小，所以，变态混凝土缝面处理工艺是影响变态混凝土整个抗渗性的一个重要因素，应加强施工缝面处理措施的研究。

(3) 由于江垭碾压混凝土坝上游面变态混凝土较薄，故试验中出现靠上游端的试件的渗透系数比其后的试件的渗透系数小的现象，这主要是因为施工中先振捣变态混凝土而后碾压二级配碾压混凝土，使得变态混凝土中浆液往二级配碾压混凝土中外逸所致，这种施工程序有利于异种混凝土的结合，变态混凝土厚度较大时，这种现象仅会出现在异种混凝土搭接部位；由于这种现象出现的范围很有限，所以变态混凝土实际的抗渗性有可能比表 5.24 统计的情况更好，同时，这种现象也提示变态混凝土现场掺浆的均匀程度对性能的影响较大。

5.2 碾压混凝土的渗流试验和渗流分析配套技术研究

5.2.1 碾压混凝土芯样室内渗流试验

5.2.1.1 室内多功能高压渗透仪的研制与应用

为了开展和规范碾压混凝土室内芯样试验，在原来通过改造试验设备的基础上研制了 KS-50B 型多功能高压渗透仪，并应用于江垭大坝现场芯样的室内渗透试验，获得了大量宝贵资料。

KS-50B型多功能高压渗透仪额定最大水压力为6MPa，管路、阀门、仪器筒的安全系数为10.0。压力水库有两个连续交替不断供水的高压水箱，压力由高压氮气瓶供给。压力可长时间维持稳定，精度较高，这台仪器既可测混凝土、岩石的渗透性，也可测柔性的防渗土工膜的渗透性，还可测混凝土的抗渗等级和岩体软弱夹层的抗渗强度。其渗透试验基本原理图见图5.5，加压系统管道线路见图5.6。

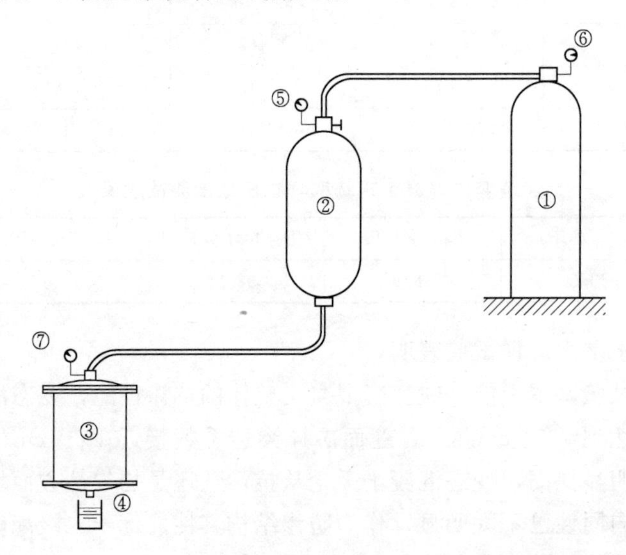

图5.5　渗透试验原理图

①—氨气瓶；②—压力水库；③—渗透试验筒；④—集水器；⑤—水压表；⑥—气压表；⑦—压力表

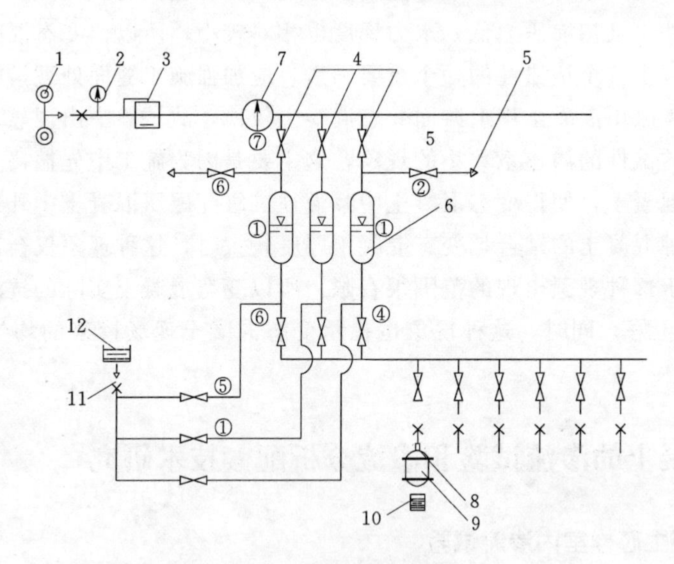

图5.6　加压系统示意图

1—压力气瓶；2—气压表；3—定值表；4—开关；5—消声器；6—蓄能器；7—压力表；8—排气螺栓；9—试模筒；10—量瓶；11—接头；12—自来水箱；①②④…—开关标号

5.2.1.2　芯样渗透试验试件的制备

现场取回的芯样需要预制成渗透试件，制备程序如下：

（1）将芯样试件周围表面污物、尘土和松动部分去掉，同时用铁砂纸人工打毛其表面。

（2）再将试件浸泡在清洁自来水中最少24h以上。

（3）配制试件周围止水填料丙乳砂浆。

1）水泥：用600号磨细硅酸盐水泥。

2）砂子：河砂，过2.5mm的筛，取筛下部分，洗净，风干。

3）丙乳。

4）拌制止水材料时必须充分拌和均匀。要求每次拌制的砂浆能在30～45min之内用完。

5）试件面干后入模，放在模子正中，在试件与模具壁间的空隙中充填止水材料，边填边轻微振动直到填满，至表面开始出现扰动液化为止。

6）蒸气养护3昼夜后拆模（这时试件与周围凝固的砂浆胶结成一体），继续养护7d左右。

7）再在空气中干养护21d或在30℃的烘箱中养护14d。

8）将准备好的试件热压入渗透试验筒，水流方向沿层缝面，每6个试件为1组，试件状态稳定后，方可开始进行渗透试验。

5.2.1.3　碾压混凝土芯样的渗透试验方法

（1）压力水库有两个可连续交替不断供水的高压水箱，压力由高压氮气瓶供给。

（2）渗流方向与试件层面平行。

（3）起始控制压力为0.1MPa，昼夜连续测试，每隔8h水压力增加0.1MPa，当发现混凝土表面潮湿渗水时，记录相应的初渗压力值和记录首先出水部位，然后继续加压测试。

（4）处于正常渗透情况，压力逐级增加到2.8 MPa停止，并保持2.8 MPa压力（试验证明压力增到2.8 MPa时一般不会出现水力击穿现象），每隔2～3h测一次流量（一般8h内测2～3次流量），待渗透水量逐渐稳定后，再继续测读4d渗流量，取4d测试结果的平均值，作为该试件的渗透值。

5.2.1.4　试验结果的修正

由于RCC芯样渗透试验周期长，为了使试验数据的样本具有一致性，故需对RCC龄期和环境温度对实验结果的影响进行修正。

根据碾压混凝土水化过程初期进行得比较快，随着时间延长逐渐减缓的特点，如果在潮湿养护下，碾压混凝土芯样养护龄期超过90d可不再对试验结果进行修正。

根据流体力学理论，温度升高，水的黏滞系数减小，水流速度增大。在温差变化较大的环境下作渗透试验，外界温度必然会对试验结果有影响，按照土工试验修正方法，把当时温度环境测得的渗透系数都统一换算到水温为10℃时试样的渗透系数，换算公式为

$$k_{10}=k_T\frac{\eta_T}{\eta_{10}} \tag{5.22}$$

式中：k_{10}为水温为10℃试样的渗透系数（以下均用k表示），cm/s；η_T 为 T℃时水的动力黏滞系数（g·s/cm^2）；η_{10}为10℃时水的动力黏滞系数，g·s/cm^2。

根据有关资料数表，可查得$\frac{\eta_T}{\eta_{10}}$的比例关系，试验室条件虽然较好，但由于一般试验周期较长，环境温差大，难以控制恒温，故应对结果给予相应修正。

5.2.2　碾压混凝土现场压水试验

《水工碾压混凝土施工规范》(DL/T 5112—2009）中把现场压水试验作为评定碾压混凝土抗渗性的方法，但对碾压混凝土的现场压水试验尚无统一标准，而沿用《水利水电工程钻孔压水试验规程》(SL 31—2003)，该规程仅适用于岩体的压水试验。岩体和碾压混凝土两种介质有较大差异。碾压混凝土层面类似于岩体的结构面，不同之处在于除层面外并无其他结构面，特别是对于施工质量好的碾压混凝土层面（缝面）接合非常好，渗透性非常小，岩体压水试验其主要设备，如压水设备及量测装置的精度不能适用于RCC坝的现场压水试验的要求。

5.2.2.1　现场压水试验设备的革新

(1）压水设备的革新。以往的碾压混凝土现场压水试验一般采用灌浆泵或泥浆泵压水，供水不稳定，压力、流量波动大，精度和灵敏度不能满足碾压混凝土压水试验要求，为此在江垭现场压水试验时，选择了本溪水泵厂生产的JX型行程计量泵。该计量泵能够无级调节行程，根据碾压混凝土渗透性的不同，方便地调节流量和压力，其最大压力为1.6MPa，最大流量为80L/h，使用时可以在0至最大压力（最大流量）之间任意无级调节，压水稳定，精度和灵敏度高。因计量泵供水量小，难以满足大流量的要求，当碾压混凝土渗透性较大时则用150泵。更换压水设备的标准如下：

1）当流量$Q\geqslant 1$L/min，150泵供水。

2）当流量$Q\leqslant 1$L/min，计量泵供水。

(2）进水量的量测装置的革新。进水量观测也是现场压水试验重要环节。如何使量测装置既能满足微小渗水量的要求，又能满足较大渗水量的要求，是碾压混凝土现场压水试验中需要解决的问题，为此专门研制了2套装置用于测定进水量。

其中一套装置由5个高度1.5cm左右的无缝钢管连接而成。在每个钢管外侧均有一玻璃测压管连通，通过玻璃测压管读取进水量，单位mL。根据进水量大小，可打开一根、几根钢管的阀门。为了更好适应不同进水量的要求，又研制了一套由3个直径较大的无缝钢管和2个直径较小的无缝钢管连接而成的装置，将这2套装置均称为测压管-体积观测仪。

(3）供水管路的革新。施工质量好的碾压混凝土渗水量很小，供水管路中水量的微小损失都将对压水试验结果产生很大影响。深孔压水用钻杆做供水管路时，钻杆接头较多，对钻杆接头是否漏水没有把握。如果采用锥形接头、长钻杆，并且在接头处缠裹生胶带和涂抹黄油等措施以防止接头漏水，不但操作过程需要熟练的技术工人，而且劳动强度大，此外，经过这样处理的供水管路漏水量无法量测，但由露在孔外的接头可以看出，高压时，接头处仍有水珠滴出。为此对供水管路进行了改造，将外径12mm的氧气管插入钻杆内供水，氧气管能承受1.2MPa压力，内壁光滑，每根长度30m，有效地解决了供水管路接头漏水问题。

(4) 适用于RCC坝现场压水试验设备的成套装置。计有计量泵、150泵、XJ-100A型钻机、XY-4型钻机（兼取芯）、测压管-体积测试仪2个、0.6MPa标准压力表2个、1.6MPa标准压力表2个、民用水表2个、计时用秒表1个，还有胶塞、供水用氧气管等。

压水试验装置连接见图5.7。

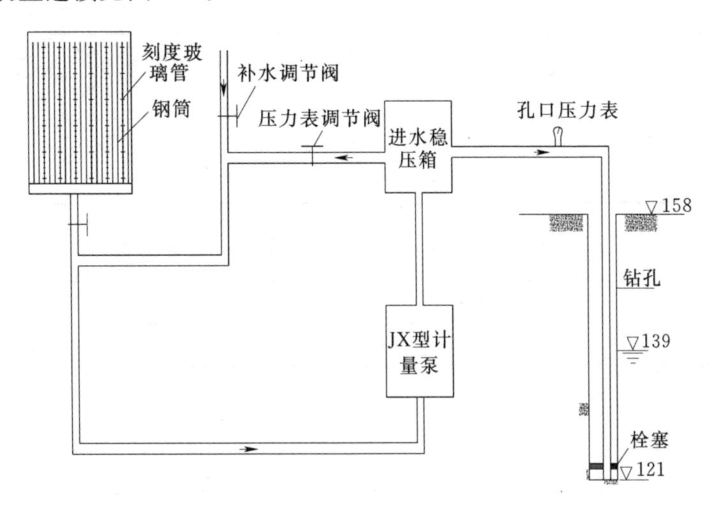

图5.7 压水试验装置连接示意图（单位：m）

5.2.2.2 现场压水试验各环节对结果的影响分析

(1) 供水管影响分析。采用钻杆作为压水试验的供水管路和采用氧气管作为压水试验的供水管路的对比试验成果见表5.26，试验反映出两种供水管路透水率结果有差别，采用氧气管作为供水管路杜绝了供水管路中的水量损失。

表5.26　　钻杆供水和氧气管供水对比试验成果表

压水段次	钻杆供水透水率/Lu	氧气管供水透水率/Lu
1	0.09	0.013
2	0.04	0.005
3	0.122	0.64
4	0.09	0

(2) 压水设备的影响分析。分别采用150泵压水和计量泵压水对比试验成果见表5.27，试验成果显示两种压水装置量透水量成果有一定差别，计量泵测得结果比150泵的结果大，因此现场试验中仅在渗透量较小的部位用计量泵压水，避免了渗透系数为零的误判。

(3) 止水胶塞的影响分析。压水试验中采用5段止水胶塞顶压式止水，尽管胶塞有弹性，但也不可能与孔壁完全贴合在一起，特别是对有缺陷的孔壁更难以完全封闭好。对于渗透量较大孔段，胶塞的微量渗水影响不大，但对于每分钟仅几十毫升甚至几毫升的孔段，胶塞部位的微量渗水的影响不容忽视，因此，选择试验孔段在胶塞结合处涂一圈凡士林油，下到孔底顶压将凡士林油挤出将胶塞周围密封好。测出两种结果见表5.28。由此可见不同的胶塞止水措施，也对测试成果有影响。

表 5.27　150泵和计量泵压水对比试验成果表

时间段	150泵压水透水率/Lu	计量泵压水透水率/Lu
1	0.026	0.045
2	0.017	0.049
3	0.017	0.046
4	0.016	0.041
5	0.017	0.039
6	0.014	0.04
7	0.016	0.033

表 5.28　胶塞不涂凡士林油与胶塞涂凡士林油压水成果表

时间段	胶塞不涂凡士林油透水率/Lu	胶塞涂凡士林油透水率/Lu
1	0.022	0.006
2	0.020	0.005
3	0.022	0.007
4	0.023	0.006

(4) 水量量测装置和影响分析。量测装置有水表及测压管-体积观测仪两种，其中计量泵压水均用测压管-体积观测仪，150泵压水时两种装置共用。在供水管路没有水量损失的情况下，测压管-体积观测仪测得成果稳定可靠，精度高、误差小。水表由于压力波动引起指针摆动，有一定误差，但对渗透量比较大的孔段来讲，误差也很小，精度满足要求。

(5) 供水管路水量损失与压力损失的影响分析。采用钻杆供水，由于接头较多，不仅漏水量大，而且压力损失亦大，采用氧气管供水，接头少或无接头，管径一致，管壁光滑，一般无漏水情况发生，且管路压力损失影响不大。现分析计算如下：

管路压力损失可用下式计算

$$p_s=\lambda\frac{L}{d}\frac{V_2}{2g} \tag{5.23}$$

式中：λ为摩阻系数，$\lambda=(2\sim4)\times10^{-4}$MPa/m；$L$为工作管长度，m；$d$为工作管内径，m；$V$为管内流速，m/s；$g$为重力加速度，$g=9.81\text{m/s}^2$。

氧气管直径为10mm，氧气管长度20.0m，不同透水率情况下的压力损失见表5.29。

表 5.29　不同透水率时管路压力损失值表

透水率/Lu	管内流速/(m/s)	压力损失/MPa
10.00	1.91	7.3×10^{-2}
1.00	0.191	7.3×10^{-4}
0.1	0.0191	7.3×10^{-6}
0.01	0.00191	7.3×10^{-8}

从表5.29中可以看出，因为碾压混凝土透水率很小，供水管内流速很小，管路压力损失主要产生在接头部位，本次采用氧气管供水，管壁光滑，接头只有一个或没有接头，从而减少了压力损失影响。

5.2.2.3　RCC坝现场试验方法的制定与应用研究

（1）钻孔。采用ϕ75mm金刚石钻头回旋钻进，钻孔应保持垂直及相应倾角，孔深误差应小于2.0cm。

（2）洗孔。钻孔完成后即采用高压水冲洗。洗孔时保证水量充足、流量大、直至回水清洁，肉眼观察已无粉尘为止。

（3）试段隔离。采用ϕ75mm胶塞进行试段隔离止水，为保证胶塞与孔壁接触密封，可在每个胶塞接合处均匀涂上一层凡士林油，在顶压胶塞时将其挤出，使胶塞与孔壁碾压混凝土完全封闭。

（4）压水压力。现场压水试验采用的压力应既能满足现场压水要求又不对大坝产生抬动破坏，碾压混凝土层面中渗透压力的大小及压水孔距临空面距离是坝体能否产生抬动变形和破坏的关键。采用单点法压水时，浅孔压水的压力建议采用0.2～0.3MPa，孔深6.5m以内压水压力建议采用0.3MPa，孔深大于6.5m的压水压力建议采用0.6MPa。

（5）压力观测。压力值通过压力表观测，在压水过程中，要保持压力表压力稳定。

（6）流量观测。根据压水过程中压水段渗水量的不同，选择采用水表、测压管-体积观测仪作为流量观测设备。

1）压水段渗水量$Q<1$L/min时，采用计量泵压水，用测压管-体积观测仪观测压入压水段内水的体积。

2）压水段渗水量$Q>1$L/min时，采用150泵压水，采用水表观测流量。但在压水段渗水量接近1L/min时，活塞往复行程短，测压管-体积观测仪上的测压管内水柱波动不大时，仍采用测压管—体积观测仪进行观测。

3）渗水量相对较大时，2min测读一次，渗水量相对较小时5min测读一次。如果流量无持续增大趋势，且连续5次读数中流量最大值与最小值之差小于最终值的10%时，该压水段压水结束。

5.2.3　碾压混凝土渗流分析

5.2.3.1　碾压混凝土坝的渗流基本理论

对碾压混凝土大坝坝体和坝基的渗流研究域可以被分为多孔隙介质材料的饱和区和非饱和区，仍然可按达西渗流问题进行研究，若考虑介质骨架的变形，则渗流连续性控制微分方程为

$$\frac{\partial}{\partial x_i}\left[k_r(\theta)k_{ij}^s\frac{\partial h}{\partial x_j}\right]=\frac{\partial\theta}{\partial t}=\frac{\partial}{\partial t}(nS_w) \tag{5.24}$$

式中：n为介质的孔隙率，不一定为常量；S_w为介质的饱和度，在非饱和区$0\leqslant S_w<1$，在饱和区$S_w=1$；k_{ij}^s为渗透介质的饱和渗透系数张量；k_r为相对渗透率，为非饱和时渗透系数张量元素与饱和时渗透系数张量元素之比值，在非饱和区$0\leqslant k_r<1$，在饱和区$k_r=1$。

考虑到体积含水率θ和k_r都是压力水头h_c的函数，即$\theta=\theta(h_c)$及$k_r(\theta)=k_r[\theta(h_c)]$，

以及 $h=x_3+h_c$，则 $\frac{\partial \theta}{\partial t}=\frac{\partial \theta}{\partial h_c}\frac{\partial h_c}{\partial t}$，并令容水度 $C(h_c)=\frac{\partial \theta}{\partial h_c}$，那么饱和-非饱和达西渗流场的微分控制方程变为

$$\frac{\partial}{\partial x_i}\left[k_{ij}^s k_r(h_c)\frac{\partial h_c}{\partial x_j}+k_{i3}k_r(h_c)\right]=[C(h_c)+\beta S_s]\frac{\partial h_c}{\partial t} \tag{5.25}$$

式中：$C(h_c)$ 为容水度在饱和区 $C=0$；β 为选择系数，在非饱和区等于0，在饱和区等于1；S_s 为饱和区介质的弹性贮水率，就水利工程中的一般渗流问题饱和渗流区的弹性贮水率常常可以忽略不计，即常令 $S_s=0$。

渗流场的定解条件与通常达西渗流问题的初始条件和边界条件相类似，这里不再赘述。

5.2.3.2　碾压混凝土重力坝渗流场分析有限单元法

在碾压混凝土重力坝尤其是高碾压混凝土重力坝渗流场的有限单元法分析中，要求计算方法和计算程序应该具备以下功能：具备好的稳定的自由面及逸出面的搜索功能；坝体为成层结构，混凝土本体与层面及缝面的渗透特性完全不同，一个常规尺度单元内会有多层乃至几十层的不同渗流特性的成层材料，需要进行特殊的数学上严密的处理方法；层面尤其是缝面以及其他的零星的强渗水通道的透水能力不能简单地平均到整个坝体中去，需要用特殊的单元模型进行单独模拟；防渗体和坝体中可能存在的水平或竖直型的贯穿性裂缝也需单独模拟；坝体中的众多排水孔往往是穿过渗流自由面的，但事先无法确定孔中逸出线的具体位置，需进行排水孔穿过自由面时渗流场求解的迭代计算；坝体和坝基排水幕的位置以及自溢式排水高程的不同，可能在同一时刻会出现部分排水幕在真正排水工作，而另外一部分则不处于排水降压的工作状态，要能正确地区别排水幕的工作状态；另外，能够进行渗流量的高精度计算。

1. 有自由面渗流问题的结点虚流量法求解方法

基于固定计算网格的结点虚流量法，是目前求解有自由面的无压流渗流问题最有效最稳定的算法之一。在该算法中，往往事先取计算域大于（也可以小于，然后再据计算中间解，再不断扩大计算域）真实渗流域，并定义计算域中位于渗流自由面以上的区域为渗流虚域，位于自由面以下的区域为渗流实域，实域和虚域中的单元相应地被称为实单元和虚单元，自由面可能所在的区域为渗流过渡域，自由面穿过的单元为过渡单元。在迭代解题过程中，通过不断地消除渗流虚域与虚单元以及过渡域中过渡单元的虚域影响，从而得到问题的真解，该法的有限单元法解题基本迭代格式为

$$[K]\{H\}=\{Q\}-\{Q_2\}+\{\Delta Q\} \tag{5.26}$$

式中：$[K]$、$\{H\}$、$\{Q\}$、$\{Q_2\}$ 和 $\{\Delta Q\}$ 分别为计算域的总传导矩阵、未知结点水头列阵、总等效结点流量列阵、渗流虚域所作的等效结点流量列阵和虚单元及过渡单元所作贡献的未知水头结点的虚流量列阵，后者的作用在数学上是用来平衡式（5.24）左边项中相应的结点虚流量。因 $[K]$ 是整个计算域中的传导矩阵，除了解题时的单元网格不变外，当边界条件也不变化时，总传导矩阵就不需要进行组装和分解。又因为渗流自由面位置在迭代求解过程中是不断变化的，式中 $\{Q_2\}$ 和 $\{\Delta Q\}$ 均与水头列阵 $\{H\}$ 的解有关。因渗流虚域及过渡域对第一类已知水头边界上的结点的流量贡献项 $\{Q_2\}$ 往往很小，迭代

过程中主要是不断地通过修正结点虚流量项 $\{\Delta Q\}$，最终求得问题的正确解，故此法被称为结点虚流量法。

求解式（5.26）的方法很多，对一般问题只需迭代几步就收敛，可快速满意地得到问题的解。但对于一些强非均质和强渗透各向异性渗流域问题，求解时往往还需要引进一些求解的数学处理技巧。

对于饱和渗流问题，式（5.26）的收敛标准在理论上是渗流实域和虚域之间处处没有流量交换，即没有渗透水流穿过自由面。因自由面上各处的法线流量不易正确地计算，数值试验表明，对于一般工程问题，可将下式简单地近似作为迭代计算收敛的标准。

$$\mathrm{Max}(|H_1^i-H_1^{i-1}|,|H_2^i-H_2^{i-1}|,\cdots,|H_n^i-H_n^{i-1}|)\leqslant\varepsilon_H \tag{5.27}$$

式中：i 为迭代序号；n 为未知水头结点数；H 为结点水头；ε_H 为水头允许误差值，常可取 0.001～0.1m。

在式（5.26）的求解过程中，为了高精度地求得问题的解，需根据中间解识别出渗流逸出面的大小。至于如何正确地将可能逸出面不断地无人为误差地调整至真实渗流逸出面，可以采用如下方法：若采用的是水头线性单元模式，渗流域中可能渗流逸出面上的任何一个结点的渗流量可直接用式（5.28）计算；若用的是非线性单元模式则逸出面上单元角点结点的流量大小可用常规的式（5.29）所示的按达西定律进行计算

$$q_i=-\sum_e\sum_{j=1}^m k_{ij}^e H_j^e \tag{5.28}$$

$$\begin{aligned}q_i=\sum_e\iint_{S^e}N_i(\xi,\eta,\zeta)\Big[&\left(k_{xx}\frac{\partial H}{\partial x}+k_{xy}\frac{\partial H}{\partial y}+k_{xz}\frac{\partial H}{\partial z}\right)n_x+\left(k_{yx}\frac{\partial H}{\partial x}+k_{yy}\frac{\partial H}{\partial y}+k_{yz}\frac{\partial H}{\partial z}\right)n_y\\&+\left(k_{zx}\frac{\partial H}{\partial x}+k_{zy}\frac{\partial H}{\partial y}+k_{zz}\frac{\partial H}{\partial z}\right)n_z\Big]\mathrm{d}s\end{aligned} \tag{5.29}$$

式中：q_i 为逸出面上分配到单元角点结点 i 的渗流量；S^e 为单元 e 的逸出面区域；m 为单元结点数；k_{ij}^e 为单元 e 的传导矩阵中的传导系数；k_{xx}，k_{xy}，…，k_{zz} 分别为渗透系数张量中的渗透系数元素；H_j^e 为单元 e 第 j 结点的水头；$\sum\limits_e$ 为对计算域中那些环绕结点 i 的所有单元求和；H 为单元 e 内任何一点的水头；n_x，n_y，n_z 为逸出面外法线单位矢的坐标余弦；N_i 为空间 8 结点线性等参单元中第 i 结点的形函数。

由式（5.28）或式（5.29）和中间解就可以方便而又高精度地计算得到可能逸出面上任何一个结点的渗流量 q_i；再据 q_i 的正负性和真实逸出面上结点流量应为渗出流量的固有物理意义，就可判定可能逸出面上哪些结点才是真正属于真实逸出面，在下一步求解中先剔除掉那些已知的不属于真实逸出面上的结点，将这些结点的边界条件从原来的第一类已知水头边界转化成不透水的第二类自然边界，再继续进行迭代求解，经若干步后即可在理论和算法上完全正确严密地消除了由于对逸出面大小的事先假定不正确所带来的解题误差。

2. *渗流非均质成层材料单元模型*

基于碾压混凝土坝成层材料结构的特点和碾压混凝土坝的结构特性，采用渗流非均质成层材料单元模型以及下一节中的缝隙渗流缝面无厚度平面单元模型，不但能高精度地计算出成层材料的单元传导矩阵，而且又能对那些强透水性冷缝或裂缝的集中渗流行为进行

单独专门细致的模拟。

坝体在其高度方向上的分层数是由混凝土本体层厚、层面隙宽、缝面隙宽和缝面抗渗处理垫层等所决定。此时，用有限单元法求解大坝渗流场解时的关键是如何在理论上正确地求得这种非均质成层材料单元的传导矩阵。据有限单元法原理，单元传导矩阵中的传导系数 k_{ij} 的计算方法如下

$$k_{ij}=\int_{-1}^{1}\int_{-1}^{1}\int_{-1}^{1}B_i^TKB_j\,|J|\,d\xi d\eta d\zeta=\sum_{k=1}^{N}\int_{\zeta_{k-1}}^{\zeta_k}\left(\int_{-1}^{1}\int_{-1}^{1}B_i^TKB_j\,|J|\,d\xi d\eta\right)d\zeta \quad (5.30)$$

引进积分变量变换关系

$$\zeta=\frac{\zeta_k-\zeta_{k-1}}{2}\zeta'+\frac{\zeta_k-\zeta_{k-1}}{2} \quad (5.31)$$

得

$$k_{ij}=\sum_{k=1}^{N}\int_{-1}^{1}\frac{\zeta_k-\zeta_{k-1}}{2}\left(\int_{-1}^{1}\int_{-1}^{1}B_i^TK_kB_j\,|J|\,d\xi d\eta\right)d\zeta' \quad (5.32)$$

式中：N 为单元中的非均质材料层数；K_k 为第 k 层材料的渗透系数张量；B_i、B_j 和 $|J|$ 分别为局部坐标 ξ，η 和 ξ' 的函数。

由式（5.32）用高斯积分法可以求得这种单元的传导矩阵系数和传导矩阵。

值得指出的是，这里介绍的非均质成层材料单元模型的建模思想也能直接适用于碾压混凝土坝或别的成层材料结构中温度场和应力场等问题的数值分析，这种建模思想也可以毫无困难地扩展到原单元也同时在 ξ 和 η 方向上的成层情况。

3. 缝隙渗流缝面薄层单元和无厚度二维缝面单元

视碾压混凝土坝体由非均质成层材料单元和缝面薄层单元所组成。因碾压混凝土本体的透水能力很微弱而缝面的透水能力与其水力隙宽的立方成正比，相对碾压混凝土本体而言，缝面无论在其切向和法向方向的透水能力都相对非常大，尤其是缝面切向的渗透系数为一个相对大值，缝面需单独划分成厚度很小的薄层单元。假定缝面中水流呈平行层流，流态符合广义达西定律

$$\begin{Bmatrix}V_{x'}\\V_{y'}\\V_{z'}\end{Bmatrix}=\begin{bmatrix}k_{x'x'} & k_{x'y'} & k_{x'z'}\\ & k_{y'y'} & k_{y'z'}\\ \text{对称} & & k_{z'z'}\end{bmatrix}\begin{Bmatrix}I_{x'}\\I_{y'}\\I_{z'}\end{Bmatrix} \quad (5.33)$$

式中：x'，y'，z' 为定义在缝面上的局部坐标系，$x'o'y'$ 坐标面与缝面平行；$V_{x'}$，$V_{y'}V_{z'}$ 和 $I_{x'}$，$I_{y'}$，$I_{z'}$ 分别为渗流速度和水力梯度分量；$k_{x'x'}$，$k_{y'y'}$，…，$k_{z'z'}$ 分别为缝面单元渗透系数张量中的等效渗透系数元素。

若缝面主渗透系数 k_{11}^f，k_{22}^f 和 k_{33}^f 的主向与局部坐标轴方向重合，则有

$$\begin{Bmatrix}V_{x'}\\V_{y'}\\V_{z'}\end{Bmatrix}=\begin{bmatrix}k_{11}^f & 0 & 0\\ & k_{22}^f & 0\\ \text{对称} & & k_{33}^f\end{bmatrix}\begin{Bmatrix}I_{x'}\\I_{y'}\\I_{z'}\end{Bmatrix} \quad (5.34)$$

其中

$$k_{11}^f=k_{x'}^f=\frac{gd_{x'}^2}{12\mu};k_{22}^f=k_{y'}^f=\frac{gd_{y'}^2}{12\mu};$$

式中：g 为重力加速度；$d_{x'}$，$d_{y'}$ 分别为缝面在 x' 和 y' 坐标轴方向上的等效水力隙宽；μ 为水的运动黏滞系数；k_{33}^5 为缝面单元在缝面法向上的渗透系数，为一个相对大值，k_{33}^f

$=k_{z'}^{f}$。

缝面中渗透水流的运动连续性方程为

$$\frac{\partial}{\partial x'}\left(k_{x'}^{f}\frac{\partial H}{\partial x'}\right)+\frac{\partial}{\partial y'}\left(k_{y'}^{f}\frac{\partial H}{\partial y'}\right)+\frac{\partial}{\partial z'}\left(k_{z'}^{f}\frac{\partial H}{\partial z'}\right)=0 \tag{5.35}$$

按常规六面体等参单元的方法就可以计算出缝面薄面单元的传导矩阵，其中的传导矩阵元素为

$$k_{ij}^{f}=\int\limits_{\Omega^S}\left(k_{x'}^{f}\frac{\partial N_r}{\partial x'}\frac{\partial N_s}{\partial x'}+k_{y'}^{f}\frac{\partial N_r}{\partial y'}\frac{\partial N_s}{\partial y'}+k_{z'}^{f}\frac{\partial N_r}{\partial z'}\frac{\partial N_s}{\partial z'}\right)\mathrm{d}\Omega \quad (r,s=1,\cdots,m) \tag{5.36}$$

式中：m 为空间单元结点数，N_r，N_s 分别为单元插值函数。

将式（5.36）的薄层单元的传导矩阵参与计算域总传导矩阵的组装，即可对整个渗流场进行求解。一般缝面的隙宽很小，只有几个微米到几十微米，单元在 z'方向的尺寸相对于在 x'和 y'方向的尺度甚非常小，这种薄层单元精度差，有时甚至会降低整个渗流场的求解精度。另外，薄层单元需单独划分出来，增加了解题的规模。鉴于此，采用缝面缝隙渗流的二维无厚度缝面单元。

因缝面缝宽很小，法向的透水能力极大以及混凝土本体透水能力极小，以满足工程精度要求的意义而言，完全可以认为在缝面内缝面法向的水头损失为零，则式（5.33）退化为

$$\frac{\partial}{\partial x'}\left(k_{x'}^{f}\frac{\partial H}{\partial x'}\right)+\frac{\partial}{\partial y'}\left(k_{y'}^{f}\frac{\partial H}{\partial y'}\right)=0 \tag{5.37}$$

在缝面或裂缝内渗透水流呈二维流态，且在 x'和 y'坐标方向上缝面法向厚度 $d_{x'}$和 $d_{y'}$被反映在渗透系数 $k_{x'}^{f}$和 $k_{y'}^{f}$内，计算中单元的厚度为零，成为无厚度的二维缝面单元。这种二维缝面单元的传导矩阵元素 k_{ij}^{f}相应为

$$k_{ij}^{f}=\int_{S^f}\left(k_{x'}^{f}\frac{\partial N_r}{\partial x'}\frac{\partial N_s}{\partial x'}+k_{y'}^{f}\frac{\partial N_r}{\partial y'}\frac{\partial N_s}{\partial y'}\right)\mathrm{d}s \quad (r,s=1,2,\cdots,m) \tag{5.38}$$

式中：m 为二维缝面单元的结点数；N_r，N_s 分别为这种平面单元的插值函数。

这种缝隙渗流缝面单元对坝体内渗流场特性的影响是通过下式的水头连续条件来实现

$$H_S^{RCC}=H_{S^f}^{f} \tag{5.39}$$

即缝面 S^f 上任一结点处碾压混凝土壁面上的水头 H_S^{RCC} 与无厚度缝面单元同一位置结点处的水头 $H_{S^f}^{f}$相同。再按通常的有限单元法原理，根据计算域中任一结点处的流量平衡条件式（5.38）就可以组装成常规形式的求解整个渗流场的有限单元法支配方程。

$$\sum_e (Q_i^{RCC}+Q_i^f)=0 \quad (i=1,2,\cdots,n) \tag{5.40}$$

式中：n 为总结点数；Q_i^{RCC}，Q_i^f 分别为由碾压混凝土三维非均质成层单元或等效连续体单元和二维缝面单元对结点 i 所作贡献的等效结点流量；$\sum\limits_e$ 为对环绕 i 结点的所有的单元求和。

用上述缝面单元模拟冷缝面或裂缝渗流行为的优点有：一是二维缝面单元没有厚度，网格剖分时无需进行专门剖分，而只需额外形成一个简单的所有这类二维单元的单元信息表即可；二是避开了在缝面法向隙宽方向上的微分及积分运算，不因对缝面或裂缝渗流行

为的处理而给整个渗流场求解带来误差。

在单元传导矩阵组装时，若局部坐标轴 x'，y'和 z'不与总体坐标轴 x，y 和 z 平行，则组装前得先将缝面薄层单元和二维缝面单元的渗透系数张量或传导矩阵进行坐标变换。

4. 排水孔改进排水子结构

通常在混凝土大坝的坝体和坝基中总是设有许多孔径约 10～15cm，孔距约 3～4m 和长（深）达几米至几十米的排水孔，以及由排水孔列所组成的排水幕。因排水孔孔径和孔距都很小以及数量众多，如何严密精细地对排水孔渗流行为进行数值模拟，对这个排水孔问题需采用改进排水子结构技术和“排水孔开关器”的概念。

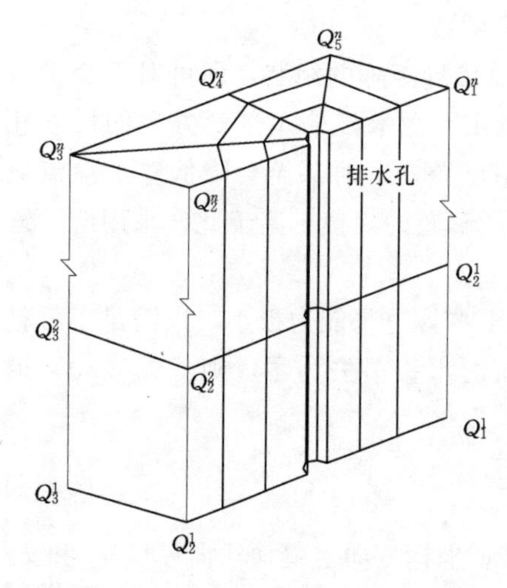

图 5.8 有半个排水孔底排水子结构

图 5.8 为内有半个排水孔的排水子结构及其内部单元的一种划分型式，在子结构内部沿排水孔的径向划分成 3 层单元，共有 12（$n-1$）个内部单元（n 为子结构在高度方向上的单元界面数，且须又 $n\geqslant3$），位于子结构顶面和底面上的结点以及四周侧面上的结点 a_1^1，a_2^1，a_3^1，a_4^1，a_5^1，…，a_1^n，a_2^n，a_3^n，a_4^n，a_5^n 均为该子结构的出口结点，共有 $5n+30$ 个，其余 15（$n-1$）个为子结构的内部结点。按有限单元法中的子结构算法以及子结构中排水孔上的具体渗流边界条件就可对该子结构进行静凝聚，形成子结构的出口传导矩阵和右端项，然后参加整体传导矩阵的组装。在有限单元法中子结构的定义和其内部单元的划分型式很灵活，只要求子结构出口结点与周围相邻单元结点的连接满足水头的连续性条件即可。因此，渗流场中排水子结构的定义主要由具体渗流问题的性质、材料的特性、排水孔的间距、深度和排数等因素所决定，理论上一个排水子结构内部可有任意 m 行和 n 列个排水孔和两层以上的单元。为了进一步节省计算工作量，还可以利用子结构的相同性或相似性对子结构进行分门别类的定义，从而只需对相对为数不多的少数典型代表性子结构的出口传导矩阵和右端项进行计算即可，再加子结构本身结点并不多，由子结构计算所带来的附加计算工作量并不很多。

应用排水子结构技术，在解复杂工程渗流场的问题时，就可以对渗流场中众多排水孔周壁面上的渗流行为进行精细地模拟，大大地提高了渗流场的求解精度，使得正确精细地解工程复杂渗流场的问题成为可能。

5. 排水孔渗流开关器

在水利工程中往往从廊道或洞室的底板向下布置大量的顶端为自溢排水方式的排水幕，当渗流场的渗流自由面高于这些排水幕的顶端面高程时，排水幕处在排水降压的正常工作状态，当渗流自由面的位置在排水孔处是低于排水孔的顶端面时，排水孔处在不排水的状态。因渗流场的复杂性，事先并不知道工程中具体哪些溢流型排水孔是处在排水工作状态的和哪些是处在不排水状态，在解题的过程中须对它们逐一进行识别。若采用文献中至今仍然常见的那种事先给定已知水头的模拟方法，则可能使得那些实际上不处于排水状态的排水孔非但没有起到排水降压的作用，而是相反地由于错误地选择了它们的边界条件，它们对整个渗流域起到人为的强迫性加压注水的作用，最终给出错误的结果。

为了在解题时能对所有溢流型排水孔的真实工作状态进行模拟，事先应分别在每个排水孔的顶端面设置一个数学“排水开关器”，借助于它们来准确控制和模拟每一个排水孔是否应该真正处在正常的排水工作状态（“开”)。在第一步解题时，假定所有这些排水孔都处在排水工作状态，即引进每个排水孔中位于排水孔壁面上的结点的水头为已知的水头条件，水头值等于排水孔顶端面的位置高程。求得问题的中间解后，再来计算渗出每个排水孔顶端面的渗流量，若据渗流场中间解而计算得到的渗流量结果确为渗出流量，则说明排水孔确是处在排水工作状态，在下一步迭代计算中该排水孔顶端面应仍处于“开”的排水状态；若计算所得的渗流量为入渗流量，即排水孔是处在向渗流域内加压注水的状态，这说明在该排水孔处渗流自由面是低于排水孔的顶端面，在下一步计算中应先关掉这个排水孔，即应将该排水孔的顶端面视为不透水渗流边界面，且排水孔内所有单元结点也不作为已知水头结点。如此方法，对所有溢流型排水孔进行识别和确认，再进行渗流场下一步的计算求解。再根据新的中间解重新对所有这类排水孔进行渗流量或水头值大小的检查，以确定每支排水孔在下一步计算中是应该处在“开”还是“关”的状态。

“排水孔开关器”的引进对正确求解工程中的复杂渗流场有重要意义，尤其是对有多道排水幕的坝基渗流场、地下厂房厂区渗流场和坝肩尤其是高坝坝肩三维渗流场的求解中尤为重要。

6. 排水孔穿过自由面时渗流场的求解方法

将前述固定网格求解有自由面渗流问题的结点虚流量法中的渗流实域、虚域、过渡域以及相应的渗流实单元、虚单元和过渡单元的概念引入到排水子结构中去，并将排水子结构又纳入到结点虚流量法的算法中去，就可并用排水子结构技术和结点虚流量法方便地求得排水孔穿过自由面时渗流场的解。

一般地排水孔在渗流场中的可能渗流行为见图5.9。排水孔穿过渗流自由面，排水孔部分位于渗流实域 Ω_1 中，部分位于虚域 Ω_2 中，但壁面上渗流逸出点（线）的位置 b 和 b' 事先是无法知道的，甚至排水孔是否真的穿过自由面或全部位于实域内或全部位于虚域内事先也是不知道的。若排水孔全部位于虚域 Ω_2 中，则该排水孔不起任何排水降压作用，计算中无需考虑它的作用甚至是它的存在；若排水孔全部位于实域内，则可据它的具体边界条件直接进行子结构静凝聚；若排水孔穿过自由面，则在子结构静凝聚时须按前述结点虚流量法原理进行，需扣除子结构中自由面以上虚域中单元所作的结点虚流量贡献，因此，当排水孔穿过渗流自由面时，仍然可用固定网格借助于排水子结构技术和结点虚流量法较方便地求解工程中三维复杂的渗流场。先计算出计算域中各个单

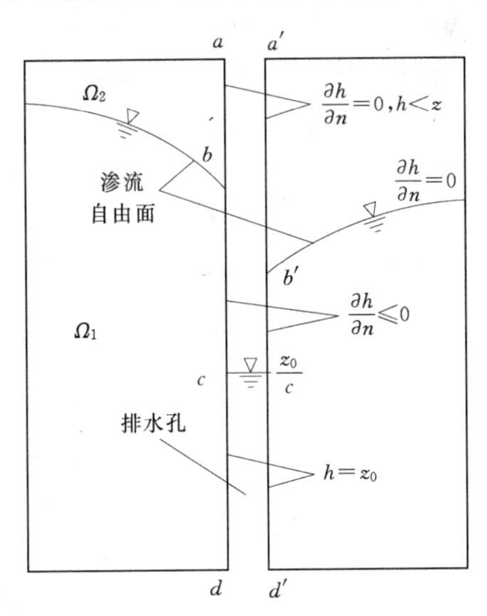

图 5.9 排水孔边界渗流行为

元的传导矩阵，其中将排水孔排水子结构可视为一超单元，计算出各个子结构超单元的出口传导矩阵和右端项，按前述结构虚流量法的基本迭代格式的要求进行组装，进而求解。因事先不知道排水孔内渗流逸出线的位置，甚至也不知道哪些排水孔是穿过自由面的，哪些又是不穿过自由面的，须据迭代计算中的中间解来识别和逐步得到真解。通常在式(5.26) 的迭代求解时，一开始可先假定各个子结构都全部位于渗流自由面以下，在得到渗流场的中间解后，如同对单元进行识别的那样，对各个排水子结构按子结构出口结点水头的大小来判别子结构是否是全位于渗流实域或虚域或穿过自由面的。若子结构不与自由面相交，在下一步的迭代计算中子结构的出口传导矩阵和右端项不变或虚子结构就不参加式 (5.26) 的组装；若子结构穿过自由面，得再按子结构内部结点水头的求解方法，先计算出这些内部结点的水头值，然后再按结点虚流量法的要求计算子结构的结点虚流量贡献，再求得下一个中间解。

上述改进排水子结构的数学表达如下：

(1) 排水孔不与渗流自由面相交。若排水子结构内部结点的未知水头及相应的右端项为 ϕ_1 和 b_1，出口结点的未知水头及右端项为 ϕ_2 和 b_2（含子结构邻域单元的结点流量贡献），则有

$$\begin{bmatrix} K_{11} & K_{12} \\ K_{21} & K_{22} \end{bmatrix} \begin{Bmatrix} \phi_1 \\ \phi_2 \end{Bmatrix} = \begin{Bmatrix} b_1 \\ b_2 \end{Bmatrix}$$

$$\phi_1 = K_{11}^{-1}(b_1 - K_{12}\phi_2)$$

$$K_{22}\phi_2 = b_2'$$

其中，$K_{22}' = K_{22} - K_{21}K_{11}^{-1}K_{12}$ 和 $b_2' = b_2 - K_{21}K_{11}^{-1}b_1$ 分别为子结构凝聚后排水子结构的出口传导矩阵和出口右端项。因排水孔不与渗流自由面相交，子结构内无虚单元，排水孔内边界上的渗流条件也是已知的，凝聚工作可据子结构内部单元的实际剖分形式和内结点与出口点的划分情况直接进行。

(2) 排水孔与渗流自由面相交。图 5.9 为一排水孔穿过渗流自由面时的情况，排水孔部分位于渗流实域 Ω_1 内，部分位于虚域 Ω_2 内，此时排水孔内边界上的渗流行为可分为以下 3 种渗流边界条件。

1) 在渗流自由面以上的排水孔段边界 ab 和 $a'b'$ 上，有：

$$\left(K_{xx}\frac{\partial\phi}{\partial x}+K_{xy}\frac{\partial x}{\partial y}+K_{xz}\frac{\partial\phi}{\partial z}\right)\cos(\overline{n},x)+\left(K_{yx}\frac{\partial\phi}{\partial x}+K_{yy}\frac{\partial\phi}{\partial y}+K_{yz}\frac{\partial\phi}{\partial z}\right)\cos(\overline{n},y)$$
$$+\left(K_{zx}\frac{\partial\phi}{\partial x}+K_{zy}\frac{\partial\phi}{\partial y}+K_{zz}\frac{\partial\phi}{\partial z}\right)\cos(\overline{n},z)=0 \text{ 和 } \phi < Z$$

2) 在逸出段 bc 和 $b'c'$ 上，有：

$$\left(K_{xx}\frac{\partial\phi}{\partial x}+K_{xy}\frac{\partial\phi}{\partial y}+K_{xz}\frac{\partial\phi}{\partial z}\right)\cos(\overline{n},x)+\left(K_{yx}\frac{\partial\phi}{\partial x}+K_{yy}\frac{\partial\phi}{\partial y}+K_{yz}\frac{\partial\phi}{\partial z}\right)\cos(\overline{n},y)$$
$$+\left(K_{zx}\frac{\partial\phi}{\partial x}+K_{zy}\frac{\partial\phi}{\partial y}+K_{zz}\frac{\partial\phi}{\partial z}\right)\cos(\overline{n},z)=0 \text{ 和 } \phi=Z$$

3) 在排水孔内水位 Z_0 以下的 cd 和 $c'd'$ 段上，有：

$$\phi = Z_0$$

在迭代求解过程中，若渗流场中所有可能逸出面上的结点在按渗流量判别它们是否仍

位于可能逸出面上时，若前后两步中它们的状态都不变，则在这两个迭代步中，式（5.26）中的未知结点相同，此时只需修正式（5.26）的右端项，左边总传导矩阵［$\boldsymbol{k}$］不变，可用常刚度法进行求解，减小计算工作量。

为了尽可能地减少解题工作量，解题时，事先按经验将整个渗流计算域在高度方向上分成3个子域，中间为渗流自由面可能所在的过渡域，其上的渗流虚域可不参加计算，组装式（5.26）时直接剔除它，过渡域以下的整个渗流域可事先直接一步到位地作为一个超大子结构向过渡域静凝聚，使迭代计算只发生大小相对极有限的中间过渡域上，从而大大地提高了解题效率，解的精度也会提高。

7. 渗流场求解及渗流量高精度计算的结点四自由度变分法

式（5.41）～式（5.43）为一完整的稳定达西渗流场数学模型中的控制方程、第一类边界条件和第二类边界条件。

$$\frac{\partial}{\partial x_i}\left(k_{ij}\frac{\partial h}{\partial x_j}\right)=0, x_i\in\Omega \tag{5.41}$$

$$h=H, x_i\in\Gamma_1 \tag{5.42}$$

$$k_{ij}\frac{\partial h}{\partial x_j}n_i=q_n, x_i\in\Gamma_2 \tag{5.43}$$

式中：k_{ij} 为二阶对称渗透系数张量；h 为水头函数；H 为已知水头函数；n_i 为边界面外法线方向余弦；q_n 为法向流量。

式（5.41）～式（5.43）问题的解等价于式（5.44）泛涵 $\pi(h)$ 的极值小点。

$$\pi(h)=\int_\Omega \frac{1}{2}k_{ij}\frac{\partial h}{\partial x_i}\frac{\partial h}{\partial x_j}\mathrm{d}\Omega-\int_{\Gamma_1}(h-H)k_{ij}\frac{\partial h}{\partial x_j}n_i\,\mathrm{d}\Gamma+\int_{\Gamma_2}q_n h\,\mathrm{d}\Gamma \tag{5.44}$$

即：

$$\pi(h)=\int_\Omega\left(k_{ij}\frac{\partial h}{\partial x_i}\frac{\partial h}{\partial x_j}-\frac{1}{2}k_{ij}\frac{\partial h}{\partial x_i}\frac{\partial h}{\partial x_j}\right)\mathrm{d}\Omega-\int_{\Gamma_1}(h-H)k_{ij}\frac{\partial h}{\partial x_j}n_i\,\mathrm{d}\Gamma+\int_{\Gamma_2}q_n h\,\mathrm{d}\Gamma \tag{5.45}$$

将达西定律 $v_i=-k_{ij}\dfrac{\partial h}{\partial x_i}$ 代入式（5.42），得

$$\pi(h,v_i)=-\int_\Omega\left(v_i\frac{\partial h}{\partial x_i}+\frac{1}{2}v_i k_{ik}^{-1}v_k\right)\mathrm{d}\Omega-\int_{\Gamma_1}(h-H)\,k_{ij}\frac{\partial h}{\partial x_i}n_i\,\mathrm{d}\Gamma+\int_{\Gamma_2}q_n h\,\mathrm{d}\Gamma \tag{5.46}$$

其中，v_i 为渗流速度分量，$i=1$，2，3；k_{ik}^{-1} 为 k_{ki} 的逆。

式（5.46）的二次泛函 $\pi(h, v_i)$ 有4个独立变量 h，v_x，v_y 和 v_z；它的极小值点也是式（5.41）～式（5.53）所述渗流问题的解。式（5.46）泛函的渗流有限元法中单元网格的结点上有4个自由度，即结点上的基本变量有：水头 h，渗流速度分量 v_x，v_y 和 v_z。因此，称这种求解达西渗流场的有限元法为结点四自由度变分法。

因在结点四自由度变分法中，单元结点的渗流速度也被直接作为基本未知量，单元内任何一点处渗流速度插值函数的次数和精度与单元内任何一点处水头插值函数的次数和精度完全相同，这样结点四自由度变分法从理论上彻底改变了这种渗流量计算值精度不高的局面。

5.2.4　采用现场压水试验成果确定碾压混凝土渗流参数

碾压混凝土现场压水试验成果整理的理论方法研究，主要是通过现场压水试验寻求透水率和渗透系数之间的理论换算关系，重点研究了 Hsieh 和 Neuman 的交叉孔压水试验法、平面渗源法和常规压水试验法。其中，交叉孔压水试验法由于所获得的试验结果具有严格的理论依据，成果准确可靠，因此可获得严格的理论解；而平面渗源法和常规压水试验法均只能获得近似解析解。但交叉孔压水试验法和平面渗源法均需要在压水孔的附近额外再专门钻观测孔，增加工作量；而且当渗透介质的透水能力很小时，试验时需要很长的时间方有可能在观测孔中获得观测点的水头变化，工作效率很低，甚至有时可能根本就无法在碾压混凝土大坝上采用，因此，它在一个工程中不太适用于进行大量的压水试验工作，可以只将它在工程中最为主要和最为典型的几个渗透材料介质区（包括现场碾压试验块或围堰等部位）进行使用，可靠地获得这些介质区材料的渗透系数张量，再在这些已有结果的基础上，进行常规压水试验、初始渗流场的观测和运用整个渗流域渗流场的数值反演分析，最终也可得到理论上较为严密的渗流研究域中各个渗透子区的渗透系数张量。

5.2.4.1　Hsieh 和 Neuman 的交叉孔压水试验法

美国 Hsieh 和 Neuman 于 1985 年提出的交叉孔压水试验理论和方法，和别的压水试验方法不同，交叉孔压水试验有其严密的数学理论解。

在工程现场做交叉孔压水试验时，一般首先是选定几个典型岩区，再在某个岩区便于试验操作的位置和方向上进行钻孔，形成压水孔和在压水孔附近相隔一定距离的地点钻孔形成 1 个或多个观测孔，然后在压水孔指定的孔段中进行压水，在观测孔中记录观测点处的渗流水头随时间的变化情况，其中根据孔段的相对长度可以近似地将压水孔孔段和观测孔孔段视为渗流场中的点或线孔。下面分别介绍交叉孔压水试验的理论和方法。

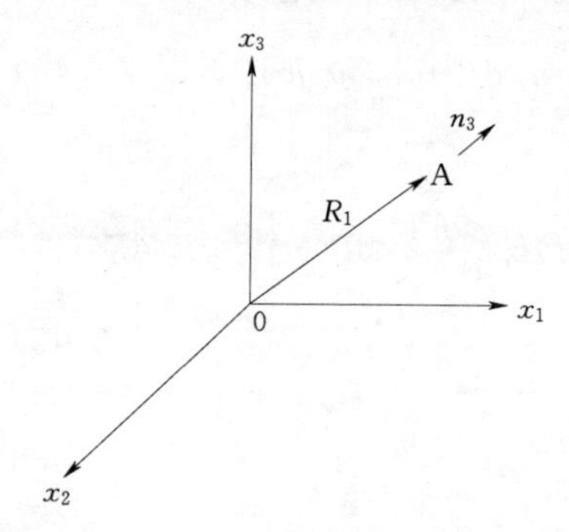

图 5.10　点压水-点观测的试验简况

1. 点压水-点观测情况时的解

假设在图 5.10 的一个无限大、均匀、各向异性的渗流域内，各处的初始水头为一定值，以恒定流量 Q 在坐标原点处进行点段压水孔压水，则在这无限域点源压水的渗流场中任一观测点 A 处的水头随时间的变化的解析解为

$$\Delta h=\frac{Q}{4\pi G_{xx}{}^{1/2}}\mathrm{erfc}\left[\left(\frac{S_s G_{xx}}{4Dt}\right)^{1/2}\right] \tag{5.47}$$

式中：S_s 为弹性贮水率；t 为压水时间，s；$\mathrm{erfc}x=\frac{2}{\sqrt{\pi}}\int_x^{\infty}\mathrm{e}^{-z^2}\mathrm{d}z$ 为余误差函数，可由数学手册或者数学软件查到其相应于各个 x 大小的函数值。

$$D=k_{11}k_{22}k_{33}+2k_{12}k_{23}k_{13}-k_{11}k_{23}{}^2-k_{22}k_{13}{}^2-k_{33}k_{12}{}^2$$

$$X(j)=R_j n_j$$

$$\mathbf{K}=k\mathbf{I}$$

$$G_{XX}=X^{\mathrm{T}}\boldsymbol{A}X=R_j^{\ 2}\ n_j^{\ \mathrm{T}}\ \boldsymbol{A}n_j=R_j^{\ 2}\ D/k_d(n_j)$$

式中：n_j 为压水点与观测点所在直线的单位向量（图 5.10）；R_j 为观测点到压水点的距离；$k_d(n_j)$ 为 n_j 方向的渗透系数；$\boldsymbol{K}$ 为介质渗透系数张量；$\boldsymbol{A}$ 为 $\boldsymbol{K}$ 的伴随矩阵，$\boldsymbol{A}$ 的元素为 $A_{ii}=k_{jj}\,k_{kk}-k_{jk}^{\ 2}$，$A_{ij}=A_{ji}=k_{ik}k_{jk}-k_{ij}k_{kk}(i,j,k=1,2,3)$。

如果令 $\Delta h_{PD}=4\pi\Delta hG_{xx}^{\ 1/2}/Q$，$t_{PD}=Dt/\ (S_sG_{xx})$，则式（5.45）的解可记为

$$\Delta h_{PD}=\mathrm{erfc}\{1/(4t_D)^{1/2}\}=\frac{4\pi R\Delta h}{Q}\sqrt{\frac{D}{k_d(n_j)}} \tag{5.48}$$

$$t_{PD}=Dt/(S_sG_{xx})=\frac{tk_d(n_j)}{S_sR_j^2} \tag{5.49}$$

对于渗透各向同性介质有 $D=k^3$，$\boldsymbol{K}=k\boldsymbol{I}$，$\boldsymbol{A}=k^2\boldsymbol{I}$（$\boldsymbol{I}$ 为单位矩阵），相应的 $G_{XX}=R^2k^2$（R 为观测点到压水点点源的距离），此时观测点处压力水头的变化结果为

$$\Delta h_{PD}=4\pi Rk\Delta h/Q \tag{5.50}$$

$$t_D=kt/(S_SR^2) \tag{5.51}$$

在进行压水试验时，先根据试验要求测出 Q、Δh、R_j 和 t，然后根据试验数据在对数图纸上作出 $R_j\Delta h_j/Q-t/R_j^2$ 的关系曲线及 $\Delta h_{PD}-t_{PD}$ 关系的曲线，在两条曲线上分别找出一个计算点，令其坐标为$[(t/R_j^2)^*,(R_j\Delta h_j/Q)^*,(t_{PD}^*,\Delta h_{PD}^*)]$ 那么可得到

$$\frac{k_d(n_j)}{D}=\left[\frac{4\pi(R_j\ \Delta h_j/Q)^*}{\Delta h_{PD}{}^*}\right]^2 \tag{5.52}$$

$$\frac{S_s}{k_d(n_j)}=\frac{(t/R_j^2)^*}{t_{PD}^*} \tag{5.53}$$

由于 $G_{XX}=X^{\mathrm{T}}AX=R_j^{\ 2}\ n_j^{\ \mathrm{T}}\ An_j=R_j^{\ 2}\ D/k_d(n_j)$，从而可得

$$G_{xx}=\frac{R_j^{\ 2}\ D}{k_d(n_j)}=[x_1(j)]^2\ A_{11}+[x_2(j)]^2\ A_{22}+[x_3(j)]^2\ A_{33}+2x_1(j)x_2(j)A_{12}$$
$$+2x_2(j)x_3(j)A_{23}+2x_1(j)x_3(j)A_{13} \tag{5.54}$$

式中：左边项为已知项，是一个关于矩阵 $\boldsymbol{A}$ 的 6 元一次方程，通过 6 次压水试验(要求 6 个观测点中任意 3 个点不能在同一直线上，任意 4 个点不能在同一平面内)，可以得到一个关于矩阵 $\boldsymbol{A}$ 的 6 元一次方程组，从而直接解出 $\boldsymbol{A}$，然后由 $\boldsymbol{A}$ 的定义，按照下式求解渗透系数张量的 6 个独立渗透系数

$$\begin{cases}D=(A_{11}A_{22}A_{33}+2A_{12}A_{23}A_{13}-A_{11}A_{23}^2-A_{22}A_{13}^2-A_{33}A_{12}^2)^{1/2}\\k_{11}=(A_{22}A_{33}-A_{23}^2)/D\\k_{22}=(A_{11}A_{33}-A_{13}^2)/D\\k_{33}=(A_{11}A_{22}-A_{12}^2)/D\\k_{12}=(A_{13}A_{23}-A_{12}A_{33})/D\\k_{23}=(A_{11}A_{12}-A_{23}A_{11})/D\\k_{13}=(A_{12}A_{23}-A_{13}A_{22})/D\end{cases} \tag{5.55}$$

作为压水孔和观测孔可以以点处理的根据，有关文献中指出，在计算矩阵 $\boldsymbol{A}$ 得到渗透系数张量后，还需计算参数 α_1、β_1 的值，作为能否以点一点处理的依据，并要求 $\alpha_1\geqslant 5.0$，$\beta_1\geqslant 5.0$，其中

$$\alpha_1=\left(\frac{G_{xx}}{G_{ll}}\right)^{1/2}=\left(\frac{2R}{L}\right)[(e^{\mathrm{T}}Ae)/(e_l^{\mathrm{T}}Ae_l)]^{1/2} \tag{5.56}$$

$$\beta_1=(G_{xx}/G_{bb})^{1/2}=(2R/B)[(e^{\mathrm{T}}Ae)/(e_b^{\mathrm{T}}Ae_b)]^{1/2} \tag{5.57}$$

式中：R 为观测点到压水点的距离；L 为压水段长度；B 为观测段长度；e_l 为压水段方向的单位向量；e_b 为观测段方向的单位向量；其他系数意义同前。

2. 线压水-点观测情况时的解

假设在一无限大区域内，在沿着某一方向上钻孔形成一段长度为 L 的压水试验段，以恒定流量 Q 压水，求解观测孔中观测点压力水头的变化情况。假如不考虑岩体骨架的变形和水体的压缩变形，则在饱和渗流区内达西渗流场为一个线性场问题，它的解符合叠加原理，因此钻孔中的线压水和点观测情况时的解是可以通过对前述点压水-点观测的解经过积分叠加运算而获得。

由式（5.47）并进行解的积分叠加运算，此时观测点 C 处的总的水头变化为

$$\Delta h=\frac{Q}{16\pi(G_{ll})^{1/2}}\int_{w=(S_SG_{XX}/4Dt)}^{w=\infty}\frac{1}{w}\exp\left[-\frac{(G_{xx}G_{ll}-G_{xl}{}^2)w}{G_{xx}G_{ll}}\right]\cdot$$
$$\left\{\mathrm{erf}\left[\frac{w^{1/2}(G_{xl}+G_{ll})}{(G_{xx}G_{ll})^{1/2}}\right]-\mathrm{erf}\left[\frac{w^{1/2}(G_{xl}-G_{ll})}{(G_{xx}G_{ll})^{\frac{1}{2}}}\right]\right\}\mathrm{d}w \tag{5.58}$$

式中：$G_{xl}=x^{\mathrm{T}}Al=x_il_jA_{ij}$；$G_{ll}=l^{\mathrm{T}}Al=l_il_jA_{ij}$。在式（5.57）中引入了 α_1、α_2 两个系数，其中 α_1 的定义见式（5.54），α_2 的定义为

$$\alpha_2=G_{xl}/(G_{xx}G_{ll})^{\frac{1}{2}}=(e^{\mathrm{T}}Ae_l)[(e^{\mathrm{T}}Ae)(e_l^{\mathrm{T}}Ae_l)]^{1/2} \tag{5.59}$$

α_1 与 R 和 $L/2$ 的比率有关，α_2 与 x 和 l 之间的角度有关，并且对于各向同性渗透介质材料有 $\alpha_1=2R/L$，$\alpha_2=\cos\theta$；对于各向异性介质材料有 $\alpha_1\geqslant0$，$0\leqslant\alpha_2\leqslant1$。

5.2.4.2　平面渗源法

鉴于碾压混凝土坝体常为强渗透各向异性介质体，混凝土层面切向与法向上的主渗透系数的各向异性比会有2个，甚至多达几个数量级，在坝体钻孔中进行压水时，压水所形成的渗流流态基本上呈现渗透水流流线平行于混凝土层面的径向流流态，在工程应用的意义上可以按平面二维径向流渗流场问题来处理。参照上述 Hsieh 和 Neuman 的三维交叉孔压水试验理论和有关热传导理论，假设在一个无限大平面区域内各处的初始水头 h 为一个常量（比如施工后各处新混凝土的非饱和含水率相同），则经过运算后得到持续点源压水试验在平面域内所引起的各处水头变化的解析解为

$$\Delta h(R,t)=\frac{Q}{4\pi kR}\mathrm{erfc}\left(\frac{R}{2\sqrt{\alpha t}}\right)=\frac{Q}{4\pi kR}\mathrm{erfc}\left(\frac{R}{2}\sqrt{\frac{S_s}{kt}}\right) \tag{5.60}$$

式中：Q 为压水流量，$\mathrm{m^3/s}$；k 为各向同性平面内的渗透系数，m/s；R 为考察点到点压水源的距离，m；t 为时间，s。

式（5.60）是一个关于混凝土层面切向渗透主系数 k 的复杂关系式，需要通过试算才能获得主渗透系数 k 的值。在碾压混凝土坝上压水试验时，沿着层面切向的渗流通道可以看成是无限大的平面域，一个半径为 r_0 的钻孔，从 $t=0$ 时刻开始以压力水头 h_0 压水，如果钻孔半径 r_0 的影响不可忽略，压水孔不能按照点源处理，那么同样可以利用叠加原理，根据以上对平面渗源时的解析解，沿着钻孔的周边进行积分运算，可求得整个区域内经过

压水时间 t 时的平面域内任何一点处的水头变化的解为

$$\Delta h(R,t)=\frac{Q}{4\pi k}\int_0^{r_0}\int_0^{2\pi}\frac{r}{\sqrt{R^2+r^2-2rR\cos\theta}}\mathrm{erfc}\left(\frac{\sqrt{R^2+r^2-2rR\cos\theta}}{2\sqrt{\alpha t}}\right)\mathrm{d}r\mathrm{d}\theta \quad (5.61)$$

一般说来，式（5.61）是难以找到精确的显式数学解析解，但是可以通过在计算机上编制有关试算程序的办法，来获得总能够满足工程精度要求的渗透系数 k 的近似解。

5.2.4.3　常规压水试验

常规压水试验目前在工程建设中被广泛应用，图 5.11（a）和图 5.11（b）是最为流行的两种理论常规压水理论模型。在碾压混凝土坝体上进行压水试验时，若假定层面和缝面的渗透特性是各向同性的，则钻孔压水试验所造成的渗流场流态就基本符合这两种理论的假定情况。

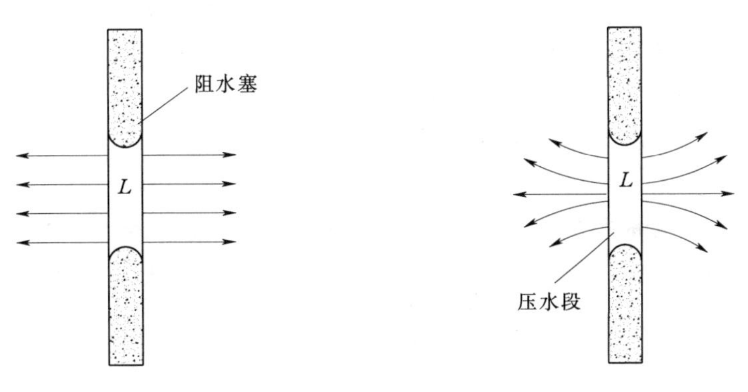

(a) 压水孔径向均匀流态　　(b) 压水孔椭圆型流态

图 5.11　碾压混凝土中单孔常规压水试验的流态假定

在图 5.16（a）中，假定在饱和介质内进行单孔常规压水试验时，认为压水试验段的水流流态为图中所示的沿压水孔周边均匀分布的理想径向流流态，这种流态假定在层面法向与层面切向渗透系数相差较大的情况下更符合实际情况；在图 5.16（b）中，考虑到压水段的长度很有限，试验孔段的两端区域内有呈弯曲形态的流线，假定试验孔段的周围渗流场中的流线呈椭圆形态分布，这种流态假定在层面法向与层面切向渗透系数相差较小的情况下更符合实际情况。若假定试验的时间有足够长，对于图 5.16（a）的流态模型，渗流场的稳定控制微分方程和边界条件分别为

$$\frac{\partial}{\partial r}\left(r\frac{\partial h}{\partial r}\right)=0,\ \left(r=r_w\text{ 时},h=h_w,r\frac{\partial h}{\partial r}=\frac{Q}{2\pi kl}\right) \quad (5.62)$$

式中：r_w 为钻孔半径，m；h_w 为钻孔试验的压力水头，m。

在各向同性介质中对于一段长度为 l、压力水头为 H_0、孔径为 r_0 的压水孔段，则只需经过简单的常微分方程理论的推导即可获得式（5.62）问题的解和得到如下确定渗透介质在钻孔径向上的渗透系数的理论算式

$$k=\frac{Q\ln(R/r_0)}{2\pi l(H_0-H_R)} \quad (5.63)$$

式中：k 为渗透介质在钻孔横向上的平均渗透系数，在碾压混凝土坝体中即为平行于层面和缝面切向上的主渗透系数 k_t，m/s；R 为压水试验的有效影响半径，m，在混凝土压水

试验中可取3.0～5.0m，在岩体试验中常可取20.0m，由于是对数函数关系，R 的合理取值大小并不对式（5.63）的计算结果有大的影响；H_0 为钻孔压水工作水头，m；Q 为压水试验流量，m^3/s；l 为压水段长度，m；r_0 为压水孔半径，m。

假如通过附加钻孔等方法知道在距离压水孔中心 r_1 远的测点处的水头为 H_1，则可以得到这种流态模型下的另一个求解渗透系数的公式

$$k-\frac{Q\ln(r_1/r_0)}{2\pi l(H_0-H_1)} \tag{5.64}$$

在这里按常规压水试验理论对垂直于钻孔方向的渗透系数确定时，是基于图5.11（a）的渗流流态模型的，给出的是一个经过全孔段长度均化了的渗透系数值，而并不直接涉及垂直于钻孔方向的层面或缝面的水力隙宽。在碾压混凝土坝中，由于混凝土本体相比层（缝）面的极度弱透水性，层面切向与法向上的两个主渗透系数的各向异性比会有2个，甚至更多个数量级，则在相对不透水碾压混凝土本体混凝土层的夹击下，就工程应用意义而言，可以认为单孔压水试验时钻孔周围的渗透水流都是在碾压混凝土层面中渗流的。若根据上述方法已获得层面切向的均化主渗透系数为 k_t，则此时也可以反算出碾压混凝土层面的平均等效水力隙宽 e_1。比如压水孔段内单位长度混凝土中含有 n 个渗水层面，则可以通过一定的理论推导就可以得到长度为 l 的压水段范围内碾压混凝土坝体层面的平均等效水力隙宽为

$$e_1=\left(\frac{12\mu lk_t}{ng}\right)^{1/3} \tag{5.65}$$

式中：μ、g 分别为水体的运动黏滞系数和重力加速度。

在式（5.65）中没有考虑碾压混凝土本体的渗透性，在理论上而言，算得的 e_1 一般偏大，此时也可以考虑混凝土本体的渗透性，即只需对上式中的流量 Q 进行减去混凝土本体（本体的渗透系数事先为已知）的渗流量简单的修正即可。经式（5.65）算得层面的平均等效水力隙宽 e_1 后，若再加长压水试验段的长度 l 使得试验段包括缝面（假定每连续碾压 n 层出现 n 个层面后有一个缝面），同理可由式（5.66）算得缝面的平均等效水力隙宽 e_2

$$e_2=\left[\frac{12\mu(lk_t-nge_1{}^3)}{g}\right]^{1/3} \tag{5.66}$$

式中：各符号的意义同式（5.65）。

针对图5.11（b）的渗流流态模式，美国Hvorslev于1951年提出了在各向同性介质中在这种流态模式情况下、考虑了水流朝压水孔试验段两端低压区呈椭圆型流态扩散影响的渗透介质在钻孔横向的渗透系数 k 的计算公式：

$$k=\frac{Q}{lH_0}\left\{\frac{1}{2\pi}\ln\left[\frac{l}{2r_0}+\sqrt{1+(l/2r_0)^2}\right]\right\} \tag{5.67}$$

式中：系数意义同前。

需要指出的是：

（1）在式（5.67）中，压水孔半径 r_0 相对于压水孔长度来说很小，$(l/2r_0)^2$ 远远大于1，此时若压水影响半径取为压水孔压水段的长度 l，则式（5.67）就完全等同于式（5.63），这也正是在文献中常常对式（5.63）取 $R=l$ 的理论原因所在。

(2) 因式 (5.63) 和式 (5.67) 的计算结果基本相同以及前者有详细的很清楚的具体理论假定与理论推导过程，应该优先考虑使用式 (5.63)，特别在碾压混凝土坝中由于混凝土本体层的透水性很小，渗透水流主要还是沿着坝体层面和缝面进行渗透的，压水试验所导致的压水孔段范围坝体中的渗流流态基本上符合图 5.11 (a) 中的平行径向流流态的假定。

5.2.4.4 碾压混凝土现场压水试验成果整理数值反演分析

碾压混凝土现场压水试验成果整理的数值反演分析，主要是通过有限元数值计算的方法，通过对特定压水试验试段的模拟，确定在该透水率情况下碾压混凝土的渗透系数。从理论上而言坝体的渗流特性是和混凝土的饱和度有关，非饱和区多孔介质的渗流特性是极其复杂的，一般难以得到问题的解析解，而有限单元法可以得到高次非线性稳定一非稳定、饱和一非饱和渗流场的数值近似解，因此并用渗流有限单元法和数学优化算法就可以在理论上较严密地对压水试验方法进行反分析评估和成果整理。同时，数值反分析结果又可以用来检验各种基于一定理论假定前提下的解析解所获得的压水试验整理成果的正确性和可靠性。

反演计算采用多孔介质非饱和渗流模型和改进加速遗传算法。在求解坝体的渗透系数时，先假定已知碾压混凝土层面法向的主渗透系数 k_v，而主要通过反分析计算来反演碾压混凝土层面切向的主渗透系数 k_h 值的大小，近似地将碾压混凝土施工现场所进行的压水试验的渗流场问题按非稳定饱和渗流场来处理，解题时的初始条件为碾压混凝土处于饱和状态。

1. 多孔隙介质非饱和渗流特性和碾压混凝土坝的渗流基本理论

有限元数值方法能否正确地模拟和计算出一个真实的饱和-非饱和渗流场问题的解，在很大程度上取决于能否准确地得到多孔隙渗透介质的非饱和渗流特性参数，目前对这些参数的试验研究还远远没有成熟，特别在国内还研究得很少。但是饱和一非饱和渗流问题的数值法计算求解，由于花费较少和所需要的设备计算机已很普遍，特别在近年来已经有了很大的发展，正在愈来愈多地解决工程实际问题。

在已经进行的有关饱和-非饱和渗流试验工作中，试验的对象主要是材料结构的均匀性较好的多孔隙土壤，而有关混凝土材料的相关试验还没有见到。在如何从试验中能够获得的土壤持水特性曲线资料来预测土壤的非饱和渗流性能方面，常常根据试验结果用一个包含几个或多个待定参数进行数学公式拟合来刻画土壤在任何饱和度下的非饱和渗流特性，常用的方法是 Van Genuchten 于 1980 年基于 Mualem 工作所获得的研究成果，能用一个闭合形式的具体解析表达式来很好地描述土壤在不同饱和度时的渗透系数大小以及压力水头大小。

(1) Mualem 模型。Mualem 于 1976 年在理论上提出了由土壤的持水特性曲线预测土壤的相对渗透率 k_r 的理论公式

$$k_r = \Theta^{\frac{1}{2}} \left[\frac{\int_0^{\Theta} \frac{1}{h_c(x)} \mathrm{d}x}{\int_0^1 \frac{1}{h_c(x)} \mathrm{d}x} \right]^2 \tag{5.68}$$

式中：Θ 为无量纲的容水度，$\Theta = \dfrac{\theta - \theta_r}{\theta_s - \theta_r}$；$h_c$ 为压力水头；θ 为土壤的含水率；θ_s 为饱和

含水率；θ_r 为剩余含水率。

为了利用式（5.68）而得到相对渗透率 k_r，需要将容水度 Θ 直接表示为压力水头 h_c 的函数

$$\Theta=\left[\frac{1}{1+(\alpha h_c)^n}\right]^m \tag{5.69}$$

式中：α、n 和 m 分别为无量纲的待定参数。

（2）Van Genuchten 模型。Van Genuchten 于 1980 年在 Mualem 模型理论的基础上，给出了更简单的目前被广泛应用和称为 V－G 模型的有关非饱和土壤相对渗透率的理论

$$k_r(\Theta)=\Theta^{\frac{1}{2}}\left[1-(1-\Theta^{\frac{1}{m}})^m\right]^2,(m=1-1/n,且\ 0<m<1) \tag{5.70}$$

利用 Mualem 的研究成果，同样可将上式表达为压力水头的函数

$$k_r(h_c)=\frac{\{1-(\alpha h_c)^{n-1}[1+(\alpha h_c)^n]^{-m}\}^2}{[1+(\alpha h_c)^n]^{\frac{m}{2}}},\ (m=1-1/n) \tag{5.71}$$

因为土壤的饱和含水率 θ_s 可很容易通过土工试验来获得，剩余含水率 θ_r 也可以通过测定干燥土壤的体积含水量来获得。参数 α，n 的值通常是用有限的试验数据利用上述具体表达式，由数学最小二乘法的拟合结果得出的。根据文献资料，在表 5.30 中给出了几种典型土壤的 α 和 n 的值。

表 5.30　不同土壤的 α 和 n 的代表值

土质	α	n
粗、中砂	0.03～0.20	5
标准砂	0.02～0.03	7～15
细砂	0.015～0.03	2～3
麻砂土	0.01～0.015	3
黏土	0.005～0.015	1～2

2. 非稳定渗流场反问题求解的改进加速遗传算法

在数值反问题的反分析求解过程中，以传统加速遗传算法为基础，并作进一步研究，提出改进加速遗传算法。

基本遗传算法主要包括：编码、构造适应度函数、染色体的结合等，其中染色体的结合包括选择算子、交叉算子、变异算子等的运算。遗传算法从可行解集组成的初始种群出发，同时使用多个可行解进行选择、交叉和变异等随机操作，使得遗传算法在隐含并行多点搜索中具备极强的全局搜索能力。也正因为如此，基本遗传算法（BGA）的搜索能力较差，对搜索空间变化适应能力差，并且易出现早熟现象。

为了在一定程度上克服上述缺陷，控制进化代数，降低计算工作量，需要引入加速遗传算法（accelerating genetic algorithm，AGA）。加速遗传算法是在基本遗传算法的基础上，利用最近两代进化操作产生的 NA 优秀个体的最大变化区间重新确定基因的限制条件，重新生成初始种群，再进行遗传进化运算。如此循环，可以进一步充分利用进化迭代产生的优秀个体，可快速压缩初始种群基因控制区间的大小，提高遗传算法的运算效率。

AGA 和基本遗传算法（BGA）相比，虽然进化迭代的速度和效率有所提高，但并没

有从根本上解决算法局部搜索能力低及早熟收敛的问题；另外，基本遗传算法及加速遗传算法都未能解决存优的问题，因此在此基础上提出了改进加速遗传算法（improved accelerating genetic algorithm，IAGA）。这一算法的核心是：一是按适应度对染色体进行分类操作，5%的最优染色体直接复制，75%常规染色体参与交叉运算，20%的最劣染色体参与变异运算，从而产生拟子代种群，这主要解决存优问题及提高算法的局部搜索能力；二是引入小生境淘汰操作，先将分类操作前记忆的前 NR 个体和拟子代种群合并，再对新种群两两比较海明距离，令 $NT=NR+\text{pop\_size}$，定义海明距离为：

$$s_{ij}=\|V_i-V_j\|=\text{sqrt}\left(\sum_{k=1}^{m}(v_{ik}-v_{jk})^2\right) \tag{5.72}$$

式（5.72）中，$i=1,2,\cdots,NT-1$；$j=i+1,\cdots,NT$；设定 S 为控制阈值，若 $s_{ij}<S$，比较 $\{V_i, V_j\}$ 个体间适应度大小，对适应度较小的个体处以较大的罚函数，极大地降低其适应度，这样，受到惩罚的个体在后面的进化过程中被淘汰的概率极大，从而保持种群的多样性，消除早熟收敛现象。

另外，对通常的种群收敛判别条件提出改进，设第 l 和 $l+1$ 代运算并经过优劣降序排列后前 NS 个［一般取 $NS=(5\sim10)\%.\text{pop\_size}$］个体目标函数值分别为 f_1^l，f_2^l，…，f_{NS}^l 和 f_1^{l+1}，f_2^{l+1}，…，$f_{NS}^{l+!}$，记

$$\overline{f}_1=\frac{NS\cdot f_1^{l+1}-\sum_{j=1}^{NS}f_j^{l+1}}{NS\cdot f_1^{l+1}},\overline{f}_2=\sum_{j=1}^{NS}\left|\frac{f_j^{l+1}-f_j^l}{f_j^{l+1}}\right| \tag{5.73}$$

$$EPS=n_1\overline{f}_1+n_2\overline{f}_2 \tag{5.74}$$

式中：k_1 为同一代种群早熟收敛指标控制系数；k_2 为不同进化代种群进化收敛控制系数。

3. 反演计算结果

有限元数值方法能否正确地模拟和计算出一个真实的饱和-非饱和渗流场问题的解，在很大程度上取决于能否准确地得到多孔隙渗透介质的非饱和渗流特性参数，目前对这些参数的试验研究还不成熟，还没有发现有关描述混凝土（包括碾压混凝土）非饱和渗流特性的 h_c-k_r 和 $h_c-\theta$ 的两条特征曲线的试验成果，本计算材料的非饱和渗流参数参照有关广东潮州黏土水分特征曲线和河南沈丘淤泥质亚黏土水分特征曲线，比较这两种材料与混凝土材料饱和时的渗透系数大小，进行插值拓展后确定的。

为了便于和前述的近似解析法进行比较分析，采用江垭碾压混凝土坝 53 号压水孔第 8 段次的试验成果进行分析，反演计算与前述数值计算对比结果见表 5.31。

表 5.31　　江垭碾压混凝土坝 53 号压水孔渗透系数数值解和解析解对比

压水段次	孔段高程/m		压力/MPa	流量/(L/min)	渗透系数/(×10⁻⁶cm/s)		
	自	至			径向均匀流态	椭圆型流态	数值解
1	184.5	183.0	0.3	0.1937	4.21	4.21	4.26
2	183.0	181.5	0.6	3.8456	41.83	41.82	38.5
8	174.0	172.5	0.6	0.0250	0.27	0.27	0.250
13	166.5	165.0	0.6	0.0080	0.0871	0.0873	0.0801

以江垭碾压混凝土大坝53号压水孔第8段次压水试验结果为例，进行初始饱和度在数值反演中对成果的影响分析，考虑到碾压混凝土空隙率低，将碾压混凝土的初始饱和度取为90%，初始饱和度90%情况下该压水段反演分析得到的沿碾压混凝土层面切向主渗透系数的结果为1.14×10^{-7}cm/s，这和初始完全饱和为100%时的计算结果2.50×10^{-7}cm/s相比，仅为1∶2.19。渗透系数参数大小变化的这个幅度对渗流场水头分布解的影响程度而言，这个比值的影响是很小的，应为工程应用所能接受。

反分析计算结果表明：

(1) 有相对严密理论基础的数值反演解和常规单孔压水试验图5.11 (a) 和图5.11 (b) 流态模式的解析解结果相当接近，说明上述两图中简单的单孔压水试验的渗流流态模式的假定基本上符合碾压混凝土坝现场单孔压水试验时的真实情况，式 (5.64) 或式 (5.67) 具有相当高的精度，可以用来对碾压混凝土坝压水试验结果进行成果整理分析，能够满足工程应用需要。

(2) 利用三维数值反分析求解，可对这种解析解的具体计算成果进行验证、校对和修正之用，在并用有限单元法和数学优化法进行渗流场反演分析求解时，没有参数个数和达西渗流场具体流态的假定，也没有对待定未知参数个数多少的限制，当要考虑碾压混凝土坝施工方法所导致的层面切向上的渗透各向异性时，数值反分析的方法是目前唯一能够将整个大坝混凝土的渗透系数张量反演出来的方法。

(3) 碾压混凝土坝钻孔压水试验时，坝体混凝土一般是非饱和的，此时采用同样的压水试验成果，若仅考虑沿层面方向的平面饱和渗流，则计算结果k_h可能会偏大一些。

(4) 基于有限单元法的反分析主要是依据钻孔压水试验过程中所记录的各时段的压水时间、压力水头和压水流量等数据，由于碾压混凝土本体的渗透能力很小，流量很小，流量值的波动会十分敏感地影响渗透系数的反分析结果，因此这里对压水试验段的密封措施以及渗流量的量测设备与技术提出了很高的要求。

5.3　200m级碾压混凝土坝防渗结构方案设计研究

5.3.1　设计标准

重力坝要求迎水坝面混凝土有一定的抗渗性能，以满足大坝的挡水功能和坝体材料耐久性的要求。我国对有抗渗要求的水工混凝土，以抗渗等级作为渗透性的设计标准，混凝土的抗渗等级分为：W2、W4、W6、W8、W10和W12等共计6级。国外的混凝土坝通常用渗透系数作为混凝土渗透性的设计标准，表5.32给出国内外重力坝混凝土渗透性的设计和评定方法及标准。

根据龙滩水电站大坝的挡水高度，依上表确定龙滩碾压混凝土渗透性设计标准应为：抗渗等级W10，渗透系数小于10^{-10}cm/s。配合比设计阶段进行室内成型试件试验需按照上述标准进行设计，但由于碾压混凝土层（缝）面的影响，其渗流特性不同于常态混凝土，施工期进行渗透性检测和评价方法也与常态混凝土不同，目前施工期碾压混凝土渗透性检测和评价主要是采用机口成型试件、室内芯样试验和现场压水试验等方法，因此，有必要探讨碾压混凝土渗透性施工期检测和评价标准。

表 5.32 重力坝混凝土抗渗性能评定

我国重力坝混凝土抗渗等级最小允许限值		国外重力坝混凝土渗透系数允许限值		备注
坝高 H/m	抗渗等级	坝高 H/m	渗透系数允许限值[美国 Hansen]/(cm/s)	
<30.0	W4	<50.0	10^{-6}	
30.0～70.0	W6	50.0	10^{-7}	美国垦务局确定混凝土渗透率为 1.5×10^{-7} 的限值
70.0～150.0	W8	100.0	10^{-8}	
>150.0	W10	150.0	10^{-9}	
		>200.0	10^{-10}	

机口成型试件基本上与室内成型试件相同，未包含层面，反映了碾压混凝土原材料和拌和生产的实际情况。室内芯样试验的试件取自于坝体，包含了层（缝）面，由于钻孔取芯过程中的扰动，以及运输和试件制备过程中的损伤，一些层（缝）面结合不良的碾压混凝土往往不能形成试件，故能做成试件的芯样都是一些层（缝）面结合较好的情况，并不能完全代表碾压混凝土坝整体的渗透性，从室内芯样试验的变异系数远小于现场压水试验的变异系数这一点也能佐证。

现场压水试验基本上反映了碾压混凝土坝整体的渗透性，既包含了结合较好的层（缝）面，也包含了层间结合不良的层（缝）面，从反映大坝整体的抗渗性方面，现场压水试验反映得更真实更全面。

相比大坝坝基帷幕灌浆，帷幕的检测和评价指标为透水率，要求90%试段小于1Lu即为合格，帷幕相应的允许渗透坡降为20，帷幕本身与坝基岩体渗透性能之差约1～2个量级；碾压混凝土坝防渗结构（坝面至排水孔幕）所承受的渗透坡降约为15，二级配碾压混凝土与三级配碾压混凝土渗透系数之差相对较小，约不到一个量级，但大坝层面扬压力较坝基扬压力控制相对宽松，所以可以认为采用透水率小于0.5Lu(90%保证率）作为二级配碾压混凝土防渗结构渗流控制的评价指标，采用透水率小于1Lu(90%保证率）作为坝体三级配碾压混凝土渗流控制的评价指标，可满足坝体渗流控制要求。

综合碾压混凝土渗透性研究和上述分析，提出200m级碾压混凝土大坝渗透性检测和评价设计要求，见表5.33。

表 5.33 200m级碾压混凝土大坝渗透性检测和评价设计要求

设计控制	试件来源或类型	检测和评价方法	设计允许值
抗渗等级	室内成型试件	规范渗透仪渗透试验	W10
	机口成型试件		W10
渗透系数	钻孔芯样试件	测量时间与渗流量，运用达西定律计算	10^{-10}cm/s
透水率	钻孔压水试段	现场压水试验	90%保证率 0.5Lu（二级配）
			90%保证率 1Lu（三级配）

碾压混凝土大坝坝体扬压力设计要求按照现行规范执行，规范要求的坝体和坝基扬压力控制要求见图5.12。

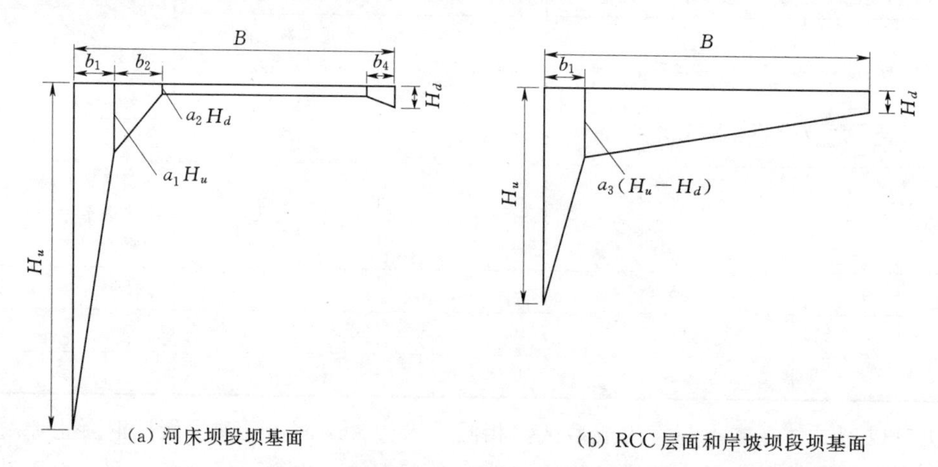

图5.12　建基面及坝内层面扬压力分布图形

B—坝底宽或层面宽度；a_1—坝基主排水孔幕处扬压力折减系数，河床坝段取0.2；a_2—残余扬压力折减系数，取0.5；H_u、H_d—上、下游水头；a_3—坝体排水管处渗压折减系数，取0.25

5.3.2　碾压混凝土坝典型防渗结构型式分析

国内外已建和在建的碾压混凝土坝的防渗结构按所用的材料可分为混凝土防渗结构和高分子材料防渗结构两大类，此外，有的工程还采用了特殊的防渗结构，如不锈钢钢板防渗。有关防渗结构工程应用上的细分见图5.13，各种型式的防渗结构及典型工程实例见表5.34，国内碾压混凝土坝防渗结构应用见表5.35。

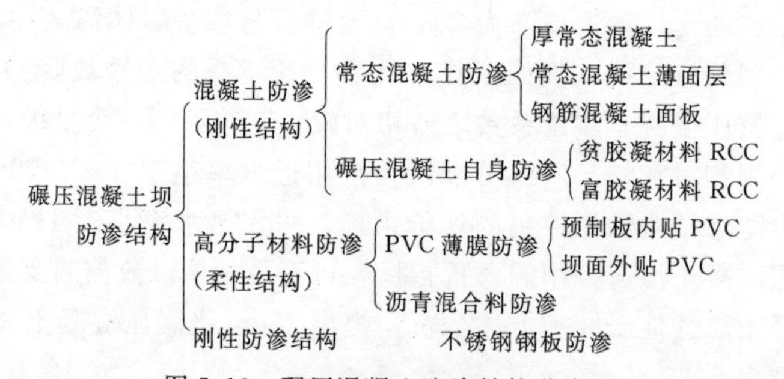

图5.13　碾压混凝土防渗结构分类图

通过对已建成并经过一定时间运行的碾压混凝土坝有关渗流观测资料进行对比分析，进一步了解了不同形式的防渗结构的实际防渗效果。表5.36列出的是国内外几座碾压混凝土坝的渗漏情况。从各种防渗结构型式的工程应用情况和运行情况分析，可得到以下认识：

(1)“金包银”型式的厚常态混凝土防渗在日本和我国早期的碾压混凝土坝上用较多，应用的坝高也较大；其他型式的防渗结构主要用于一些中低碾压混凝土坝。采用薄膜防渗就防渗效果而言具有较明显的优势，沥青混合料的防渗效果也很好，但这种高分子材料防渗的耐久性是担心的主要问题。

表 5.34　各种型式的防渗结构典型工程应用实例表

结构型式		结构特征	典型工程实例					主要优缺点
			坝名	坝高/m	防渗层厚/m	备　注	施工年份	
常态混凝土防渗	厚常态混凝土防渗	上游坝面浇筑厚度为2.0～3.0m的常态混凝土防渗层，常态混凝土与碾压混凝土同步上升并设置横缝，缝内设置2～3道止水片	玉川坝	103.0	3.0	RCD工法（层面间歇3～4d，刷毛、清洗、铺1.5cm厚水泥砂浆，然后浇筑上一层混凝土）	1983—1986	采用了较厚的常态混凝土防渗，其防渗效果较好，可靠性高。但施工干扰大，影响碾压混凝土的快速施工，平均日上升速度约0.12～0.25m/d。且减少了碾压混凝土所占比例，增加了常态混凝土的温控费用
			龙门滩	99.5	3.0		1990	
			八汐下坝	104.0	3.0		1990—1992	
			宫濑坝	155.0	2.0		1987—1991	
			岩滩	110.0	3.5		1989—1991	
			铜街子	82.0	2.5		1989—1991	
			大广坝	55.0	2.0		1991—1993	
			观音阁	82.0	3.0	RCD工法		
	薄常态混凝土防渗	上游坝面浇筑厚度为0.3～1.0m的常态混凝土防渗层，其后一定宽度的RCC需进行层面铺砂浆处理。防渗层设横缝，缝内一般设一道止水片	中叉坝	38.0	0.3～0.9	部分利用富胶RCC防渗，宽1.8m	1984	采用的常态混凝土厚度较薄，施工干扰相对较少，施工速度较高，一般日上升约0.4～1.0m/d。由于薄常态混凝土面层易产生干缩和温度裂缝，其防渗作用不是很好
			盖尔斯威	52.0	0.3～0.9	部分利用富胶RCC防渗，宽2.0m	1985	
			铜田坝	40.0	1.0	部分利用富胶RCC防渗，宽2.0m	1984	
			萨科坝	56.0	0.25～0.4	部分利用富胶RCC防渗，宽3.0m	1986	

续表

结构型式		结构特征	典型工程实例					主要优缺点
			坝名	坝高/m	防渗层厚/m	备注	施工年份	
常态混凝土防渗	钢筋混凝土面板防渗	上游坝面设置钢筋混凝土面板，采用锚筋与坝体连接。面板每隔15.0～18.0m宽设置横缝，横缝内设止水片。面板与坝体不同步施工	SERR DE LA FARE	80.0	1.0～2.0	先浇面板，面板后设垂直排水管		施工干扰较少，防渗较可靠，耐久性好。但面板较薄，易产生贯穿裂缝，影响防渗效果
			斯苔西坝	45.0	0.46	后浇面板，每14m宽设横缝		
			利欧坝	25.0	0.82	后浇面板		
			龙门滩	56.5	0.25～0.6	后浇面板，采用膨胀混凝土，未设横缝	1987—1989	
碾压混凝土自身防渗		一般在上游坝面采用一定厚度的富胶二级配RCC作为防渗层，与坝体同步施工	柳溪坝	52.0	2.8	上下游面RCC采用了较多的胶凝材料	1982	结构简单，造价底，施工干扰少，防渗可靠性和耐久性较好。但防渗效果受坝面附近RCC层面的结合质量影响较大
			上静水坝	91.0		大坝全部为富胶二级配RCC	1985—1987	
			荣地坝	57.0	3.5～4.5	表面预制板勾缝和富胶二级配RCC防渗	1989—1990	
			普定坝	75.0	1.8～6.5	富胶二级配RCC防渗	1992—1993	
薄膜防渗	内贴薄膜	将薄膜预先贴在预制板内，现场安装作为模板，并将薄膜焊接成整体	温御斯特	21.0	0.00165	预制板内贴PVC，现场拼装，兼作模板	1984	对大坝施工基本无干扰，但PVC接缝太多，影响其可靠性，耐久性不如混凝土
			乌拉圭-1	77.0	0.002	渗漏量较大，可能出现薄膜拉裂	1988—1989	
	外贴薄膜	坝面预埋固定件，坝面形成后安装薄膜	概念坝	70.0	0.0032	PVC薄膜背面贴土工织物，并设有排水	1991	无施工干扰，PVC接缝少可靠性好，耐久性不如内贴PVC
			力欧坝	30.0	0.0025		1990	
沥青防渗		安装预制板，在坝面与预制板间浇注沥青混合料	坑口坝	56.8	0.06		1985—1986	施工干扰较少，防渗效果好，主要问题是担心沥青的老化

表 5.35　国内碾压混凝土坝结构一览表

序号	坝　名	坝型	坝高/m	混凝土总量/万 m^3	RCC 方量/万 m^3	上游防渗型式
1	坑口	重力坝	56.3	6.00	4.20	沥青混合料
2	天生桥二级	重力坝	58.7	26.02	13.03	金包银
3	龙门滩	重力坝	57.5	9.32	7.13	钢筋混凝土面板
4	潘家口下级	重力坝	24.5	6.00	2.00	二级配 RCC
5	岩滩	重力坝	110.0	63.65	37.58	金包银
6	容地	重力坝	56.3	7.70	6.00	二级配 RCC
7	铜街子	重力坝	82.0	271	42.00	金包银
8	水口	重力坝	100.0		60.00	金包银
9	广蓄下库	重力坝	43.5	5.35	3.87	金包银
10	万安	重力坝	45.0	27.7	5.20	金包银
11	马回	重力坝	24.0		10.00	金包银
12	观音阁	重力坝	82.0	181.3	113.5	金包银
13	水东	重力坝	63.0	12.00	8.00	混凝土预制板
14	锦江	重力坝	62.6	26.7	18.20	金包银
15	大广坝	重力坝	57.0	82.72	48.50	金包银
16	普定	拱坝	75.0	13.7	10.80	二级配 RCC
17	温泉堡	拱坝	48.5	6.30	5.60	二级配 RCC
18	山仔	重力坝	65.0	22.00	17.00	二级配 RCC
19	桃林口	重力坝	81.5	126.30	62.20	金包银
20	宝珠寺	重力坝	132.0	230.00	45.00	金包银
21	石板水	重力坝	84.0	61.60	44.40	金包银
22	东西关	重力坝	45.0	47.00	10.00	金包银
23	棉花滩	重力坝	110.0	61.74	49.75	沥青混合料
24	碗窑	重力坝	83.0	46.00	33.00	金包银
25	江垭	重力坝	128.0	132.93	105.62	二级配 RCC

表 5.36　国内外几座碾压混凝土坝运行的渗漏情况

坝　名	防渗结构型式	分缝情况	渗漏情况	单位渗流量/[L/(s·m·m^2)]	裂缝情况
岛地川	厚常态混凝土防渗	分横缝	0.5L/s	0.009	
中叉坝	薄常态混凝土防渗	整体	蓄水初期：30L/s，18个月后降为3L/s	1.62	有些不严重的垂直裂缝
铜田坝	薄常态混凝土防渗	三条横缝	蓄水初期：17.8L/s，2年后降为5.6L/s	0.39	有横向裂缝

续表

坝 名	防渗结构型式	分缝情况	渗漏情况	单位渗流量/[L/(s·m·m²)]	裂缝情况
盖尔斯威尔	薄常态混凝土防渗	整体	蓄水初期：45L/s，1年后降为20L/s	0.64	发现7条垂直裂缝
蒙克斯威尔	薄常态混凝土防渗	横缝间距36m	蓄水初期：15.8L/s		表面常态混凝土出现少量短裂缝
龙门滩	钢筋混凝土面板	整体	蓄水初期：3.6L/s		发现数条裂缝
柳溪坝	RCC自身防渗	整体	蓄水初期：189L/s，两个月后降为150L/s	1.95	溢洪道与大坝间出现垂直裂缝
克雷格布尔	RCC自身防渗	有一条横缝	蓄水初期：8.8L/s，7个月后降为2.7L/s		
上静水	富胶RCC自身防渗	整体	蓄水初期44L/s，因坝体开裂增加为100L/s	0.4	上、下游共发现12条裂缝
温彻斯特	内贴PVC薄膜	整体	无渗漏		
乌拉圭-1	内贴PVC薄膜		9.2L/s	0.2	
概念坝	外贴PVC薄膜		无渗漏		
坑口坝	沥青混合料	整体	蓄水初期：4.4L/s，1年后降为3.4L/s		

(2) 各种混凝土材料的防渗结构，由于混凝土表面易出现裂缝，对其防渗作用产生不利影响。厚常态混凝土由于具有较厚的防渗层，表面微小裂缝对其防渗作用的影响较小，可靠性较高，耐久性好。而薄常态混凝土防渗的表面裂缝对其防渗作用的影响较大。钢筋混凝土面板防渗类似于薄常态混凝土，但面板内的钢筋对表面裂缝的开展有一定的限制作用，可靠性较高。

(3) 由于碾压连续上升的RCC模式和厚层（75cm）碾压的RCD模式在施工工艺上的差异，我国碾压混凝土筑坝实践证明采用厚常态混凝土防渗产生的施工干扰极大地限制了大坝的上升速度，研究适合碾压混凝土快速施工特点的防渗结构型式是促进我国碾压混凝土技术发展的关键技术。

(4) 碾压混凝土自身防渗，其防渗作用不仅受表面裂缝的影响，而且还受层面渗流的影响，采用富胶二级配碾压混凝土可以改善层面的抗渗性。

(5) 富胶凝材料用量二级配碾压混凝土由于胶凝材料用量大，骨料粒径较小，从而减少了混凝土输送和摊铺过程中的骨料分离，增强了混凝土本体和层面的密实性，通过层面铺水泥浆或砂浆处理，使碾压层面结合进一步得到改善，其抗渗性得到全面提高。富胶凝材料用量二级配碾压混凝土防渗在普定大坝建设中的成功应用，较好地解决了如何利用碾压混凝土自身的抗渗性，充分发挥碾压混凝土快速施工的优势的问题，加快了大坝的施工速度，从而在我国碾压混凝土坝建设中得到迅速推广。目前，采用了二级配碾压混凝土防渗结构的工程最高坝高达131.0m（江垭大坝）。

(6) 采用混凝土材料的刚性防渗结构，应适当设置横缝，施工时采取适当的温控措施，避免坝面出现有危害性的裂缝。坝面出现的微小裂缝不会使防渗结构散失功能，裂缝内的水化物继续水化将使裂缝有一定的自愈性。

5.3.3 200m级碾压混凝土坝防渗结构设计基本要求和思路

作为一座200m级的全断面，全高度采用碾压混凝土的重力坝，龙滩水电站碾压混凝土重力坝防渗结构的主要作用是降低层面扬压力和减小坝体渗漏量，降低层面扬压力的主要途径是提高防渗结构的抗渗性，拉大防渗结构与坝体混凝土渗透系数的差值，使作用水头尽可能消耗在防渗结构上，然后通过排水管的作用，以控制排水管之后的层面扬压力；减小坝体渗漏量的途径是尽可能提高防渗结构的抗渗性。

龙滩水电站碾压混凝土重力坝体型经过优化后，其抗滑稳定安全系数在规范所要求的设计指标之外的富余较小，因此，针对龙滩碾压混凝土重力坝的实际情况，对扬压力的控制更严格，有效地控制层面扬压力比控制渗漏量尤为重要。

龙滩水电站大坝高，大坝承受的水推力很大，其上游迎水面面积约7.71万m^2，其中碾压混凝土迎水面面积达4.0万m^2，水库为多年调节，放空机会少，维修条件差。同时，大坝工程量大，施工强度高，且需要在夏季连续施工，必须充分发挥RCC的快速施工优势。根据以上特点，提出龙滩大坝对防渗结构的要求如下：

(1) 防渗结构必须安全可靠，且有很好的耐久性。

(2) 渗控结构必须有效地降低层面扬压力和控制坝体渗漏量。

(3) 渗控结构必须与坝体施工相互协调，减少施工干扰，以利坝体快速上升。

(4) 上游面防渗体必须具有良好的整体性和强度，防止坝面裂缝的扩展。

(5) 考虑坝体碾压混凝土的抗渗性，并充分加以利用。

(6) 方案经济合理。

根据前面有关碾压混凝土渗透特性的研究和分析，二级配碾压混凝土具有良好的抗渗性，基本满足作为200m级碾压混凝土大坝防渗结构的功能要求，但二级配碾压混凝土也存在渗透系数离散性较大、局部初渗压力较低的问题，为了防止部分二级配碾压混凝土强渗透层面直接与水库连通，保证坝体正常运行，在其上游采取一定的辅助防渗措施是必要的，该辅助防渗措施的功能主要是封闭碾压混凝土层面，进一步提高防渗结构的抗渗性和均质性，从而构成自上游到下游渗透性逐步增大，形成“前堵后排”的结构。

根据这一设计思路，龙滩碾压混凝土大坝防渗结构将以二级配碾压混凝土为主体，与另外一种辅助防渗材料构成组合防渗结构，另外一种辅助防渗材料可以是变态混凝土、钢筋混凝土面板、钢板或沥青砂浆、PVC等。

5.3.4 200m级碾压混凝土坝防渗结构研究

5.3.4.1 防渗结构方案及方案比较

根据碾压混凝土的施工技术水平和对碾压混凝土渗流特性的认识，以及所确定的200m级碾压混凝土大坝防渗结构设计要求、标准和设计思路，主要进行了以下方案的比较：厚常态混凝土防渗方案、钢筋混凝土面板与二级配碾压混凝土组合防渗方案、预制板内贴PVC薄膜防渗方案、变态混凝土与二级配碾压混凝土防渗方案、沥青混凝土防渗方案、不锈钢钢板防渗方案，上述防渗结构方案及比较见表5.37。

表 5.37 主要防渗结构方案比较表

项目		方案					
		厚常态混凝土防渗（方案一）	钢筋混凝土预制板内贴PVC与二级配RCC组合防渗（方案二）	钢筋混凝土面板与二级配RCC组合防渗（方案三）	变态混凝土与二级配RCC组合防渗（方案四）	沥青混合料防渗（方案五）	不锈钢钢板防渗（方案六）
防渗结构方案说明		常态混凝土上游高程270.00m以上为3.00m，270.00m以下为5.00m，下游面最高尾水位以下为2.00m。上游排水幕以前的RCC层面铺垫层料。防渗结构与RCC同步上升	由PVC和二级配RCC组成PVC场外预贴于预制板内侧，现场安装，二级配RCC设置于排水幕前部位，其层面铺垫层料，预制板通过锚筋与坝体连接，下游采用二级配RCC作防渗体	由1m厚钢筋混凝土面板与二级配RCC组成，排水幕前设二级配RCC，其层面铺垫层料，面板与坝体不同步上升。通过锚筋与坝体连接，下游采用二级配RCC作为防渗体	上下游防渗结构采用富胶凝二级配RCC，上游厚度按0.07H确定，其层面铺垫层料，上游表面1.0m厚的二级配区域用变态混凝土，并在其表面布置限裂钢筋，防渗体与坝体RCC同步上升	由8cm厚护面板内浇8cm厚沥青料防渗层，防护板通过锚筋坝体连接	钢面板布置于高程275.00m以下，周边采用宽0.4m，长8.0～8.8m的波形板条与相邻板块焊接，波形板可起到适应钢板自由伸缩变形的作用；钢面板与坝的连接通过焊接在面板上的槽形挂钩，挂在大坝的预埋件上，并承担钢板的自重。面板下端与坝面预埋件焊接密封，面板后由坝面波形板处的垂直凹槽和挂预埋件处的水平凹槽形成交叉排水系统，钢面板不跨大坝横缝，每个坝块形成独立的防渗系统
方案评价	优点	（1）与RCC用同样原材料。 （2）使用传统。熟悉的施工工艺，有丰富经验。 （3）施工如质量有保证，防渗性高且耐久。外表美观	（1）新的合成膜防渗性能高，变形大。 （2）坝体RCC工程量比例大	（1）与RCC用同样原材料。 （2）使用传统，熟悉的施工工艺。有丰富的施工经验。 （3）施工如质量有保证。防渗性高，且耐久，外表美。 （4）常态混凝土用量较少。 （5）钢筋对混凝土有限裂作用。 （6）与RCC施工可分开，互不干扰	（1）用RCC同样原材料，施工设备和施工工艺。 （2）整个坝体RCC工程量占比例大。结构简单。 （3）施工干扰少，施工速度快	（1）防渗性好，常温下塑性流变变形能力大，裂缝可自愈。 （2）施工干扰小，RCC工程量比例大。 （3）不需分缝、沥青料施工无季节限制	（1）防渗作用完全能够满足大坝下部高水头区的防渗要求。 （2）安装钢面板的预埋件大部分为板条，并且不需伸出坝面，便于埋设，对大坝施工干扰少，钢面板的安装施工可随时独立地进行，不会影响大坝碾压混凝土的上升速度
	缺点	（1）常态混凝土用量大。 （2）与RCC同时施工，干扰大。影响RCC施工速度。 （3）温控较复杂，温控不当，易产生裂缝	（1）合成膜有老化问题，使用期超过30年，还缺乏实际工程考验。 （2）接缝多，穿孔多，可靠性相对差些	（1）面板可能由温度应力作用产生裂缝。 （2）面板施工需要二次立模	（1）仍存在RCC的质量不够和层间结合不良的问题。 （2）易产生温度裂缝。 （3）表面变态混凝土现场掺入水泥浆，均匀性难以控制，影响抗渗性和耐久性	（1）原材料与RCC不通用，需增设一套专用施工设备，沥青需热施工。 （2）施工工艺较复杂，多数人还不熟悉，尚无专业施工队伍	（1）焊缝太多，焊缝的焊接质量将直接影响面板防渗作用。 （2）造价高，如采用普通钢板，钢板的防锈处理还需要进行深入研究

从防渗效果而言，沥青混合料和PVC是一种性能优良的防渗材料，沥青混合料还具有自密实性和流塑性，材料本身的渗透系数非常小，与钢板一样，其防渗效果毋庸置疑；厚常态混凝土防渗方案防渗效果稍逊于沥青混合料、PVC以及钢板防渗方案；钢筋混凝土面板和变态混凝土其材料本身的渗透系数较沥青混凝土和钢板要大一些，但也具有较好的防渗性能，能满足龙滩碾压混凝土重力坝防渗效果的要求。

从防渗的可靠性而言，沥青混合料能与碾压混凝土牢固地结合，并能适应较大的坝体变形，即使产生裂缝也可自密实，只要处理好沥青混合料与常态混凝土底座周边接缝和止水，其可靠性最好；厚常态混凝土防渗方案、变态混凝土与钢筋混凝土面板主要是受施工期和运行期的温度影响较大，温度徐变应力和气温骤降所产生的表面应力都有可能产生裂缝，影响坝体的防渗效果，施工期只要采取适当的温度控制和表面保护措施，将大大减小开裂的可能性，即使产生少量的裂缝也可通过蓄水前的全面检查并加以修复，而运行期的温控防裂则需要与坝体的温控统一考虑；比较而言，厚常态混凝土防渗方案和变态混凝土方案的防渗结构的可靠性优于钢筋混凝土面板方案，且一旦产生裂缝对厚常态混凝土防渗方案和变态混凝土方案而言只是局部的问题，对后浇钢筋混凝土面板则可能使面板的防渗功能完全丧失；影响PVC和钢板防渗效果的因素主要是焊缝质量和钢板后期锈蚀作用，由于焊缝太多，焊接质量控制难度较大，PVC和钢板方案一旦出现缺陷，而处于死水位以下，修复难度大，代价高。

结构耐久性方面，混凝土结构的耐久性较好，厚常态混凝土、钢筋混凝土面板和变态混凝土由于水泥用量大，密实性和均匀性好，均可满足龙滩碾压混凝土重力坝的要求；钢板受水流侵蚀而容易锈蚀，其耐久性相对要差一些；沥青混合料和PVC的耐久性主要受材料老化的影响，目前国内外均有正常运行达30年以上的工程实例，理论和工程实践表明只要保证一定厚度的防渗体或防止直接暴露受紫外线照射，采用沥青混合料和PVC材料不至于降低整个防渗结构的防渗效果，但是沥青混合料和PVC材料的耐久性也仍然值得进一步研究。

在施工工艺方面，变态混凝土施工最方便简捷，但目前变态混凝土施工还没有规范的工艺流程，人为因素对其质量影响较大，作为大坝防渗结构的变态混凝土施工还应在施工工艺和施工机具配套上进一步研究；钢筋混凝土面板施工工艺成熟，但坝面需二次立模，施工需要专门的滑模施工系统，采用后浇面板尽管一定程度上减少对坝体RCC的施工干扰，但众多的连接锚筋的埋设对大坝施工的影响仍存在；厚常态混凝土防渗方案与坝体碾压混凝土同步上升，施工干扰大，不利于充分发挥碾压混凝土快速施工的优势；PVC和钢板防渗方案由于焊缝多且质量要求高，对操作人员的技术水平要求高；沥青混合料的施工工艺最复杂，要求有专用的拌和、加热、运输、入仓的设备，施工条件要求严格，必须由专业施工队伍施工，另外，也需要二次立模。

就对施工干扰程度而言，很明显变态混凝土与二级配RCC防渗方案对坝体RCC的施工干扰最小，其他方案均需要在坝体上预埋大量的预埋件或锚筋、对上游坝面的立模和混凝土浇筑速度有一定的影响。

在造价方面，变态混凝土作为坝体的一部分，造价最低，而其他方案均为坝体基本断面以外的附加防渗层，故造价相对较贵，但造价因素不是方案比较的决定因素。

龙滩水电站大坝全高度采用碾压混凝土，是碾压混凝土筑坝技术水平上一个大的飞跃。对大坝防渗方案设计和选择也应非常谨慎，采用的防渗方案既要满足200m级高碾压混凝土坝的防渗可靠性和耐久性要求，又要适应碾压混凝土快速施工的特点。通过各方案的比较分析，在确保防渗效果和可靠性的前提下，以二级配碾压混凝土作为防渗结构的主体，各方案均有其优劣，"八五"期间由于当时缺乏充分的碾压混凝土渗流试验研究，特别是对变态混凝土的物理力学和渗流特性的试验研究，对二级配碾压混凝土和变态混凝土的渗流特性的认识还不充分，世界银行特别咨询团和加拿大CCEPC咨询公司均认为采用钢筋混凝土面板防渗是适合龙滩大坝的最可靠的方案，国内咨询专家根据我国碾压混凝土筑坝工程经验和研究成果也推荐该方案，因此，"八五"攻关提出的推荐方案为"钢筋混凝土面板与二级配碾压混凝土组合防渗方案"。

钢筋混凝土面板与二级配碾压混凝土组合防渗其防渗效果和可靠性满足设计要求，面板具有良好的耐久性，面板浇筑有利于减少坝体施工干扰、简化温控防裂措施。但该方案也存在面板与坝体连接锚筋埋设对坝面快速立模影响较大，面板较薄易出现裂缝，面板与坝体结合不良时水位骤降和动荷载作用对面板稳定不利及造价相对较高等问题。

"九五"期间，通过二级配碾压混凝土和变态混凝土的渗流特性大量的试验研究，对两者的抗渗性能有了更充分和完整的认识，其抗渗性得到进一步的确认，此时，变态混凝土和二级配碾压混凝土组合防渗方案具有施工简单，施工干扰少的显著优势得到凸显，因此，最终推荐变态混凝土和二级配碾压混凝土组合防渗方案作为龙滩碾压混凝土重力坝防渗结构，并从材料、抗渗性和温控等方面进行深入研究。

5.3.4.2　推荐方案设计

变态混凝土和二级配碾压混凝土组合防渗方案大坝上游面设1.0～1.5m的变态混凝土层，其后为4.0～10.0m的二级配RCC作为大坝的防渗体，横缝处按照包裹横缝止水和排水管的要求加厚该部位的变态混凝土厚度；为提高二级配RCC的抗渗性，在每个层面上要求铺水泥浆或砂浆进行处理。在变态混凝土层表面配置钢筋网，钢筋直径20mm，间距200mm×200mm，以限制坝面裂缝开展。此外，为进一步保障变态混凝土的抗渗性、修复可能产生的表面裂缝，在变态混凝土表面涂刷了一层约1mm厚的水泥基渗透结晶防渗材料；为提高下部碾压混凝土的稳定温度，在高程250.00m以下的大坝表面设置了黏土铺盖，客观上也起到辅助防渗的作用，同时有利于减少该部位产生表面裂缝的概率。

坝体上游主排水幕设在二级配RCC下游1.2m处，排水孔直径150mm，间距在高程270.00m以下为2.00m，高程270.00m以上为3.00m。辅助排水系统由布置在基础纵向辅助排水廊道内朝上钻孔、孔顶高程至230.00m的辅助排水孔幕组成。辅助排水孔幕主要目的是防止由于层面渗流离散性导致的绕主排水孔的渗流在坝体内部形成较大的扬压力，提高坝体下部层面的抗滑安全性和混凝土的耐久性，辅助排水孔间距为4.0m。主排水幕和辅助排水孔幕均由钻孔形成。

下游正常尾水位以下采用变态混凝土和二级配碾压混凝土防渗，正常尾水位以上采用三级配变态混凝土防渗。下游排水幕在下游廊道内钻孔形成，孔顶高程以下游最高水位控制，排水孔直径150mm，间距为3.0m。

5.3.4.3 推荐方案渗流分析

1. 计算参数

此次渗流计算参数根据国内完建的几座碾压混凝土坝现场压水试验成果，以及龙滩工程的渗流试验资料确定，以江垭碾压混凝土重力坝现场压水试验渗透系数成果为参照，将江垭碾压混凝土现场压水试验的均值作为龙滩同类型碾压混凝土现场压水试验80%保证率的值采用，得到龙滩水电站大坝二级配和三级配混凝土压水试验的透水率均值分别为0.00194Lu和0.01535Lu，按前述单孔压水试验成果整理公式计算出该均值透水率相应的层面和缝面切向的主渗透系数见表5.38。

表5.38　　龙滩水电站坝体混凝土材料渗流计算参数取值表　　单位：cm/s

混凝土种类	本体渗透系数	层面法向渗透系数	层面切向渗透系数
常态混凝土	1.0×10^{-10}		
变态混凝土	1.0×10^{-9}	1.0×10^{-9}	1.0×10^{-9}
二级配碾压混凝土	1.0×10^{-9}	1.0×10^{-9}	2.25×10^{-8}
三级配碾压混凝土	1.0×10^{-9}	1.0×10^{-9}	1.78×10^{-7}

2. 计算工况

渗流分析计算工况设置除分析构成防渗结构的不同防渗材料的性能和作用，以及坝体主排水系统和辅助排水系统的作用以及排水的可靠性外，还对防渗和排水结构局部出现各种缺陷，防渗和排水功能削弱的情况下，渗控方案整体的渗流控制的可靠性进行了多方案的渗流敏感性分析。渗流分析计算的工况见表5.39，各计算工况的坝体渗流场和典型层面的扬压力见图5.14～图5.20。

表5.39　　防渗效果分析计算工况汇总表

工况号	工况说明	成果图号
1	最高河床挡水坝段，按设计推荐情况，坝上游面变态混凝土（高程270.00m以下为1.5m，以上为1.0m），后面为二级配碾压混凝土，然后为三级配碾压混凝土；上游主排水孔间距高程270.00m以下为2.0m，以上为3.0m；坝体中部排水孔顶部高程230.00m，间距4.0m；下游为4.0m厚二级配碾压混凝土防渗，下游主排水孔间距为3.0m；坝上下游水位375.00m和225.25m	图5.19
2	同工况1，置变态混凝土为二级配碾压混凝土	
3	同工况1，变态混凝土渗透系数较工况1大半个数量级	图5.20
4	上游变态混凝土厚度在高程270.00m以上为1.5m，以下为2.0m，其他同工况1	
5	上游变态混凝土厚度在高程270.00m以上为0.5m，以下为0.8m，其他同工况1	图5.21
6	同工况1，在高程226.00m、270.00m、330.00m和342.00m处变态混凝土贯穿水平开裂，裂缝隙宽0.1mm	图5.22
7	在高程226.00m、270.00m、330.00m和342.00m处二级配碾压混凝土也贯穿水平开裂，其他同工况6	
8	同工况1，坝上游面变态混凝土防渗体有竖直向贯穿性劈头缝，裂缝隙宽0.2mm	图5.23
9	坝上游面二级配碾压混凝土防渗体也有竖直向贯穿性劈头缝，其他同工况8	
10	坝上下游水位380.69m和259.71m，其他同工况1	

续表

工况号	工况说明	成果图号
11	最高溢流坝段，坝上下游水位380.69m和259.71m，其他同工况1	
12	考虑排水孔周边层面局部排水受阻，即将排水孔周边2m范围内的层面切向渗透系数取为与碾压混凝土本体一致，其他同工况1	
13	考虑排水孔隔孔受堵，也即排水孔间距为6.0m，其他同工况1	图5.24
14	排水孔间距为10.0m，其他同工况1	
15	取消坝体中部向上的三排排水孔，其他同工况1	
16	高程270.00m以下坝体上、下游主排水孔幕失效，其他同工况1	图5.25

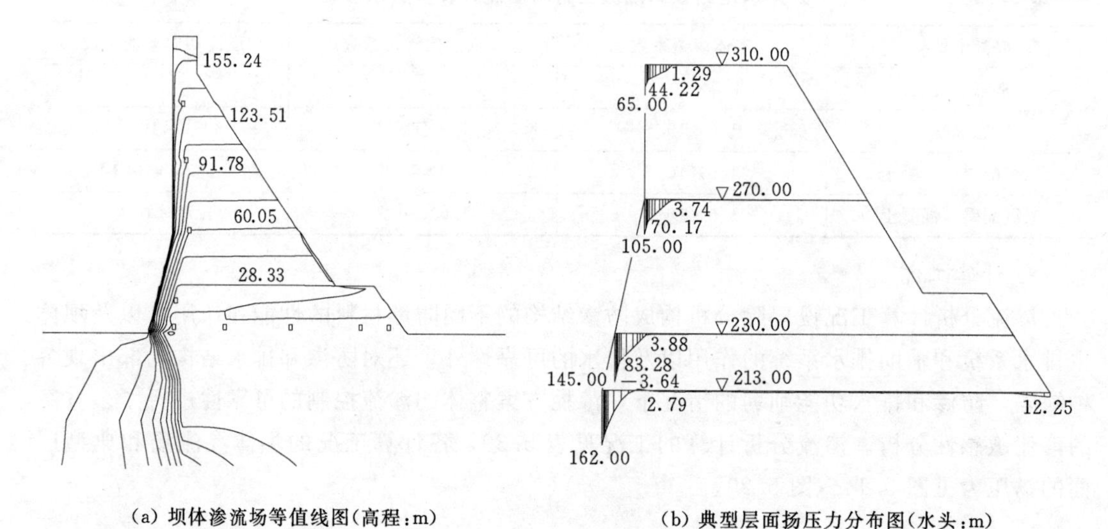

(a) 坝体渗流场等值线图(高程:m)　　(b) 典型层面扬压力分布图(水头:m)

图5.14　正常情况下坝体渗流场和扬压力图

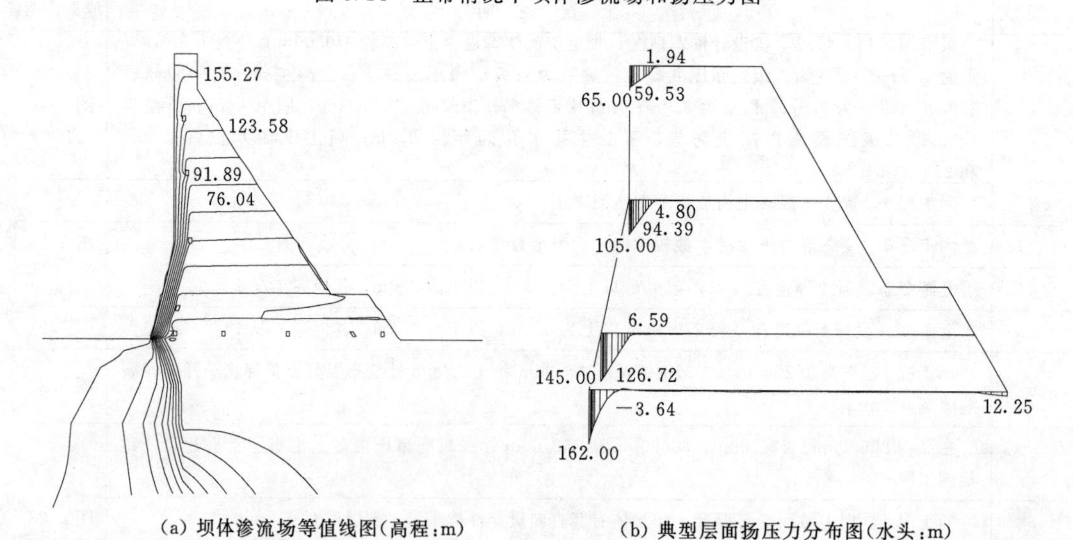

(a) 坝体渗流场等值线图(高程:m)　　(b) 典型层面扬压力分布图(水头:m)

图5.15　变态混凝土渗透系数增大半个数量级情况下坝体渗流场和扬压力图

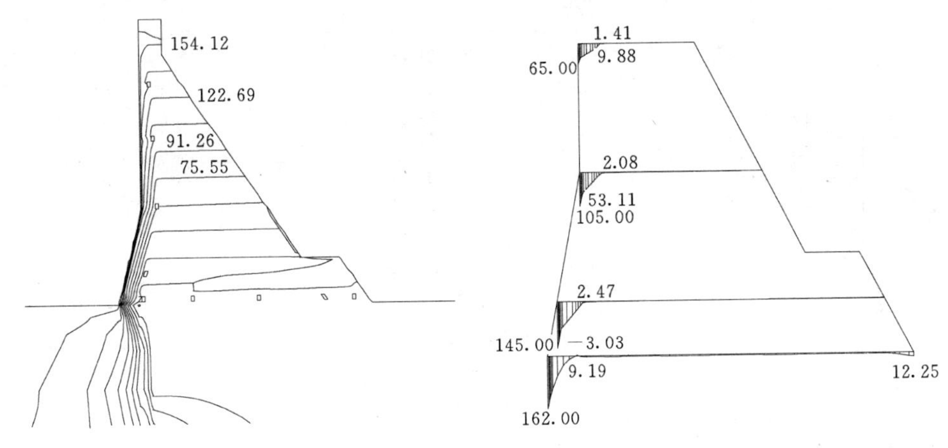

(a) 坝体渗流场等值线图(高程:m)　　(b) 典型层面扬压力分布图(水头:m)

图 5.16　高程 270.00m 以上变态混凝土厚度 0.5m、以下厚度 0.8m 情况下坝体渗流场和扬压力图

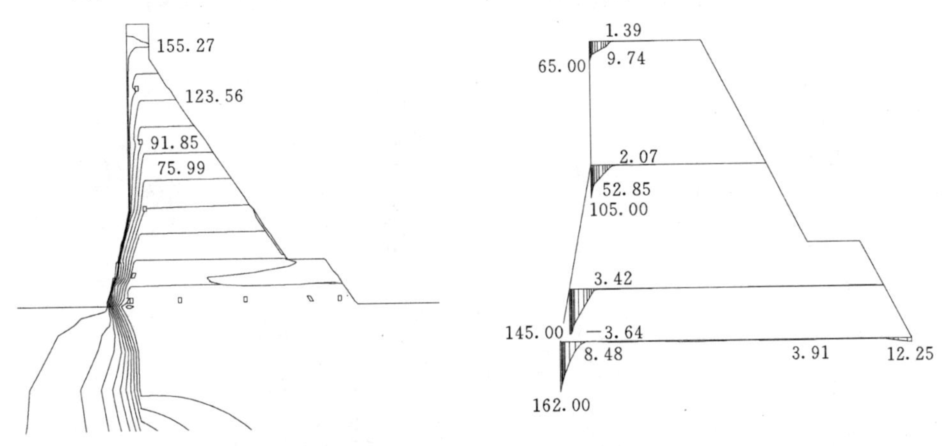

(a) 坝体渗流场等值线图(高程:m)　　(b) 典型层面扬压力分布图(水头:m)

图 5.17　高程 230.00m、270.00m、310.00m 和 342.00m 变态混凝土产生水平向贯穿裂缝情况下坝体渗流场和扬压力图

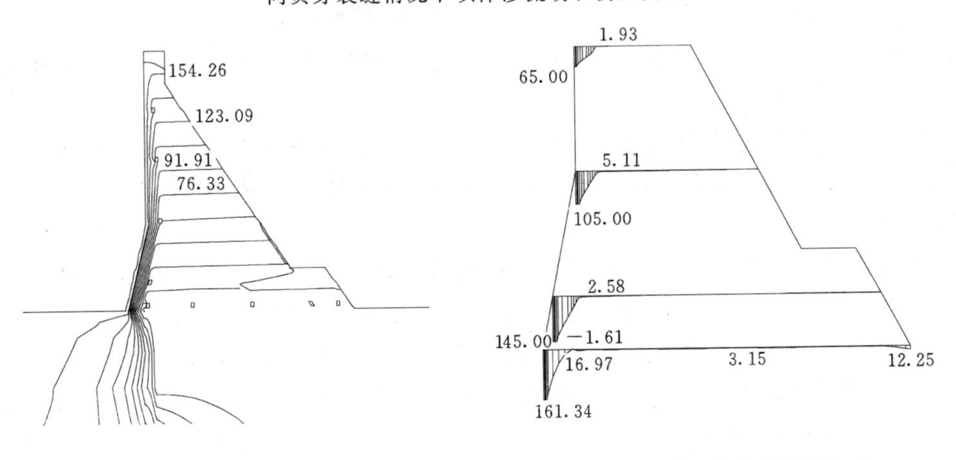

(a) 坝体渗流场等值线图(高程:m)　　(b) 典型层面扬压力分布图(水头:m)

图 5.18　坝体变态混凝土产生竖直向贯穿劈头裂缝情况下坝体渗流场和扬压力图

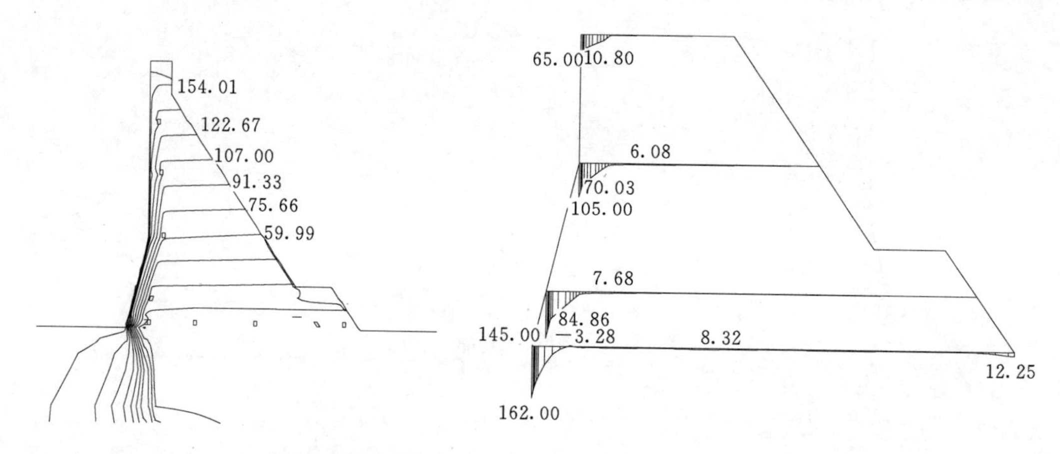

(a) 坝体渗流场等值线图(高程:m)

(b) 典型层面扬压力分布图(水头:m)

图 5.19 考虑排水孔隔孔受堵(即孔距 6m)情况下坝体渗流场和扬压力图

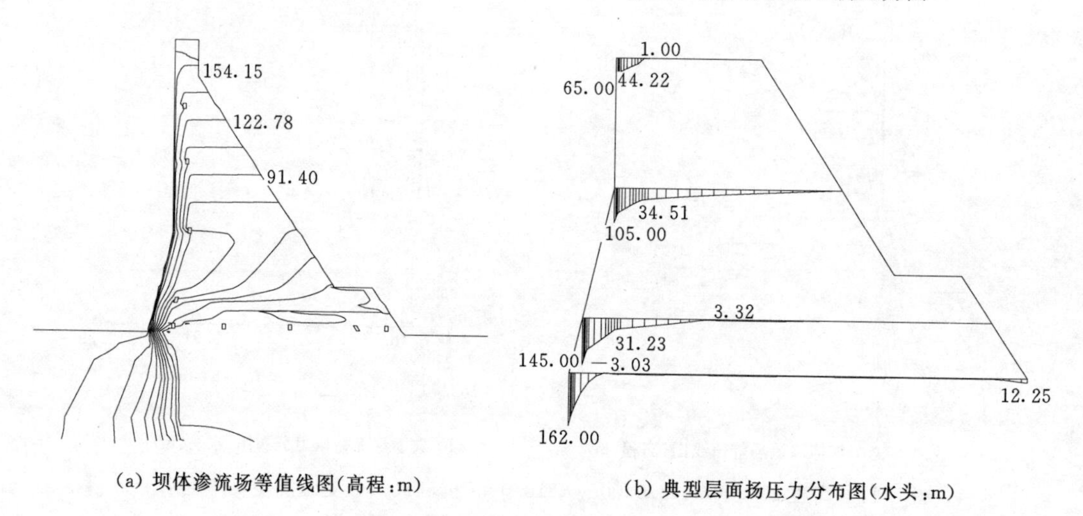

(a) 坝体渗流场等值线图(高程:m)

(b) 典型层面扬压力分布图(水头:m)

图 5.20 高程 270.00m 以下上、下游主排水孔均失效情况下坝体渗流场和扬压力图

对比分析各计算工况的坝体渗流场形态和典型层面扬压力图形，可以比较清楚地看出：

(1) 坝体各项渗控措施均处于正常运行情况下，防渗结构几乎承担了全部的渗透压力，排水孔后仅存在极微弱的渗透水头，各典型层面的扬压力均远小于设计扬压力，为坝体各层面提供了额外的安全储备。

(2) 变态混凝土的防渗功能体现得非常明显，高程 270.00m 以下的变态混凝土承担了层面上约 40%左右的渗透压力，高程 270.00m 以上的变态混凝土承担了层面上约 30%左右的渗透压力，二级配碾压混凝土承受的水力梯度控制在小于 10，而高程 270.00m 以下的变态混凝土承受的最大水力梯度约为 45 左右，高程 270.00m 以上的变态混凝土承受的最大水力梯度约为 35 左右。

(3) 由于坝体三级配碾压混凝土的强渗透各向异性，渗透水流总是沿阻力最小的方向和渗漏通道流动，坝体的渗流等势线呈近于水平的分布，一旦某些层面排水孔处的扬压力不能得到有效的控制，则可能在坝体该层面的下游坝面出现渗流逸出点，这种逸出虽然不能认定层面扬压力失控，危及坝体的稳定，但有碍观瞻。

（4）如果取消坝体上游面的变态混凝土，全部采用二级配碾压混凝土防渗，由于其他渗控措施正常发挥作用，因此，坝体排水孔之后的渗流场仍得到有效的控制，主要差异体现在排水孔之前的渗流场形态和从上游坝面入渗的渗漏量两个方面；该工况计算出来的从上游坝面入渗的渗漏量在工况 1 的基础上约增加 50%，由此也可见变态混凝土对渗漏量控制的作用。

（5）由于计算中变态混凝土的渗透系数取值是按偏于安全的大值取的，变态混凝土渗透系数增大半个数量级后，变态混凝土与二级配碾压混凝土渗透系数之间的差异较小，计算出来的渗流场和典型层面扬压力图形基本与全二级配碾压混凝土方案相同，渗漏量的差异也不大；该方案的提示为：变态混凝土本身是一种抗渗性能优良的混凝土材料，但施工质量控制非常重要。

（6）在现有的设计方案基础上小幅度减薄或加厚坝体上游面变态混凝土的厚度对坝体渗流场形态和典型层面的扬压力分布几乎没有影响，渗漏量的差异也不大，主要差异体现在变态混凝土所承受的水力梯度上；高程 270.00m 以下的变态混凝土厚度减至 0.8m，高程 270.00m 以上的变态混凝土厚度减至 0.5m 时，高程 270.00m 以下的变态混凝土承受的最大水力梯度约为 80 左右，高程 270.00m 以上的变态混凝土承受的最大水力梯度约为 70 左右，水力梯度的增大对变态混凝土的耐久性不利。

（7）高程 270.00m 以下的变态混凝土厚度增加到 2.0m，高程 270.00m 以上的变态混凝土厚度增加到 1.5m 时，高程 270.00m 以下的变态混凝土承受的最大水力梯度约为 30 左右，高程 270.00m 以上的变态混凝土承受的最大水力梯度约为 24 左右，但增加变态混凝土厚度对变态混凝土的施工和质量控制均带来不利影响。

（8）坝体上游面无论是变态混凝土还是变态混凝土与二级配碾压混凝土在某些高程发生贯穿性水平裂缝，除开裂部位裂开的防渗结构的防渗功能基本丧失外，开裂部位的层面扬压力分布略有增大，由于排水孔的强排渗作用，但仍控制在设计扬压力假定范围内，其他未开裂部位没有影响。

（9）坝体上游面变态混凝土发生贯穿性竖直劈头裂缝时，开裂部位的变态混凝土防渗功能完全丧失，但其影响范围局限于开裂部位，坝体依靠二级配碾压混凝土防渗，开裂部位的坝体渗流场和层面扬压力依然得到有效的控制，其他未开裂部位没有影响。

（10）坝体上游面变态混凝土与二级配碾压混凝土同时发生贯穿性竖直劈头裂缝时，开裂部位的渗流场发生显著变化，坝体完全依靠排水孔进行排渗和降压，虽然开裂部位的层面扬压力仍控制在设计扬压力假定范围内，尚不危及坝体稳定，但层面扬压力已显著增加。

（11）各种局部开裂情况，单宽渗漏量均成倍地增加，尤以上游面变态混凝土与二级配碾压混凝土同时发生贯穿性竖直劈头裂缝时为甚；但其影响范围均只局限在开裂部位的有限范围内，均不致影响大坝整体渗流场的形态和扬压力的控制，对总的渗漏量的影响也较小，除非发生大面积的裂缝。但为确保防渗结构的耐久性和防止水力劈裂作用导致裂缝向深部发展等考虑，首先应采取严格温控措施防止坝面裂缝的发生，此外，适当加厚变态混凝土厚度和在变态混凝土的上游面布设抗裂钢筋网也是必须的结构措施。

(12) 校核情况下游面二级配碾压混凝土具有良好的防渗作用，坝体渗流场除下游坝面至下游坝体主排水孔之间由于河床高水位的入渗作用，该局部区域有较明显变化外，其他区域与工况1基本相同；层面扬压力与工况1相比略有增加，但幅度很小，层面扬压力远小于设计扬压力假定；渗漏量略有增加。

(13) 溢流坝段各种工况下整体的渗流场控制和层面扬压力及渗漏量的控制情况基本上与挡水坝段一致。

(14) 从计算成果来看，排水孔具有超强的排渗降压功能，这是与排水孔穿过碾压混凝土这样的成层体系结构所有的结构面相关的，因此，排水孔的作用在碾压混凝土中较常态混凝土更显著，但也应看到计算模型比实际情况偏于理想化，在使用计算成果时应谨慎。

(15) 由于碾压混凝土层面存在渗流的离散性，当坝体排水孔不能穿过强渗透面的时候，排水系统的排渗降压的功能受到很大的削弱；在计算工况12的这种较为保守的情况下（一般局部层面的渗透系数较小，但也不可能达到本体的水平），高程230.00m以上的层面扬压力已经超过扬压力设计假定，而高程230.00m以下由于坝体辅助排水孔发挥作用，则层面扬压力仍得到有效控制；但在坝体施工和质量控制做得很好的情况下，将确实可能出现层面的渗透系数较小且层面渗流离散性小的状态，这种状态下排水孔的降压作用和影响范围将减弱。

(16) 对龙滩这样的高坝而言，为了有效地控制层面特别是坝体下部受稳定控制的层面扬压力，坝体主排水系统应按高程采取下密上稀的不同的排水孔间距，坝体下部排水孔加密后有利于穿过更多层间强渗面，即使穿过的是层间弱渗面，较密的间距也有利于保证排水孔的影响范围能够对整体渗流场形成较有效的控制；坝体下部设置辅助排水系统的作用是明显的，辅助排水系统对控制这些层面的扬压力是可行的，也是必要的。

(17) 排水孔应布置在渗透性较强的三级配碾压混凝土区域，采用拔管成孔工艺时，应避免采用变态混凝土等有碍于顺畅排水的措施对排水孔周边局部不密实的部位进行处理。

(18) 在目前的计算参数情况下，坝体排水孔的影响和控制范围较大，排水孔的布置间距具有足够的安全裕度。

(19) 在坝体主排水系统正常工作时，辅助排水系统的作用很小；主排水系统不能正常工作时，坝体下部的层面可依靠辅助排水系统对层面扬压力实行有效的控制，而坝体中、上部则由于没有辅助排水系统，可能导致扬压力超过设计假定。

(20) 计算中排水孔超强的排渗降压作用主要依赖于在防渗结构与坝体三级配碾压混凝土之间渗透系数保持量级上的差异和三级配碾压混凝土层面抗渗性的均匀性，从另外一个角度也说明施工中确保变态混凝土和二级配碾压混凝土等防渗结构的抗渗性能以及坝体提高施工质量的重要性。

5.3.4.4　推荐方案温控防裂分析

龙滩水电站碾压混凝土重力坝上、下游防渗结构位于坝体表面，受内外温差的影响，在防渗结构内必将产生温度应力，况且变态混凝土由于胶凝材料用量大，绝热温升高，对温控应为不利。

防渗结构在温度荷载作用下的抗裂性能是确定防渗结构的结构可靠性的重要依据。各典型坝段坝体上游面内的最大拉应力汇总见表5.40。

表5.40 典型坝段坝体上游面温度应力计算成果汇总表

典型坝段	剖面距上游面距离/m	最大拉应力/MPa	出现时间	出现高程/m	计算条件
溢流坝段	0.29	1.62	2006-12-30	290.00	碾压混凝土浇筑温度冬季为16℃，夏季控制在17℃以内；基础常态混凝土通水冷却
	2.12	0.73	2007-03-30	280.00	
	8.12	0.82	2007-07-30	200.00	
挡水坝段	0.17	1.34	2007-11-30	370.00	每年5—9月采取表面喷雾；碾压混凝土浇筑温度冬季不低于11℃，夏季控制在17℃以内
	2.0	1.00	2006-01-30	248.50	
	7.0	0.50	2007-11-30	201.50	
		0.55	运行期	201.50	
底孔坝段	0.29	2.34	2005-01-30	205.00	碾压混凝土浇筑温度冬季为16℃，夏季控制在17℃以内；底孔周边及坝体其他局部采用通水冷却；夏季采取表面喷雾
		2.00	2005-12-30	240.00	
	2.13	1.46	2005-01-30	202.00	
	8.13	2.20	2006-12-30	290.00	

注　表中所列均为平行坝轴线方向的应力σ_x，计算表明σ_x是控制性应力。

上游变态混凝土计算厚度高程270.00m以上和以下均为1.5m。

为了进一步研究不同的变态混凝土厚度对变态混凝土和二级配碾压混凝土温度应力的影响，先后进行了3个方案的研究，各研究方案变态混凝土厚度见表5.41，以溢流坝段为代表的各研究方案温度应力计算成果见表5.42。

表5.41 变态混凝土厚度对温度应力的影响研究方案一览表

方案编号	变态混凝土厚度/m	
	高程270.00m以下	高程270.00m以上
方案一	1.5	1.5
方案二	1.0	0.5
方案三	1.5	1.0

表5.42 不同变态混凝土厚度温度应力计算成果汇总表

典型坝段	剖面距上游面距离/m	最大拉应力/MPa	出现时间	出现高程/m
方案一	0.29	1.30	2006-12-30	290.00
	0.75	1.15		
	1.20	0.95		
	2.12	0.73	2007.03.30	280.00
	8.12	0.70	2007-07-30	200.00

续表

典型坝段	剖面距上游面距离/m	最大拉应力/MPa	出现时间	出现高程/m
方案二	0.29	1.40	2005-11-30	240.00
			2006-12-30	300.00
	0.50	1.20	2005-11-30	240.00
		1.40	2006-12-30	300.00
	0.90	1.20	2005-11-30	240.00
			2006-12-30	300.00
	2.12	0.70	2005 年冬	230.00
	8.12	0.70	2007 年底	230.00
方案三	0.29	1.40	2005 年冬	240.00
		1.30	2006 年冬	300.00
	0.75	0.90	2005-11-30	240.00
		1.20	2006-12-30	300.00
	1.20	0.80	2005 年冬	240.00
		1.00	2006 年冬	300.00
	2.12	0.70	2005 年冬	230.00
		0.65	2006 年冬	280.00
	8.12	0.70		

温度应力计算成果表明：

(1) 以 90d 龄期的混凝土性能计算的混凝土抗拉安全系数，除底孔坝段外均可达到 1.9 左右，上游防渗结构具有一定的抗裂安全性。

(2) 底孔坝段应加强温度控制措施或调整施工进度安排，以防止劈头裂缝的发生。

(3) 变态混凝土厚度的变化对温度应力的影响没有明显的差异，且这种影响仅局限在该材料的区域内，对其他部位影响甚小。

(4) 变态混凝土中最大温度应力均发生在施工期，且与气温有密切的关系，施工中应加强表面保护。

(5) 从控制上游坝面裂缝发展深度以及影响考虑，目前所采用的变态混凝土厚度和在变态混凝土的上游面配置抗裂钢筋的做法是合适的。

(6) 从加强防渗可靠性考虑，上游坝面采取辅助防渗措施以弥补部分可能发生的温度裂缝对坝体渗流的影响也是必要的。

5.4　龙滩水电站大坝混凝土渗透特性分析

龙滩水电站大坝施工期进行了大量的碾压混凝土现场压水试验，现对压水试验成果进行整理，并对渗透性进行分析和反馈。

表 5.43 和表 5.44 以及图 5.21 和图 5.22 列出了龙滩大坝碾压混凝土现场压水试验主

要分析成果。

表 5.43　　龙滩水电站大坝压水试验分析样本统计特征值表

混凝土类型	常态	二级配	三级配 R_I 区	三级配 R_{II} 区
样本容量	81	266	413	626
胶凝材料用量/(kg/m³)	213～245	220	196	175
透水率最大值/Lu	0.4	4.458	1.17	0.533
样本离散系数	0.7	0.71	0.46	0.68
50%保证率的透水率/Lu	0.03	0.04	0.04	0.06
80%保证率的透水率/Lu	0.24	0.28	0.13	0.30

表 5.44　　龙滩水电站大坝压水试验分析样本透水率区间分布统计表

项　目	透水率统计区间及累计分布/%							
混凝土类型	≤0.001Lu	≤0.005Lu	≤0.01Lu	≤0.05Lu	≤0.1Lu	≤0.5Lu	≤1Lu	≤5Lu
常态	13.58	13.58	14.81	34.57	70.37	100.00		
二级配	10.53	11.28	14.29	40.23	63.16	98.50	98.87	100.00
三级配 R_I 区	2.91	5.81	10.41	65.62	81.60	97.34	99.52	100.00
三级配 R_{II} 区	6.71	6.87	9.90	30.19	53.99	99.84	100.00	

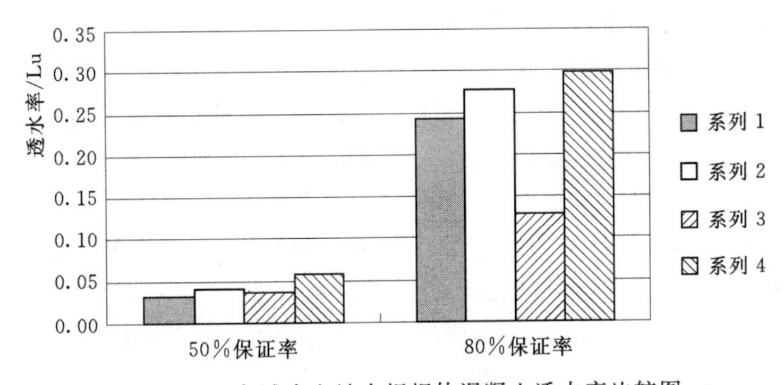

图 5.21　龙滩水电站大坝坝体混凝土透水率比较图

系列 1—龙滩常态混凝土；系列 2—龙滩二级配；系列 3—龙滩三级配 R_I 区；系列 4—龙滩三级配 R_{II} 区

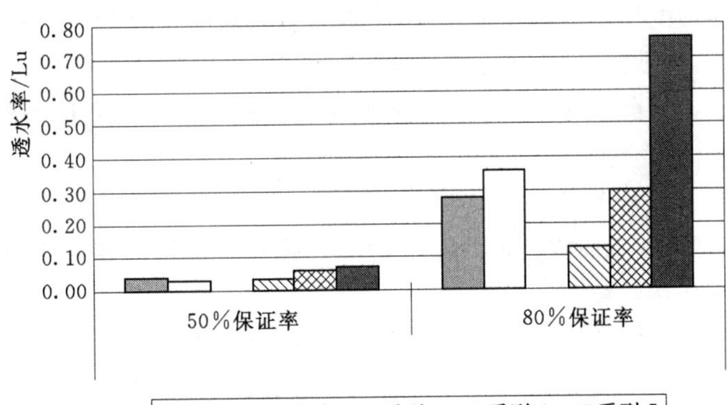

图 5.22　龙滩和江垭坝体碾压混凝土透水率比较图

系列 1—龙滩二级配；系列 2—江垭二级配；系列 3—龙滩三级配 R_I 区；

系列 4—龙滩三级配 R_{II} 区；系列 5—江垭三级配

从表5.40和表5.41以及图5.21和图5.22的分析成果可知：

（1）富胶凝材料碾压混凝土的透水率与常态混凝土非常接近，离散性也基本相当。

（2）当胶凝材料用量达到一定程度时，二级配碾压混凝土与三级配碾压混凝土的透水率基本相当。

（3）随着胶凝材料用量的增加，碾压混凝土的渗透性有逐渐减小的趋势，这种趋势不但表现为透水率的减小，还表现在离散系数的减小上。

（4）胶凝材料用量达到一定程度时（170～190kg/m^3），透水率减小的趋势减缓，在分析碾压混凝土现场原位剪切试验成果时也发现了同样的规律，综合二者成果，可认为在170～190kg/m^{3}之间存在一个较经济的胶凝材料用量，可获得较高抗剪断强度和较低的渗透性。

（5）碾压混凝土透水率的离散性一般为0.5～0.7。

（6）透水率累积曲线表明，采用0.5Lu作为胶凝材料用量170 kg/m^{3}以上的碾压混凝土的施工质量检测标准是较为合理的。

5.5 研究小结

5.5.1 碾压混凝土渗流特性

（1）碾压混凝土的抗渗性主要取决于水胶比、胶凝材料用量、压实度和龄期等因素，中等胶凝材料和富胶凝材料用量的碾压混凝土的抗渗性比早期的贫胶凝材料碾压混凝土的抗渗性有了很大的提高，随着龄期的增长，碾压混凝土的抗渗性逐渐提高并具有一定的自愈性。

（2）碾压混凝土骨料中，粒径小于0.15mm的微粒可起到填充空隙的作用，所以适量的微粒含量可以改善碾压混凝土的抗渗性和和易性。

（3）胶凝材料用量超过150kg/m^{3}的碾压混凝土本体的渗透系数一般可达到10^{-10}cm/s或更低，已接近或达到常态混凝土的水平。

（4）层（缝）面是影响碾压混凝土抗渗性能的主要环节，是形成集中渗漏的主要通道，由于层（缝）面的影响，碾压混凝土渗流呈各向异性，受配合比和施工质量影响，层（缝）面水力隙宽可从数微米增加到数百微米，相应的碾压混凝土渗透各向异性比可从2个变到7个数量级，目前的施工材料、技术和工艺，还无法消除碾压混凝土坝中这种渗透强各向异性的特性。

（5）碾压混凝土及碾压混凝土坝沿层（缝）面切向的主渗透系数，主要取决于层（缝）面的水力隙宽，施工时设法减小层面的水力隙宽，是提高碾压混凝土及碾压混凝土坝自身抗渗能力的基本策略。

（6）碾压混凝土芯样渗流试验和现场压水试验成果的统计分布规律为对数正态分布。

（7）二级配碾压混凝土含层（缝）面芯样渗透系数（50%保证率）可达到10^{-9}cm/s，但成果离散性相当大，部分试件初渗压力较低；部分层面结合较好的碾压混凝土已达到或接近常态混凝土的水平，总体上而言，二级配碾压混凝土现场压水试验90%保证率的透水率可以达到小于1Lu，50%保证率可以达到小于0.5Lu，可以认为，现代碾压混凝土坝的抗渗性和层面结合情况与早期的碾压混凝土坝相比得到很大的提高和改善。

(8) 由于采用的骨料最大粒径减小，抗分离能力增强，同时胶凝材料用量增多，二级配碾压混凝土的抗渗性明显优于三级配碾压混凝土，二者渗透系数的差异约3～5倍，二级配碾压混凝土抗渗性的横观各向同性有减小的趋势，从室内芯样试验情况看不到10倍，实际情况可能有所增加。

(9) 变态混凝土本体和含层面芯样渗透系数可达到10^{-11}cm/s，含缝面芯样渗透系数接近10^{-11}cm/s，且变态混凝土试件初渗压力较二级配碾压混凝土明显提高，变态混凝土无论从抗渗性还是均匀性方面均已达到常态混凝土的水平，横观各向同性已不太明显，作为防渗结构其性能优于二级配碾压混凝土，完全能够满足200m级碾压混凝土坝的防渗要求。

(10) 在现代施工技术水平下，无论是碾压混凝土还是变态混凝土，缝面刷毛铺设砂浆层的抗渗效果，只能达到或不如短间歇连续上升浇筑时所形成的层面的抗渗性，碾压混凝土施工中应尽量保持连续上升，避免施工冷缝的形成，同时应加强施工冷缝面的处理。

(11) 层面处理措施对提高层面的抗渗性有明显效果，特别是对于缝面的处理。对于作为防渗结构的碾压混凝土，在连续上升的层面采取层面处理措施对提高层面的抗渗性及其均匀性也是必要的。

(12) 尽管碾压混凝土坝整体的抗渗性可以做得相当均匀（如汾河二库），但试验资料显示大多数坝体施工中抗渗性的离散性较大，这主要是施工中影响因素太多和碾压混凝土这种施工工艺的特殊性所致，故在排水设计中应适当留有余地，以保证排水管穿过较大的强渗面。

(13) 试验成果显示，龙滩水电站三级配碾压混凝土的抗渗性已超过江垭三级配碾压混凝土，接近于江垭二级配碾压混凝土，可以预计如果龙滩采用二级配碾压混凝土，随着胶凝材料用量的增加，骨料最大粒径的减小，其抗渗性可以达到及超过江垭二级配的水平。

(14) 碾压混凝土的抗渗性和层面抗剪断能力很大程度还取决于施工过程中施工机具配套、施工方案、施工措施和施工人员素质等因素。

5.5.2 碾压混凝土渗流试验和渗流分析配套技术

(1) 研制了多功能高压渗透仪，并应用于江垭大坝现场芯样的室内渗透试验，获得了大量宝贵资料。研制的现场压水试验设备成套装置，其压水设备及量测装置精度适用于RCC坝的现场压水试验要求。

(2) 研究提出了基于排水孔改进排水子结构的碾压混凝土渗流分析有限元方法，提高了计算精度和计算效率。

(3) 基于层面和缝面的渗透特性各向同性假定，导出的层面渗透系数计算式（5.64）或式（5.67）具有相当高的精度，可以用来对碾压混凝土坝压水试验结果进行成果整理分析。当要考虑碾压混凝土坝施工方法所导致的层面切向上的渗透各向异性时，可采用数值反分析方法将大坝混凝土的渗透系数张量反演出来。

5.5.3 200m级碾压混凝土坝防渗结构

龙滩水电站碾压混凝土重力坝防渗结构经过多年的研究，方案几经优化，最终推荐采用变态混凝土与二级配碾压混凝土组合防渗方案，对该方案的渗控效果和结构可靠性方面进行了充分的论证，变态混凝土与二级配碾压混凝土组合防渗方案满足200m级的龙滩碾压混凝土坝防渗排水结构的总体要求，并具有以下主要特点：

（1）充分利用了碾压混凝土本体优良的抗渗性能。

（2）采用变态混凝土封闭了碾压混凝土层面可能形成的渗流弱面与水库的直接连通，变态混凝土对碾压混凝土施工干扰少，有利于碾压混凝土的快速连续施工。

（3）在二级配碾压混凝土防渗的区域内的层面逐层铺筑层间垫层拌和物有利于改善层间结合和抗渗性能。

（4）坝体上游排水孔幕成为降低层面扬压力最重要的措施之一，布置间距考虑了碾压混凝土层面渗流特性的不均匀性，有利于穿过层面的强渗流区域。

（5）坝内抽排孔幕的布置是对坝体上游排水孔幕的有效补充，通过强渗流区域绕过上游排水孔进入坝体的渗流可得到有效控制，坝体上游排水孔幕局部失效情况下坝内抽排孔幕对坝体渗流场的控制发挥了重要作用。

（6）变态混凝土厚度及其适当的加厚和减薄对防渗结构自身的抗裂安全性均不产生显著影响，变态混凝土内布置钢筋网有利于控制水平和垂直的贯穿性裂缝的发生和发展，降低内外温差和表面保护措施仍是上游面防裂的最有效方法。

◎第 6 章

碾压混凝土坝温度裂缝防控技术

6.1 温度控制影响因素及温控措施效果研究

6.1.1 温度控制影响因素研究

对龙滩碾压混凝土坝进行了温度控制影响因素的研究。

6.1.1.1 单因素作用下的温度及温度徐变应力

水化热、自生体积变形、单位基础温差和单位入仓温度等单因素作用时温度及温度徐变应力值见表 6.1。

表 6.1 单因素作用时温度及温度徐变应力

作用因素	最大应力/MPa	温度/℃
水化热	2.20	14～18
自生体积变形	0.45	—
单位基础温差	0.30	—
单位入仓温度	0.12	0.6

6.1.1.2 寒潮作用下混凝土表面温度徐变应力

(1) 寒潮时的温度应力。用三维网格仿真计算 2 种最危险的温降过程，即 2d 温降 16.2℃和 3d 温降 16.9℃两个温降过程，并假定温降发生在 3d、7d、14d、28d 及 90d 龄期。两种温降过程引起的不同龄期时的最大拉应力、拉应力区见表 6.2 及表 6.3。不同龄期温降时应力沿深度方向的分布见图 6.1 和图 6.2。

表 6.2 2d 温降过程引起的最大拉应力和影响深度

混凝土龄期	3d	7d	14d	28d	90d
最大拉应力/MPa	1.54	1.94	2.33	2.77	3.31
拉应力区深度/m	4	4	4	4	4

表 6.3 3d 温降过程引起的最大拉应力和冲击深度

混凝土龄期	3d	7d	14d	28d	90d
最大拉应力/MPa	1.61	2.0	2.4	2.86	3.44
拉应力区深度/m	4	4	4	4	4

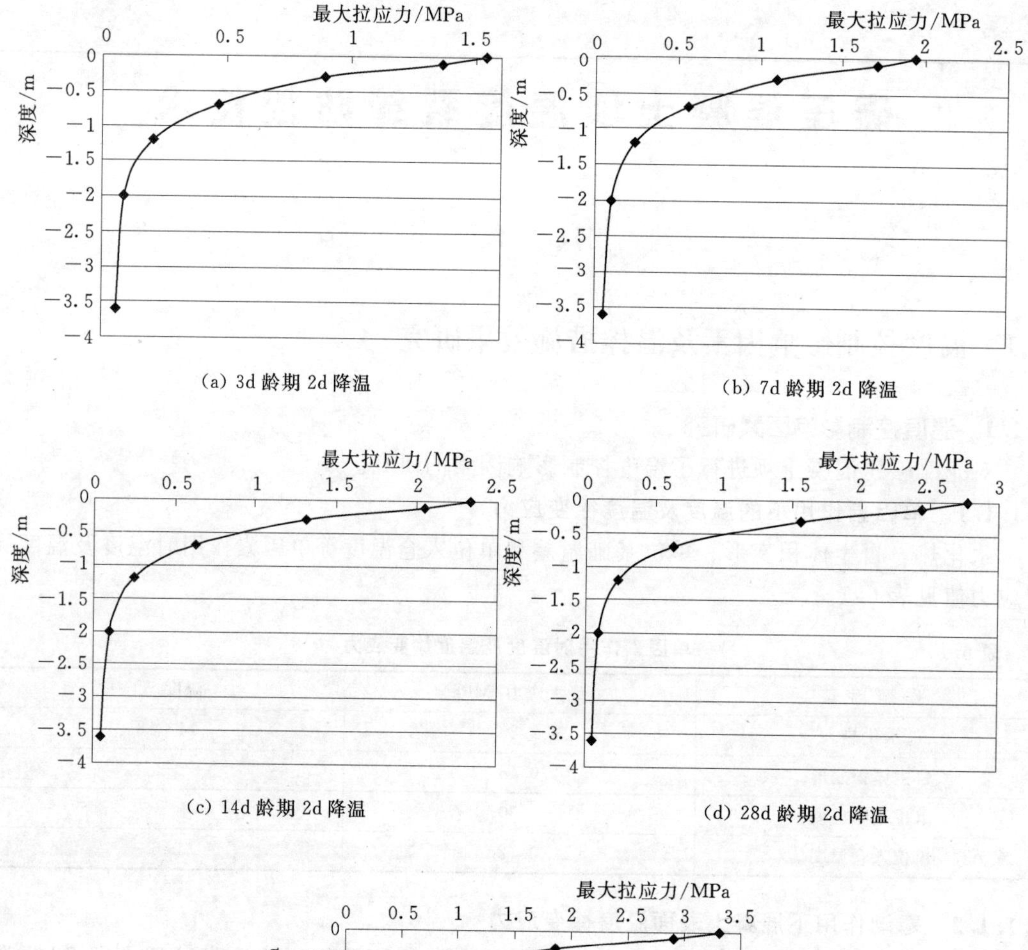

(a) 3d 龄期 2d 降温

(b) 7d 龄期 2d 降温

(c) 14d 龄期 2d 降温

(d) 28d 龄期 2d 降温

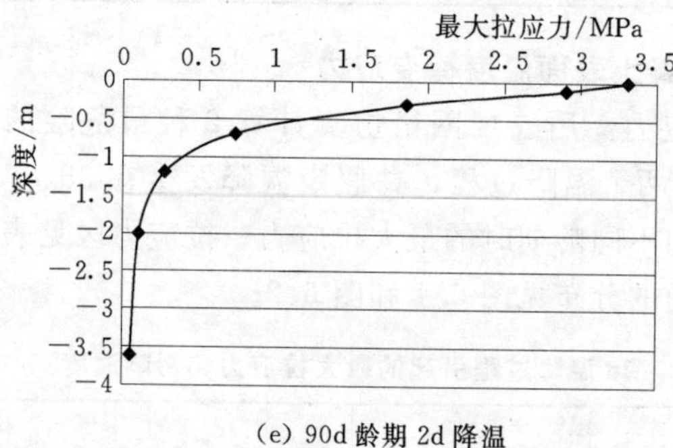

(e) 90d 龄期 2d 降温

图 6.1 2d 温降过程应力沿深度分布

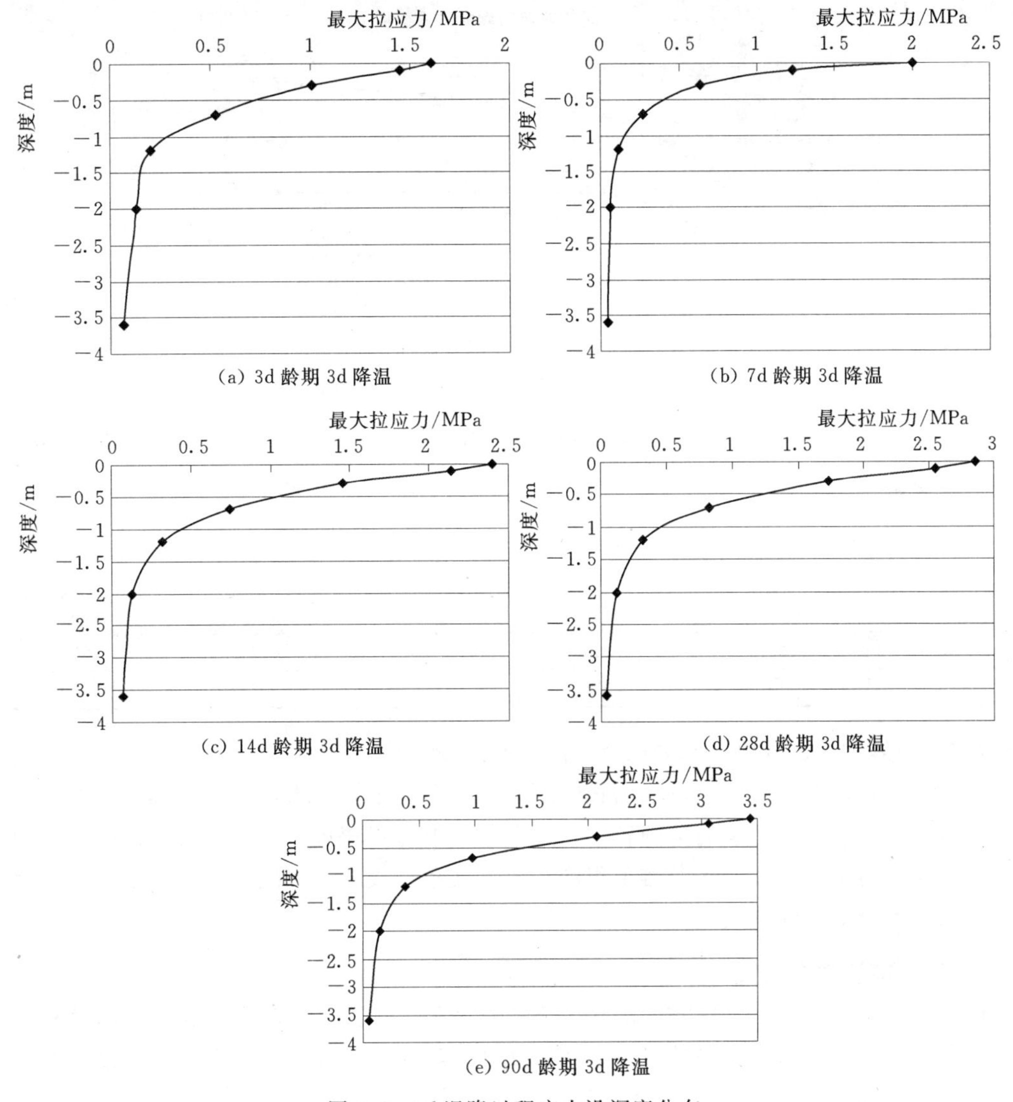

图 6.2 3d 温降过程应力沿深度分布

不同寒潮在不同龄期温降时的表面最大拉应力见图 6.3。

计算结果表明，大坝在遇到寒潮作用使坝体表面剧烈温降时，表层混凝土块会出现大的温度梯度，从而产生很大应力，寒潮对坝体影响很大，随龄期的不同，在表面产生1.5～3.4MPa不等的拉应力，且影响深度可在 4m 左右，很有可能发展成为深层裂缝，需对此采取相应的措施以保证坝体安全。

(2) 表面保温效果。为了了解表面保温对减小寒潮影响的效果，计算了设置 3cm、5cm、8cm 苯板保温，遇 3d 寒潮时的最大拉应力见表 6.4。由该表可以看出，设置了 3cm 保温板时可使拉应力减小 70%，5cm 保温板减小 80%以上，8cm 苯板可减小 90%。因此表面保温对减小寒潮引起的拉应力是很有效的。由于碾压混凝土坝内部温度降低非常缓慢，因此坝体表面很长时间内部处于受拉状态。寒潮作用引起的拉应力会与本来存在的表面拉应力叠加，表面保温问题应特别重视。

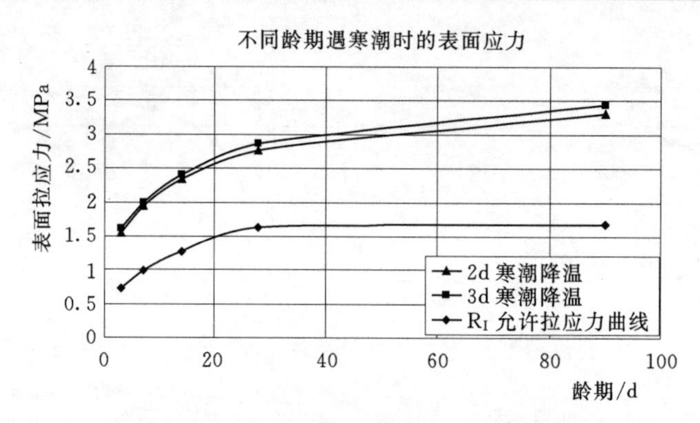

图 6.3　不同龄期遇寒潮时的表面应力

表 6.4　**不同厚度保温板在 3d 寒潮下的最大拉应力**　单位：MPa

保温板厚度＼温降	3d	7d	14d	28d	90d
无保温板	1.61	2.0	2.4	2.86	3.44
3cm	0.419	0.521	0.614	0.732	0.876
5cm	0.286	0.351	0.418	0.498	0.598
8cm	0.186	0.228	0.272	0.322	0.387

6.1.1.3　坝体过水、层面长间歇以及水库蓄水的影响

分析表明，汛期坝面过水、层面长间歇以及水库蓄水，对坝体应力尤其是表面应力会造成一定影响。但这种影响的范围较小，且大都影响时间较短，引起的最大拉应力值均未超过允许强度范围。因此，就龙滩工程的气象水文条件及施工工况而言，过水、长间歇和水库蓄水，不会对坝体造成危害性影响。

6.1.2　温控措施效果研究

研究了大体积混凝土温度控制的三大手段即降低入仓温度（预冷骨料、加冰拌和等）、水管冷却、表面喷雾或保温的效果。以龙滩底孔坝段为例研究用各种温控措施改善大坝温度场及应力的效果。

6.1.2.1　自然入仓时的温度场

考虑混凝土自然入仓，不采用其他温控措施。取混凝土入仓温度为气温+2℃。

计算结果摘要见表 6.5。自然入仓时的冬季浇筑混凝土的最高温度为 32℃，夏天浇筑的混凝土的最高温度为 40℃。

表 6.5　**自然入仓时各种温度指标摘要**

项　　目	(0～0.2) L	(0.2～0.4) L	非约束区
最高温度/℃	40.27	38.51	37.08
基础温差/℃	25～16	24～16	—
内外温差/℃	28	27.20	26.08
第一主应力/MPa	3.50	2.78	2.40

注　L 为坝高。

6.1.2.2 降低入仓温度

首先考虑降低高温季节浇筑的混凝土入仓温度，控制最高浇筑温度为17℃，计算结果摘要见表6.6和表6.7。对比自然入仓的结果可知，由于冬天浇筑温度没变，最高温度和表面散热降温效果相差不大。夏天虽然浇筑温度降到17℃，但最高温度仅下降4℃，由于浇筑温度17℃仍然较高，浇筑层薄热量倒灌作用较大且浇筑早期，混凝土温度低于气温时外界热量倒灌，后期新混凝土覆盖前混凝土内温度高出气温有限，表面散热效果不大。因此仅靠降低浇筑温度对降低最高温度的效果不够。

表6.6　　只降低入仓温度时的温度指标摘要

项目	(0～0.2) L	(0.2～0.4) L	非约束区
最高温度/℃	34.78	34.76	33
基础温差/℃	8～18	12～20	6～18

注　L为坝高。

表6.7　　只降低入仓温度时的降温效果

混凝土类型	降温幅度/℃	混凝土类型	降温幅度/℃
C_I	5.5	R_I	3.8

6.1.2.3 保温

只降低入仓温度，由于外部热量回灌，对降低最高温度的效果不佳。低温入仓在浇筑早期，气温高于混凝土温度从而导致热量回灌，抵消了预冷骨料的效果。因此应考虑保温措施。假定对5—9月浇筑的混凝土进行保温。间歇层面浇筑完后立即保温，直到内部温度高于气温时，将保温拆除。

表6.8为温度指标摘要，比较可以看出，保温后，最高温度与不保温时相近，对控制最高温度和基础温差效果不佳。

表6.8　　保温措施的温度指标摘要

项　目	(0～0.2) L	(0.2～0.4) L	非约束区
最高温度/℃	33.6	34.64	33
基础温差/℃	8～17	12～20	6～18

注　L为坝高。

6.1.2.4 水管冷却

由于仅靠降低入仓温度和表面保温不能满足混凝土的抗裂要求，如果不采取进一步温控措施，则夏季施工难以实现，因此在上述两项措施基础上另增加一个温控措施，即水管冷却。

考虑基础常态混凝土和坝高0.4L以下5—9月浇筑的碾压混凝土加水管冷却，基础常态混凝土通12℃冷却水，夏季浇筑的碾压混凝土通14℃冷却水。水管间距为1.0m×1.5m，水管长度为300m，通水量为1.1m^3/h。

考虑降低入仓温度、水管冷却后基础约束区的最高温度可降低到31℃，高程220.00～260.00m处的最高温度除变态混凝土区外下降到32℃。基础约束区的基础温差，上游坝踵附近范围内为16～18℃，其他部位为10～12℃。

6.1.2.5 仓面喷雾

假定在夏天5—9月施工的混凝土仓面布置喷雾设备，通过仓面的低温水喷雾可使仓面温度比气温低5℃。考虑低温入仓，再加喷雾措施进行仿真计算。主要温度指标摘要见表6.9，考虑仓面喷雾后的温度下降到33℃，比不做喷雾时下降了2～3℃。可见喷雾对降低坝体最高温度是有效的。

表6.9　　仓面喷雾时的温度指标

项　目	(0～0.2) L	(0.2～0.4) L	非约束区
最高温度/℃	31.23	32.52	32
基础温差/℃	8～16	10～18	6～18

6.1.2.6 综合温控措施

表6.10列出了本节所述各种温控措施时基础约束区的最高温度和降温效果的比较，此处的降温效果指自然入仓时的温度和考虑温控时的温度之差。

表6.10　　各种温控措施效果比较

温控措施	(0～0.2) L		(0.2～0.4) L	
	最高温度/℃	降温幅度/℃	最高温度/℃	降温幅度/℃
自然入仓	40.27		38.51	
17℃浇筑温度	34.78	5.49	34.76	3.75
17℃浇筑温度＋保温	33.6	6.67	34.64	3.87
17℃浇筑温度＋水管冷却	30.78	9.49	32.2	6.31
17℃浇筑温度＋仓面喷雾	31.23	9.04	32.58	5.93
综合措施	29.5	10.77	30.63	7.88

上述结果表明水管冷却和仓面喷雾这两种措施对降低最高温度和基础温差最有效。相比之下，仓面喷雾和洒水养护施工简单，造价低廉，且效果显著。但在夏季高期季节和强约束区仅靠仓面喷雾还难以达到温控要求，还应考虑与水管冷却相结合，考虑综合温控措施。现考虑在降低浇筑温度（17℃）的基础上在4—10月施工期间加喷雾降温，(0～0.4) L 坝高以内的基础约束区在5—9月高温季节浇筑时再配合水管冷却。水管垂直间距等于层高1.0m，水平间距为1.5m。水管长度300m，用管径2″的塑料水管，冷却水为12℃的制冷水。以如上综合措施作为温控手段，模拟实际的施工条件对大坝的温度场和施工过程进行仿真分析。综合温控措施下可以使夏天浇筑混凝土的温度降低到32℃，强约束区的最高温度降低到30℃以下。

6.1.2.7 夏季白天和夜间浇筑的差别

前几个工况计算中以多年平均月气温插值求出的逐日平均气温作为浇筑和环境温度的参考值，没有考虑昼夜温差的影响。气象资料表明龙滩坝址区的昼夜温差达8～9℃，即夜晚的最低温度比平均气温低4～5℃，白天的最高温度比平均气温高4～5℃。太阳辐射热会使仓面的温度进一步升高，不考虑喷雾、保温等措施时，可计算出7月中下旬气温最高时仓面昼夜的温度变化（假定温度按余弦变化）见图 6.4 和表 6.11。由该图和表可以看出午夜仓面最低环境温度比正午仓面最高环境温度低 12.26℃。夏天高温季节利用夜间浇筑避开白天高温时间可以减少自拌和机口到仓面的冷量损失和混凝土温度回升，避免覆盖前的热量回灌，对降低混凝土的最高温度、改善温度应力效果是显著的。当然考虑仓面喷雾后，仓面的昼夜温差会相应减小，但高温季节利用夜间浇筑混凝土仍然是有效的。因此 5—9 月浇筑的混凝土应尽量在夜晚施工而避开白日高温时间。

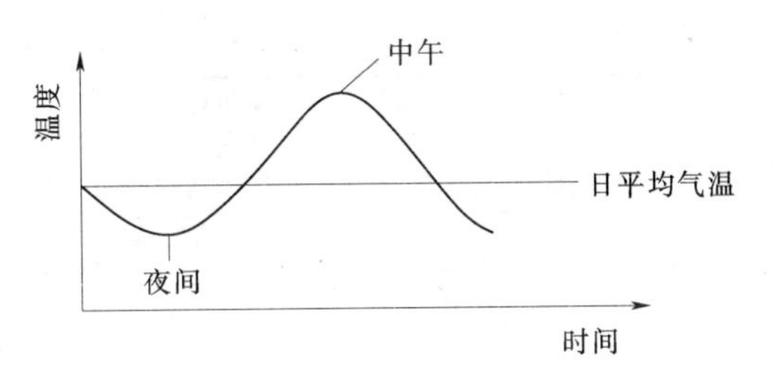

图 6.4　昼夜温度变化图

表 6.11　考虑太阳辐射热时 7 月昼夜环境温度

时刻	1：00	3：00	5：00	7：00	9：00	11：00	13：00
温度/℃	24.95	23.38	22.80	23.37	24.94	29.15	35.06

6.2　分缝研究

6.2.1　纵缝设置问题研究

6.2.1.1　设纵缝与不设纵缝施工期温度应力计算分析

龙滩碾压混凝土坝，如果不设纵缝，坝基最大边长达 168.0m。为了探讨纵缝对坝体温度应力的影响，选择非溢流坝段，按不设纵缝和设一条纵缝两种情况分别进行了施工期温度应力计算。横缝和纵缝面按绝热条件处理，上、下游坝面按多年平均旬气温处理，施工仓面按多年平均旬气温处理。

根据设计的施工进度安排，右岸非溢流坝段碾压混凝土从第一年 3 月 1 日开始浇筑，第三年 11 月底结束，历时 33 个月，坝体高度为 157.0m。碾压混凝土浇筑采用薄层连续碾压 5 层后间歇，连续上升的碾压层厚度为 0.3m，每一层从摊铺、碾压控制为 6h，而连续碾压 5 薄层后的间歇时间根据施工组织设计的进度安排而异。

按计算条件和施工进度，分别对设纵缝和不设纵缝两种情况模拟施工过程 33 个月，计算得出坝体每升高 0.3m 时的坝体及地基温度场和温度应力分布。选择典型时刻、典型位置的应力分布和整个施工期的最大拉应力值进行分析对比。

不设纵缝情况下，从第一年 3 月 1 日开始浇筑混凝土到第三年 11 月底施工结束，历时 990d，坝体达到设计坝高 157.0m。在整个施工期间坝体最大拉应力和最大压应力位置，出现时间和应力值见表 6.12。

设纵缝情况下，从第一年 3 月 1 日开始浇筑混凝土到第二年 12 月底，历时 667d，坝体升高 105.0m，纵缝下游块施工结束。在这 667d 的施工期间，纵缝下游块的最大拉应力值和最大压应力值及出现的时间和位置见表 6.13。并缝后上游坝块继续施工，直到第三年 11 月底结束，历时 990d，坝体升高到 157m，纵缝上游块在 990d 的施工期间，最大拉应力值和最大压应力值及出现的时间和位置见表 6.14。

表 6.12　坝体不设纵缝最大应力与最小应力值表

历时/d	结点编号	X 坐标/m	Y 坐标/m	Z 坐标/m	应力分量	应力值/MPa
697	1235	9.9	178.0	1.5	σ_x	1.49
885	1234	7.7	178.0	1.5	σ_x	−1.23
274	4309	6.0	178.0	1.5	σ_y	0.94
199	2666	1.0	110.0	19.9	σ_y	−1.27
697	1240	9.9	61.6	4.5	σ_z	2.06
525	2865	8.7	71.2	44.0	σ_z	−2.62

表 6.13　坝体设纵缝下游坝块最大应力与最小应力值表

历时/d	结点编号	X 坐标/m	Y 坐标/m	Z 坐标/m	应力分量	应力值/MPa
667	1111	1.1	107.0	1.5	σ_x	1.22
491	2861	0.97	107.0	44.0	σ_x	−1.56
214	3811	0.90	143.0	25.3	σ_y	0.82
199	2671	0.99	136.0	19.9	σ_y	−1.28
667	1111	1.1	107.0	1.5	σ_z	1.35
525	2740	8.8	107.0	41.0	σ_z	−2.62

表 6.14　坝体设纵缝上游坝块最大应力与最小应力值表

历时/d	结点编号	X 坐标/m	Y 坐标/m	Z 坐标/m	应力分量	应力值/MPa
682	1111	1.1	60.6	1.5	σ_x	1.23
851	2861	0.97	71.0	44.0	σ_x	−1.58
634	6926	0.65	89.0	100.0	σ_y	0.82
199	2671	0.99	85.7	19.9	σ_y	−1.26
697	1111	1.1	60.6	1.5	σ_z	1.59
210	1235	9.9	106.0	1.5	σ_z	−2.45

从施工期的最大拉应力数值看，设纵缝要比不设纵缝好。不设纵缝情况下，$\sigma_{x\max}=1.49$MPa，$\sigma_{y\max}=0.94$MPa，$\sigma_{z\max}=2.06$MPa；设纵缝情况下，$\sigma_{x\max}=1.23$MPa，$\sigma_{y\max}=0.82$MPa，$\sigma_{z\max}=1.59$MPa。

坝体上游坝面在施工结束时刻，即开工后第990d的温度应力沿坝高的变化情况见图6.5～图6.7。

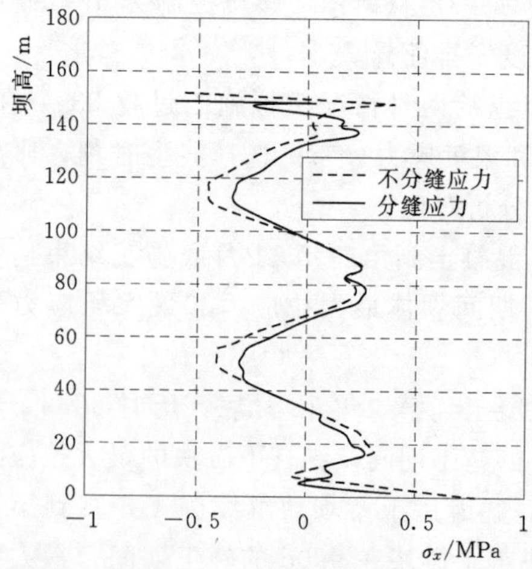

图 6.5　上游面 σ_x 沿坝高变化曲线（990d）

坝体下游面和纵缝面在纵缝并缝时，即开工后第667d的温度应力沿坝高的变化情况见图6.8～图6.13。

从坝体上、下游面和纵缝面应力分布情况看，设纵缝比不设纵缝的拉应力小，高气温季节浇筑的区域是拉应力区，低气温季节浇筑的区域是压应力区。

图6.14～图6.16是坝体上游面距地基1.5m处的应力随时间变化过程，可以看出坝体上游面应力随外界气温变化的特点是高温季节为压应力，低温季节为拉应力。不设纵缝情况下的

最大拉应力值要比分缝情况下的最大拉应力值大。下游面和纵缝面上的应力变化规律与上游面相似。

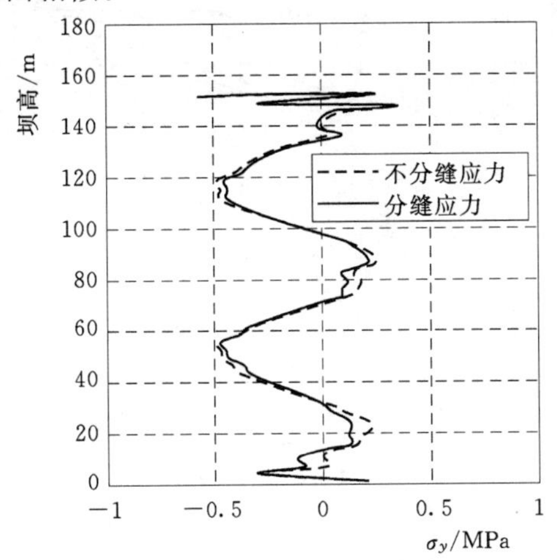

图 6.6 上游面 σ_y 沿坝高变化曲线（990d）

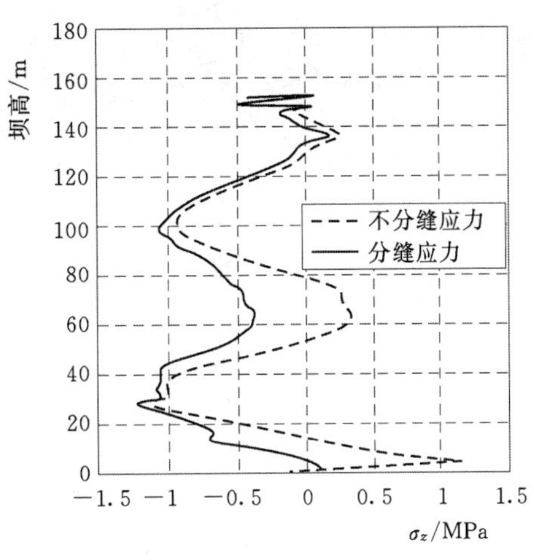

图 6.7 上游面 σ_z 沿坝高变化曲线（990d）

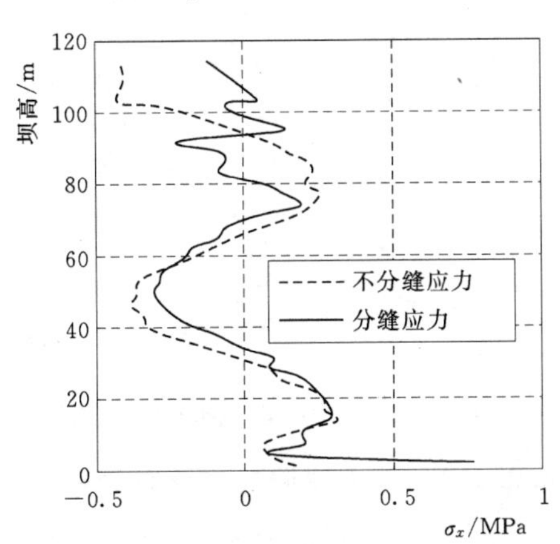

图 6.8 下游面 σ_x 沿坝高变化曲线（667d）

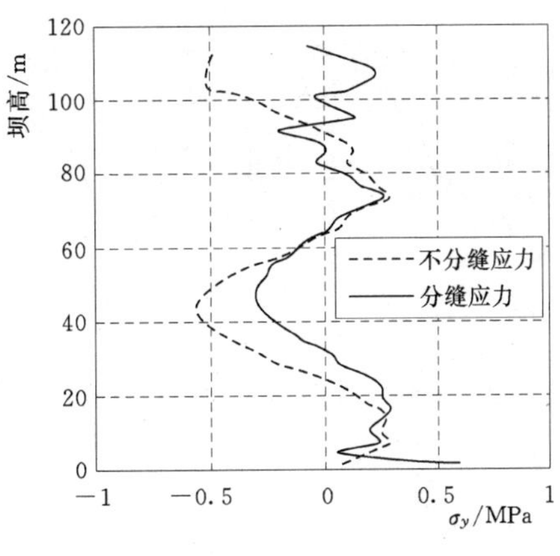

图 6.9 下游面 σ_y 沿坝高变化曲线（667d）

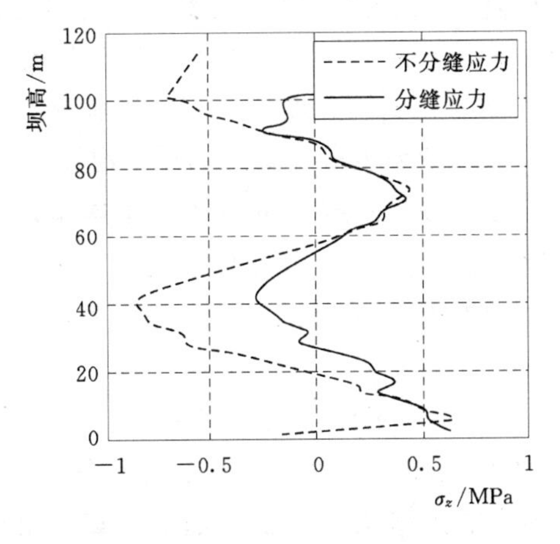

图 6.10 下游面 σ_z 沿坝高变化曲线（667d）

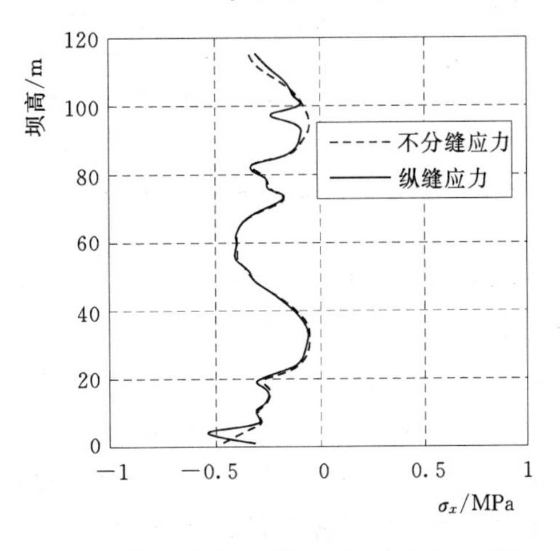

图 6.11 纵缝断面 σ_x 沿坝高变化曲线（667d）

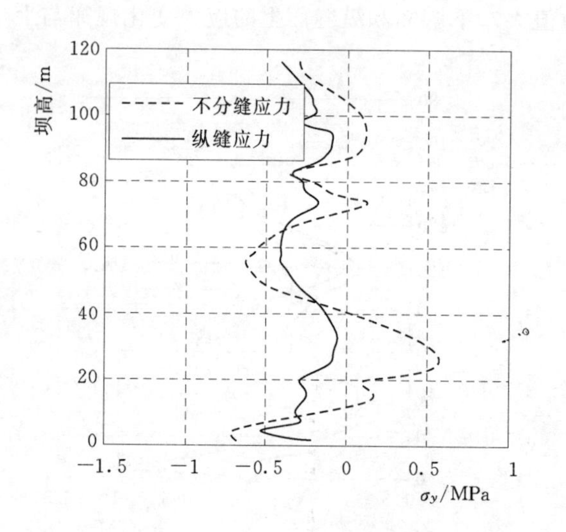

图 6.12 纵缝断面 σ_y 沿坝高变化曲线（667d）

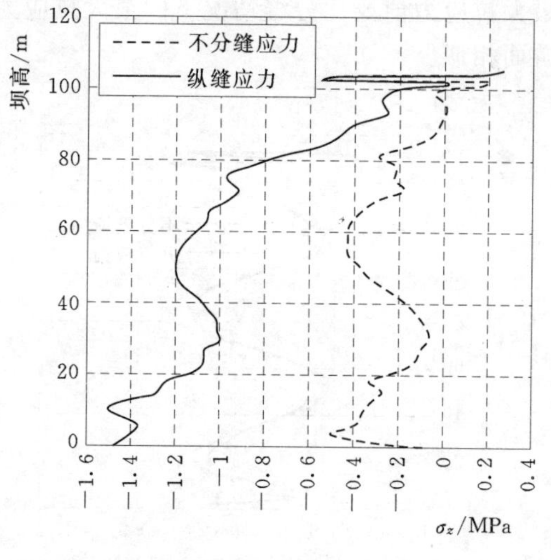

图 6.13 纵缝断面 σ_z 沿坝高变化曲线（667d）

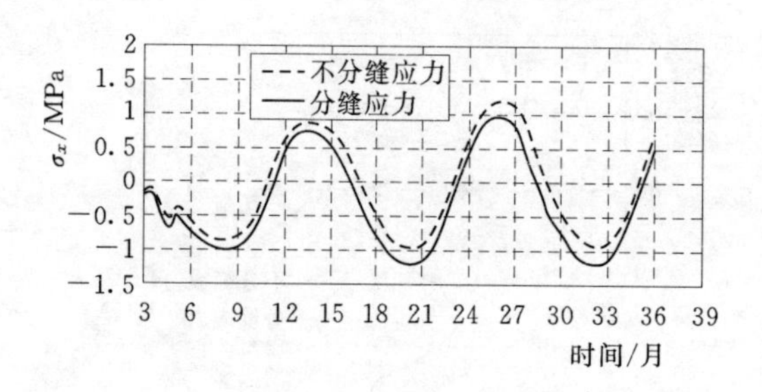

图 6.14 上游坝面 σ_x 随时间变化曲线

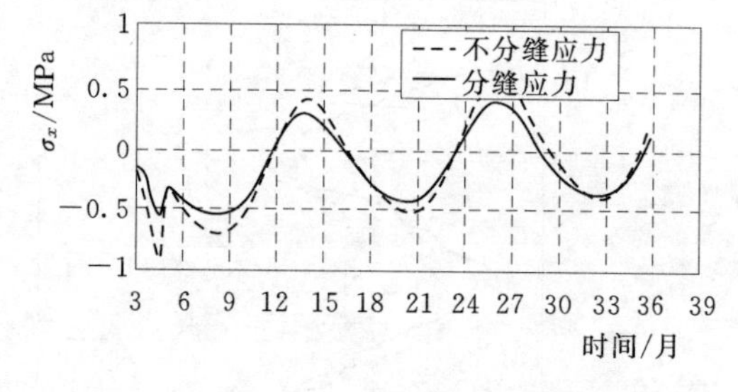

图 6.15 上游坝面 σ_y 随时间变化曲线

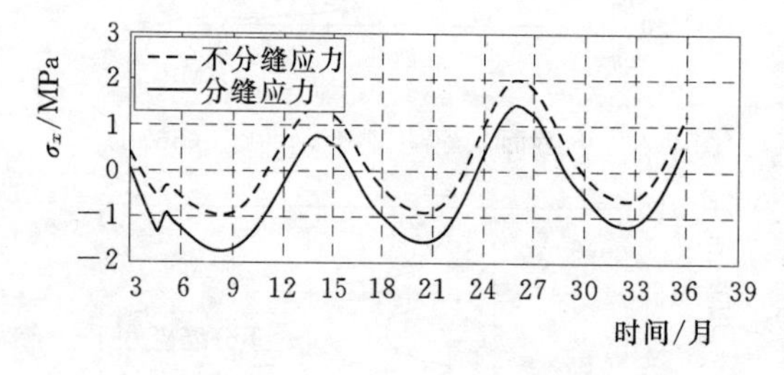

图 6.16 上游坝面 σ_z 随时间变化曲线

6.2.1.2 最大温降应力计算分析

模拟施工过程计算表明，坝体内部温度沿坝高出现3个高温区和两个低温区，即夏季浇筑的区域为高温区，气温最低的1月浇筑的区域为低温区；坝体表面7.0m范围内，坝体温度随外界气温而变化，高气温季节温度高，低气温季节温度低。

坝体稳定温度场取决于水库水温和气温，计算表明，在坝高40.0m范围内，坝体温度自上游面年平均水温13.4℃，逐渐变化到下游面22.1℃；在坝高40.0m以上，坝体下游面温度仍然是22.1℃，而上游面随库水温度变化，其温度值在13.4～22.1℃之间变化。

以坝体稳定温度场与施工刚结束时的温度场之差作为坝体不设纵缝情况下的温降值，以坝体稳定温度场与纵缝并缝时的坝体温度场之差作为坝体设纵缝情况下的温降值，分别计算了重力坝不设纵缝与设纵缝两种情况下的最大温度应力。上游坝面的计算成果见图6.17～图6.19。

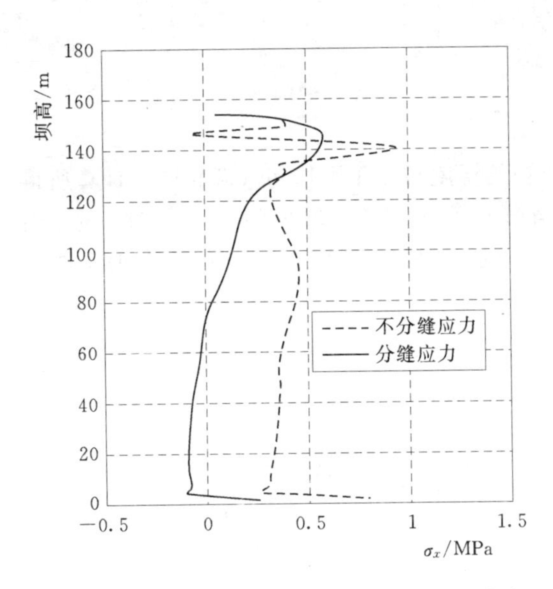

图 6.17 最大温降上游坝面 σ_x 沿高度变化曲线

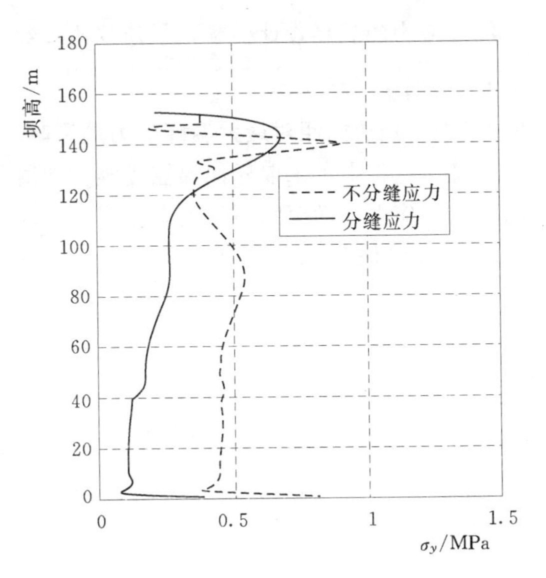

图 6.18 最大温降上游坝面 σ_y 沿高度变化曲线

在坝体上游面，不设纵缝情况下的拉应力比设纵缝情况下的大。不设纵缝时，$\sigma_{x\max}=0.96$MPa，$\sigma_{y\max}=0.90$MPa，$\sigma_{z\max}=1.01$MPa；设纵缝情况下，$\sigma_{x\max}=0.60$MPa，$\sigma_{y\max}=0.68$MPa，$\sigma_{z\max}=0.78$MPa。

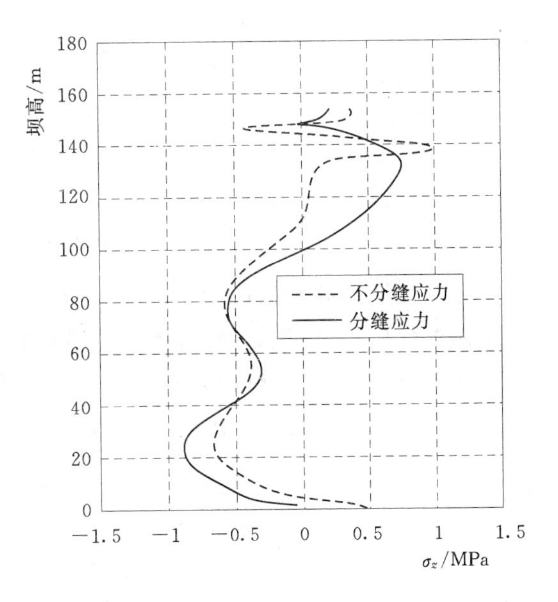

图 6.19 最大温降上游坝面 σ_z 沿高度变化曲线

在坝体下游面，设纵缝与不设纵缝两种情况下的拉应力都比较小，其主要原因是稳定温度场在坝体下游面的温度，相对上游面和坝体内部要高，最大温降值较小。不设纵缝时，$\sigma_{x\max}=0.38$MPa，$\sigma_{y\max}=0.47$MPa，$\sigma_{z\max}=0.06$MPa；设纵缝时，$\sigma_{x\max}=-0.04$MPa，$\sigma_{y\max}=0.19$MPa，$\sigma_{z\max}=0.07$MPa。

在坝体内部，最大温降应力比坝体上、下游面的最大温降应力大。不设纵缝时 $\sigma_{x\max}=1.64$MPa，$\sigma_{y\max}=1.62$MPa，$\sigma_{z\max}=1.81$MPa；设纵缝时，$\sigma_{x\max}=1.40$MPa，$\sigma_{y\max}=1.50$MPa，$\sigma_{z\max}=1.49$MPa。

综上所述，仅从温度应力角度看，无论是施工期，还是运行期，坝体设纵缝要比不设纵缝好。施工期，设纵缝比不设纵缝时的最大拉应力小，σ_x 减小 0.26MPa，σ_y 减小 0.12MPa，σ_z 减小 0.47MPa；运行期考虑最大温降时，在坝体内部的拉应力 σ_x 降低 0.24MPa，σ_y 降低 0.12MPa，σ_z 降低 0.32MPa。但是，设纵缝给施工带来极大麻烦，制约了碾压混凝坝快速施工的优点，而且增加工程造价。根据龙滩碾压混凝土坝的实际情况，设纵缝使温度应力降低的幅度不大，且不设纵缝时，只要合理控制混凝土浇筑温度，则温度应力能满足设计要求，故建议不设纵缝。

6.2.2 横缝间距确定

6.2.2.1 横缝间距对最大温降应力的影响

施工过程中不采取任何温控措施，混凝土浇筑温度与多年平均旬气温相同，计算所得的最大拉应力与横缝间距的关系见图 6.20，当横缝间距由 15m 增加到 80.0m 时，$\sigma_{x\max}$由 1.49MPa 增加到 1.96MPa；$\sigma_{y\max}$由 1.90MPa 增加到 2.31MPa；$\sigma_{z\max}$由 0.45MPa 增加到 0.90MPa。

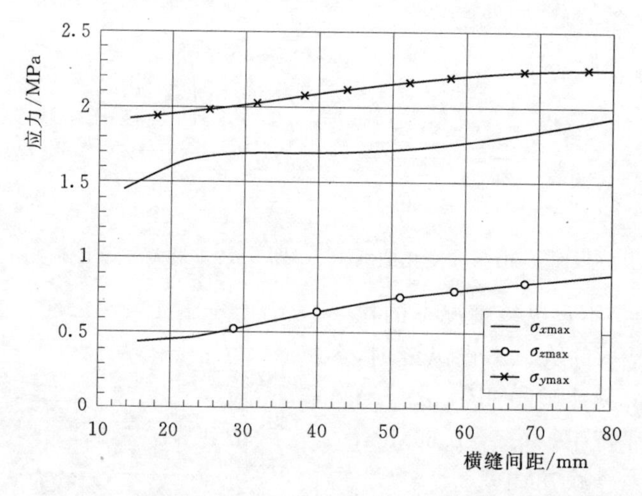

图 6.20 最大拉应力与横缝间距关系图（混凝土浇筑温度为多年平均旬气温）

为了降低坝体最大温升，施工期 1—2 月和 12 月按多年平均旬气温浇筑，3—11 月混凝土浇筑温度控制为 15℃，计算所得的最大拉应力与横缝间距的关系见图 6.21，当横缝间距由 15.0m 增加到 80m 时，$\sigma_{x\max}$由 1.16MPa 增加到 1.34MPa；$\sigma_{y\max}$由 0.87MPa 增加到 1.06MPa；$\sigma_{z\max}$由 0.55MPa 增加到 0.96MPa。

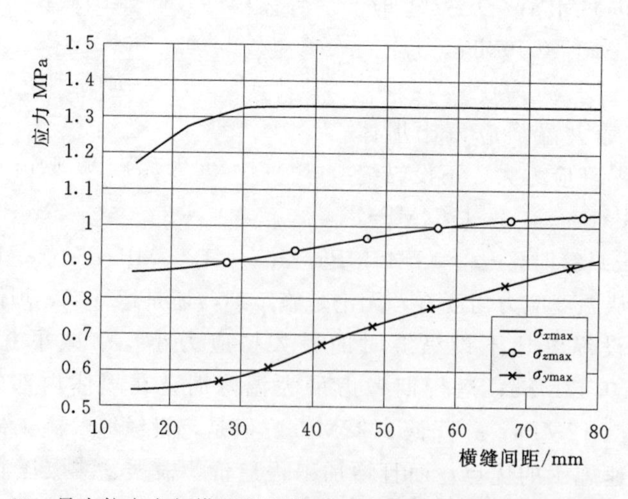

图 6.21 最大拉应力与横缝间距关系图（混凝土浇筑温度控制为 15℃）

6.2.2.2 横缝间距对内外温差应力的影响

施工期内外温差是引起表面裂缝的主要原因之一，为了研究横缝间距对内外温差应力的影响，进行了横缝间距为 20.0m 和 60.0m 两种情况的计算分析，计算按设计的施工进度模拟施工过程仿真，1—2 月和 12 月按多年平均旬气温浇筑，3—11 月混凝土浇筑温度控制为 15℃，计算结果见表 6.15。计算成果显示，横缝间距增大时，σ_x 显著增大，而 σ_y 和 σ_z 变化不大。

表 6.15 横缝间距对内外温差应力的影响成果表

<table>
<tr><th>横缝间距/m</th><th>$\sigma_{x\max}$/MPa</th><th>$\sigma_{y\max}$/MPa</th><th>$\sigma_{z\max}$/MPa</th><th>最大拉应力部位</th></tr>
<tr><td>20</td><td>1.09</td><td>0.46</td><td>1.76</td><td rowspan="2">低温季节坝体上下游表面</td></tr>
<tr><td>60</td><td>1.92</td><td>0.56</td><td>1.68</td></tr>
</table>

6.2.2.3 横缝间距的选择

通过上述计算分析可知，最大温降应力在坝体内部最大，是引起坝体内部裂缝和贯穿性裂缝的主要原因，而施工期内外温差应力在坝体表面最大，是引起表面裂缝的主要原因，合理的横缝间距应使坝体内部最大温降应力和坝面内外温差应力均满足混凝土抗裂要求，碾压混凝土 180d 的抗裂允许应力为

$$[\sigma]=\frac{E\varepsilon_t}{k}=1.54\text{MPa}$$

式中：E 为混凝土弹性模量；ε_t 为极限拉伸；k 为安全系数。

各工况各横缝间距情况下温度应力与抗裂允许应力比较见表 6.16。

表 6.16 温度应力比较表

<table>
<tr><td colspan="3">横缝间距/m</td><td>22</td><td>60</td></tr>
<tr><td rowspan="8">按最大温降应力控制</td><td rowspan="4">按多年平均旬气温浇筑</td><td>①最大温降应力 σ_y/MPa</td><td>1.94</td><td></td></tr>
<tr><td>②施工期 1 月该点应力 σ_y/MPa</td><td>0</td><td></td></tr>
<tr><td>①+②</td><td>1.94</td><td></td></tr>
<tr><td>是否满足抗裂要求</td><td>不满足</td><td></td></tr>
<tr><td rowspan="4">按 15℃浇筑</td><td>①最大温降应力 σ_x/MPa</td><td>0.7</td><td>1.2</td></tr>
<tr><td>②施工期 1 月该点应力 σ_x/MPa</td><td>0.36</td><td>0.28</td></tr>
<tr><td>①+②</td><td>1.06</td><td>1.48</td></tr>
<tr><td>是否满足抗裂要求</td><td>满足</td><td>满足</td></tr>
<tr><td rowspan="3">按施工期内外温差应力控制</td><td rowspan="3">按 15℃浇筑</td><td>最大内外温差应力 σ_x/MPa</td><td>1.09</td><td>1.92</td></tr>
<tr><td>与抗裂允许应力相比</td><td><</td><td>></td></tr>
<tr><td>是否满足抗裂要求</td><td>满足</td><td>不满足</td></tr>
</table>

根据大坝温度徐变应力仿真分析成果，确定大坝河床碾压混凝土坝段横缝间距一般不宜大于 25.0m。

6.3 劈头裂缝研究

碾压混凝土重力坝通仓浇筑，没有二期水管冷却，蓄水时坝内温度仍然很高，如果施工过程中上游面出现了表面裂缝，在内外温差和缝内裂隙水的共同作用下，存在着产生劈头裂缝的可能性。特别像龙滩这样的巨型工程，采用碾压混凝土筑坝在世界上尚属首次，对劈头裂缝的研究十分重要。

6.3.1 坝体表面裂缝扩展条件

通仓浇筑的混凝土重力坝，虽然采取了预冷骨料、水管冷却、表面保温等温度控制措施，不少坝体在上游面仍产生了严重的劈头裂缝，裂缝深度达几十米，引起严重漏水。

实际工程经验表明，施工过程中在坝体上游面出现了表面裂缝，水库蓄水以后，经过一段时间，有的表面裂缝突然大范围地扩展，成为劈头裂缝。这种现象在通仓浇筑重力坝内经常出现，但在大量分缝柱状浇筑重力坝内却很少出现。其原因可用断裂力学观点解释为：一方面，通仓浇筑重力坝由于没有二期冷却，水库蓄水时，坝体内部温度还相当高，存在较大的内外温差，促使上游面的表面裂缝发展为劈头裂缝。另一方面，由于混凝土抗裂能力的时间效应，即在短期荷载作用下，混凝土抗拉强度和混凝土断裂韧度较高，而在长期荷载作用下，混凝土抗拉强度和混凝土断裂韧度较低，因此刚蓄水时往往表面裂缝不扩展，而过了一定时间，表面裂缝才扩展为劈头裂缝。

根据断裂力学，裂缝稳定（不扩展）条件为

$$K_{\mathrm{I}}=1.988(\sigma_a+p-\sigma_b)\sqrt{L}\leqslant K_{\mathrm{I}C} \tag{6.1}$$

式中：σ_a 为坝体表面应力；p 为缝隙内水压力、止水至坝面之间横缝内水压力；σ_a 为止水至坝面之间横缝内水压力在裂缝尖端产生的压应力；$K_{\mathrm{I}C}$为混凝土 I 型裂缝的断裂韧度。

6.3.2 计算实例及计算结果分析

分别取溢流坝段横缝间距 B 等于 20.0m、40.0m、60.0m，上游面采用聚苯乙烯泡沫塑料保温板厚度 H 等于 3cm、5cm、10cm，共进行了 12 种工况的计算见表 6.17。表中列出了对称面与上游面交线沿高度 10 个不同高程处最大的温度应力值。而应力因子 $K_{\mathrm{I}C}$则根据上游表面裂缝的深度 L 不同（分别取 0.1m、0.2m、0.3m）而不同，根据劈头裂缝形成条件判断对应高程劈头裂缝是否会发生。

表 6.17　　12 种工况的计算成果表

高程/m			205.00	210.00	230.00	250.00	260.00	270.00	290.00	310.00	320.00	330.00
抗拉强度/MPa			1.9	1.9	1.9	1.9	1.6	1.6	1.6	1.3	1.3	1.3
应力因子允许值 $K_{\mathrm{I}C}$/(kg/cm$^{3/2}$)			103.2	103.2	103.2	103.2	86.9	86.9	86.9	70.6	70.6	70.6
工况 1 (B=20.0m, H=0)	最高温度应力/MPa		1.0	0.7	1.7	0.5	0.3	0.5	0.4	0.3	0.4	0.7
	应力因子 K_{I}/(kg/cm$^{3/2}$)	L=0.1m	45.3	26.9	92.2	18.4	6.9	20.6	16.3	12.1	19.5	39.5
		L=0.2m	64.1	38.0	130.3	26.1	9.7	29.1	23.1	17.1	27.6	55.9
		L=0.3m	78.5	46.6	159.6	32.0	11.9	35.6	28.3	21.0	33.8	68.4

续表

高程/m			205.00	210.00	230.00	250.00	260.00	270.00	290.00	310.00	320.00	330.00
工况 2 (B=20.0m, H=3cm)	最高温度应力/MPa		0.8	0.8	1.1	0.6	0.7	0.9	0.3	0.5	0.5	1.1
	应力因子 K_I/(kg/cm$^{3/2}$)	L=0.1m	32.7	33.2	54.3	24.8	32.1	45.8	10.0	24.8	25.8	64.8
		L=0.2m	46.2	46.9	76.7	35.0	45.4	64.8	14.2	35.0	36.5	91.6
		L=0.3m	56.6	57.5	94.0	42.9	55.7	79.4	17.4	42.9	44.7	112.2
工况 3 (B=20.0m, H=5cm)	最高温度应力/MPa		0.7	0.6	1.0	0.5	0.6	0.8	0.4	0.4	0.5	0.8
	应力因子 K_I/(kg/cm$^{3/2}$)	L=0.1m	26.4	20.6	47.9	18.4	25.8	39.5	16.3	18.4	25.8	45.8
		L=0.2m	37.3	29.1	67.8	26.1	36.5	55.9	23.1	26.1	36.5	64.8
		L=0.3m	45.6	35.6	83.0	32.0	44.7	68.4	28.3	31.9	44.7	79.4
工况 4 (B=20.0m, H=10cm)	最高温度应力/MPa		0.8	0.4	0.7	0.5	0.6	0.7	0.4	0.3	0.6	0.7
	应力因子 K_I/(kg/cm$^{3/2}$)	L=0.1m	32.7	7.9	29.0	18.4	25.8	33.2	16.3	12.1	32.1	39.5
		L=0.2m	46.2	11.2	41.0	26.1	36.5	46.9	23.1	17.1	45.4	55.9
		L=0.3m	56.6	13.7	50.2	32.0	44.7	57.5	28.3	21.0	55.6	68.4
工况 5 (B=40.0m, H=0)	最高温度应力/MPa		1.5	1.6	2.7	0.8	0.4	1.0	0.6	0.4	0.5	1.4
	应力因子 K_I/(kg/cm$^{3/2}$)	L=0.1m	76.9	83.7	155.3	37.4	13.2	52.1	28.9	18.4	25.8	83.7
		L=0.2m	108.8	118.4	219.7	52.9	18.6	73.7	40.9	26.1	36.4	118.4
		L=0.3m	133.2	145.0	269.1	64.8	22.8	90.3	50.2	31.9	44.7	145.0
工况 6 (B=40.0m, H=3cm)	最高温度应力/MPa		0.8	0.9	2.0	0.5	0.6	1.4	0.6	0.5	0.7	1.4
	应力因子 K_I/(kg/cm$^{3/2}$)	L=0.1m	32.7	39.5	111.1	18.4	25.8	77.4	28.9	24.8	38.4	83.7
		L=0.2m	46.2	55.9	157.1	26.1	36.5	109.5	41.0	35.0	54.4	118.4
		L=0.3m	56.6	68.4	192.4	32.0	44.7	134.1	50.2	42.9	66.6	145.0
工况 7 (B=40.0m, H=5cm)	最高温度应力/MPa		1.2	1.2	1.6	0.6	0.7	1.2	0.8	0.5	0.5	1.1
	应力因子 K_I/(kg/cm$^{3/2}$)	L=0.1m	57.9	58.5	85.8	24.8	32.1	64.8	41.6	24.8	25.8	64.8
		L=0.2m	81.9	82.7	121.4	35.0	45.4	91.6	58.8	35.0	36.5	91.6
		L=0.3m	100.4	101.3	148.7	42.9	55.7	112.2	72.1	42.9	44.7	112.2
工况 8 (B=40.0m, H=10cm)	最高温度应力/MPa		1.5	1.0	1.0	0.5	0.9	1.0	0.6	0.5	0.5	0.8
	应力因子 K_I/(kg/cm$^{3/2}$)	L=0.1m	76.9	45.8	47.9	18.4	44.8	52.1	29.0	24.8	25.8	45.8
		L=0.2m	108.8	64.8	67.8	26.1	63.3	73.7	41.0	35.0	36.5	64.8
		L=0.3m	133.2	79.4	83.0	32.0	77.5	90.3	50.2	42.9	44.7	79.4
工况 9 (B=60.0m, H=0)	最高温度应力/MPa		2.3	2.0	3.2	0.8	0.5	1.2	0.8	0.4	0.3	1.5
	应力因子 K_I/(kg/cm$^{3/2}$)	L=0.1m	127.4	109.0	186.9	37.4	19.5	64.8	41.6	18.4	13.2	90.0
		L=0.2m	180.2	154.2	264.4	52.9	27.6	91.6	58.8	26.1	18.6	127.3
		L=0.3m	220.7	188.8	323.8	64.8	33.8	112.2	72.1	31.9	22.8	155.9
工况 10 (B=60.0m, H=3cm)	最高温度应力/MPa		1.5	1.6	2.3	05	1.0	2.0	1.1	0.7	0.9	1.5
	应力因子 K_I/(kg/cm$^{3/2}$)	L=0.1m	76.9	83.7	130.1	18.4	51.1	115.3	60.6	37.4	51.1	90.0
		L=0.2m	108.8	118.4	183.9	26.1	72.3	163.1	85.7	52.9	72.2	127.3
		L=0.3m	133.2	145.0	225.3	32.0	88.5	199.7	104.9	64.8	88.5	155.9

续表

高程/m			205.00	210.00	230.00	250.00	260.00	270.00	290.00	310.00	320.00	330.00
工况11 (B=60.0m, H=5cm)	最高温度应力/MPa		1.5	1.5	1.9	0.7	0.6	1.8	1.0	0.5	0.8	1.4
	应力因子 K_I/(kg/cm$^{3/2}$)	L=0.1m	76.9	77.4	104.8	31.1	25.8	102.7	54.2	24.8	44.8	83.7
		L=0.2m	108.8	109.5	148.2	44.0	36.5	145.2	76.7	35.0	63.3	118.4
		L=0.3m	133.2	134.1	181.5	53.8	44.7	177.9	94.0	42.9	77.5	145.0
工况12 (B=60.0m, H=10cm)	最高温度应力/MPa		1.2	1.2	1.5	0.7	0.5	1.2	0.8	0.5	0.8	1.1
	应力因子 K_I/(kg/cm$^{3/2}$)	L=0.1m	57.9	58.5	79.5	31.1	19.5	64.8	41.6	24.8	44.8	64.8
		L=0.2m	81.9	82.7	112.5	44.0	27.6	91.6	58.8	35.0	63.3	91.6
		L=0.3m	100.4	101.3	137.7	53.8	33.8	112.2	72.1	42.9	77.5	112.2

图6.22～图6.24分别为高程230.00m，高程270.00m，高程330.00m横缝间距、保温板厚度与上游面最大温度应力的关系。当水库蓄水后，上游面受冷产生的横河向（z向）位移收缩受到约束，横缝间距越大，基础约束区的范围越高，这种横河向的位移约束就会越大，相应的温度应力就会越高。从图中看出，每条曲线的应力都是随横缝间距的增加而单调增加的。

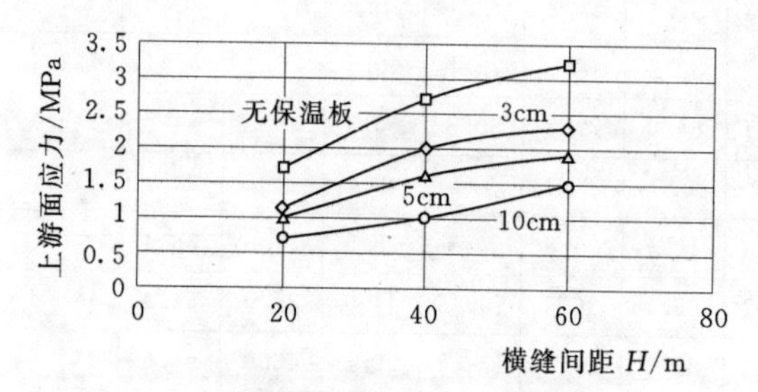

图6.22 高程230.00m上游面横河向应力与横缝间距的关系曲线

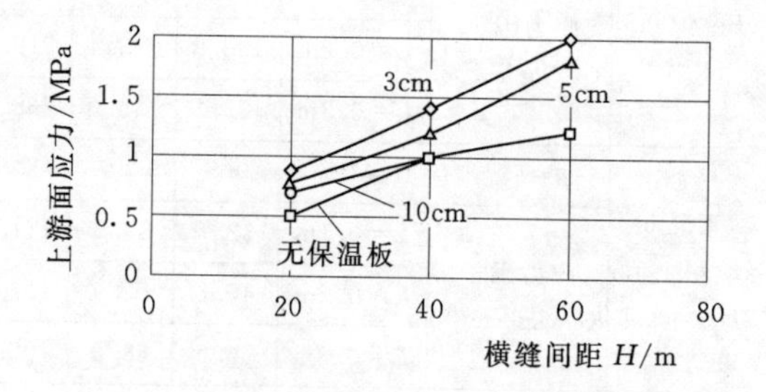

图6.23 高程270.00m上游面横河向应力与横缝间距的关系曲线

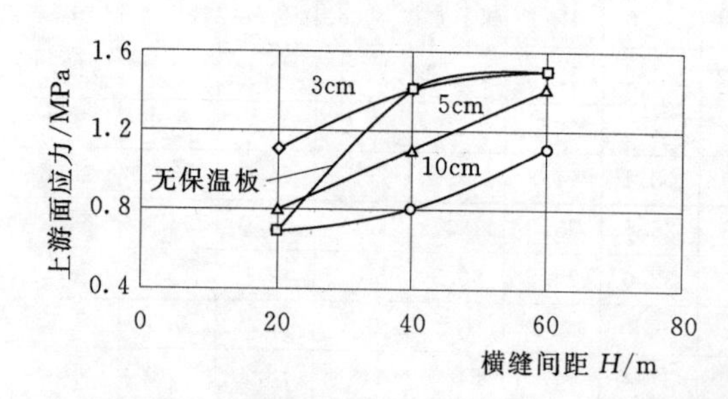

图6.24 高程330.00m上游面横河向应力与横缝间距的关系曲线

保温板本身的作用是阻止板两侧热量的传递，当重力坝上游面温度较高，而外界温度（蓄水或冬季）较低时，贴上保温板可以防止上游面遭受较大的内外温差而开裂。但是，如果上游面温度较高，且所受约束较小或上游面没有蓄水，那么，贴上保温板反而阻止了坝体本身热量的散发，起到了不利的作用。因此，保温板的作用要具体分析。从图6.22～图6.24看，在高程230.00m，保温板越厚，则上游面应力越小，保温板起到了防止开裂的目的。而在高程270.00m，高程330.00m，贴上保温板并不理想，这主要是因为，水库蓄水需要一个较长的时间，高程230.00m不但所受约束较大，且水位到达较快，贴上保温板能起到较好作用，高程270.00m、高程330.00m为夏季施工，温度较高但上游水位到达较晚，浇完后马上贴上保温板，阻止了内部热量向空气中散发，当水位上来后，造成较大的内外温差，反而产生较大的温度应力。

图 6.25～图 6.27 分别为横缝间距 20.0m，40.0m，60.0m 情况下，当表面裂缝深 0.2m 时，缝端应力强度因子沿高程的分布曲线，其中控制线代表了各高程允许的应力强度因子 K_{IC} 值，当曲线位于控制线右侧时，$K_I > K_{IC}$，将会发生劈头裂缝。从图中可见，高程 230.00m，高程 270.00m，高程 330.00m 处 K_I 值较大，最易发生劈头裂缝。这是因为这些高程位于夏季施工区，气温较高，当外界气温下降时，内部温度仍很高，内外温差较大，尤其高程 230.00m 处于强约束区范围内，更易于产生较大的温度应力。从图中看出，在高程 250.00m 以下，上游立面保温板越厚，曲线离控制线越远，发生劈头裂缝的可能性越小。当横缝间距增大时，见图 6.26 和图 6.27，曲线逐渐接近并超越了控制线，表明发生劈头裂缝的部位在逐渐增多。

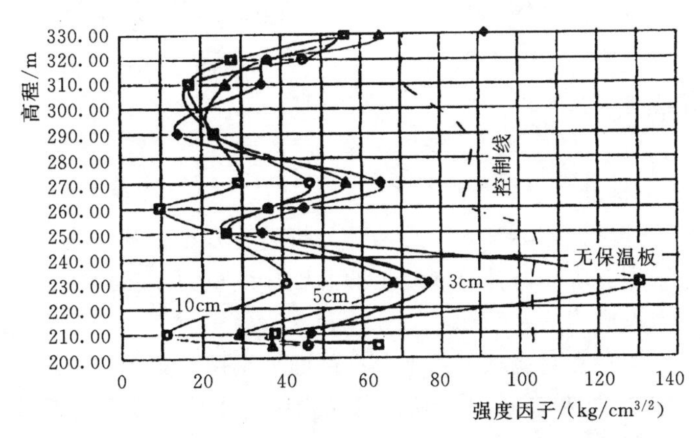

图 6.25 横缝间距 20m 时的缝端应力强度因子分布曲线

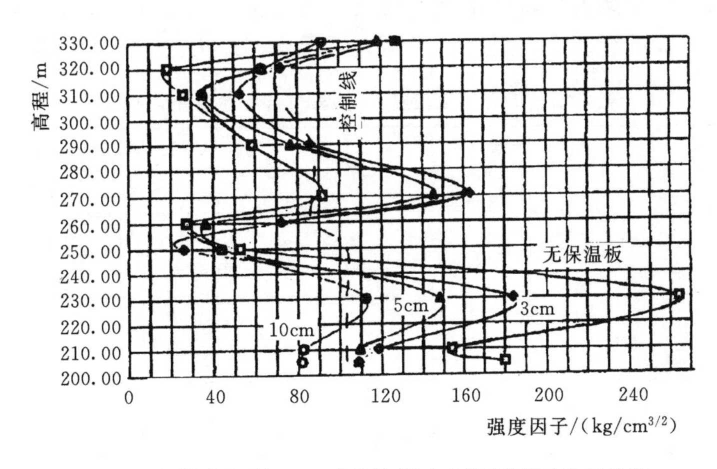

图 6.26 横缝间距 40m 时的缝端应力强度因子分布曲线

根据以上分析，为避免发生劈头裂缝，建议横缝间距 20.0m，高程 250.00m 以下范围上游面贴 3cm 厚泡沫塑料保温板，高程 250.00m 以上不贴保温板，因为这时曲线全部位于控制线的左侧（图 6.28），不会发生劈头裂缝，且比较经济。

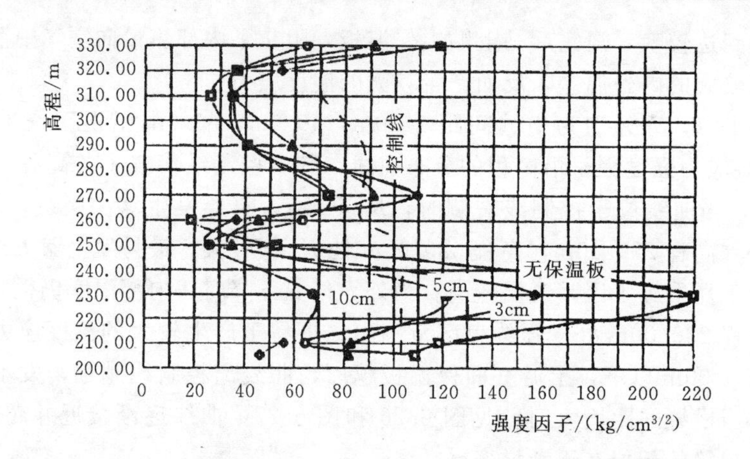

图 6.27　横缝间距 60m 时的缝端应力强度因子分布曲线

6.4　温控标准研究

6.4.1　基础温差控制标准

为了研究合适的基础温差标准，采用两种分析计算方法：其一是基于有限元的约束系数矩阵法；其二是采用有限元法计算混凝土的温度徐变应力，然后根据容许应力确定基础温差，简称有限元容许应力法。

取龙滩河床挡水坝段和溢流坝段两个典型剖面分别用约束系数矩阵法进行计算，允许温度差计算结果见表 6.18 和表 6.19，从中可见，因自生体积变形对基础温差的影响很大（达 4～7.5℃），必须引起足够的重视。如果取松弛系数 K_p 的变化范围 0.5～0.7，考虑自生体积变形后，两个典型坝段的基础容许温差的变化范围见表 6.20。

当大坝采用不设纵缝通仓浇筑时，采用有限元容许应力法计算的基础温差见表 6.21。

表 6.18　两个典型坝段的基础温度 [ΔT] 值表（考虑自生体积变形）

坝　段	材料分区	高程范围/m	不同松弛系数（K_p）下的温差/℃			
			0.5	0.6	0.7	0.8
挡水坝段	CC	218.00～224.00	24.7	20.4	17.5	15.3
	RCC	224.00～250.00	27.8	22.9	19.7	17.2
溢流坝段	CC	190.00～196.00	24.9	20.5	17.6	15.4
	RCC	196.00～245.00	28.1	23.2	19.9	17.4

表 6.19　两个典型坝段的基础温度 [ΔT]* 值表（不考虑自生体积变形）

坝　段	材料分区	高程范围/m	不同松弛系数（K_p）下的容许温差/℃			
			0.5	0.6	0.7	0.8
⑫挡水坝段	CC(C_{90}25)	218.00～224.00	20	16	10	8
	RCC(C_{180}25)	224.00～250.00	24	19	15	13

续表

坝　段	材料分区	高程范围/m	不同松弛系数(K_p)下的容许温差/℃			
			0.5	0.6	0.7	0.8
⑰溢流坝段	CC(C_{90}25)	190.00～196.00	21	16	13	11
	RCC(C_{180}25)	196.00～245.00	24	19	16	13

表 6.20　　**基础容许温差值表**

坝　段	材料分区	基础容许温差值/℃	
		K_p=0.5～0.7	K_p=0.6
⑫挡水坝	常态垫层混凝土	20～10	16
	碾压混凝土	24～15	19
⑰溢流坝段	常态垫层混凝土 CC	21～13	16
	碾压混凝土 RCC	24～16	19

表 6.21　　**不同浇筑分层方案的允许基础温差值表**

浇筑分层方案编号	材料分区	不同安全系数（k_c）下的基础温差值/℃		
		1.5	1.6	1.7
1	垫层常态混凝土	18.2	16.6	15.2
	碾压混凝土	24.7	23.1	21.6
2	CC	16.3	14.7	13.3
	RCC	23.4	21.7	20.2
3	CC	19.4	17.8	16.4
	RCC	23.3	21.6	20.0
4	CC	21.0	19.4	18.0
	RCC	22.3	20.5	19.1

两种方法计算出的基础温差值比较接近，计算得到的基础允许温差比现行规范规定的基础允许温差值提高了 2～3℃，建议基础允许温差可按以上计算出的基础允许温差的中间值取用。

6.4.2　上、下层温控制标准

碾压混凝土坝施工中难以避免出现仓面长间歇问题，但分析表明，上下层温差一般不会成为控制情况，可采用常规的标准。

6.5　龙滩典型坝段温度场及应力场仿真分析

6.5.1　挡水坝段温度场及应力场仿真分析

典型工况见表 6.22，仿真计算从 2004 年 10 月 1 日开始，至运行期坝体混凝土温度场降至准稳定温度场止。

表 6.22 挡水坝段典型计算工况表

部 位	综合温控措施	计算工况
基础常态混凝土	浇筑温度小于17℃，埋冷却水管	考虑温度荷载，并考虑坝体自重和水压力
(0～0.4)L RCC	夏季碾压混凝土浇筑温度不高于17℃，5—9月浇筑的混凝土仓面喷雾、仓面洒水冷却；冬季不低于11℃	

典型坝段从2004年的10月1日开始浇筑至2007年12月到达顶部高程结束，坝内内部最高温度为38℃，发生在2006年的2月，高程约255.00m范围，到2007年2月1日，其最高温度降至36℃，同年底最高温度降至35℃。顺坝轴线方向的最大拉应力为1.659MPa（x向），产生部位为高程202.11m、距离下游坝面2.87m的三级配碾压混凝土R_{I}中，时间为2007年1月，顺水流方向的最大拉应力为2.174MPa（y向），产生部位为200.11m高程、距离下游坝面0.83m的常态混凝土中，时间为2008年1月。

6.5.2 溢流坝段温度场及应力场仿真分析

典型工况见表6.23，各时段最高温度值见表6.24。溢流坝段基础部位局部最高温度为33℃，一般在26～29℃，碾压混凝土最高温度为38℃，产生在2007年5月底至6月初，位于高程340.00m靠近上游附近的混凝土中。顺坝轴线方向的最大拉应力为2.094MPa（x向），产生部位为高程236.34m、距离下游坝面0.17m的三级配碾压混凝土RI中，时间为2005年11月底；顺水流方向的最大拉应力为1.891MPa（y向），产生部位为高程199.17m、靠近上游坝面的二级配碾压混凝土R_{IV}中，时间为大坝运行期。其结果表明，本方案温度应力满足要求，其温控措施基本合理。

表 6.23 溢流坝段计算典型工况表

部 位	综合温控措施	计算工况
全坝段	6.0m厚基础常态混凝土垫层的浇筑温度为20℃，埋水管初期通水冷却14d；碾压混凝土浇筑温度冬季小于16℃，夏季控制在17℃以内	考虑温度荷载，并考虑坝体自重和水压力

表 6.24 溢流坝段仿真计算历时最高温度值

日 期	2004年12月1日	2005年6月1日	2005年12月1日	2006年6月1日	2007年1月1日	2007年4月1日	2007年6月1日	2005年8月1日
龄期/d	90	270	450	630	840	930	990	1050
最高温度/℃	33	37	37	37	35	35	38	36

6.5.3 底孔坝段温度场及应力场仿真分析

典型工况见表6.25，通水冷却措施见表6.26。由于在孔口周围采取了局部通水冷却措施，降低了该部位混凝土的最高温升，所以混凝土内部的最高温升一般发生在高程240.00～260.00m的范围内，为36℃，孔口高程部位为20～25℃。最大拉应力产生部位为孔口周围的变态混凝土中，顺坝轴线方向最大拉应力$\sigma_x=3.50$MPa，产生部位为高程300.11m；垂直于坝轴线方向最大拉应力$\sigma_y=3.90$MPa，产生部位同样为高程300.11m。

本方案的温度应力除底孔部位应力偏大，其他部位则在允许应力范围，本方案的温控措施基本合适。

表 6.25　　底孔坝段计算典型工况表

计算工况	备注
2.0m 的基础常态混凝土浇筑温度为 17℃；碾压混凝土夏季浇筑温度控制在 17℃以内，采取表面喷雾措施，环境温度控制在 23℃以内，冬季为 11℃。孔口周围埋设冷却水管，环境温度控制在 23℃以内，夏季浇筑加大通水冷却范围，通水冷却措施详见表 6.26	考虑温度荷载，并考虑坝体自重和水压力

表 6.26　　底孔坝段通水冷却措施区域表

位置高程/m	垫层常态混凝土	上游面变态混凝土 R_b	靠近上游二级配混凝土 $R_Ⅳ$	碾压混凝土 $R_Ⅰ$、$R_Ⅱ$、$R_Ⅲ$	孔口周围变态混凝土 R_b	备注
200.00～202.00	通水冷却					
202.00～212.00		通水冷却	通水冷却	通水冷却 $R_Ⅰ$		基础强约束区，9—11 月浇筑
212.00～227.00						冬季施工
227.00～269.00		通水冷却	通水冷却			
269.00～285.00						冬季施工
285.00～320.00		通水冷却	通水冷却	通水冷却 $R_Ⅱ$	通水冷却	孔口周围关键部位
320.00～382.00						坝体上部，浇筑仓面较小

注　1. 夏季浇筑（5—9 月）采取表面喷雾措施。
2. 水管冷却采用 10℃冷水，通水 14d，届时浇筑温度 17℃。
3. 一般情况下，冬季施工不埋设冷却水管。

6.6　混凝土水泥水化热特性及其对温度应力的影响研究

6.6.1　混凝土绝热温升和热传导方程的新理论

高强度混凝土和大体积混凝土的广泛使用，以及混凝土结构中温度裂缝的产生，使工程技术人员越来越关注早期混凝土热学和力学性质，以便能够进一步预测混凝土结构的温度场、应力场和温度裂缝。在对普通混凝土早期硬化过程中的绝热温升进行试验研究的基础上，采用化学反应速率描述温度对混凝土绝热温升曲线的影响，探讨了化学反应速率与养护温度之间的关系，对龙滩溢流坝段进行了传统理论和考虑温度对绝热温升曲线影响的等效时间理论的对比分析。

等效时间的定义。水泥和水的化学反应是放热反应，每克普通水泥可以释放出 150～350kJ 的热量。一般来说，只要存在化学反应物（水泥和水），化学反应的速率随着温度的升高而加快。在化学反应过程中，温度对化学反应速率的影响服从以下 Arrhenius 方程：

$$\frac{\mathrm{d}(\ln k)}{\mathrm{d}T}=\frac{E}{RT^2} \tag{6.2}$$

式中：k 为化学反应速率；T 为绝对温度；E 为与化学活动能有关的常数；R 为气体常数（$R=8.3144\mathrm{J/k\cdot mol}$）。

在温度分别为 T_1 和 T_2 时，水化热化学反应速率之比 k_1/k_2 可以表示为

$$\ln\left(\frac{k_2}{k_1}\right)=\frac{E}{R}\left(\frac{1}{T_1}-\frac{1}{T_2}\right) \tag{6.3}$$

当水化热温度分别 10℃、20℃、30℃、40℃时，水泥水化热化学反应的速率比（k_1/k_2）分别为 2.51、5.94、13.30、28.31，温度对普通水泥水化热化学反应速率有很大的影响。因此，早期混凝土的温度发展依赖于混凝土的温度历史。

在 1970 年，Bazant 根据 Arrhenius 方程提出了成熟函数。该函数被用来计算相对于参考温度 T_r 的等效时间 t_e

$$t_e=\sum\exp\left[Q\left(\frac{1}{T_r}-\frac{1}{T}\right)\right]\Delta t \tag{6.4}$$

式中：Q 为化学活动能与气体常数之商（$Q=E/R$）；T 为在时间间隔 Δt 内混凝土的平均温度。

应用气体常数 R 时，T_r和 T 需要采用绝对温度。美国 ASTM 规范建议，在缺乏试验资料的情况下，计算温度和时间对 I 型混凝土（Type 1）强度的影响时，可以采用 $Q=5000\mathrm{K}$。

在研究温度对混凝土强度的影响时，Tank 和 Carino 采用了如下表达式计算等效时间

$$t_e=\sum\exp[B_t(T-T_r)]\Delta t \tag{6.5}$$

式中：T 为养护温度；T_r 为参考温度；B_t 为温度敏感系数。

该式提供了一个表示等效时间 t_e 的一个更简便的形式。

6.6.2　基于等效时间的热传导方程及其求解方法

如果假定混凝土在浇筑过程中满足能量守恒定律并且混凝土绝热温升可以用 Arrhenius 理论描述，则求解混凝土三维不稳定温度场的热传导方程为

$$\frac{\partial T}{\partial t}=D\left(\frac{\partial^2 T}{\partial x^2}+\frac{\partial^2 T}{\partial y^2}+\frac{\partial^2 T}{\partial z_2}\right)+\frac{\partial\theta_{eq}(t_e)}{\partial t} \tag{6.6}$$

其中

$$t_e=\int_o^t\beta_T\mathrm{d}t \tag{6.7}$$

$$\beta_T=\exp\left[Q\left(\frac{1}{T_r}-\frac{1}{T(x,y,z,t)}\right)\right] \tag{6.8}$$

式中：t 为时间；x、y、z 为直角坐标；$T(x,\ y,\ z,\ t)$ 为温度场；D 为混凝土导温系数，$D=\dfrac{\lambda}{c\rho}$；ρ 为混凝土质量密度；$\theta_{eq}(t_e)$ 为基于等效时间的混凝土绝热温升。

可用有限单元法、有限差分法或其他数值方法求解非线性热传导方程。由于混凝土导热系数很低，所以混凝土结构中心的温度将高于其表面温度，这就导致结构截面上不同位置具有不同的水化热化学反应速率；另外，由于不同季节施工的混凝土，具有不同的外界温度和初始温度，这也将导致不同的水化热化学反应速率。在每一个瞬时，结构中每一个点，水泥水化热化学反应速率是当前温度和已产生水化热的函数。

6.6.3 龙滩大坝混凝土绝热温升试验及分析

6.6.3.1 混凝土绝热温升试验

龙滩水电站碾压混凝土 R_I、基础常态混凝土和变态混凝土的绝热温升试验结果见图 6.28～图 6.30。温度对水泥水化热最高绝热温升影响不明显。不管采用何种养护温度或浇筑温度，对于某种混凝土，只存在相同的最高绝热温升。但早期混凝土水化热化学反应速率随着温度的升高而加快，从而使混凝土的硬化速度加快。

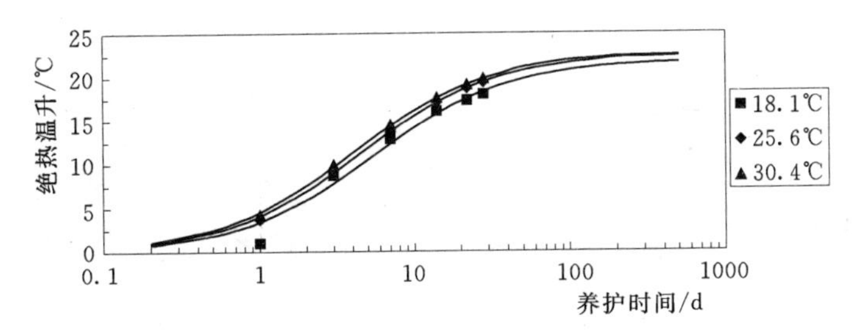

图 6.28 碾压混凝土 R_I 绝热温升曲线

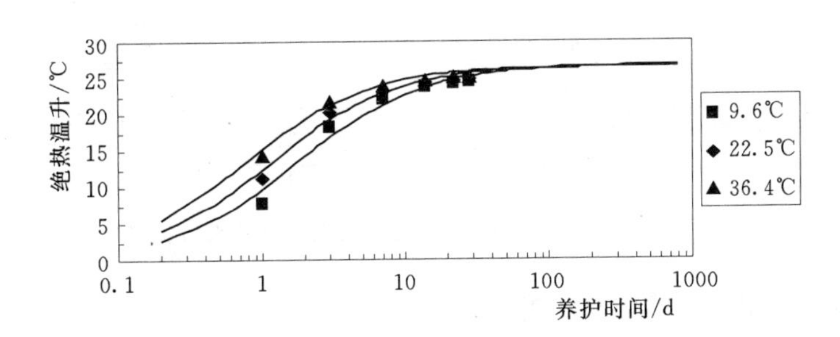

图 6.29 基础常态混凝土绝热温升曲线

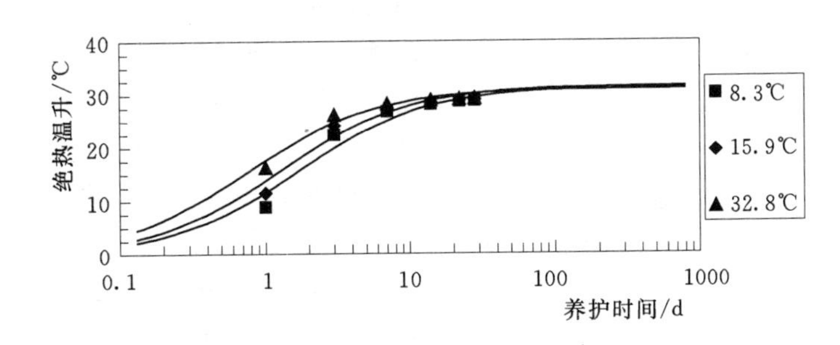

图 6.30 变态混凝土绝热温升曲线

6.6.3.2 基于等效时间的混凝土绝热温升

根据最小二乘法回归分析得碾压混凝土 R_I、C20、变态混凝土用等效时间表示的绝热温升曲线见图 6.31～图 6.33。可见等效时间反映了水泥水化热化学反应速率随温度的变化。

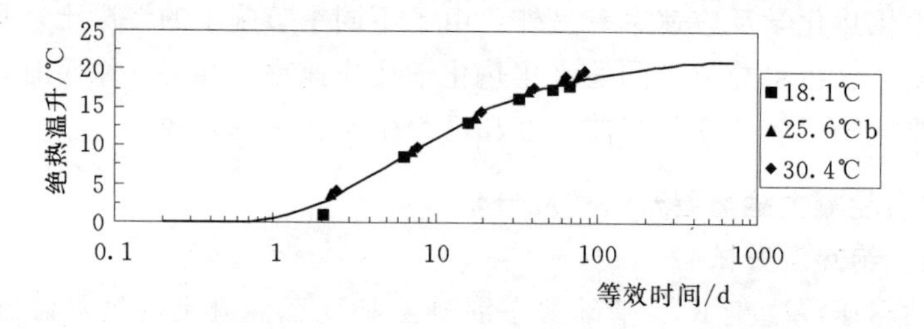

图 6.31　基于等效时间的碾压混凝土绝热温升

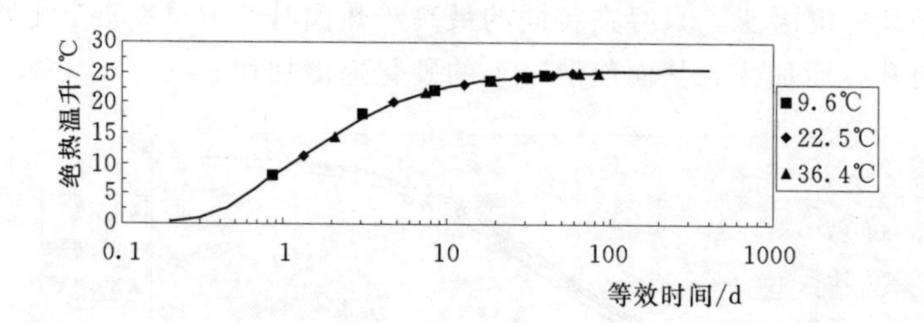

图 6.32　基于等效时间的常态混凝土绝热温升

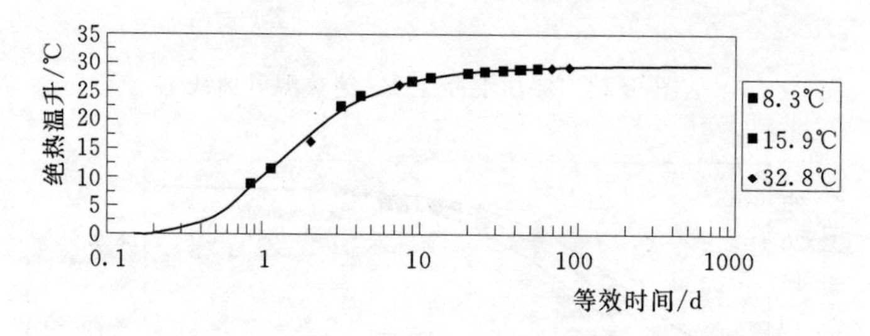

图 6.33　基于等效时间的变态混凝土绝热温升曲线

6.6.4　龙滩碾压混凝土坝的仿真计算

选取 17 号溢流坝段（包括导墙）作为对象，分别采用传统热传导方程理论和等效时间理论进行温度场和应力场计算，考虑温控措施为：基础强约束区 0.2L（L 为基础宽度）以下允许浇筑温度为 17℃，基础弱约束区 0.2～0.4L 部位允许浇筑温度 17～20℃，非基础弱约束区 0.4L 以上部位允许浇筑温度 17～26℃。

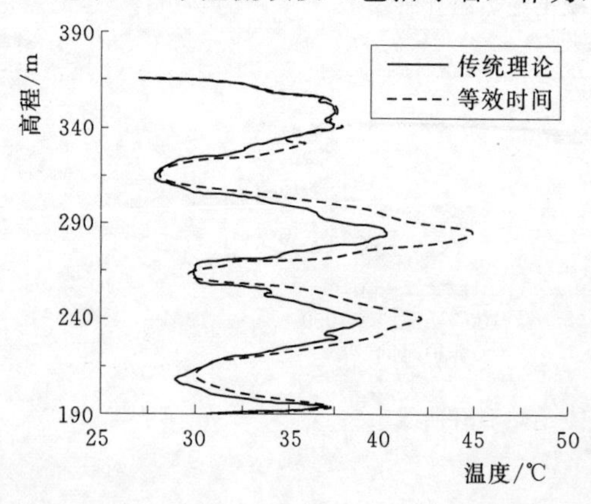

图 6.34　坝体内部温度包络线（中点）

图 6.34 为传统热传导方程理论和等效时间理论计算的坝体内部最高温度包络线。表 6.27 和图 6.35～图 6.37 为等效时间和传统理论计算的坝体表面和中点沿坝高方向的最大应力包络线。

表 6.27 **不同理论计算的最高应力**

高程/m	中点						表面点		
	σ_x/MPa		%	σ_y/MPa		%	σ_x/MPa		%
	传统理论	等效时间		传统理论	等效时间		传统理论	等效时间	
192.00	1.26	1.31	4.6	1.76	1.76	0.3	3.27	3.30	1.0
194.00	0.69	0.73	5.5	1.36	1.37	0.9	2.15	2.25	4.7
196.00	0.92	0.94	1.8	1.40	1.46	4.3	2.24	2.35	5.0
200.00	1.81	1.74	−4.3	1.79	1.78	−0.8	2.10	2.18	3.8
210.00	1.01	0.85	−16.0	0.93	0.82	−12.1	2.36	2.51	6.4
220.00	1.23	1.16	−5.7	1.05	1.01	−3.5	1.94	1.95	0.7
230.00	1.61	1.74	7.7	1.32	1.49	12.8	1.62	1.43	−11.7
240.00	2.10	2.24	6.5	1.85	2.06	11.5	1.46	1.10	−24.6
250.00	1.85	1.85	−0.1	1.80	1.87	3.7	2.21	2.19	−1.1
260.00	0.75	0.49	−34.2	0.78	0.55	−29.6	2.23	2.45	9.7
270.00	0.93	0.68	−26.6	0.87	0.65	−25.1	1.38	1.44	4.6
284.00	1.47	1.51	2.5	1.46	1.57	7.3	1.53	1.23	−19.4
290.00	1.63	1.61	−1.5	1.72	1.73	0.9	1.07	0.99	−7.7
300.00	1.06	0.95	−10.1	1.09	1.01	−7.5	2.08	2.18	4.9
310.00	0.78	0.50	−36.3	0.79	0.56	−29.1	2.36	2.67	13.1
320.00	0.82	0.54	−34.4	0.82	0.56	−31.5	1.41	1.60	13.9
330.00	0.92	0.83	−10.2	0.89	0.81	−8.5	1.72	1.83	6.4
340.00	1.31	1.33	1.3	1.76	1.72	−2.5	0.74	0.57	−22.1
350.00	0.69	0.69	1.2	1.05	1.06	1.5	2.09	2.08	−0.4
360.00	0.41	0.42	0.7	0.95	0.98	3.0	1.26	1.30	3.0

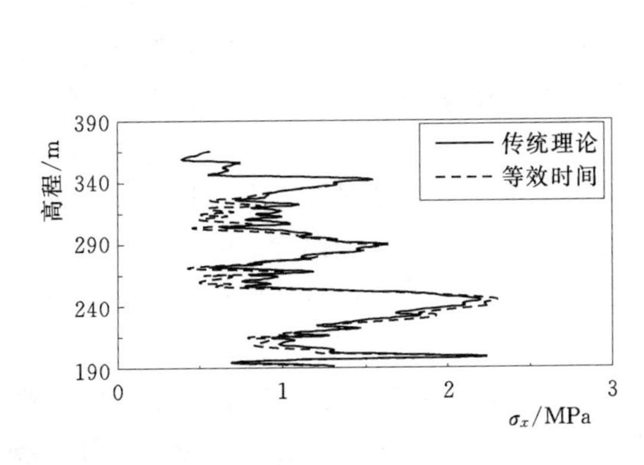

图 6.35 坝体内部应力 σ_x 包络线（中点）

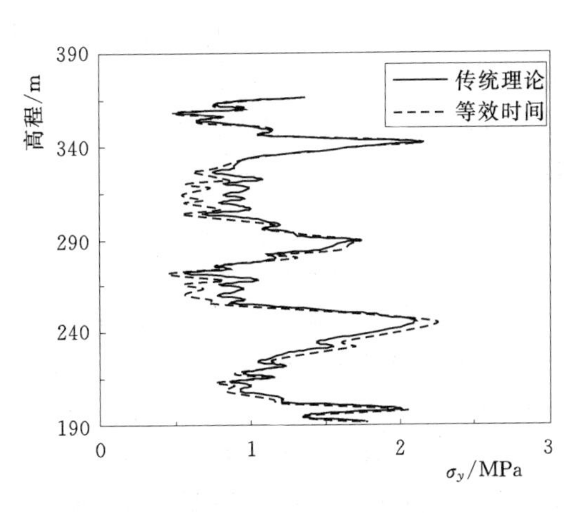

图 6.36 坝体内部应力 σ_y 包络线（中点）

用传统热传导方程理论计算的坝体上游面最高温度 40.17℃，发生在高程 284.00m

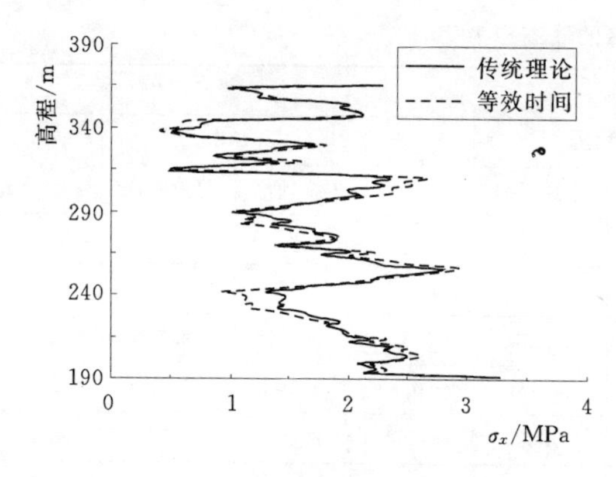

图 6.37 坝体上游表面应力 σ_x 包络线

处，浇筑时间为 2006 年 7 月；坝体内部最高温度 37.16℃，发生在高程 240.00m 处，浇筑时间为 2005 年 7 月。应用等效时间理论计算坝体内部温度场，坝体上游面最高温度 44.77℃，发生在高程 284.00m 夏季浇筑的混凝土中，比传统理论计算高 4.6℃、高 11.5%；坝体内部最高温度 37.75℃，发生在高程 240.00m 处，比传统理论计算高 0.6℃、高 1.6%。在基础常态混凝土中，等效时间理论和传统理论的最高温度分别为 36.20℃、36.31℃，等效时间比传统理论增加 0.3%。

坝体碾压混凝土的内部中点，等效时间理论和传统理论计算的最大 σ_x、σ_y 应力均发生在高程 240.00m 处，浇筑时间为第二年夏季，即 2005 年 7 月，其中最大 σ_x 应力分别为 2.24MPa 和 2.10MPa，等效时间结果比传统理论高出 6.5%，最大 σ_y 应力分别为 2.06MPa、1.85MPa，等效时间结果比传统理论高出 11.5%。坝体上游变态混凝土表面，最高 σ_x 应力出现在坝踵高程 192.00m 处，等效时间和传统理论结果分别为 3.30MPa、3.27MPa，这是由于该点处于基础约束部位并且靠近上游坝踵的缘故。

6.7 龙滩碾压混凝土坝的温控标准和温控措施

综合多种方法的分析结果，结合龙滩水电站工程的实际情况，提出了龙滩水电站大坝的温控标准和温控措施。

6.7.1 温控标准

(1) 基础温差。经计算分析和对比分析，对于像龙滩这样的高碾压混凝土坝，当基础混凝土极限拉伸值不低于 0.85×10^{-4}（常态混凝土 28d 龄期时）和 0.8×10^{-4}（碾压混凝土 90d 龄期时），垫层常态混凝土浇筑层厚 1m、间歇 7～9d，其上浇筑碾压混凝土均匀连续上升（升程 1.5～3.0m，间歇期 3～5d）时，各坝段混凝土的基础允许温差规定见表 6.28。

(2) 上、下层温差。上下层温差系指在老混凝土面（龄期超过 28d）上下各 $L/4$ 范围内，上层混凝土最高平均温度与新混凝土开始浇筑时下层实际平均温度之差。对常态及碾压混凝土层间出现长间歇，上、下层允许温差分别取 16～18℃及 10～12℃，当浇筑块侧面长期暴露时，上、下层允许温差应分别取其小值。

(3) 内外温差。坝体内外温差不大于 20℃，为便于施工管理，以控制混凝土的最高温度不超过允许值，并对脱离基础约束区（坝高大于 $0.4L$）的上部坝体混凝土，常态混凝土按最高温度不高于 38℃，碾压混凝土按最高温度不高于 36℃控制。坝体碾压及常态混凝土各月允许的最高温度见表 6.29 和表 6.30。

表 6.28　　基础允许温差表

部位			允许基础温差 $[T_0]$/℃	允许最高温度 $[T_{max}]$/℃
溢流坝段、非溢流坝段及底孔坝段	(0～0.2) L	常态混凝土垫层	16	32
		碾压混凝土		
	(0.2～0.4) L	碾压混凝土	19	35
进水口坝段	(0～0.2) L	常态混凝土垫层	16	32
		碾压混凝土		
	(0.2～0.4) L	碾压混凝土及常态混凝土	19	35
通航坝段	(0～0.2) L	常态混凝土	16	33
	(0.2～0.4) L		19	36

注　L 为浇筑块最大边长，单位 m。

表 6.29　　碾压混凝土允许最高温度值（坝高大于 0.4L）

月份	1	2	3	4—10	11	12
允许最高温度 $[T_{max}]$/℃	29	31	34	36	34	31

表 6.30　　常态混凝土允许最高温度值（坝高大于 0.4L）

月份	1	2	3	4、5	6—8	9、10	11	12
允许最高温度 $[T_{max}]$/℃	29	31	34	36	38	36	34	31

6.7.2　温控防裂措施

基础约束区混凝土和坝体上部混凝土的温控建议措施见表 6.31 和表 6.32。同时，还需采取以下相关措施。

6.7.2.1　施工管理措施

（1）应在施工过程中，加强混凝土生产、运输和浇筑过程中各个环节的全过程质量控制管理，确保混凝土施工质量达到优良标准。

（2）应采取措施控制最高温度不超过温控标准。

6.7.2.2　控制浇筑温度

根据基础温差及内外温差提出的最高温度控制标准，对常态及碾压混凝土在基础强约束区范围要求允许浇筑温度 $T_p \leqslant 17$℃，弱约束区允许浇筑温度 $T_p \leqslant 20$℃，各月允许浇筑温度详见表 6.31；脱离基础约束区允许浇筑温度 $T_p \leqslant 22$℃，各月允许浇筑温度详见表 6.32 所述。

应从降低混凝土出机口温度、减少运输途中和仓面的温度回升两方面来控制浇筑温度。为有效地降低混凝土出机口温度，要求成品骨料场的骨料堆高不宜低于 6m，搭盖凉棚，喷淋水雾降低环境温度，通过地垄取料，并采取一、二次风冷及加冷水或加冰拌和措施。应严格控制混凝土运输时间和仓面浇筑层的覆盖时间，对混凝土运输设备如皮带机运

表 6.31　　基础约束区混凝土温控措施简表

<table>
<tr><td colspan="2">月　份</td><td>1</td><td>2</td><td colspan="2">3</td><td colspan="2">4</td><td colspan="2">5</td><td colspan="2">6</td><td colspan="2">7</td><td colspan="2">8</td><td colspan="2">9</td><td colspan="2">10</td><td colspan="2">11</td><td>12</td></tr>
<tr><td rowspan="3">气温/℃</td><td>月平均</td><td>11.0</td><td>12.6</td><td colspan="2">16.9</td><td colspan="2">21.2</td><td colspan="2">24.3</td><td colspan="2">26.1</td><td colspan="2">27.1</td><td colspan="2">26.7</td><td colspan="2">24.8</td><td colspan="2">21.0</td><td colspan="2">16.6</td><td>12.7</td></tr>
<tr><td>月平均最高</td><td>15.8</td><td>17.4</td><td colspan="2">22.1</td><td colspan="2">26.6</td><td colspan="2">29.5</td><td colspan="2">31.2</td><td colspan="2">32.6</td><td colspan="2">32.8</td><td colspan="2">31.0</td><td colspan="2">26.6</td><td colspan="2">22.0</td><td>18.1</td></tr>
<tr><td>月平均最低</td><td>8.1</td><td>9.6</td><td colspan="2">13.4</td><td colspan="2">17.6</td><td colspan="2">20.9</td><td colspan="2">22.8</td><td colspan="2">23.9</td><td colspan="2">23.5</td><td colspan="2">21.4</td><td colspan="2">17.8</td><td colspan="2">13.6</td><td>9.6</td></tr>
<tr><td colspan="2">允许浇筑温度/℃</td><td>13</td><td>15</td><td>17</td><td>20</td><td>17</td><td>20</td><td>17</td><td>20</td><td>17</td><td>20</td><td>17</td><td>20</td><td>17</td><td>20</td><td>17</td><td>20</td><td>17</td><td>20</td><td>17</td><td>20</td><td>15</td></tr>
<tr><td colspan="2">温控措施</td><td>自然入仓或+A</td><td>自然入仓或+A</td><td>A+B</td><td>A</td><td>A+B+C</td><td>A+B</td><td>A+B+C</td><td>A+B+C</td><td>A+B+C</td><td>A+B+C</td><td>A+B+C</td><td>A+B+C</td><td>A+B+C</td><td>A+B+C</td><td>A+B+C</td><td>A+B+C</td><td>A+B+C</td><td>A+B</td><td>A</td><td>自然入仓</td><td>自然入仓或+A</td></tr>
</table>

注　1. 表中A为加冰或冷水拌和；B为风冷骨料；C为冷却水管。

2. 允许浇筑温度和温控措施栏中左半格为强约束区允许浇筑温度及温控措施，右半格为弱约束区允许浇筑温度及温控措施。

3. 混凝土自然入仓系指不采取温控措施浇筑温度不大于混凝土允许浇筑温度的情况，否则应按超出温度值的情况采取温控措施。

表 6.32　　坝体上部混凝土温控措施简表

<table>
<tr><td colspan="2">月　份</td><td>1</td><td>2</td><td>3</td><td>4</td><td>5</td><td>6</td><td>7</td><td>8</td><td>9</td><td>10</td><td>11</td><td>12</td></tr>
<tr><td rowspan="2">允许浇筑温度/℃</td><td>常态混凝土</td><td>13</td><td>15</td><td>18</td><td>20</td><td>20</td><td>22</td><td>22</td><td>22</td><td>20</td><td>20</td><td>18</td><td>15</td></tr>
<tr><td>碾压混凝土</td><td>13</td><td>15</td><td>20</td><td>22</td><td>22</td><td>22</td><td>22</td><td>22</td><td>22</td><td>22</td><td>20</td><td>15</td></tr>
<tr><td colspan="2">温控措施</td><td>自然入仓</td><td>自然入仓</td><td>A</td><td>A+B</td><td>A+B</td><td>A+B</td><td>A+B</td><td>A+B</td><td>A+B</td><td>A+B</td><td>自然入仓</td><td>自然入仓</td></tr>
</table>

注　表中A为加冰或冷水拌和；B为风冷骨料。

输线上可设置遮阳及喷雾设施，以改善混凝土运输途中的小环境温度，减少混凝土温度回升，当自卸汽车直接入仓时应增加遮阳设施。仓面喷雾应尽量采用低温水，并应采用喷雾机，要求必须形成雾状，喷雾应尽可能覆盖整个仓面，仓面喷雾应达到以下要求：

（1）当气温25℃以上时，仓面平均气温降温4～6℃。

（2）仓面平均湿度不小于80%。

（3）仓面雨量强度每6min小于0.3mm。

6.7.2.3　降低混凝土的水化热温升

应在满足常态混凝土和碾压混凝土技术要求的前提下，采用发热量低的水泥，优化配合比设计，施工中应采用合理层厚、间歇期和初期通水冷却等措施来降低混凝土的水化热温升。

为利于混凝土浇筑块的散热，常态混凝土在基础部位和老混凝土约束部位浇筑层高一般为1～1.5m，层间间歇时间宜为5～7d，一般不得少于3d，也不大于14d。在基础约束区以外浇筑高度可控制在2～3m以内，层间间歇时间宜为7～10d；碾压混凝土在基础部位和老混凝土约束部位浇筑层高一般为 1.5m，层间间歇时间宜为 3～5d，一般不得少于 3d，也不应大于 14d。在基础约束区以外浇筑高度可为 3m（或大于 3m），短间歇均匀连续上升。

6.7.2.4 合理安排施工程序和进度

(1) 选择低温季节开浇基础混凝土，并尽可能在一个枯水季节将混凝土浇至脱离基础强约束区。

(2) 对基础约束区混凝土、底孔周边混凝土等重要结构部位，在设计要求的间歇期内应连续均匀上升，尽量避免出现薄层长间歇，并宜安排在低温或常温季节施工；其余部位应做到短间歇连续均匀上升。对高温季节施工的部位，如采用平层摊铺，应利用早、晚、夜间进行浇筑。

(3) 除特殊部位外［如 22 号坝段（①机进水口坝段）、5 号坝段（通航坝段）］，其相邻坝段高差一般不大于 10～12m。

6.7.2.5 通水冷却

对溢流坝段、底孔坝段等的基础常态混凝土垫层、底孔周边的常态混凝土及进水口坝段的基础混凝土，通航坝段需要进行接缝灌浆部位、左岸挡水 31 号、32 号坝段横缝和进水口坝段纵缝需要进行接缝灌浆部位（包括贴坡混凝土，灌区上层 6m 厚的混凝土）的混凝土以及坝坡有接触灌浆要求的坝段等，需埋设冷却水管；碾压混凝土基础约束区在高温期施工部位亦需埋设冷却水管进行通水冷却。

6.7.2.6 混凝土表面保护标准

(1) 如遇气温骤降，应随时覆盖，当预计日平均气温在 2～3d 内连续下降超过 6℃时，对 90d 龄期内的混凝土表面（非永久面），要求等效放热系数不大于 10kJ/(m^2·h·℃)。可采用保温被或 4cm 厚聚苯乙烯泡沫塑料板保温。

(2) 当预计到气温日变幅大于 7.5℃时，不得在夜间拆模。

(3) 低温季节，如预计到拆模后混凝土表面温降大于 6℃时，应推迟拆模时间，否则拆模后应立即覆盖保温材料，要求等效放热系数不大于 16.75kJ/(m^2·h·℃)，可采用双层气垫薄膜保温。当气温降至 0℃以下时，龄期在 7d 以内的混凝土外露面（包括施工仓面），也要求等效放热系数不大于 16.75kJ/(m^2·h·℃)。浇筑仓面应边浇筑边覆盖。新浇的仓位应推迟拆模时间，如必须拆模时，应在 8h 内予以保温。

(4) 坝体上游面，应随坝体的上升粘贴或喷涂耐久的保温材料，要求等效放热系数不大于 7.3kJ/(m^2·h·℃)，可采用 4cm 厚聚苯乙烯泡沫塑料板保温，保温时间直到水库蓄水前；下游面、长期暴露的侧面也需进行表面保护，要求等效放热系数不大于 10.0kJ/(m^2·h·℃)，同样可采用 4cm 厚聚苯乙烯泡沫塑料板保温。

(5) 所有坝体棱角和突出部位的保温标准应较其相邻的平面部位要求严格，要求等效放热系数值不大于 2.1～4.2kJ/(m^2·h·℃)。对非溢流坝段高程 240.00m 平台范围应采取不小于 1.5m 的砂层（或砂袋）保温。

(6) 9 月至次年 4 月应对孔洞封堵（如对底孔、廊道孔口、电梯井口）。对暂没有形成封闭孔洞而不能通过封堵进出口进行保温的孔洞侧面和过流面以及各溢流坝段和底孔坝段的墩墙、牛腿等结构部位混凝土也需进行保温，要求等效放热系数均不大于 10.0kJ/

（m²·h·℃），可采用保温被保温。

（7）大坝过水缺口的表面保护：缺口侧面当混凝土龄期未达到14d时，暂不拆除模板，以防冲刷。

6.8 大坝混凝土施工过程中温度控制实施效果

6.8.1 骨料风冷温度检测

（1）骨料一次风冷检测。骨料一次风冷测温473次，设计要求不高于7℃，合格率95.6%。其中大石51次，最高温度9.5℃，最低温度－2℃，平均温度4.1℃；中石51次，最高温度17.2℃，最低温度－1℃，平均温度5.4℃；小石51次，最高温度16℃，最低温度0℃，平均温度6.5℃。

（2）骨料二次风冷温度检测。骨料二次风冷测温473次，设计要求不高于0～－4℃，合格率30.1%。其中大石51次，最高温度8.5℃，最低温度－2℃，平均温度2.1℃；中石51次，最高温度10.2℃，最低温度－3℃，平均温度4.6℃；小石51次，最高温度10.5℃，最低温度－2℃，平均温度5.4℃。

6.8.2 加冰量与出机口温度的关系

一般情况下碾压混凝土可加冰20～30kg，加25kg冰时可降温2.5～3℃。

6.8.3 出机口混凝土温度检测

根据龙滩水电站工地环境气温条件，混凝土出机口温度分每年1—3月与11—12月、4—10月两个时段统计。右岸大坝工程碾压混凝土出机口温度共抽样检测11107次，按上述两个时段统计其平均值分别为15.0℃和12.6℃，统计结果见表6.33。

表6.33 右岸大坝碾压混凝土出机口温度检测结果统计

<table>
<tr><th>系统名称</th><th colspan="2">时间段</th><th>检测次数</th><th>最大值/℃</th><th>最小值/℃</th><th>平均值/℃</th></tr>
<tr><td rowspan="7">308.00m高程拌和系统</td><td>2004年</td><td>11—12月</td><td>327</td><td>17.2</td><td>9.0</td><td>13.7</td></tr>
<tr><td rowspan="3">2005年</td><td>1—3月</td><td>1027</td><td>22.0</td><td>8.0</td><td>14.0</td></tr>
<tr><td>4—10月</td><td>2904</td><td>25.0</td><td>8.0</td><td>12.7</td></tr>
<tr><td>11—12月</td><td>1030</td><td>19.0</td><td>8.0</td><td>13.9</td></tr>
<tr><td rowspan="2">2006年</td><td>1—3月</td><td>884</td><td>23.0</td><td>10.0</td><td>16.5</td></tr>
<tr><td>4—7月</td><td>625</td><td>20.0</td><td>6.0</td><td>12.2</td></tr>
<tr><td>2004年</td><td>11—12月</td><td>137</td><td>21.0</td><td>10.0</td><td>15.1</td></tr>
<tr><td rowspan="5">360.00m高程拌和系统</td><td rowspan="3">2005年</td><td>1—3月</td><td>668</td><td>24.0</td><td>7.0</td><td>14.4</td></tr>
<tr><td>4—10月</td><td>1913</td><td>23.0</td><td>8.0</td><td>13.0</td></tr>
<tr><td>11—12月</td><td>833</td><td>21.0</td><td>7.0</td><td>15.6</td></tr>
<tr><td rowspan="2">2006年</td><td>1—3月</td><td>843</td><td>24.0</td><td>10.0</td><td>17.2</td></tr>
<tr><td>4—7月</td><td>546</td><td>26.0</td><td>8.0</td><td>12.6</td></tr>
</table>

续表

系统名称	时间段		检测次数	最大值/℃	最小值/℃	平均值/℃
308.00及360.00m高程拌和系统	2004年汇总	11—12月	464	21.0	9.0	14.1
	2005年汇总	1—3月	1695	24.0	7.0	14.2
		4—10月	4817	25.0	8.0	12.8
		11—12月	1863	21.0	7.0	14.7
	2006年汇总	1—3月	1727	24.0	10.0	16.8
		4—7月	1171	26.0	6.0	12.4
308.00及360.00m高程拌和系统汇总	2004～2006年	1—3月、11—12月	5749	21.0	7.0	15.0
		4—7月	5358	26.0	6.0	12.6

6.8.4 混凝土运输过程中温度回升

(1) 汽车运输过程中温度回升。与混凝土温度、气温、太阳光直射、混凝土在车厢滞留时间等因素有关。在气温25～35℃、混凝土温度10～12℃、汽车设遮阳棚、运输距离2.3～5.9km的条件下，共测温465次，温度回升在0.5～2.2℃之间。

(2) 高速皮带机供料线混凝土温度回升。与混凝土温度、气温、太阳光直射、供料线带速等因素有关。在气温25～35℃、混凝土温度10～12℃、供料效皮带上方设遮阳隔热设施、运输距离410.0～585.0m的条件下，共测温367次，温度回升在4.0～6.5℃之间。后期经采取保温和风冷措施，供料线运输混凝土温度回升控制在3.0℃以内。

6.8.5 混凝土浇筑过程中温度回升及VC值损失

(1) 不同运输方式VC值损失情况：在出机口VC值3～5s、汽车运输VC值损失1s/10min，供料线运输VC值损失1s/min。

(2) 碾压混凝土入仓后初始阶段温度回升及VC值损失情况：在阳光直射、气温30℃的条件下，温度回升2～3℃/h，VC值损失4～6s/h；采用喷雾措施可保持空气湿度，有效减少VC值损失，VC值损失3～4s/h，同时可降低仓面环境温度3～5℃；混凝土碾压后采取喷雾加保温被覆盖措施，温度回升1.5～2℃/h，VC值损失2～3s/h。温度回升及VC值损失增幅随时间的增加而降低。

6.8.6 仓面温度检测情况

2005年4月以来，对右岸大坝混凝土施工共进行了355个仓号的现场测温工作，测温26741次。其中常态混凝土162个仓号，仓内气温检测4273次，最高仓内气温40℃、最低气温4℃；入仓温度检测4069次，最高入仓温度19.0℃、最低入仓温度5℃、平均入仓温度12.5℃。浇筑温度检测4187次，最高浇筑温度23℃、最低浇筑温度10℃、平均浇筑温度16.8℃，合格率97.2％；

碾压混凝土193个仓号，仓内气温检测4834次，最高仓内气温39℃、最低气温温度4℃；入仓温度检测4838次，最高入仓温度22℃、最低入仓温度9℃、平均入仓温度

13.6℃。碾压混凝土浇筑温度检测4537次，最高浇筑温度26℃、最低浇筑温度9℃、平均浇筑温度19.3℃，合格率85.5%。

6.8.7 通水冷却情况

2005年高温期间共浇筑碾压混凝土104万m^3，在碾压混凝土区域共埋设705组冷却水管，初期通水情况见表6.34。

表6.34 冷却水管初期通水情况汇总表

序号	坝段	高程/m	通水天数/d	回水温度/℃	坝块监测温度/℃	设计允许温度/℃	备注
1	11号	235.40	55	25.5～26.0	28.55～31.31	32	符合设计要求
2		239.50	54	23.0～26.5	27.0～29.1	32	符合设计要求
3	12号	242.00	57	26.0～26.5	29.45～33.5	35	符合设计要求
4		245.00	54	23.0～24.5	28.5～29.9	35	符合设计要求
5	14号	234.80	46	27.0～28.0	29.85～32.35	35	符合设计要求
6		239.60	40	23.5～27.5	28.3～30.5	35	符合设计要求
7	15号	235.40	33	25.5～26.5	32.2～34.5	35	符合设计要求
8	17号	234.20	49	26.0～29.0	29.1～33.85	35	符合设计要求
9	19号	231.50	41	26.0～27.5	30.0～31.1	32	符合设计要求
10		243.50	58	26.0～28.0	27.3～33.4	35	符合设计要求
11	20号	237.80	51	23.0～23.5	27.1～29.4	32	符合设计要求
12		242.30	38	22.0～24.0	26.8～29.8	32	符合设计要求

统计至2006年5月止，龙滩右岸大坝常态混凝土区域共埋设569组冷却水管，碾压混凝土区域共埋设705组冷却水管。初期通水有效地削减了浇筑块的水化热温升，减少了基础温差和内外温差，降低了坝体的温度应力。右岸大坝初期通水冷却情况见表6.35和表6.36。

表6.35 右岸大坝初期通水概况汇总表（常态）

序号	坝段/号	水管组数/组	进水温度/℃	出水温度/℃	通水流量/(L/min)	闷温温度/℃
1	2	11	20.0～23.5	21.0～24.5	20.0～27.5	23.0～27.0
2	5	187	12.0～17.5	18.0～26.5	17.0～22.0	19.0～29.5
3	6	21	12.0～17.5	18.0～25.5	17.0～23.5	24.5～26.0
4	7	18	12.0～17.0	18.5～23.5	17.5～23.0	21.0～28.0
5	8	22	12.0～17.0	18.0～24.5	17.0～22.5	27.0～30.5
6	9	39	12.0～17.5	19.0～25.5	18.0～23.5	26.0～30.5
7	10	13	12.5～17.5	21.5～26.5	18.0～24.5	26.0～30.0
8	11	76	16.5～20.5	24.5～26.0	17.5～24.0	25.0～30.0

续表

序号	坝段/号	水管组数/组	进水温度/℃	出水温度/℃	通水流量/(L/min)	闷温温度/℃
9	12	55	16.5～20.5	23.5～26.5	20.0～24.5	26.0～30.0
10	13	11	16.5～21.0	24.0～26.0	17.5～24.0	25.0～27.0
11	14	11	16.5～20.5	23.0～25.5	18.0～25.0	25.0～27.5
12	15	15	16.5～20.0	24.5～26.5	19.0～23.0	25.0～29.0
13	16	23	16.5～20.5	24.0～26.0	19.0～24.5	25.0～30.0
14	17	26	16.5～21.0	24.5～26.0	17.0～24.5	24.0～29.0
15	18	14	16.5～20.5	23.5～25.5	18.0～23.5	25.0～27.5
16	19	17	16.5～20.5	24.5～26.0	18.5～24.5	24.5～27.0
17	20	10	15.5～18.5	21.5～25.5	19.0～23.5	26.0～30.0

表 6.36　右岸大坝初期通水概况汇总表（碾压）

序号	坝段/号	水管组数/组	进水温度/℃	出水温度/℃	通水流量/(L/min)	闷温温度/℃
1	9	15	14.0～22.0	19.0～32.0	17.0～21.5	25.0～27.5
2	10	51	12.5～22.0	19.0～32.0	16.5～21.0	23.0～30.0
3	11	48	12.5～22.0	19.0～32.0	17.5～22.0	23.0～29.0
4	12	78	12.5～20.0	23.0～31.0	17.0～20.5	25.0～30.0
5	13	71	12.5～20.0	23.0～31.0	17.5～21.0	24.5～30.5
6	14	84	12.5～20.0	23.0～31.0	16.0～20.5	22.0～30.0
7	15	36	13.5～19.5	22.5～29.0	16.0～21.0	24.0～31.0
8	16	36	13.5～19.5	22.5～29.0	16.5～20.5	24.0～30.0
9	17	36	14.0～20.0	18.0～31.0	17.0～21.0	24.5～30.0
10	18	48	14.0～20.0	18.0～31.0	17.0～21.5	23.0～31.0
11	19	85	13.5～19.0	23.5～30.5	16.5～20.5	25.0～31.0
12	20	78	14.0～22.0	23.0～31.0	16.0～20.0	24.0～30.0
13	21	39	14.0～22.0	23.0～31.0	16.5～21.5	25.0～29.0

6.8.8　坝体温度状况

为了监测高温季节浇筑的碾压混凝土坝体温度，2005 年 5—8 月，在 11 号、12 号、14 号、15 号、17 号、19 号等坝段增设了 112 支温度计。经监测、统计，数据表明：

(1) 由于通水冷却作用，碾压混凝土浇筑层达到最高温度的时间一般在混凝土浇筑后的 8～24d，比常态混凝土和无通水冷却的碾压混凝土明显迟缓。

(2) 2005 年 5—8 月，经通水冷却的碾压混凝土浇筑层，水化热温升为 13～16℃，该时段监测到的最高温度为 35.90℃，超标 0.90℃。

(3) 超温时间最长的为 27d，最大超温率 7.30%。平均超温率 1.44%。

6.9　研究小结

（1）温度控制影响因素研究。对龙滩大坝的研究表明，寒潮对坝体影响很大，随龄期的不同，在表面产生1.5～3.4MPa不等的拉应力，且影响深度可在4m左右，很有可能发展成为深层裂缝，需对此采取相应的措施以保证坝体安全。表面保温对减小寒潮引起的拉应力是有效的措施。

就龙滩工程现有的气象水文条件及施工工况而言，过水、长间歇和水库蓄水，不会对坝体造成危害性影响。

（2）温控措施效果研究。高温季节浇筑的混凝土控制最高浇筑温度为17℃，较自然入仓时的坝体最高温度可下降约4℃；对夏季浇筑的碾压混凝土通水冷却，可降低最高温度约4℃；仓面喷雾对降低坝体最高温度的效果可达2～3℃。

采取在控制浇筑温度17℃的基础上在4—10月施工期间加喷雾降温，（0～0.4）*L*坝高以内的基础约束区在5—9月高温季节浇筑时再配合水管冷却的综合温控措施，可以使夏天浇筑混凝土的温度降低到32℃，强约束区的最高温度降低到30℃以下。

（3）纵缝设置。仅从温度应力角度看，无论是施工期，还是运行期，坝体设纵缝要比不设纵缝好。但设纵缝使温度应力降低的幅度不大，且不设纵缝时，只要合理控制混凝土浇筑温度，则温度应力能满足设计要求，故不设纵缝。

（4）横缝间距。温度徐变应力仿真分析成果确定的大坝河床碾压混凝土坝段横缝间距不大于25.00m，可使坝体内部最大温降应力和坝面内外温差应力均满足混凝土抗裂要求。

为避免发生劈头裂缝，建议的横缝间距为20.0m，高程250.00m以下范围上游面贴3cm厚泡沫塑料保温板，高程250.00m以上不贴保温板。

（5）采用化学反应速率描述温度对混凝土绝热温升曲线的影响，对龙滩溢流坝段进行了传统理论和考虑温度对绝热温升曲线影响的等效时间理论的对比分析，结果表明考虑温度对绝热温升曲线影响计算的坝体温度比传统理论计算值要稍高。

（6）研究提出了龙滩碾压混凝土坝的温控标准和温控措施并在工程建设中实施，达到了预期效果。

◎第 7 章

高温多雨环境条件下碾压混凝土坝施工技术

7.1 大坝混凝土浇筑运输方案研究

7.1.1 左岸大坝混凝土浇筑运输方案

由于龙滩水电站左岸大坝混凝土工程量相对较小（约占坝体混凝土总量的20%），主要以常态混凝土为主（碾压混凝土仅占混凝土量的19.5%）且属岸坡坝段，汛期施工不受缺口度汛的影响，故设备选型相对简单。经分析左岸常态混凝土（兼顾钢管等）运输方案主要采用20t自卸汽车水平运输，转3台塔机吊运$6m^3$（或$3m^3$）罐垂直运输入仓；碾压混凝土运输方案，采用20t自卸汽车水平运输，转1条负压溜槽垂直运输入仓，配合其他辅助运输设备即可满足施工进度混凝土月高峰浇筑强度6万m^3的要求。

7.1.2 右岸大坝混凝土浇筑运输方案

河床及右岸大坝因是工程施工的关键项目，工程量巨大（约占坝体混凝土总量的80%），且以碾压混凝土为主，高峰期混凝土月平均浇筑强度达25.5万m^3。不仅高温期需施工，且汛期受缺口度汛的影响，故大坝混凝土浇筑方案的研究，以该部分为重点，根据已建工程的施工经验，结合龙滩水电站工程施工特点，研究比较了以下5种混凝土运输浇筑方案。

方案1：以高速皮带机转仓面塔式布料机（3台）为主，缆机为辅（2台20t平移式中速缆机）的运输方案。

方案2：以高速皮带机转仓面塔式布料机为主（2台），负压溜槽（3条）、缆机（2台20t平移式中速缆机）为辅的运输方案。

方案3：以高速皮带机上坝转汽车布料为主，缆机、塔机为辅运输方案（3条带宽为800mm、带速3～4m/s高速皮带机，配3套皮带卸料机转汽车布料）。

方案4：以负压溜槽、高速皮带机上坝转汽车布料为主，缆机、塔机为辅的运输浇筑方案（3条带宽为800mm、带速3～4m/s高速皮带机，低高程配负压溜槽、高高程高速皮带机直接入仓）。

方案5：以缆机、负压溜槽、自卸汽车及高速皮带机联合运输的方案（用2台高速和2台中速共4台20t平移式缆机、3条负压溜槽及2条高速皮带机）。

综合比较后最终选用方案2，即以高速皮带机与2台塔式布料机为主、配负压溜槽及缆机为辅的方案。

7.2　大坝混凝土骨料加工及混凝土生产系统研究

7.2.1　大坝混凝土骨料加工系统

大坝643.5万m^3混凝土（其中碾压混凝土442.1万m^3，常态混凝土201.4万m^3）所需砂石骨料由大法坪人工砂石系统进行生产，共需生产成品砂石1416万t，其中粗骨料942万t、细骨料474万t。料场岩性为二迭系灰岩。岩石饱和抗压强度26.9～89.6MPa，软化系数0.52～0.89。岩石各项技术指标均符合有关规范要求，料场储量丰富（可采储量为1467万m^3）。

大法坪砂石系统考虑按两班制生产设计，设计生产能力2000t/h，设计处理能力2500t/h。砂石系统按生产三级配碾压混凝土骨料为主，同时也能生产四级配骨料。工艺流程按粗碎开路、中细碎和筛分构成闭路生产粗骨料，超细碎和筛分构成闭路生产人工砂为主、棒磨机制砂为辅进行设计。

砂石系统布置在坝址右岸下游约4.5km处（直线距离）的大法坪灰岩料场附近，经分析研究，系统由灰岩料场、料场进场公路、移动式破碎站（粗碎）、半成品堆场、第一筛分洗石车间、第二筛分车间、中细碎车间、超细碎车间（制砂）、第三筛分车间、成品堆场、给排水工程、废水处理工程、供配电工程及临时设施等组成。车间、设施顺山坡地形自上而下呈阶梯形布置。

7.2.2　砂石骨料输送系统

针对工程施工区山势陡峻，公路运输运距远（运距约8.0km）、费用高的特点，经技术经济比较，大坝工程混凝土骨料采用长距离带式输送机输送方式，带式输送机起点位于大法坪砂石加工系统，终点位于大坝混凝土生产系统，全长4.0km，设计输送能力3000t/h，驱动功率3×560kW，是当时国内水电行业单机最长、输送量最大、功率最大的带式输送机。

长距离带式输送机主要技术参数见表7.1。

表7.1　长距离带式输送机主要技术参数表

序号	项　目	数量	备　注
1	设计输送量/(t/h)	3000	
2	水平长/km	4.0	
3	带宽/m	1.2	
4	带速/(m/s)	4.0	
5	带强/(N/mm)	ST2000	
6	驱动功率/kW	3×560	

7.2.3　大坝混凝土生产系统

7.2.3.1　左岸混凝土系统

左岸混凝土生产系统主要供应左岸进水口坝段的混凝土，根据左岸施工条件，经研究布置高程382.00m及高程345.00m两个混凝土系统。高程382.00m混凝土系统布置于左岸坝头，混凝土浇筑高峰月强度6.5万m^3，设计生产能力：常态混凝土220m^3/h，碾压混凝土190m^3/h，配置3×1.5m^3自落式搅拌楼2座。高程345.00m混凝土系统为弥补高程382.00m混凝土系统生产能力不足而设置，布置于左岸坝线上游700m处，混凝土浇筑高峰月强度约3.0万m^3，设计生产能力90m^3/h，配置2×1.5m^3强制式搅拌楼1座，两系统均采用自卸汽车出料。

7.2.3.2 右岸混凝土生产系统

混凝土系统的生产规模根据右岸大坝混凝土浇筑高峰时段仓面最大浇筑强度确定为1080m^3/h，其中碾压混凝土生产能力为900m^3/h，供应1～3号高速带式输送机供料线，同期常态混凝土生产能力为180m^3/h，供应自卸汽车转缆机等供料线；高温时段预冷碾压混凝土生产能力为660m^3/h（出机口温度为12℃），预冷常态混凝土生产能力为150m^3/h（出机口温度为10℃）。

右岸混凝土系统采用高、低两个系统的分散布置方案，高系统为高程360.00m系统，厂区布置高程360.00～403.00m，混凝土搅拌楼布置高程360.00m，主要担负大部分常态混凝土及部分碾压混凝土的生产任务，生产能力480m^3/h（其中碾压混凝土300m^3/h、常态混凝土180m^3/h），预冷混凝土生产能力370m^3/h（其中，碾压混凝土220m^3/h、常态混凝土150m^3/h）；低系统为高程308.50m系统，厂区布置高程308.50～320.00m，混凝土搅拌楼布置高程308.50m，主要担负大部分碾压混凝土及部分常态混凝土的生产任务，生产能力600m^3/h（以碾压混凝土控制），预冷混凝土生产能力为440m^3/h（以碾压混凝土控制）。

混凝土系统由成品骨料运输线、成品骨料储运系统、水泥和粉煤灰储运系统、预冷系统及混凝土搅拌楼等组成。成品骨料经长距离带式输送机由大法坪砂石加工系统运至混凝土系统成品骨料罐储存。成品骨料罐内的粗骨料按混凝土配比混合放料，在筛洗脱水车间进行二次筛洗脱水，然后进入骨料调节料仓，各设施之间采用带式输送机连接，最终由带式输送机送入搅拌楼；细骨料则由成品骨料罐直接经带式输送机送入混凝土搅拌楼。水泥、粉煤灰经散装水泥罐车由中转站运至混凝土系统，气送入罐储存，然后采用气送方式进入搅拌楼。

7.3 高气温及多雨环境条件下碾压混凝土连续施工措施研究

7.3.1 高温期碾压混凝土施工措施研究

7.3.1.1 气象条件

龙滩水电站地区多年实测资料显示，6—8月的月平均气温高于25℃，7月极端最高气温达38.9℃，一般高气温季节也多达35℃以上。为此，本研究的高气温（浇筑仓面上的气温）一般为25～40℃，而重点研究25～37℃的高气温。

气温是环境条件中的重要因素，但非孤立的唯一因素。碾压混凝土浇筑仓面上的相同气温并不产生同样的影响效果。例如碾压混凝土拌和物的初凝时间及VC值，除与它的材料本身特性（含配合比）密切相关外，还受施工仓面气温、日照、太阳辐射热、大气相对湿度、风速、蒸发量、降雨等因素影响，统称环境因素综合影响。高气温环境条件是指施工环境条件中突出高气温这一特定因素而言，而所有因素的影响都是综合的，在实际工程施工中无法分离。

7.3.1.2　碾压混凝土层面间歇时间控制标准研究

表7.2列出了龙滩碾压混凝土坝体各分区控制性层面设计要求的80%保证率的抗剪断强度指标，表7.3列出了胶凝材料用量为180～220kg/m³各连续施工工况现场碾压试验抗剪断强度，表7.4列出了胶凝材料用量为170～180kg/m³各连续施工工况现场碾压试验抗剪断强度。

表7.2　各分区控制性层面设计要求的抗剪断强度指标表

项　目	正应力3MPa情况下典型RCC层面设计要求抗剪断强度/MPa		
	最低的RCC层面	高程250.00mRCC层面	高程342.00mRCC层面
溢流坝段	4.85	4.15	3.61
挡水坝段	4.76	4.42	3.55
各部位控制指标	4.85	4.42	3.61

表7.3　胶凝材料用量为180～220kg/m³各工况现场碾压试验抗剪断强度汇总表

试验工况	编号	胶凝材料用量/(kg/m³)	层面间歇时间/h	环境温度/℃	成熟度/(℃·h)	抗剪断强度			
						f'	c'/MPa	正应力3MPa相应的剪切强度/MPa	与大坝最低RCC层面设计控制值的差异/%
龙滩“85”岩滩现场试验	I	200	5	19	95	1.19	2.59	6.16	27
	D	220	3	34	102	1.01	2.13	5.16	6.4
龙滩现场试验	样本1	190～200	10～12	10	110	1.14	1.54	4.96	2.3
	样本2		2～3	29	72.5	1.25	1.47	5.22	7.6
	样本3		4～5		130.5	1.25	1.70	5.45	12.4

表7.4　胶凝材料用量为170～180kg/m³各工况现场碾压试验抗剪断强度汇总表

试验工况	编号	胶凝材料用量/(kg/m³)	层面间歇时间/h	环境温度/℃	成熟度/(℃·h)	抗剪断强度			
						f'	c'/MPa	正应力3MPa相应的剪切强度/MPa	与大坝高程250.00mRCC层面设计控制值的差异/%
龙滩“85”岩滩现场试验	B	180	4～6	30	150	0.98	1.37	4.31	2.5
	G		5	19	95	1.08	1.93	5.17	17
龙滩现场试验	样本4	170	10～12	10	110	1.18	1.30	4.84	9.5
	样本5		2～3	29	72.5	1.20	2.26	5.86	32.6

影响层间间歇时间的因素很多，目前很难用理论模型或经验公式进行准确模拟，而且此前国内还没有高温季节进行大规模碾压混凝土施工的经验，综合分析龙滩大量的现场试验结果，综合考虑影响层间间歇时间的诸多因素，确定龙滩碾压混凝土层间间歇时间控制

标准，在高温（环境温度高于25℃）、常温（环境温度为15～25℃）和低温（环境温度低于15℃）环境下，分别为4h、6h和8h。

7.3.1.3 高温期碾压混凝土施工措施

高温期温控标准执行第6章提出的标准，在高气温条件下进行碾压混凝土的施工，应采取以下措施：

（1）混凝土拌和系统采取制冷措施，降低出机口温度，如采用二次风冷预冷骨料及加冷水等拌和混凝土。

（2）运输混凝土工具应有隔热遮阳措施，缩短混凝土曝晒时间。

（3）采用喷水雾等措施降低仓面的气温，并采用斜层平推法铺料或利用早晚夜间两班制平层铺筑施工。

（4）在满足混凝土强度、耐久性和和易性要求的前提下，改善混凝土骨料级配，加优质的掺合料和外加剂以适当减少单位水泥用量。

（5）尽量缩短层面间歇时间。

（6）采用表面流水冷却的方法进行散热。

（7）对坝体高温期施工部位（特别是上游防渗区），应按温控要求埋设冷却水管进行通水冷却。

7.3.2 降雨对碾压混凝土连续施工的影响及措施研究

7.3.2.1 降雨对碾压混凝土可碾性和压实度的影响

7.3.2.1.1 降雨量对混凝土拌和物含水量、*VC*值和压实度的影响

表7.5为在不同降雨强度条件下碾压混凝土拌和物单位体积含水量及*VC*值变化的实测数据（按最优单位体积用水量97kg/m^{3}拌制混凝土）。试验程序为：混凝土拌和料摊铺（34cm）→降雨→摊铺料静置→测试拌和物*VC*值→振动辗压实→利用核子密度水分仪采用透射法测压实层内不同深度下的混凝土单位体积含水量和容重。表7.6为碾压混凝土拌和物在原配合比用水量95kg/m^{3}的基础上减少拌和用水量后，在降雨条件下施工的碾压混凝土的含水量及*VC*值实测数据。

根据实测数据整理的降雨对碾压混凝土拌和物含水量、*VC*值、影响范围及相对压实度的影响见表7.7。降雨强度与碾压混凝土压实层内单位体积含水量、*VC*值的关系见图7.1、图7.2。

表7.5 不同降雨时碾压混凝土拌和物单位体积含水量及VC值表

测点距层面深度 /cm	降雨强度 0mm/h	降雨强度 2.6mm/h	降雨强度 5.0mm/h	降雨强度 8.0mm/h	降雨强度 10mm/h
0	95.13	100.82	104.26	106.57	107.24
5.0	97.91	101.34	103.45	106.49	106.43
7.5	97.66	101.26	104.56	106.59	107.10
10.0	96.96	101.10	104.72	106.70	106.15
12.5	96.93	99.16	103.24	107.93	107.34

续表

测点距层面深度/cm	降雨强度 0mm/h	降雨强度 2.6mm/h	降雨强度 5.0mm/h	降雨强度 8.0mm/h	降雨强度 10mm/h
15.0	97.96	98.06	101.23	108.96	107.35
17.5	97.32	97.63	99.52	105.18	108.52
20.0	97.0	97.73	98.04	98.70	109.57
25.0	97.34	97.73	98.63	98.07	102.05
压实层内含水量均值	97.12	99.43	101.96	105.02	106.86
VC 值均值/s	8①	7	6.0	4.8	4.3

注　含水量单位为 kg/m³。

①　最优稠度 *VC* 值；采用无振碾压4遍后测值。

表 7.6　　减少混凝土拌和用水量时压实层内含水量及 *VC* 值实测数据表

测点距层面深度/cm	降雨强度 3mm/h	降雨强度 5mm/h	降雨强度 8mm/h
0	94.46	95.72	96.05
5	94.12	95.58	95.64
7.5	93.36	94.40	96.42
10	93.17	94.27	97.68
12.5	91.07	94.78	96.51
15	91.75	92.65	96.78
17.5	93.72	92.65	96.78
20	93.64	93.71	95.33
25	92.16	89.93	94.46
实测压实层内含水量均值	92.49	93.52	96.07
每立方米混凝土减水量/kg	3	6	9
实测 *VC* 值均值/s	10.8	10.0	8.5
VC 值基准值/s	10.0	12.0	14.0

注　含水量单位为 kg/m³

表 7.7　　混凝土层内含水量及 *VC* 值的均值表

项　目	降雨强度/(mm/h)							
	0	2.6		5		8		10
	整个碾压层内	表层 10cm 范围内	整个碾压层内	表层 15cm 范围内	整个碾压层内	表层 17.5cm 范围内	整个碾压层内	整个碾压层内
含水量均值/(kg/m³)	97.12	101.13	99.43	103.58	101.96	106.92	105.02	106.86
VC 值均值/s	8.0	6.0	7.0	5.3	6.0	4.3	4.8	4.3
相对压实度/%	98.7	97.9	98.0	97.5	97.7	96.2	96.6	—

对龙滩水电站重力坝碾压混凝土而言，当降雨强度为 3mm/h 时，若碾压混凝土拌和

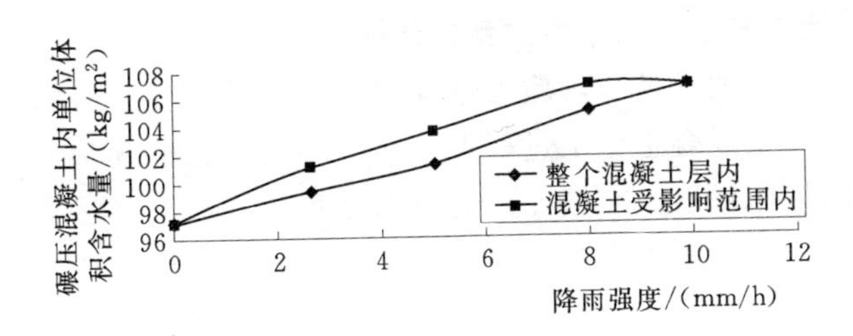

图 7.1　降雨强度与碾压混凝土压实层内单位体积含水量关系曲线

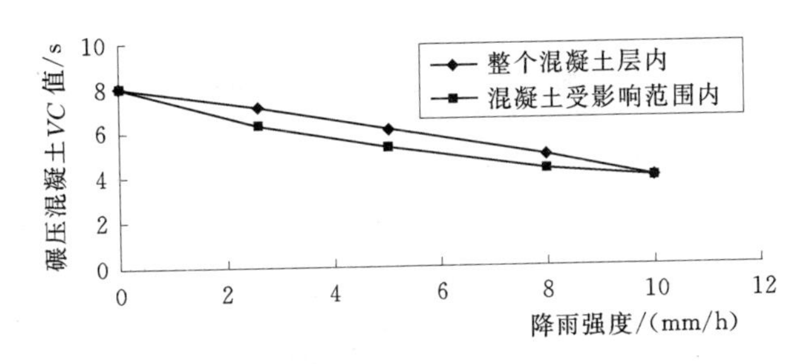

图 7.2　降雨强度与碾压混凝土 *VC* 值关系曲线

物摊铺后 1h 进行碾压（即混凝土拌和物的受雨时间为 1h），如果所有降雨均被混凝土拌和物吸收，当压实层厚为 30cm 时，每立方米碾压混凝土含水量平均增加了 10kg，即碾压混凝土的单位体积含水量变化为 105kg/m^3。此时碾压混凝土的质量已不能满足要求。

如实际工程施工中，控制入仓至开始碾压不超过 10min，当降雨强度超过 5mm/h，则碾压混凝土的相对压实度已达不到 98%。若碾压混凝土拌和物摊铺后至碾压开始有 20min。当降雨强度为 3mm/h，表层 10cm 内的混凝土相对压实度已达不到 98%。

由于每一个工程由于其现场施工条件不同，配置的施工机械设备不同，则从混凝土拌和物入仓铺料至碾压完毕所花的时间不同，因此，混凝土拌和物受雨时间不同。而降雨对碾压混凝土性能的影响与降雨强度、降雨历时等密切相关，所以仅从降雨强度来判断是否可进行碾压混凝土施工是不合适的。

7.3.2.1.2　降雨条件下碾压混凝土现场施工碾压状态

当降雨强度为 2.6mm/h 时，在现场碾压施工中，振动碾可进行正常碾压，但在碾压尚未达到设计规定的碾压遍数时，混凝土表面出现泛浆。当碾压达到设计规定的碾压遍数时，混凝土表面基本平整。

当降雨强度为 5mm/h 时，在现场碾压施工中，振动碾仍可进行碾压。随着碾压遍数的增加，混凝土表面出现明显的泛浆层，且压实层表面有渍水出现。碾压完毕后的混凝土表面也基本平整。

当降雨强度为 8mm/h 时，在现场碾压施工中，振动碾虽然仍可进行碾压。但随着碾压遍数的增加，混凝土表面沿碾压方向出现隆起波状现象。碾压完毕后的混凝土表面不平整，在表面低洼处有明显的渍水。

当降雨强度为 10mm/h 时，在现场碾压施工中，振动碾碾压已出现行走困难，主要表现为振动碾下沉，行走速度明显降低，并有打滑现象，无法进行碾压。

7.3.2.2　降雨对碾压混凝土层面结合质量的影响

试验中为了能较真实地模拟现场施工过程的实际情况，模拟了两种施工状况。

第一种工况，在碾压混凝土施工过程中，碾压混凝土已碾压完毕并已形成施工层面，施工层面受不同降雨量作用后，在其允许的间隔时间内铺筑上层混凝土。

第二种工况，在碾压混凝土拌和料摊铺及碾压过程中受到不同降雨量作用后，连续进行碾压混凝土施工。

在上述两种情况下分别对不同降雨强度的影响，测试碾压混凝土层间抗剪断强度参数 c' 及 f' 值，其实测数据见表7.8和图7.3。

表7.8　　　　层面抗剪断强度参数试验成果表

项目	降雨强度/(mm/h)	σ_1/τ_1	σ_2/τ_2	σ_3/τ_3	σ_4/τ_4	c'/MPa	f'
第一种工况	0	0.82/4.95	1.80/6.99	2.40/7.69	3.00/8.64	3.72	1.67
	3	0.80/4.71	1.40/5.54	2.31/7.00	2.98/8.10	3.38	1.63
	5	0.97/4.78	1.48/5.58	2.34/6.54	2.97/7.93	3.28	1.58
	8	0.77/4.45	1.60/5.75	2.26/6.79	3.01/7.97	3.24	1.57
第二种工况	0	0.82/4.95	1.80/6.99	2.40/7.69	3.00/8.64	3.72	1.67
	3	0.80/4.40	1.61/5.62	2.40/6.80	3.01/7.72	3.27	1.57
	5	0.80/4.32	1.61/5.52	2.40/6.67	3.01/7.51	3.18	1.45
	8	0.80/4.05	1.60/5.14	2.36/6.18	3.01/7.07	2.96	1.37

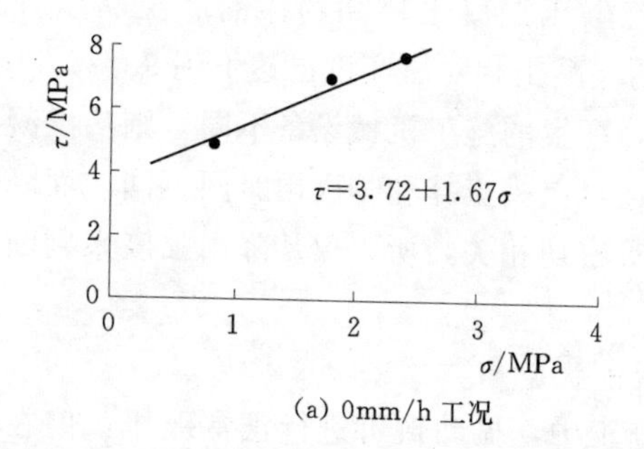

(a) 0mm/h 工况

(b) 3mm/h 工况

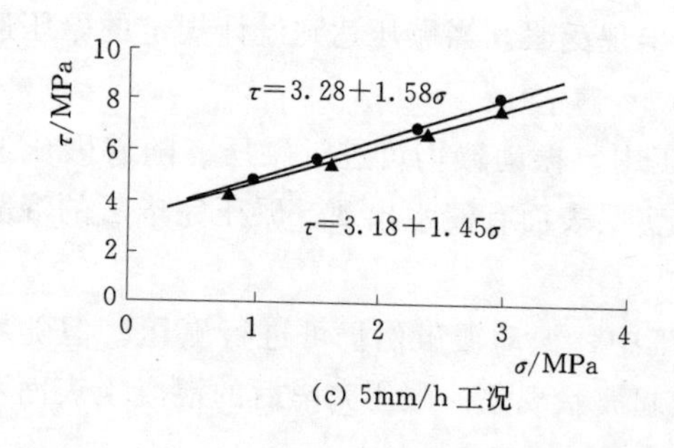

(c) 5mm/h 工况

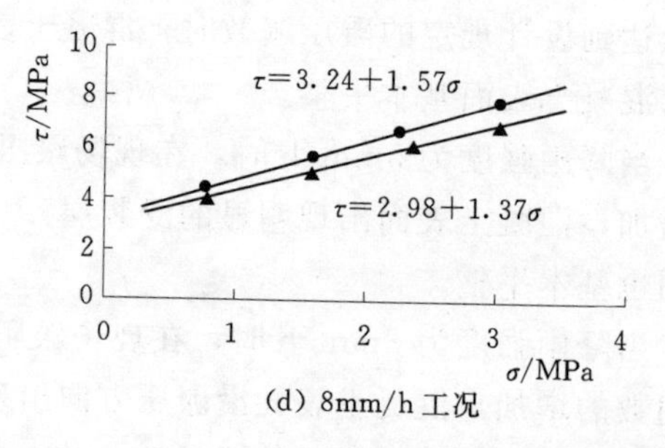

(d) 8mm/h 工况

图7.3　碾压混凝土层面 τ－σ 关系图

注：•为表7.8中第一种工况数据点；▲为表7.8中第二种工况数据点。

在降雨环境条件下施工的碾压混凝土层面，在第一种工况下，当已碾压成型的混凝土层面受不同降雨量作用时，只要在层面允许的间隔时间范围内铺筑上层混凝土拌和料，其层面抗剪断强度参数指标所受影响不是很显著。当降雨达到 8mm/h 时，其实测层面抗剪断强度参数 c' 和 f' 值仍能达到设计所要求的规定值。在所有测试试件中，并非所有试件均沿层面被剪断。在第二种工况条件下，当降雨强度大于 3mm/h 时，所测得的层间抗剪断强度参数 c' 和 f' 值均低于设计所规定的要求值。这主要是因为未碾压的混凝土拌和物受降雨作用后其含水量增加，特别是随着降雨强度的增大，混凝土层面泛浆愈严重，致使层面出现较厚的砂浆，并产生泌水，从而使其成为结合层面的薄弱部位。这从被剪断的试件中可看出，在第二种工况下的抗剪断试件，基本上都是沿层面破坏而被剪断。

以上分析表明，在碾压混凝土已碾压形成层面后若突遇降雨，此时由于混凝土已碾压密实，只要上层混凝土能在允许的层间间隔时间内碾压完成，并在铺料前清除层面上的积水，则降雨对碾压混凝土层间结合质量无大的影响。而在碾压混凝土铺料、碾压过程中遇降雨，当降雨强度大于 3mm/h 时，若继续碾压混凝土施工，其层间抗剪断能力显著降低，各项指标均低于设计规定的要求值。

7.3.2.3 降雨条件下碾压混凝土施工措施

（1）在降雨强度每 6min 小于 0.3mm 的条件下，可采取以下措施继续施工。

1）在确保施工质量的条件下，适当减少碾压混凝土拌和用水量，即适当减小水灰比，加大拌和楼机口拌和物 *VC* 值。

2）卸料后立即平仓、碾压或覆盖，未碾压的拌和料暴露在雨中的受雨时间不宜超过 10min。

3）设置排水，以免积水浸入碾压混凝土中。

（2）当降雨强度每 6min 等于或大于 0.3mm，应暂停施工，并迅速作好仓面处理：

1）已入仓的拌和料迅速平仓、碾压。

2）如遇大雨或暴雨，来不及平仓碾压时，应用防雨布迅速全仓面覆盖，待雨后进行处理。如拌和料搁置时间过长，应作废料处理。

（3）大雨过后，当降雨量每 6min 小于 0.3mm，并持续 30min 以上，仓面已覆盖未碾压的混凝土尚未初凝时，可恢复施工。雨后恢复施工，应做好以下工作。

1）皮带机及停在露天运送混凝土的汽车车厢内的积水必须清除干净。

2）新拌混凝土的 *VC* 值恢复正常值。

3）清理仓面，排除积水。

4）若有漏碾且尚未初凝者，应赶紧补碾；漏碾已初凝而无法恢复碾压者，以及有被雨水严重浸入者，应予清除。

5）若变态混凝土处有漏振且尚未初凝者，应赶紧补振；漏振已初凝而无法恢复振捣者，以及有被雨水严重浸入者，应予清除。

（4）恢复施工前，应严格处理已损失灰浆的碾压混凝土（含变态混凝土），并按本章 7.3 节规定进行层、缝面处理。

7.4 高温及多雨季节碾压混凝土施工进度分析与论证

7.4.1 高温及多雨季节坝体上升速度分析

龙滩大坝高温季节碾压混凝土浇筑时段主要在2005年和2006年的5—9月，此时段也是雨季，据统计全年因降雨停工日为55d，其中5—9月则有41d，占41%，月平均有效工日只能按20d考虑；另外，受高温气候的影响，若平层法铺筑，只宜按2班制施工等，故施工进度安排的月平均上升速度也相对较低，仅控制在3.5m/月左右。

由于2005年高温季节坝体上升高程在240.00m左右，该部位正为最大层面面积处(最大达3.7万m^2)，使得碾压混凝土浇筑强度并不低（为11.6万m^3/月)，比次年高温季节的浇筑强度6.3万m^3/月高近1倍，为此，针对该时段的典型部位、浇筑设备的配置能力、平层与斜层铺料方式以及仓面划分情况进行坝体上升速度分析。

以坝体高程240.00m为例，此阶段碾压混凝土入仓设备主要采用2台塔式布料机，塔式布料机的生产率取200m^3/h（考虑拌和楼采取制冷措施后生产率降低的影响)；另外，采用1条高速皮带机水平运输，转2条负压溜槽垂直入仓再转自卸汽车布料，生产率也取200m^3/h。因高温季节也是汛期，为便于两岸坝肩保护，溢流坝段留缺口度汛，上升高程低于底孔及两岸非溢流坝段，故负压溜槽只能辅助浇筑右岸底孔及非溢流坝段。

若按平层铺筑法施工，利用早晚夜间2班制浇筑，混凝土薄层连续上升4层1.2m进行层间间歇7d，连续升层层间允许间隔时间为4h内，仓面划分及坝体上升速度见表7.9。

表7.9　　　　高温季节坝体上升速度分析表（平层铺筑）

坝段编号	右岸非溢流坝段（高程245.00m）			溢流坝段（高程240.00m）						左岸非溢流坝段（高程245.00m）		
	11	12	13	14	15	16	17	18	19	20	21	22
浇筑仓号	1		5	1	4	2	6	1	4	2	5	3
仓面面积/m^2	4418		3750	3100	3100	3100	3100	3100	3100	3750	2453	2774
每层的方量（层厚0.3m)/m^3	1394		1125	930	930	930	930	930	930	1125	736	832
浇筑1层的时间/h	4		4	4	4	4	4	4	4	4	4	4
设备生产率/(m^3/h)	349		281	233	233	233	233	233	233	281	211	210
浇筑次序（第i d)	3		6	1	5	2	7	1	5	2	6	3
日上升速度/(m/d)	1.2		1.2	1.2	1.2	1.2	1.2	1.2	1.2	1.2	1.2	1.2
施工方法简述	夏季按2班制施工，每仓上升1.2m后进行层间间歇，全线上升1.2 m需要8d。											
月上升速度/(m/月)	3.0											
浇筑强度/(万m^3/月)	10.8											

从表7.9可见，按平层法铺筑，受入仓设备能力限制，在12个坝段中需要分11仓，基本为每个坝段1仓。即使按每个坝段分1仓，浇筑设备能力仍不能满足仓面浇筑强度要求，如溢流坝段的仓面浇筑强度为233m^3/h，底孔坝段的仓面浇筑强度为281m^3/h，均大

于单台塔式布料机 200m³/h 的浇筑能力，只能考虑 1～2 台缆机辅助浇筑，增加了施工难度和立模工程量，有必要采用斜层法铺筑。

斜层铺筑法施工，按全天 3 班制浇筑，混凝土升层高度取 1.5m，斜面坡度控制在 1∶15，连续升层层间允许间隔时间小于 3h，仓面划分及坝体上升速度见表 7.10。

表 7.10　　高温季节坝体上升速度分析表（斜层铺筑）

坝段编号	右岸非溢流坝段 高程 245.00m			溢流坝段 高程 240.00m						左岸非溢流坝段 高程 245.00m		
	10	11	12	13	14	15	16	17	18	19	20	21
浇筑仓号	1			1—（1）			1—（2）			1		
仓面面积/m²	8168			9300			9300			8974		
浇筑面积/m²	1665			1350			1350			1665		
层高/m	1.5			1.5			1.5			1.5		
每层的方量 （层厚 0.3m）/m³	500			405			405			500		
浇筑 1 层的时间/h	1.3 （400m³/h）			2.0 （200m³/h）			2.0 （200m³/h）			2.5 （200m³/h）		
浇筑次序（第 i d）	3.5～5			1～3.5			1～3.5			4.5～8		
日上升速度/(m/d)	1.5			1.2			1.2			1.5		
施工方法简述	夏季按 3 班制施工，每仓上升 1.5m 后进行层间间歇，全线上升 1.5m，需要 8d。											
月上升速度/(m/月)	3.8											
浇筑强度/(万 m³/月)	13.6											

从表 7.10 可见，该部分按斜层铺筑，混凝土入仓设备只需采用 2 套塔式布料机及 2 条负压溜槽无需再加缆机辅助，即可满足仓面浇筑强度及上升速度要求。坝面只需分 4 仓，其中第 1 仓按 2 台塔式布料机的具体布置分 2 序浇筑，1 台塔式布料机担负 1 序布料。坝面分仓数比按平层铺筑减少近 3 倍，有利于碾压混凝土大仓面连续施工，减少立模工程量。

7.4.2　设备生产能力的保证

7.4.2.1　混凝土运输设备效率分析

以坝体高程 240.00m 以上为例，采用斜层铺筑法浇筑，投入的设备有 TB1、TB2 塔式布料机及 1 条高速皮带机配负压溜槽转 20t 或 32t 自卸汽车入仓，总能力按 600m³/h 考虑，需分 4 仓浇筑。

以单个升层（1.5m）作一个循环，循环时间（包含层间间歇时间）按 8d 计，月有效工日取 20d，上升 2.5 个升层，即 2.5 个循环，进行单升层仓位浇筑时间分析，见表 7.11。

表 7.11 中所有仓位浇筑时间在 2～3.5d，加上层间间歇 3～4d 时间，不超过 8d。TB1、TB2 机在单升层循环中总的浇筑时间分别为 138h 和 101h，也不超过 7d，即在一个循环中有 1d 空闲，可安排塔式布料机的检修等工作。

表 7.11 单升层仓位浇筑时间分析表

坝段号	最大面积/m²	设 备	生产力/(m³/h)	斜层方量/m³	覆盖时间/h	浇筑时间/h
11～12	8168	TB2＋2条负压溜槽	400	500	1.3	31
13～18	9300	TB2	200	405	2.0	70
	9300	TB1	200	405	2.0	70
19～21	8974	TB1	200	500	2.5	68

注 TB1、TB2分别表示塔式布料机转4辆32t自卸汽车布料。

每个月2.5个循环，上升2.5个升层，计为20d，通过单层控制仓位（溢流坝段）浇筑时间分析表，可大致估算2台塔式布料机系统TB1当月混凝土浇筑量$Q=138\times2.5\times200=6.9$（万m³），TB2当月混凝土浇筑量$Q=101\times2.5\times200=5.1$（万m³）可见塔式布料机的浇筑能力富余较大。

7.4.2.2 仓面设备配置及保证性

仓面条带划分、设备配置及单升层仓位浇筑时间分析见表7.12。

表 7.12 设备配置单升层仓位浇筑时间分析表

坝段	最大面积/m²	条带划分	平仓机（台/型号）	振动辗（台/型号）	浇筑-升层（1.5m）时间/h
11～12	8168	条带宽约8～16m	4/D65P-12	8/BW202AD	31
13～18	9300	条带宽约8m	2/D65P-12	4/BW202AD	70
	9300	条带宽约8m	2/D65P-12	4/BW202AD	70
19～21	8974	条带宽约8	2/D65P-12	4/BW202AD	68

仓面控制设备主要为振动辗，其中振动辗生产率70～75m³/h，每个月2.5个循环，上升2.5个升层，计为20d，通过单层浇筑时间分析，可大致估算振动辗当月混凝土浇筑量约2万m³，配置12台振动辗，月浇筑强度达24万m³，实际月浇筑量仅为13.6万m³，设备利用率为57%，显然振动辗配置能力有富余。

7.4.2.3 拌和楼生产保证性

拌和楼拌和时间分析见单升层循环拌和楼拌和时间分析表7.13。

表 7.13 单升层循环中拌和楼拌和时间分析表

坝段	最大面积/m²	设 备	拌和时间/h		
			360.0m高程平台 2×6m³强制式拌和机	低1	低2
11～12	8168	TB2＋2条负压溜槽	31	—	31
13～18	9300	TB2	—	—	70
	9300	TB1	—	70	—
19～21	8974	TB1	—	68	—
合计			31	138	101

以上单层混凝土拌和时间分析表表明，低系统的1号拌和楼拌和时间最长约138h，计7d，也不超过一个循环的时间8d，即拌和楼在一个循环8d中可有1d空闲时间安排检修等工作。

表7.13中拌和楼单位拌和时间生产能力，受高温季节制冷措施影响（以二次风冷为主，出机口温度12℃）为220m³/h，考虑与塔式布料机和负压溜槽运输相匹配，3座强制式拌和楼均取200m³/h，每个月2.5个循环，上升2.5个升层，计为20d，通过单层浇筑时最高混凝土拌和时间分析，可大致估算1号拌和楼当月混凝土浇筑量=138×2.5×200=6.9（万m³），可见拌和楼单位时间拌和能力有富余，每个月至少有12d时间可安排检修工作。

7.5 大坝施工实践

7.5.1 大坝混凝土施工进度

左岸引水坝段于2004年3月开始浇筑22～25号坝段的混凝土，2005年5月底22号以左坝段全部升高至303.00m，2006年5月底浇筑至高程357.00m以上（其中28～32号坝段提前于2006年2月达到坝顶高程382.00m），2006年9月左岸引水坝段及挡水坝段全部达到坝顶高程，9扇工作闸门于2006年9月前全部安装完成，为提前2个月下闸（计划下闸时间2006年11月底，实际下闸时间2006年9月30日）创造了条件。12月进口拦污栅排架完成。

河床溢流坝段于2004年7—8月浇筑填塘混凝土，9月开始正式浇筑坝体混凝土，同年11月右岸坝段陆续开浇，2005年5月底，除个别坝段外，全坝基本上浇筑到高程230.00m以上；2006年5月底，河床坝段最低高程达285.00m，右岸坝段浇筑到高程310.00m以上，达到了全年100年一遇度汛标准要求；同年9月底下闸前，除15号、16号溢流坝段浇至高程303.00m外，其余溢流坝段浇至高程308.70～318.00m，右岸坝段浇至高程336.50m以上，提前2个月左右达到下闸形象要求；2007年4月底河床为度汛预留的缺口坝段及溢流面全部达到高程342.00m，达到了全年100年一遇度汛标准要求；同年5月右岸坝段大部分达到坝顶高程，2008年1月底溢流坝闸墩浇至坝顶，至此，大坝施工全部完成。

河床溢流坝段是控制大坝浇筑进度的关键坝段，由建基高程190.00m浇筑至2007年度汛的缺口高程342.00m，历时32个月，月平均升高4.75m，最大上升速度出现在2005年9—11月，为10～11m/月；河床溢流坝段由建基面浇至坝顶高程382.00m，仅历时41个月。大坝年最高浇筑量是2005年的320万m³（其中碾压混凝土237万m³），月最高浇筑量为同年11月的37.4万m³，高峰年的月不均衡系数为1.4。施工中创造了水电行业大坝单仓浇筑混凝土15816m³的世界新纪录。

7.5.2 主要设备产量

大坝混凝土供料线：龙滩大坝碾压混凝土主要采用2条塔式布料机供料，单线班最高产量3680m³，双线班最高产量6635m³，双线最高日产量达13050.5m³，当天单机平均强度为326.3m^3/h（以20h运行时间计），双线月最高产量27万m^3。

混凝土拌和系统：低系统2座强制式拌和楼月最高混凝土产量23.65万m^3，最高日产量11877m^3，单班单楼最高产量4020m^3。单楼碾压混凝土生产能力可达330m^3/h。在混凝土施工中，与混凝土浇筑设备协调配套，共同创造了龙滩水电站施工高速度。

大法坪砂石加工系统：实际生产能力达到并超过设计生产能力，确保了向大坝提供合格的砂石骨料。在龙滩大坝混凝土浇筑高峰期，系统生产不仅满足了大坝砂石料的需求，而且产品质量稳定、符合规定要求。2005年11—12月，大坝混凝土浇筑强度分别达到38.6万m^3和43.2万m^3，系统分别供应成品砂石骨料84.82万t和95.48万t。

7.5.3 高温多雨气候连续施工

2005年、2006年连续2年均在6—8月连续进行了碾压混凝土施工，2005年3个月碾压混凝土浇筑量分别为17.5万m^3、17.4万m^3、11.8万m^3，2006年3个月浇筑量分别为9.9万m^3、8.9万m^3、13.0万m^3，总共在高温多雨季节浇筑碾压混凝土78.5万m^3，碾压混凝土温控基本满足要求，质量良好，实现了碾压混凝土高温多雨气候下的连续施工。

7.6 研究小结

(1) 综合分析比较，龙滩水电站左岸大坝碾压混凝土运输，采用20t自卸汽车水平运输，转1条负压溜槽垂直运输入仓，配合其他辅助运输设备的方案；右岸大坝碾压混凝土运输，采用以高速皮带机与2台塔式布料机为主、配负压溜槽、缆机及自卸汽车为辅的方案。

(2) 大坝混凝土骨料加工系统布置在坝址右岸下游约4.5km处（直线距离）的大法坪灰岩料场附近，设计生产能力2000t/h，设计处理能力2500t/h。成品混凝土骨料采用全长4km的长距离带式输送机输送至大坝混凝土生产系统，长距离带式输送机是当时国内水电行业单机最长、输送量最大、功率最大的带式输送机。

(3) 左岸混凝土生产系统。高程382.00m混凝土系统布置于左岸坝头，混凝土浇筑高峰月强度6.5万m^3，设计生产能力为：常态混凝土220m^3/h，碾压混凝土190m^3/h，配置3×1.5m^3自落式搅拌楼2座。高程345.00m混凝土系统为弥补高程382.00m混凝土系统生产能力不足而设置，布置于左岸坝线上游700m处，混凝土浇筑高峰月强度约3.0万m^3，设计生产能力90m^3/h，配置2×1.5m^3强制式搅拌楼1座，两系统均采用自卸汽车出料。

右岸混凝土生产系统的生产规模根据浇筑高峰时段仓面最大浇筑强度确定为1080m^3/h，其中碾压混凝土生产能力为900m^3/h，预冷碾压混凝土生产能力为660m^3/h（出机口温度为12℃），同期常态混凝土生产能力为180m^3/h，预冷常态混凝土生产能力为150m^3/h（出机口温度为10℃）。右岸混凝土系统采用高、低两个系统的分散布置方案，高程360.00m系统，生产能力480m^3/h（其中碾压混凝土300m^3/h、常态混凝土180m^3/h），预冷混凝土生产能力370m^3/h（其中碾压混凝土220m^3/h、常态混凝土150m^3/h）；

高程 308.50m 系统，生产能力 600m^3/h（以碾压混凝土控制），预冷混凝土生产能力为 440m^3/h（以碾压混凝土控制）。

（4）为保证碾压混凝土层面结合质量，根据大量现场试验结果，确定的龙滩碾压混凝土层间间歇时间控制标准为：在高温（环境温度高于 25℃）、常温（环境温度为 15～25℃）和低温（环境温度低于 15℃）环境下，分别为 4h、6h 和 8h；对降雨对碾压混凝土可碾性、压实度和层间结合质量的影响进行了系统研究；以研究成果为基础，相应提出了高温多雨环境下碾压混凝土连续施工的技术措施并成功应用于工程施工，突破了碾压混凝土夏季施工瓶颈。

参考文献

［1］ 电力工业部中南勘测设计研究院．“八五”国家重点科技攻关项目《85－208－04－04：龙滩碾压混凝土重力坝结构设计与施工方法研究》专题总报告［R］．1995.

［2］ 国家电力公司中南勘测设计研究院．“九五”国家重点科技攻关项目《96－220－01－01：高碾压混凝土重力坝设计方法的研究》专题研究报告［R］．2000.

［3］ 国家电力公司中南勘测设计研究院．“九五”国家重点科技攻关项目“（96－220－01－02）：高碾压混凝土重力坝渗流分析和防渗结构的研究”专题研究报告［R］．2000.

［4］ 国家电力公司中南勘测设计研究院、国家电力公司科技项目“KJ00－03－23－01：龙滩高碾压混凝土坝快速施工技术”专题研究报告［R］．2004.

［5］ 国家电力公司中南勘测设计研究院．国家电力公司科技项目“KJ00－03－23－01：龙滩高碾压混凝土坝防渗技术研究”专题报告［R］．2004.

［6］ 中南勘测设计研究院．龙滩水电站碾压混凝土重力坝防渗结构方案比选专题报告［R］．2002.

［7］ 孙恭尧，王三一，冯树荣．高碾压混凝土重力坝［M］．北京：中国电力出版社，2004.

［8］ 中南勘测设计研究院．龙滩水电站碾压混凝土重力坝结构分析研究专题报告（静力部分）［R］．2003.

［9］ 中南勘测设计研究院．龙滩水电站碾压混凝土重力坝抗震安全性研究专题报告［R］．2003.

［10］ 中南勘测设计研究院．碾压混凝土的性能研究［R］．1999.

［11］ 冯树荣．龙滩水电站枢纽布置及重大问题研究［J］．水力发电，2003（10）：37－40.

［12］ 中南勘测设计研究院．红水河龙滩水电站碾压混凝土坝温度应力分析报告［R］．2006.

［13］ 中南勘测设计研究院．红水河龙滩水电站碾压混凝土重力坝温控设计专题报告［R］．2002.

［14］ 中南勘测设计研究院．龙滩水电站碾压混凝土层面抗剪断强度参数统计分析专题报告［R］．2006.

［15］ 中南勘测设计研究院．龙滩水电站混凝土与基岩接触面抗剪断参数统计分析报告［R］．2001.

［16］ 方坤河．碾压混凝土材料、结构与性能［M］．武汉：武汉大学出版社，2004.

［17］ 陈宗梁．世界超级高坝［M］．北京：中国电力出版社，1998.

［18］ 张严明，王圣培，潘罗生．中国碾压混凝土坝二十年［M］．北京：中国水利水电出版社，2006.

［19］ 周建平，钮新强，贾金生．重力坝设计二十年［M］．北京：中国水利水电出版社，2008.

［20］ 贾金生，陈改新，马锋玲，等．碾压混凝土发展水平和工程实例［M］．北京：中国水利水电出版社，2006.

［21］ 冯树荣．龙滩水电站设计及技术特点［J］．红水河，2001，20（2）：16－20.

［22］ 朱岳明，匡峰，冯树荣，等．高碾压混凝土重力坝防渗结构型式研究［J］．水力发电，2003，（11）：20－25.

［23］ 冯树荣，肖峰．龙滩碾压混凝土重力坝的设计特点［J］．水力发电，2007，（4）：18－19＋61.

［24］ 周建平，狄原涪．龙滩水电站碾压混凝土重力坝设计研究［J］．水力发电，1996（6）：32－37＋61－62.

［25］ 肖峰，欧红光，王红斌．龙滩碾压混凝土重力坝设计［J］．水力发电，2003（10）：41－43＋50.

［26］ 涂传林，金双全，陆忠明．龙滩碾压混凝土性能研究［J］．水利学报，1999（4）：66－70.

［27］ 涂传林，何积树，陈子山，等．龙滩碾压混凝土层面抗剪断试验研究［J］．红水河，1999（2）：33－36.

[28] 涂传林，王光纶，黄松梅，等．龙滩碾压混凝土芯样试件特性试验研究 [J]. 红水河，1998 (3)：1-4.

[29] 王光纶，张楚汉，王少敏．碾压混凝土成层特性对重力坝静、动力分析的影响研究 [J]. 红水河，1995 (1)：28-36.

[30] 林长农．变态混凝土试验研究 [J]. 水力发电，2001 (2)：51-53.

[31] 林长农，金双全，涂传林．龙滩有层面碾压混凝土的试验研究 [J]. 水力发电学报，2001 (3)：117-129.

[32] 速宝玉，胡云进，刘俊勇．江垭碾压混凝土坝芯样渗透系数统计特性研究 [J]. 河海大学学报（自然科学版），2002 (2)：1-5.

[33] 朱岳明，许红波．碾压混凝土坝的渗控分析研究 [J]. 岩土工程学报，1993，15 (6)：34-43.

[34] 朱岳明，贺金仁，石青春．龙滩大坝仓面长间歇和寒潮冷击的温控防裂分析 [J]. 水力发电，2003，29 (5)：6-9.

[35] 张国新，许平，朱伯芳，等．龙滩重力坝三维仿真与劈头裂缝问题研究 [J]. 中国水利水电科学研究院学报，2003，1 (2)：34-40.

[36] 张国新，赵仕杰，梁建文．龙滩碾压混凝土重力坝高温季节施工的温度应力问题 [J]. 水力发电，2005，31 (3)：39-41.

[37] 张子明，冯树荣，石青春，等．基于等效时间的混凝土绝热温升 [J]. 河海大学学报（自然科学版），2004，(5)：573-577.

[38] 周慧芬，石青春，李勇刚．龙滩高碾压混凝土坝快速施工方案研究 [J]. 水力发电，2004，30 (5)：10-13.

[39] 杨磊，周宜红，冯立生．降雨对碾压混凝土连续施工影响的试验研究 [J]. 水电能源科学，2002，20 (2)：50-52.